W0404442

Assessment Center professionell

Assessment Center professionell

Worauf es ankommt und wie Sie vorgehen

von

Michael Paschen, Anja Beenen
Daniela Turck und Christian Stöwe

unter Mitarbeit von Anika Borchardt

3., überarbeitete und erweiterte Auflage

HOGREFE

GÖTTINGEN · BERN · WIEN · PARIS · OXFORD
PRAG · TORONTO · BOSTON · AMSTERDAM
KOPENHAGEN · STOCKHOLM · FLORENZ

Dipl.-Psych. Michael Paschen, geb. 1969. Seit 2001 Geschäftsführer der Profil M Beratung für Human Resources Management GmbH & Co. KG. Seine Tätigkeitsschwerpunkte umfassen die Bereiche Training (Führung und verwandte Themen, Fachtrainings für Personaler, Einzel-Coaching), Beurteilung (Personalauswahl, Konzeption und Durchführung von Assessment Centern und Development Centern, Gestaltung von Beurteilungssystemen) und Personalentwicklungsinstrumente (Kompetenzmodelle, Talentmanagementprozesse, Gestaltung von Förderkreisprogrammen, Zielvereinbarungssysteme, 360°-Feedback etc.).

Dipl.-Psych. Anja Beenen, geb. 1972. Geschäftsführerin des Beratungsunternehmens Profil M. Als Mitbegründerin und -inhaberin hat sie in den letzten 10 Jahren eine dreistellige Anzahl an Projekten im Bereich Assessment & Potenzialanalyse und Führungskräftetraining & -coaching sowie die Einführung und Weiterentwicklung von Personalentwicklungssystemen und Führungsinstrumenten begleitet. Ihre Tätigkeitsschwerpunkte liegen dabei in der Konzeption und Durchführung von Assessment Centern (Einzel- und Gruppenverfahren) für Führungskräfte aller Ebenen, der Durchführung von Trainings rund um das Thema Mitarbeiterführung sowie der Entwicklung von Instrumenten und Konzepten des Talentmanagements.

Dipl.-Psych. Daniela Turck, geb. 1969. Mitbegründerin und Geschäftsführerin von Profil M. In dieser Funktion hat sie zahlreiche Projekte im Bereich Assessment & Potenzialanalyse und Führungskräftetraining & -coaching sowie die Einführung und Weiterentwicklung von Personalentwicklungssystemen und Führungsinstrumenten begleitet. Ihre Tätigkeitsschwerpunkte liegen dabei in der Konzeption und Durchführung von Assessment Centern (Einzel- und Gruppenverfahren) für Führungskräfte aller Ebenen, der Durchführung von Trainings rund um das Thema Mitarbeiterführung sowie der Entwicklung von Instrumenten und Konzepten des Talentmanagements.

Dipl.-Psych. Christian Stöwe, geb. 1970. Geschäftsführer der Profil M Beratung für Human Resources Management. Als Berater, Trainer und Coach beschäftigt er sich mit der Potenzialanalyse und Entwicklung von Führungskräften. Er begleitet seit mehr als 13 Jahren große und mittlere Unternehmen bei der Konzeption und Implementierung nationaler und internationaler Programme zur Führungskräfteentwicklung und Personalauswahl. Neben bewährten, klassischen Instrumenten, wie Development Centern, Management Audits oder Präsenztrainings, entwickelt er neue Formen und Instrumente der Personalentwicklung, wie z. B. Selbsttrainingsbücher, Webcasts oder Web-Based-Trainings.

Bibliografische Information der Deutschen Nationalbibliothek
Die Deutsche Nationalbibliothek verzeichnet diese Publikation in der Deutschen Nationalbibliografie; detaillierte bibliografische Daten sind im Internet über http://dnb.dnb.de abrufbar.

© 2013 Hogrefe Verlag GmbH & Co. KG
Göttingen · Bern · Wien · Paris · Oxford · Prag · Toronto · Boston
Amsterdam · Kopenhagen · Stockholm · Florenz
Merkelstraße 3, 37085 Göttingen

Die erste Auflage des Buches ist 2003 im Hermann Luchterhand Verlag erschienen.
http://www.hogrefe.de
Aktuelle Informationen · Weitere Titel zum Thema · Ergänzende Materialien

Das Werk einschließlich aller seiner Teile ist urheberrechtlich geschützt. Jede Verwertung außerhalb der engen Grenzen des Urheberrechtsgesetzes ist ohne Zustimmung des Verlages unzulässig und strafbar. Das gilt insbesondere für Vervielfältigungen, Übersetzungen, Mikroverfilmungen und die Einspeicherung und Verarbeitung in elektronischen Systemen.

Umschlagabbildung: © Phototake, mauritius images
Satz: ARThür Grafik-Design & Kunst, Weimar
Gesamtherstellung: Hubert & Co, Göttingen
Printed in Germany
Auf säurefreiem Papier gedruckt

ISBN 3-8017-2493-1

Vorwort

Obwohl Assessment Center (AC) in vielen Unternehmen und fast allen großen Konzernen Bestandteil des Personalinstrumentariums sind, ist wirkliche Praxisliteratur und konkrete Anleitung für die Umsetzung der Methode selten. Häufiger richten sich Ratgeber an Bewerber, die sich auf die Teilnahme an einem AC vorbereiten möchten. Andere beschreiben detailliert die Ergebnisse wissenschaftlicher Untersuchungen mit eher theoretischem Fokus. Mit diesem Buch möchten wir dem Praktiker Schritt für Schritt eine Anleitung bieten, wie Assessment Center konzipiert, kommuniziert und umgesetzt werden. Hierbei leiten wir viele erprobte Gestaltungsempfehlungen und Praxisbeispiele aus einigen Grundüberlegungen und -prinzipien ab, die unsere AC-Philosophie widerspiegeln. Das Buch erhebt nicht den Anspruch, einen vollständigen Überblick über alle AC-Ansätze zu geben oder die Methodik Assessment Center aus wissenschaftlicher Sicht zu diskutieren. Stattdessen fassen wir unsere langjährige Erfahrung (unser Beratungsunternehmen Profil M hat allein im Jahr 2011 2 800 Beratertage mit AC-Projekten realisiert) mit unterschiedlichsten Fragestellungen der AC-Methode zusammen und haben dies mit vielen Beispielen und Tools aufbereitet. Zum ersten Mal liegen diese Tools in der 3. Auflage auf einer CD-ROM vor. Wir hoffen, dadurch den praktischen Einsatz der Vorlagen und Werkzeuge noch weiter zu vereinfachen und die Vorbereitung und Durchführung professioneller Assessment Center zu erleichtern.

Auch wenn unsere grundsätzlichen Empfehlungen zur Gestaltung und Durchführung von Assessment Centern weiterhin Gültigkeit besitzen und daher im Vergleich zu den beiden vorangegangenen Auflagen weitestgehend unverändert geblieben sind, haben wir diese durchgängig aktualisiert. Dabei haben wir insbesondere die folgenden Trends berücksichtigt, die wir derzeit in der Entwicklung und Durchführung von Assessment Centern erleben:

Assessment Center werden immer internationaler. Immer mehr Unternehmen suchen nach Potenzialeinschätzungs- oder Auswahlverfahren, die sich international einheitlich einsetzen lassen. Gleichzeitig werden diese Verfahren heute intensiver in übergreifende Talent-Management-Prozesse eingebunden, als das noch vor einigen Jahren der Fall war. Daraus entstehen Assessment Center, die durchaus Event-Charakter haben. Gleichzeitig liegt jedoch ein wichtiges Augenmerk darauf, die Zeit der Teilnehmer und Beobachter so effizient wie möglich zu nutzen. Wie verschiedene Unternehmen diese Ansprüche praktisch umsetzen, stellen vier Gastautoren in ihren Erfahrungsberichten vor. Dafür möchten wir uns auf diesem Wege noch einmal ganz herzlich bei Herrn Helge Kochskämper (tesa SE), Herrn Volker Drees (ThyssenKrupp AG), Frau Doris Pechler (Krones AG) sowie Frau Nicole Scholz und Frau Susanne Hasmann (E.ON Erzeugung Deutschland) für ihre detaillierten Berichte und ihre Bereitschaft, ihre AC-Erfahrungen einem breiten Publikum zugänglich zu machen, bedanken.

Des Weiteren stellen wir in der Assessment Center-Praxis fest, dass sich die Methodik an sich nicht grundsätzlich verändert oder weiterentwickelt hat. Eine entscheidende Determinante für die Qualität eines Assessment Centers bleibt weiterhin die Konzeption anforderungsbezogener, an tatsächlichen Aufgaben orientierter Bausteine, die von Teilnehmern und Beobachtern als sinnvolle Herausforderungen erlebt werden. Vor diesem

Hintergrund haben wir in dieser Auflage das Kapitel zur Anforderungsanalyse noch einmal erweitert. Neue Möglichkeiten ergeben sich in der Durchführung von Assessment Centern durch die kontinuierliche technische Weiterentwicklung. Auf Chancen und Risiken des Einsatzes entsprechender Medien weisen wir in den jeweiligen Kapiteln hin.

Wir stellen in dieser 3. Auflage verschiedene Möglichkeiten der strukturierten Beobachtung und Beurteilung vor. Allerdings sollen dadurch die Beobachter und ihre Rolle in dem Prozess nicht in den Hintergrund treten. Ein anhand unserer detaillierten Anleitung konzipiertes Assessment Center ist kein Selbstläufer. Auch eine systematische, anforderungsbezogene Beurteilungssituation braucht einen kompetenten, praktisch erfahrenen und psychologisch geschulten Beurteiler, der die Einschätzung vornimmt. Ein Mensch, sein Verhalten und seine Persönlichkeit sind zu komplex, als dass sie allein durch einen vollstandardisieren Beobachtungsbogen oder ein entsprechendes Kompetenzmodell erfassbar wären.

Wir freuen uns sehr, wenn Sie uns Feedback dazu geben, welche Erfahrungen Sie bei der Umsetzung und Anwendung unserer Empfehlungen gemacht haben. Schreiben Sie uns eine E-Mail an Michael.Paschen@profil-m.de oder nehmen Sie über www.profil-m.de Kontakt mit uns auf. Wir freuen uns auf Ihre Feedbacks, Erfahrungen und Fragen und stehen sehr gerne für einen Austausch zur Verfügung.

Wermelskirchen, im September 2012

Michael Paschen

Anja Beenen

Daniela Turck

Christian Stöwe

Inhalt

Anhang

1 Assessment Center – Philosophie, Trends und Prinzipien

Assessment Center gehören heute zu den etablierten und geschätzten Verfahren zur Personaldiagnostik in deutschen Unternehmen. Der von Skeptikern immer wieder vorhergesagte „Untergang“ des Assessment Centers hat sich in keiner Weise bewahrheitet. So ist stattdessen festzustellen, dass die Skepsis gegenüber dem Verfahren Assessment Center in Deutschland deutlich abgenommen hat. Rund die Hälfte aller Großunternehmen setzt aktuellen Untersuchungen zufolge (z. B. Kanning, Pöttker & Gelléri, 2007) heute Assessment Center zur Personalentwicklung oder Personalauswahl ein. Grundsatzdebatten über den Sinn und die Vorhersagekraft von Assessment Centern stehen heute viel weniger im Fokus als noch vor einigen Jahren. Stattdessen konzentrieren sich die Diskussionen eher auf die konkrete Ausgestaltung des Assessment Centers und die Einzelheiten der Umsetzung.

Dieses Kapitel liefert einen Einstieg in die Grundidee der Assessment Center-Methodik, die erläutert und anhand von Beispielen erklärt wird. Es wird erklärt, worauf es ankommt, damit Assessment Center ihre potenzielle Leistungsfähigkeit entfalten können. Damit Assessment Center die gesteckten Ziele wirklich erreichen können, müssen bestimmte Prinzipien bei der Vorbereitung und Gestaltung berücksichtigt werden, die hier prägnant dargestellt sind. Zudem werden die wesentlichen Trends, die sich zu diesem Themenfeld absehen lassen, diskutiert.

Abschließend wird sich mit den Auffassungen auseinandergesetzt, dass Assessment Center vor allen Dingen Verfahren zur Testung von Stressresistenz sind und sich ausschließlich auf die Beobachtung von Verhalten zu beschränken haben.

1.1 Was leisten Assessment Center wirklich?

Assessment Center werden definiert als ein diagnostisches Verfahren, bei dem Personen (z. B. Bewerber) in mehreren voneinander unabhängigen Übungen (Rollenspiel, Gruppendiskussion, Fallstudie u. ä.) von mehreren unabhängigen Beobachtern im Hinblick auf mehrere Anforderungsdimensionen eingeschätzt werden (z. B. Kanning, 2009; International Task Force on Assessment Center Guidelines, 2000).

Vor einigen Jahren hat kaum ein Verfahren zur Beurteilung von Potenzial und Kompetenzen die Diskussion in Praxis und Wissenschaft so stark polarisiert wie das Assessment Center. Für die einen stellte es den Schlüssel zum Verständnis von Bewerbern oder internen Potenzialkandidaten dar, für die anderen war das Verfahren kaum mehr als Scharlatanerie oder Theaterspielen. Die einen lehnten es schon aus rein ideologischen Gründen ab („So kann man Menschen nicht behandeln.“), die anderen waren überzeugt, dass das Assessment Center in der Ergebnisqualität durch nichts zu übertreffen ist. Die teilweise sehr aufgeregte Diskussion hat sich deutlich beruhigt, und heute stellt man fest, dass der Streit als entschieden gelten kann. Die Frage ist nun nicht mehr, ob Assessment Center einen wichtigen Beitrag zur Personalarbeit leisten, sondern nur noch, für welche

Fragestellungen sie geeignet sind, und unter welchen Rahmenbedingungen und vor allem mit welchen Qualitätskriterien sie eine sinnvolle Ergänzung des Human Resources (HR) Instrumentariums darstellen.

Immer wieder einmal wird das Assessment Center totgesagt, aber die Realität spricht eindeutig eine andere Sprache. Zahlreiche Großunternehmen bedienen sich für wenigstens eine Beurteilungsfragestellung des Assessment Centers, sei es für die Auswahl von Hochschulabsolventen, für die diskrete Einzel-Beurteilung von Top-Führungskräften oder aber auch für die Identifikation interner Potenzialträger. Viele mittelständische Unternehmen sammeln Erfahrungen mit Assessment Centern; selbst Kleinunternehmen profitieren (dann meist in der Zusammenarbeit mit externen Beratern) von den Grundideen dieses Verfahrens. Viele Unternehmen haben erkannt, dass nicht das Assessment Center selbst gut oder schlecht ist, sondern dass allenfalls eine bestimmte Art der Ausrichtung oder Durchführungsphilosophie günstige oder ungünstige Konsequenzen haben kann. Wenn ein Unternehmen mit der Einführung von Assessment Centern schlechte Erfahrungen gemacht hat, so ist das kein Beleg für die Unzulänglichkeit der Methodik, sondern allenfalls für die schlechte Qualität und unglückliche Strategie der jeweiligen Ausrichtung und Gestaltung. Das beweisen viele Unternehmen, die zur hohen Zufriedenheit aller Beteiligten mit dieser Methode arbeiten.

Es gilt als sicher und vielfach wissenschaftlich belegt, dass Assessment Center zum einen in ihrer Prognosequalität und Genauigkeit der Beurteilung allen anderen alternativen Verfahren überlegen sind (für einen aktuellen, allerdings englischsprachigen Überblick zur Validität von Assessment Centern siehe Arthur & Day, 2011). Zum anderen ist ausreichend bewiesen, dass viele Unternehmen auch im Hinblick auf Akzeptanz bei allen Beteiligten (Führungskräfte, Mitarbeiter, Arbeitnehmervertretung) den Nutzen von Assessment Centern schätzen gelernt haben. Es ist logisch gut nachzuvollziehen, dass ein Assessment Center allein schon deswegen eine höhere Beurteilungstiefe produziert als ein anderes Verfahren, weil es eine Kombination verschiedener Verfahren darstellt. Zumeist besteht es aus Interviews, Rollenspielen, Fallstudien, eventuell Testverfahren oder Fragebögen. Die kombinierten Ergebnisse dieser Einzelverfahren stellen das Assessment Center-Ergebnis dar. Dieses Gesamtergebnis ist vermutlich in den meisten Fällen besser und substanzieller als das Ergebnis einer dieser Methoden allein.

Aber es gibt einen Punkt, der die Diskussion um Assessment Center-Verfahren deutlich erschwert: das Wort Assessment Center ist durch nichts geschützt oder definiert. Was einzelne Unternehmen oder Beratungen darunter verstehen oder wie ein Assessment Center konkret gestaltet wird, ist so unterschiedlich, dass das Wort Assessment Center höchstens eine vage Kategorie darstellt, aber letztlich sehr vieles meinen kann, was sich überhaupt nicht einheitlich beurteilen lässt. Es ist so, als ob man sich über die Fahreigenschaften eines Autos streiten würde, ohne Marke und Modell zu beschreiben. Assessment Center können gut und schlecht gestaltet werden, sie können zum Debakel für ein Unternehmen und zum Ärgernis für die Teilnehmer werden, das ist unbestritten. Man kann unter dieser Überschrift großen Unsinn veranstalten, was vielfach belegt wurde. Man wird jedoch großen Nutzen aus der Methodik ziehen, wenn man einige Rahmenbedingungen bei der Gestaltung und Durchführung beachtet, die die eigentliche Qualität ausmachen. Davon handelt dieses Buch.

1.2 Grundidee der Assessment Center-Methode

Die Grundidee der Assessment Center-Methode lässt sich gut mit folgendem Gedanken charakterisieren: Es geht bei einem Assessment Center um das „Zeigen lassen", das Vorführen bestimmter Kompetenzen und Potenziale. Das ist der große Gegensatz zum Interview, in dem es um das „Erzählen lassen" geht. Assessment Center sind Verfahren, in denen man nicht nur über bestimmte Anforderungen spricht, sondern diese konkret simuliert, für einen Teilnehmer erfahrbar und (wieder im Gegensatz zum Interview) die Beurteilung damit nicht so stark von Einstellungen, Erfahrungen und Absichtserklärungen des Teilnehmers abhängig macht. Als Definition lässt sich festhalten:

> Ein Assessment Center ist ein Beurteilungsverfahren, in dem durch die Beobachtung der Leistung und des Verhaltens der Teilnehmer in Simulationen, Rollenspielen, Tests und Fallstudien Rückschlüsse auf Kompetenzen, Persönlichkeitseigenschaften und Potenziale gezogen werden.

Im Interview kann ein Teilnehmer nichts über sich berichten, was der eigenen Erfahrung und Selbstreflexion nicht zugänglich ist. Im Assessment Center kann er durchaus Kompetenzen zeigen, die er nicht verbalisieren kann oder die ihm in dieser Weise vielleicht gar nicht bewusst sind. Assessment Center sind dann gut gemacht, wenn sie geeignet sind, die wirklich relevanten Anforderungen einer bestimmten Zielposition, einer bestimmten Zielperspektive oder einer Funktionsgruppe in Gesprächssimulationen und Fallstudien zu repräsentieren und auf diesem Wege eine Einschätzung des erreichten Kompetenzstandes der Teilnehmer zu ermöglichen. Welche Simulationen oder Fallstudien dazu geeignet sind, hängt stark von der Fragestellung ab, die das Assessment Center beantworten soll. Wenn Führungskompetenzen beurteilt werden sollen, liegt es auf der Hand, dass wahrscheinlich einige schwierige Mitarbeitergespräche simuliert werden. Wenn vertriebliches Potenzial sichtbar gemacht werden soll, werden sicherlich Präsentationen, Kundengespräche oder Verhandlungen die interessanten Situationen sein. Wenn hingegen ein neuer PR-Leiter gesucht wird, könnten das Abfassen von Pressemitteilungen und schwierige Journalisteninterviews diejenigen Situationen sein, die beobachtet werden sollen. Sollte ein Hotelbesitzer einen Animateur einstellen wollen, werden die Bewerber vielleicht einige Veranstaltungen planen und dann in einer Simulation anmoderieren. Sucht man einen Call-Center-Agenten, werden ohne Zweifel herausfordernde Kundentelefonate die Simulationen der Wahl sein. Sollte ein Arbeitgeber sich hingegen für einen neuen Programmierer interessieren, so wird dieser möglicherweise ein Softwarekonzept präsentieren und erläutern oder aber Fehler in einem vorgelegten Programmcode suchen. Wenn stattdessen ein neuer Personalreferent eingestellt werden soll, wäre es denkbar, dass eine Betriebsratsverhandlung simuliert wird oder aber ein Beratungsgespräch mit einer Führungskraft, die Probleme mit Mitarbeitern hat. Falls das Interesse eher dahingeht, die Kompetenzen einer neuen Sekretärin zu beurteilen, so sollte sicherlich das Abfassen von Korrespondenz, die Arbeitsgeschwindigkeit am Computer oder aber das Verhalten gegenüber internen Ansprechpartnern sauber eingeschätzt werden. Sollte hingegen ein neuer Vorstand gesucht werden, so würden eine Strategiepräsentation, eine Markt- und Wettbewerbseinschätzung oder eine Projektskizze für eine anstehende Fusion interessante Erkenntnisse liefern. Alle genannten Übungen sind im Prinzip Assessment Center-Übungen, denn es werden zukünftige Anforderungen simuliert und daraus Schlüsse über Entwicklungs- und Kompetenzstand gezogen. Man würde mit Bewerbern oder Potenzialkandidaten (gleich, ob intern oder extern) nicht nur ein Gespräch führen, sondern sich bestimmte Fertigkeiten und Fähigkeiten zeigen und vorführen lassen. Eines ist dabei sicher – die Beobachter und Beurteiler werden zweifellos die Gewissheit gewinnen, deutlich mehr über ihr Gegenüber erfahren zu haben, als wenn sie nur mit ihm Gespräche geführt hätten.

1.3 Trends in der Anwendung von Assessment Centern

Wie wir bereits zum Einstieg in dieses Kapitel herausgestellt haben, bilden Assessment Center heute einen festen Bestandteil im Portfolio der HR-Instrumente der meisten deutschen Unternehmen. Der immer wieder prophezeite Trend, das Assessment Center werde aussterben, ist heute kein Thema mehr. Daher lohnt es sich, einen Blick darauf zu werfen, welche Trends stattdessen die Diskussion rund um das Themenfeld Assessment Center prägen. Statt auf die grundsätzliche Debatte um die Existenzberechtigung konzentrieren sich diese vielmehr auf die konkrete Ausgestaltung des Assessment Centers. Wir beleuchten diese Trends zunächst für die Personalauswahl und anschließend für den Kontext der Personalentwicklung.

Zum Zweck der Personalauswahl hat sich das Assessment Center als valide, pragmatische Methode bewährt und etabliert. Insbesondere kommt es dort in den folgenden drei Anwendungsbereichen zum Einsatz:

- Auswahl von Auszubildenden und Trainees
- Besetzung von Einstiegspositionen im Vertrieb (z. B. Kundenbetreuer)
- Auswahl von Führungskräften durch diskrete Einzelverfahren

Methodisch hat sich das Assessment Center in diesem Bereich jedoch in den letzten Jahren kaum weiterentwickelt. Das ist insofern auch nicht weiter überraschend, als dass der Weiterentwicklung praktische und inhaltliche Grenzen gesetzt sind. So geht es in der Personalauswahl letztlich um die digitale Aussage, ob ein Bewerber für eine bestimmte Position geeignet ist oder nicht. Diese Frage soll zum einen möglichst belastbar, zum anderen möglichst ökonomisch beantwortet werden. Des Weiteren finden Auswahl-Assessment Center entweder aus Gründen der Diskretion (insbesondere Führungskräfte wollen aus Gründen der Vertraulichkeit häufig nicht auf andere Bewerber treffen) oder der Organisation (Bewerber sollen möglichst bald nach ihrer Bewerbung zum Assessment Center eingeladen werden) oft als Einzelverfahren statt. Dadurch sind der Gestaltung des Auswahl-Assessment Centers in Bezug auf die Übungstypen und die Rahmengestaltung weitere Grenzen gesetzt. So steht bei der Auswahl von Bewerbern weiterhin im Fokus, durch ein pragmatisches, flexibel handhabbares, ökonomisches Verfahren belastbare Kernaussagen zu erhalten.

Trotz dieses Pragmatismus entwickelt sich in vielen Unternehmen jedoch auch zunehmend das Bewusstsein dafür, Auswahl-Assessment Center vor allem im Bereich der Hochschulabsolventen auch als Instrument des Personalmarketings zu betrachten. Vor dem Hintergrund des demografischen Wandels haben viele Unternehmen einen großen Bedarf an gut ausgebildeten Berufseinsteigern. Durch die gleichzeitig zu beobachtende Abnahme des Qualifikationstiefgangs an deutschen Schulen und Universitäten wird der hoch qualifizierte Hochschulabsolvent zu einem stark umkämpften Gut. In der Regel bildet das Assessment Center den intensivsten und zeitlich umfangreichsten Kontakt zwischen Bewerber und Unternehmen im Rahmen des Personalauswahlprozesses. Bei allem Bemühen um ein effizientes Auswahlverfahren wird es daher zukünftig immer stärker auch darum gehen, durch das Assessment Center für das eigene Unternehmen zu werben. Ein gut gemachtes Assessment Center bietet daher die Chance, Bewerber einen Tag lang für den zukünftigen Job und das Unternehmen zu begeistern. In Zeiten des Internets tragen abgelehnte wie eingestellte Bewerber diese Begeisterung über Foren, Blogs und Online-Netzwerke in die studentische Welt hinaus. Gleiches gilt selbstverständlich auch und in noch drastischerer Form für weniger teilnehmerfreundliche oder als unfair wahrgenommene Auswahlverfahren.

Die bisweilen vorherrschende Befürchtung, gute Bewerber würden sich durch Assessment Center von einer Bewerbung abschrecken lassen, hat sich in den letzten Jahren als unbegründet erwiesen. In der Regel stellen sich gute, ambitionierte Bewerber gerne der Herausforderung und sehen ein erfolgreich durchlaufenes Assessment Center als eine Art „Initiationsritus". Letztlich schafft ein Assessment Center selbstbewusste Berufseinsteiger, die sich und ihren Fähigkeiten vertrauen, weil sie die Simulationen des Assessment Centers so erfolgreich durchlaufen haben, dass zukünftige Kollegen und Vorgesetzte, die als Beobachter anwesend waren, ihnen die Bewältigung des Jobs zutrauen.

Vor dem Hintergrund dieser Überlegungen sei allen Bewerbern empfohlen, sich nicht von den diversen Ratgebern für das „erfolgreiche Überleben" von Assessment Centern verrückt machen zu lassen. Die von jenen Autoren beschriebenen Übungen und Vorgehensweisen finden nur in den wenigsten seriösen mittleren und großen Unternehmen im deutschsprachigen Raum Anwendung. Viel häufiger stehen die Simulation realistischer, erfolgskritischer Situationen unter fairer, standardisierter Beobachtung sowie ein authentisches gegenseitiges Kennenlernen im Mittelpunkt.

Für Unternehmen gibt es eine Reihe von einfach umsetzbaren Empfehlungen, die ein Assessment Center zu einer gelungenen Personalmarketingveranstaltung machen, ohne den Effizienzgedanken aus den Augen zu verlieren, der weiterhin (mit) im Vordergrund steht:

- Setzen Sie realitätsnahe Übungen ein, die es den Bewerbern ermöglichen, auch selbst einzuschätzen, ob die zukünftigen Herausforderungen zu ihnen passen.
- Gestalten Sie eine faire, transparente Atmosphäre vor und während des Assessment Centers (z. B. durch ein umfassendes Einladungsschreiben und eine ausführliche Einführung in den Assessment Center-Tag) – die Bewerber werden es als Beispiel dafür erleben, wie man in Ihrem Unternehmen miteinander umgeht und arbeitet.
- Schaffen Sie einen schnellen, bewerberorientierten Vor- und Nachbereitungsprozess rund um das Assessment Center, um begehrten Bewerbern zeitnah einen Arbeitsvertrag zukommen lassen zu können.
- Lernen Sie nicht nur die Bewerber kennen, sondern geben Sie ihnen die Möglichkeit, Ihr Unternehmen kennenzulernen (z. B. Rundgang durchs Unternehmen, Unterneh-

menspräsentation, gemeinsames Abendessen durchaus auch schon am Vorabend der Veranstaltung).

- Schaffen Sie für die Teilnehmer Berührungspunkte mit zukünftigen Kollegen (z. B. gemeinsames Mittagessen mit ehemaligen Trainees während der Beobachterkonferenz oder Diskussion in Pausenzeiten).
- Planen Sie bewusst Zeitfenster ein, in denen der Bewerber seine Fragen stellen kann (z. B. durch eine längere Interviewzeit oder die Gelegenheit zu einem umfassenden Abschlussgespräch).
- Geben Sie allen Teilnehmern ein wertschätzendes, offenes Feedback am Ende der Veranstaltung, damit auch diejenigen, die eine Absage erhalten, einen persönlichen Nutzen aus dem Tag ziehen können.

Ein Beispiel für die praktische Umsetzung dieser Empfehlungen im Rahmen eines Trainee-Auswahlprozesses findet sich in Kapitel 10 im Praxisbeispiel der ThyssenKrupp AG.

Sicherlich verändert der Trend der größeren Notwendigkeit von Personalmarketing die organisatorischen Rahmenbedingungen von Auswahl-Assessment Centern. Ihr methodischer Kern bleibt jedoch weitestgehend unverändert. Anders zeichnet sich dies für Assessment Center zur Personalentwicklung ab. Diese entwickeln sich derzeit enorm inhaltlich, methodisch und organisatorisch weiter. Im Wesentlichen sind in der Praxis die folgenden drei großen Trends zu beobachten:

1. Zielgruppenbreite. Einer der wichtigsten Trends zeigt sich dahingehend, dass Assessment Center zur Personalentwicklung nicht mehr länger nur für Nachwuchsführungskräfte durchgeführt werden. Das Verfahren hat sich zielgruppenmäßig nach oben geöffnet. Voraussetzung dafür war die nachfolgend dargestellte Methodenvielfalt. Heute bieten Assessment Center Simulationen und Diskussionsinhalte, die durchaus auch topmanagementtauglich sind. So ist es heute keine Seltenheit mehr, dass Konzernvorstände ihre höchsten und talentiertesten Führungskräfte in Assessment Centern eigenhändig beobachten, um sich ein Bild von deren Potenzial für zukünftige Herausforderungen zu machen.

2. Methodenvielfalt. Nicht nur sind die Zielgruppen für Assessment Center zur Personalentwicklung breiter geworden, sondern ein Stück weit damit einhergehend hat sich auch die methodische Variabilität der einzelnen Veranstaltungen erheblich erhöht. Immer häufiger werden unterschiedliche Übungen in ein liebevolles Rahmenszenario eingebettet, das den Teilnehmern eine rasche Identifikation mit den Übungen ermöglicht. Die Übungen orientieren sich an den zukünftigen Herausforderungen der Teilnehmer – und werden damit ebenso vielfältig. Auf die wesentlichen Aspekte bei der Gestaltung stimmiger, anforderungsorientierter Übungen gehen wir im Kapitel 5 genauer ein.

3. Eventcharakter. Assessment Center werden immer stärker zu wirklichen Events. Zwei Faktoren treiben diese Entwicklung der Assessment Center: Dies ist zum einen der Ansatz, den Teilnehmern selbst in den Mittelpunkt des Verfahrens zu rücken. Er soll sich möglichst wohlfühlen und einen maximalen Nutzen aus der Teilnahme ziehen. So rücken zusätzliche Bausteine wie DVD-Aufzeichnungen der Übungen, Selbsteinschätzungsbögen, Zwischen- und Kollegenfeedback, Coachingangebote usw. in das Verfahren. Zudem runden Auftakt- und Abendveranstaltungen, Teambildungsaktivitäten und aktive Pausengestaltung die gemeinsamen Assessment Center-Tage ab. Zum anderen besteht der zweite Faktor, der den Eventcharakter von Assessment Centern zur Personalentwicklung vorantreibt, in den technischen Möglichkeiten. So können Teilnehmer, Beobachter und Back Office heute mit modernsten technischen Mitteln ausgestattet werden, die beispielsweise die Nutzung moderner Präsentationsmittel durch die Teilnehmer, eine Vernetzung der Beobachter untereinander und die Anfertigung von Ergebnisberichten im unmittelbaren Anschluss an die Veranstaltung erlauben. Im Kapitel 7 finden Sie eine umfassende Diskussion der Organisation und praktischen Gestaltung von Assessment Centern.

1.4 Prinzipien der Assessment Center-Durchführung

Damit Assessment Center erfolgreich sind, ist die Berücksichtigung bestimmter grundlegender Prinzipien empfehlenswert. In den folgenden Abschnitten wird erläutert, in welcher Weise sie ganz praktisch in die Konzeption und Durchführung einfließen können. Wenn diese Prinzipien konsequent umgesetzt sind, ist eine hohe inhaltliche Qualität des Assessment Centers sicher. Diese Prinzipien stellen somit die Kriterien dar, an denen die inhaltliche Qualität von Assessment Centern bewertet werden kann.

1.4.1 Prinzip der Anforderungsgerechtigkeit

Ein wichtiges und ganz und gar nicht triviales Prinzip besteht darin, dass Assessment Center-Übungen wirklich geeignet sein müssen, ein gewünschtes Verhalten oder einen bestimmten Kompetenzstand in sinnvoller Weise sichtbar zu machen. Die Assessment Center-Übung muss in der Lage sein, das Verhalten in Bezug auf die gewünschte Anforderung zu „provozieren". Eine Gruppenübung, in der alle Teilnehmer harmonisch miteinander plauschen, macht die Beobachtung von Durchsetzungsfähigkeit schwer. Oft realisieren Beobachter in einem Assessment Center nicht sofort, dass ihre erlebte Ambivalenz in der Beurteilung der Teilnehmer eigentlich nur die Schwäche der angewandten Übungen widerspiegelt, die gewünschte Beurteilungsdimension auch tatsächlich sichtbar zu machen. Wie dieses Prinzip in der Konzeption der Assessment Center-Übungen berücksichtigt werden kann, wird im Kapitel „Szenario, Bausteine und Simulationen" dargestellt (vgl. Kapitel 5). Darüber hinaus ist mit diesem Prinzip natürlich gefordert, dass dem Assessment Center tatsächlich die für eine Zielposition oder Zielperspektive relevanten Anforderungen zugrunde liegen. Diese sind nicht immer ganz leicht zu beschreiben, vor allem, wenn man sich jenseits der gern zitierten Worthülsen wie Teamfähigkeit und Flexibilität bewegen möchte. Hierzu wird im Kapitel „Anforderungen definieren" (vgl. Kapitel 4) eine praktische Struktur erläutert, die die Entwicklung differenzierter Anforderungsprofile ermöglicht.

1.4.2 Prinzip des Berufsbezuges

Im beruflichen Kontext sind letztlich nur solche Übungen akzeptabel, die inhaltlich in einem Business-Kontext stattfinden. Brücken bauen aus Papier (eine der alten, ganz klassischen Assessment Center-Übungen) oder Ähnliches macht nur wenig Sinn. Grundsätzlich gilt, dass Assessment Center-Ergebnisse desto akzeptabler sind, je genauer sie konkrete Situationen widerspiegeln, die zur Lebenswirklichkeit der Teilnehmer gehören. Es ist nicht unbedingt so, dass nicht auch andere Übungen differenzierte Rückmeldungen ermöglichen würden. Aber es ist sicher, dass insbesondere kritische Rückmeldungen leichter übermittelbar und tragbar sind, wenn dieses Prinzip realisiert worden ist. Neben der Erhöhung der Akzeptanz wird natürlich durch dieses Prinzip auch die Aussagefähigkeit der Ergebnisse bezüglich der beruflich relevanten Anforderungen optimiert. Zudem ermöglicht die Berücksichtigung dieses Prinzips gerade im Auswahlkontext, dass Bewerber eine realistische „Vorschau" auf mögliche zukünftige Herausforderungen erhalten und somit eine Selbsteinschätzung vornehmen können, ob sie geeignet und gewillt sind, derartige Herausforderungen in dem potenziellen neuen Job zu meistern.

1.4.3 Prinzip der Mehrfachbeobachtung

Um eine möglichst fundierte und facettenreiche Beurteilung zu erreichen, gilt das Prinzip der Mehrfachbeobachtung. Assessment Center-Ergebnisse haben umso mehr Substanz, je mehr Beobachter in den unterschiedlichen Situationen und Übungen zu ihnen beigetragen haben, da individuelle Urteilsverzerrungen einzelner Beobachter sich untereinander ausgleichen. In der Praxis wird dafür häufig die so genannte Beobachterrotation eingesetzt: Beobachter beobachten unterschiedliche Teilnehmer in den verschiedenen Übungen und fügen am Ende des Verfahrens ihre Eindrücke zusammen („Mehr-Augen-Prinzip"). In diesem Aspekt liegt nicht nur eine inhaltliche, sondern auch eine organisatorische Herausforderung. Hilfen für die Gestaltung von Zeitplänen mit sinnvollen Mehrfachbeobachtungsmöglichkeiten liefert das Kapitel „Organisation und praktische Gestaltung" (vgl. Kapitel 7). Gleichzeitig bedeutet das Prinzip der Mehrfachbeobachtung auch, dass jede relevante Anforderung in mindestens zwei Übungssituationen beobachtet werden sollte, um auch diesbezüglich individuelle Messfehler zu reduzieren.

1.4.4 Prinzip der Transparenz

Nicht nur der inhaltliche Güteanspruch, den viele Unternehmen an ihre Assessment Center stellen, sondern auch die teilweise unglückliche Presse zum Thema Assessment Center macht es in höchstem Maße empfehlenswert, für die Teilnehmer eine hohe Transparenz bezüglich der Inhalte und Ziele des Assessment Center-Prozesses herzustellen. Hierzu gehört beispielsweise die Erläuterung, welche Kriterien beobachtet werden, in welchen Situationen beobachtet wird (beim Mittagessen z. B. nicht) und wie sich letztlich die Deutungen und Interpretationen begründen. Ein persönliches und direktes Feedback, das zeitnäher und umfassender ist als ein telefonisches Kurzfeedback irgendwann im Anschluss, ist eine damit zusammenhängende wesentliche Forderung. Auch schriftliche Ergebnisberichte sollten offen gelegt werden, um wirklich Klarheit über das gesamte Instrument herzustellen. Besonders unangenehm für die Teilnehmer sind „Black-Box-Verfahren". Bei diesen Verfahren wird der Teilnehmer vorher nicht umfassend über Ablauf und Inhalte informiert, ist während des Assessment Centers mit vielen Fragen allein gelassen und kann am Ende auch nicht genau einschätzen, welche Informationen nun über ihn weitergegeben werden. Es liegt auf der Hand, dass hier bei vielen Assessment Center-Teilnehmern Ambivalenzgefühle in Bezug auf die Methodik zurückbleiben. Tipps für die sinnvolle Gestaltung von Vorabinformationen und Kommunikation des AC-Verfahrens intern wie extern finden Sie in dem Kapitel „Kommunikation in AC-Projekten“ (vgl. Kapitel 3). Hinweise zur Gestaltung von Rückmeldeprozessen sind im Kapitel „Rückmeldung, Aufbereitung und Verwendung von AC-Ergebnissen“ (vgl. Kapitel 8) zusammengefasst.

1.4.5 Prinzip der Teilnehmerorientierung

Es ist egal, ob man ein Auswahl-AC oder ein internes Personalentwicklungs-AC durchführt: Auch die Teilnehmer (und nicht nur der auftraggebende Fachbereich) sind Kunden eines solchen Verfahrens und sollen die Möglichkeit haben, von einem Assessment Center zu profitieren. Der persönliche Gewinn der Teilnehmer liegt hierbei natürlich vor allen Dingen in dem offenen, klaren, direkten und mit konkreten Hinweisen angereicherten Feedback. Aber auch das eigene Erleben in den zukünftigen Anforderungen kann schon Coaching-Effekte haben, zu einer verbesserten Selbsteinschätzung führen und den Teilnehmern helfen, die zukünftigen Herausforderungen besser abzuschätzen. Die inhaltliche Gestaltung eines Assessments sollte diesem Grundsatz Rechnung tragen und ihn an allen Stellen des Prozesses ins Kalkül ziehen. Eine beispielhafte Sicht von Teilnehmern auf einen nach den in diesem Kapitel dargestellten Kriterien gestalteten Assessment Center-Prozess zeigt das Praxisbeispiel der Krones AG in Kapitel 10.

1.4.6 Prinzip der strukturierten Beobachtung

Die Beobachtung in einem Assessment Center sollte entlang von klar definierten und kommunizierbaren Kriterien erfolgen. Wenn als Anforderungen eher abstrakte Eigenschaftsbegriffe definiert werden (z. B. Kommunikationsfähigkeit), ist durch entsprechende Operationalisierungen im Vorfeld zu beschreiben, welche Bewertungskriterien mit dieser Dimension abgedeckt werden sollen. Im Assessment Center sollte dann die Beurteilung auf diesen Operationalisierungen beruhen. Eine „freie“, unstrukturierte Beobachtung kann immer nur der Einstieg in einen Beurteilungsprozess sein. Wie Beobachtungsinstrumente in sinnvoller Weise gestaltet werden können, ist im Kapitel „Beobachten und Bewerten“ nachzulesen (vgl. Kapitel 6).

1.4.7 Prinzip der Übungsvielfalt

Idealerweise doppeln sich die Übungen inhaltlich nur begrenzt, auch wenn sich die mit ihnen erfassten Anforderungen überschneiden. Es ist nicht nur wichtig, dass alle Anforderungsbereiche durch mehrere Übungen erfasst werden (Prinzip der Mehrfachbeobachtung), sondern auch, dass dies in unterschiedlichen Übungen der Fall ist. Je vielfältiger die Übungen sind, desto stärker treten spezifische Leistungsdefizite und Kernkompetenzen mit hoher Schärfe zu Tage, und umso weniger müssen beobachtbare Verhaltensweisen durch die Besonderheiten einer spezifischen Übungssituation erklärt werden. Hinweise und Hilfen zur Gestaltung unterschiedlicher Übungstypen sind im Kapitel „Szenario, Bausteine und Simulationen“ aufgeführt (vgl. Kapitel 5).

1.4.8 Prinzip der gemeinsamen Deutung und Interpretation

Das letzte Prinzip fordert, Übungen im Assessment Center mit dem Teilnehmer gemeinsam auszuwerten. Dies heißt nicht, dass man der Selbsteinschätzung des Teilnehmers im Hinblick auf seine Leistung folgen muss, sondern nur, dass man seine Einstellungen, Haltungen, Interpretationen und Sichtweisen mit in den Einschätzungsprozess aufnimmt. Hierdurch gewinnt man die größtmögliche Beurteilungstiefe, da man nicht nur das Verhalten selbst einschätzt, sondern auch persönliche Konzepte, Denkweisen und Antriebe, die zu einem bestimmten Verhalten geführt haben, mit erfasst. Manchmal ist diese Information wesentlich entscheidender als die reine Verhaltensbeobachtung. Wie diese Aspekte in die Übungskonstruktion integriert werden können, wird unter „Szenario, Bausteine und Simulationen" (vgl. Kapitel 5) dargestellt.

1.5 Assessment Center – nur Stress?

Wenn es denn ein Vorurteil gegenüber Assessment Centern gibt, welches sich besonders hartnäckig hält, dann ist es die Auffassung, dass Assessment Center letztlich eine Art „Stress-Test" sind, durch den es gilt, die Belastbarkeit der Teilnehmer zu prüfen. Das ist keineswegs die Grundidee dieses Verfahrens (auch wenn es freilich AC-Durchführende gibt, die das Instrument in dieser Weise interpretieren). Wer Assessment Center dennoch so versteht, beraubt sich des eigentlichen Potenzials der Methodik. Wenn durch ein Assessment Center nur getestet werden soll, wie sich jemand in einer eigenartigen Stress- und Belastungssituation verhält, dann ist das mit dieser Methode natürlich auch möglich. Allerdings ergeben sich in diesem Fall auch ausschließlich Ergebnisse zur Anforderung „Umgang mit künstlich induziertem Stress". Wie viel mehr könnte man erfahren, wenn die Teilnehmer nicht durch die Erzeugung von Stress zu opportunistischem und von Misstrauen geprägtem Verhalten gedrängt würden? Wie viel sicherer könnte die Beurteilung sein, wenn die Teilnehmer ihre wirkliche Maximalleistung präsentieren und damit ein echtes Bild ihrer tatsächlichen Möglichkeiten geben könnten? Assessment Center schränken – wenn sie vorrangig als Stress-Test verstanden werden – die Beurteilungsmöglichkeiten drastisch ein. Assessment Center dürfen anspruchsvoll und fordernd sein, sie dürfen die Grenzen des Verhaltensrepertoires der Teilnehmer sichtbar machen. Aber sie dürfen nicht durch einen künstlich erzeugten Druck eindimensional und inakzeptabel werden. Es liegt auf der Hand, dass Teilnehmer unter Stress nicht differenziert beurteilbar sind. Assessment Center sind immer ein gemeinsamer Problemlösungsprozess, der für beide Seiten (Veranstalter und Teilnehmer) gewinnbringend und akzeptabel sein sollte.

1.6 Was wird im Assessment Center beurteilt – Verhalten oder Persönlichkeit?

Die reine Lehre zum Assessment Center beschreibt dieses Verfahren als ein ausschließlich verhaltensorientiertes Verfahren (z. B. Howard, 2008). Demnach wird ein bestimmtes Verhalten (quasi wie im Labor) beobachtet und darauf aufbauend der Stand der Verhaltenskompetenzen eingeschätzt. Dieser Ansatz greift zu kurz. Für eine gute Prognose braucht man mehr als Verhaltensbeobachtungen. So ist es z. B. denkbar, dass jemand ein sehr gutes Mitarbeitergespräch führen kann, dies aber in der Praxis sehr selten tut, weil es ihm zu lästig ist und ihm die Motivation fehlt, sich intensiv mit Mitarbeitern auseinanderzusetzen. Die Verhaltensbeobachtung zeigt also immer nur, dass jemand über eine bestimmte Kompetenz auf seiner persönlichen „Verhaltensklaviatur" verfügt. Das sagt jedoch noch nichts darüber aus, unter welchen Bedingungen jemand bereit oder motiviert ist, diese Kompetenz auch zu nutzen, denn das ist eine Frage von Motivation, Einstellungen und Haltungen. Ein gutes Assessment Center muss also nicht nur sichtbar machen, ob jemand beispielsweise über die persönlichen Möglichkeiten verfügt, die ihn zur Führungskraft prädestinieren, sondern auch, ob eine solche Tätigkeit zu seinen Interessen, Einstellungen, beruflichen Hoffnungen und Zielen passt. Dies setzt eine hohe Interaktivität mit den Teilnehmern und eine offene gemeinsame Reflexion von Übungen voraus und steht dem von der „reinen Lehre" geforderten distanzierten Verhältnis und der damit einhergehenden, oftmals sehr künstlich wirkenden, Laborsituation zwischen Beobachtern und Teilnehmern entgegen. Ein gutes Assessment Center hat auch Beratungs- und Coachingcharakter.

Literaturhinweise zu diesem Kapitel

Arthur, W. Jr. & Day, E. A. (2011). Assessment Centers. In S. Zedeck (Ed.), *APA Handbook of Industrial and Organizational Psychology* (Volume 2: Selecting and Developing Members for the Organization, pp. 205–235). Washington: APA.

Caldwell, C., Thornton, G. C. III & Gruys, M. L. (2003). Ten Classic Assessment Center Errors: Challenges to Selection Validity. *Public Personnel Management, 23* (1), 73–88.

Howard, A. (2008). Making Assessment Centers Work the Way They Are Supposed To. *Industrial and Organizational Psychology, 1* (1), 98–104.

Howard, A. (2011). The Management Progress Study and Its Legacy for Selection. In J. L. Farr & N. T. Tippins (Eds.), *Handbook of Employee Selection* (pp. 843–864). New York: Taylor and Francis Group.

International Task Force on Assessment Center Guidelines (2000). Guidelines and Ethical Considerations for Assessment Center Operations. *Public Personnel Management, 29,* 315–331.

Kanning, U. P. (2004). *Standards der Personaldiagnostik. Ein Lehrbuch für die Praxis.* Göttingen: Hogrefe.

Kanning, U. P. (2009). *Diagnostik sozialer Kompetenzen* (2., aktualisierte Auflage). Göttingen: Hogrefe.

Kanning, U. P., Pöttker, J. & Gelléri, P. (2007). Assessment Center-Praxis in deutschen Großunternehmen. Ein Vergleich zwischen wissenschaftlichem Anspruch und Realität. *Zeitschrift für Arbeits- und Organisationspsychologie, 51* (4), 155–167.

Kleinmann, M. (2003). *Assessment-Center.* Göttingen: Hogrefe.

Kristof-Brown, A. L., Zimmermann, R. D. & Johnson, E. C. (2005). Consequences of Individuals' Fit at Work: A Meta-Analysis of Person-Job, Person-Organization, Person-Group, and Person-Supervisor Fit. *Personnel Psychology, 58,* 281–342.

Lievens, F. & Thornton, G. C. III (2007). Assessment Center-Forschung und -Anwendung: eine aktuelle Bestandsaufnahme. In H. Schuler (Hrsg.), *Assessment Center zur Potenzialanalyse* (S. 37–57). Göttingen: Hogrefe.

Lorenz, M. & Rohrschneider, U. (2009). *Erfolgreiche Personalauswahl*. Wiesbaden: Gabler.

Schuler, H., Hell, B., Trapmann, S., Schaar, H. & Boramir, I. (2007). Die Nutzung psychologischer Verfahren der externen Personalauswahl in deutschen Unternehmen – ein Vergleich über 20 Jahre. *Zeitschrift für Personalpsychologie, 6* (2), 60–70.

Schuler, H. & Höft, S. (2004). Berufseignungsdiagnostik und Personalauswahl. In H. Schuler (Hrsg.), *Organisationspsychologie – Grundlagen und Personalpsychologie* (S. 439–532). Göttingen: Hogrefe.

2 Varianten des Assessment Centers

Als Assessment Center werden mittlerweile verschiedenste Methodiken und Vorgehensweisen bezeichnet. Dieses Kapitel liefert einen Überblick über verschiedene Varianten von Assessment Centern und gibt Kriterien an die Hand, die richtige Art von Assessment Center für eine individuelle Fragestellung zu finden. Es gibt eine Orientierung im mittlerweile entstandenen Begriffsdschungel der verschiedenen Assessment Center. Zunächst wird grundsätzlich zwischen Einzel- und Gruppenverfahren unterschieden, und es werden die zentralen Kriterien benannt, an denen man sich bei der Entscheidung für ein Einzel- oder Gruppenverfahren orientieren kann. Um einen Überblick über die verschiedenen Varianten zu erhalten, werden anschließend die häufigsten Arten in ihren Besonderheiten kurz beschrieben und ihre Stärken und Grenzen herausgestellt. Abschließend erfolgt zu jedem Assessment Center eine kurze Beschreibung typischer Einsatzgebiete.

2.1 Varianten von Assessment Centern – Welche Methodik ist die richtige?

Betrachtet man die einschlägige Literatur zum Thema Assessment Center sowie die Vielzahl und damit auch Unterschiedlichkeit der in der Praxis eingesetzten Methoden, so wird schnell klar, dass es „das Assessment Center" eigentlich gar nicht mehr gibt. Es handelt sich bei dem Begriff Assessment Center um einen Oberbegriff für eine Vielzahl verschiedener Methoden und Vorgehensweisen, um unterschiedliche Ziele zu erreichen. Eine Orientierung geben die in Tabelle 1 dargestellten Verfahrenstypen mit ihren unterschiedlichen Zielen und gängigen Bezeichnungen.

Es gibt allerdings keine verbindliche Bezeichnung für diese verschiedenen Assessment Center-Typen und die Bandbreite der Veranstaltungsziele und -bezeichnungen ist in der Realität noch deutlich größer als in dieser Übersicht dargestellt. Wenn wir in diesem Buch von „Assessment Centern" sprechen, meinen wir weiterhin alle diese unterschiedlichen Verfahren und beschränken uns keineswegs nur auf Auswahlfragestellungen. Allerdings beziehen wir so genannte „Online Assessment Center" nicht in unsere Überlegungen ein. Letztlich bleiben Online Assessment Center bei aller Berechtigung, die sie in bestimmten Schritten des Auswahlprozesses haben mögen, methodisch angereicherte Persönlichkeitsfragebögen und können keine „echte" Verhaltenssimulation sein. Da sie sich somit fundamental von der eigentlichen methodischen Grundidee des Assessment Centers, die im „Zeigen lassen" von zentralen Kompetenzen besteht, maßgeblich unterscheiden, werden Online Assessment Center in diesem Buch nicht weiter betrachtet.

Alle Zielstellungen haben gemeinsam, dass ein Assessment Center dazu dient, aktuell anstehende oder in der Zukunft liegende Entscheidungen besser fundieren und entsprechend mit verringertem Risiko fällen zu können; dies gilt in vielen Fällen sowohl aus der Perspektive des Unternehmens als auch aus der Perspektive der Teilnehmer. Beide Seiten wollen sicher gehen, mit der beruflichen Entwicklung eines Teilnehmers einen richtigen, erfolgreichen Weg zu beschreiten.

Tabelle 1: Verfahrenstypen und Ziele

Liegen die wesentlichen Ziele der Veranstaltung in ...	wird in der Regel von einem/einer ... gesprochen.
... der Auswahl von Personen zur Besetzung bestimmter Positionen: – externe Bewerber – interne Bewerber – Teilnehmer für besondere interne Entwicklungswege oder Entwicklungsprogramme (z. B. Nachwuchsförderprogramme)	Assessment Center Auswahltag
... der effektiven Identifikation von Personalentwicklungsbedarf – in Bezug auf eine konkrete Zielposition oder Aufgabenart (z. B. Übernahme einer Führungsposition) – als individuelle Standortbestimmung, um maßgeschneiderte individuelle Entwicklungsmaßnahmen definieren zu können	Development Center Entwicklungscenter
... der systematischen Kompetenzüberprüfung von bestehenden Positionsinhabern	Management Audit
... der Ermöglichung von Selbsterfahrung und Beratung für Nachwuchskräfte und/oder Identifikation des grundsätzlich vorhandenen Potenzials	Orientierungscenter Führungswerkstatt

In jedem Fall sollte man sich im Vorfeld eines Assessment Centers präzise Vorstellungen davon machen, welche Eigenschaften und Verhaltenskompetenzen man genau meint und erfassen möchte. Die Basis eines jeden Verfahrens bildet immer eine präzise Anforderungsanalyse (vgl. Kapitel 4).

Bei der Entscheidung für eine bestimmte Assessment Center-Methodik muss man sich zunächst einmal über seine besonderen Bedarfe und Ziele im Klaren sein. Wie beim Autokauf, wo unterschiedliche Arten, wie z. B. Geländewagen, Sportwagen oder Limousine nicht an sich gut oder schlecht sind, so entscheidet sich auch die Auswahl eines bestimmten Assessment Center-Verfahrens an den individuellen Bedarfen der Durchführenden.

Die unterschiedlichen Assessment Center-Verfahren mit ihren verschiedenen Zielstellungen unterscheiden sich auf der Grundlage der gemeinsamen Grundidee in der Regel in ihrer Ausgestaltung (z. B. hinsichtlich der Realitätsnähe), dem konzeptionellen Aufwand und der Integration weiterer Elemente (z. B. Abendveranstaltungen, Teambildung, Feedback durch andere Teilnehmer ...). Für einen Überblick über die gängigsten Varianten von Assessment Centern werden diese im Folgenden mit ihren charakteristischen Eigenschaften beschrieben und Stärken und Grenzen der jeweiligen Ansätze verdeutlicht. Wie die konkrete Ausgestaltung einzelner Übungen innerhalb der jeweiligen Ansätze aussehen kann, wird im Kapitel „Szenario, Bausteine und Simulationen" (vgl. Kapitel 5) beschrieben.

2.2 Einzelverfahren oder Gruppenverfahren?

Neben den verschiedenen Varianten und damit grundsätzlichen Vorgehensweisen in der Konzeption und Durchführung von Assessment Centern ist grundsätzlich zwischen Gruppen- und Einzelverfahren zu unterscheiden. Die Entscheidung sollte auf jeden Fall immer dann für ein Einzelverfahren fallen, wenn

- externe oder interne Bewerber dabei sind, die auf absolute Vertraulichkeit und Diskretion ihrer Bewerbung Wert legen und entsprechend nicht auf andere Mitbewerber treffen möchten,
- es richtig oder notwendig erscheint, sich im Verlauf eines Verfahrens sehr individuell auf einzelne Teilnehmer einstellen zu können, um gegebenenfalls Übungen spontan individuell zu modifizieren, um einzelne Fragestellungen gezielt zu klären (wobei natürlich die Vergleichbarkeit zwischen zwei Durchführungen beeinträchtigt wird),
- bei einem Auswahlverfahren sowohl externe als auch interne Teilnehmer dabei sind, um Chancenungleichheiten in Gruppensituationen zu vermeiden, die z. B. durch Kenntnis einzelner Teilnehmer untereinander entstehen können,
- bei der Potenzialanalyse oder Auswahl auf einer höheren Managementebene durch eine individuelle Durchführung ein höheres Maß an Wertschätzung gegenüber den Teilnehmern demonstriert werden soll,
- zur erfolgreichen Bewältigung einer möglichen Zielposition kaum Leistungen in Gruppensituationen erforderlich sind (nicht zuletzt wegen der mit Gruppenübungen generell verbundenen Schwierigkeiten; vgl. Abschnitt 5.5).

In der praktischen Durchführung von Einzel-ACs kann es dabei durchaus Sinn machen, an einem Tag mehrere Teilnehmer parallel zu betrachten (so genannte vernetzte Einzel-ACs). Die Vorteile dieser drei Verfahrensweisen sind in Tabelle 2 in der Übersicht dargestellt.

Wenn die unten genannten Faktoren gegeneinander abgewogen wurden und eine grundsätzliche Entscheidung über ein Einzel- oder Gruppenverfahren gefällt ist, stellt sich die Frage, welche Art von Konstruktion und Durchführung der Übungen für die eigenen Ziele am effektivsten ist. Verschiedene Formen der Ausgestaltung werden im folgenden Kapitel dargestellt.

Tabelle 2: Vorteile der drei Verfahrensweisen

Einzel-AC (EAC)	Vernetzte Einzel-ACs	Gruppen-AC
Höhere terminliche Flexibilität, denn es bedarf nur eines Teilnehmers und zwei bis drei Beobachtern. Besonders bei der Personalauswahl muss oft sehr schnell reagiert werden, um geeignete Bewerber am Markt gewinnen zu können.	Unmittelbarer Vergleich mehrerer Teilnehmer, um sich z. B. in der Auswahl direkt für einen Kandidaten entscheiden zu können.	Unmittelbarer Vergleich mehrerer Teilnehmer, um sich z. B. in der Auswahl direkt für einen Kandidaten entscheiden zu können.

Tabelle 2: Vorteile der drei Verfahrensweisen (Fortsetzung)

Einzel-AC (EAC)	Vernetzte Einzel-ACs	Gruppen-AC
Höhere Flexibilität in der Durchführung. Ohne zeitliche Vernetzung kann je nach Bedarf spontan mehr Zeit für eine Simulation eingeräumt werden.	Relativ gesehen, geringerer Aufwand, weil im EAC für einen Teilnehmer zwei oder drei Beobachter vorhanden sein sollten.	Relativ gesehen, geringerer Aufwand, weil im EAC für einen Teilnehmer zwei oder drei Beobachter vorhanden sein sollten.
Es besteht die Möglichkeit, das Verfahren spontan zu variieren, wenn einzelne Anforderungen schneller als erwartet sicher diagnostiziert werden konnten, oder wenn andere Anforderungen eines „zweiten Blickes" bedürfen.	Beobachtung mehrerer Teilnehmer im Vergleich, das erleichtert es z. B., den Schwierigkeitsgrad einer Übung einschätzen zu können.	Beobachtung mehrerer Teilnehmer im Vergleich, das erleichtert es z. B., den Schwierigkeitsgrad einer Übung einschätzen zu können.
Intensive Konzentration auf nur eine Person, dadurch verbesserte Qualität der Beobachtungen und Beurteilungen.	Bei Veranstaltungen mit reinem Fördercharakter können sich Teilnehmer aus verschiedenen Unternehmensbereichen kennenlernen, Sichtweisen austauschen und Kontakte knüpfen.	Bei Veranstaltungen mit reinem Fördercharakter können sich Teilnehmer aus verschiedenen Unternehmensbereichen kennenlernen, Sichtweisen austauschen und Kontakte knüpfen.
	Die Beobachter können im Verlauf rotieren (verschiedene Teilnehmer sehen), so dass unterschiedliche Teilnehmer in verschiedenen Übungen gesehen und beurteilt werden (vgl. Prinzip der Mehrfachbeobachtung in Abschnitt 1.4.3).	Die Beobachter können im Verlauf rotieren (verschiedene Teilnehmer sehen), so dass unterschiedliche Teilnehmer in verschiedenen Übungen gesehen und beurteilt werden (vgl. Prinzip der Mehrfachbeobachtung in Abschnitt 1.4.3).
		Anforderungen, die den erfolgreichen Umgang mit Gruppen beinhalten, können durch die Gruppe der Teilnehmer ökonomisch/ realistisch simuliert werden (im EAC nur durch eine Gruppe von Beobachtern).

2.3 Ausgestaltung eines Assessment Centers

Die einzelnen Assessment Center-Varianten können je nach Fragestellung und Ziel mit unterschiedlich gestalteten Übungen und Rahmenbedingungen durchgeführt werden. Vier wesentliche Varianten, das klassische Assessment Center ohne und mit Rahmenhandlung, das dynamische Assessment Center und das Realitäts-Assessment Center, werden im Folgenden mit ihren wesentlichen Eigenschaften sowie ihren Stärken, Grenzen und typischen Einsatzgebieten dargestellt.

2.3.1 Das klassische Assessment Center

Das klassische Assessment Center ist in der Regel ein Gruppenverfahren, in dem innerhalb von ein bis drei Tagen mehrere Teilnehmer (üblicherweise 6 bis 12) bei der Bearbeitung unterschiedlicher Simulationen und Aufgaben durch Personalfachleute und Personalverantwortliche beobachtet und beurteilt werden. Diese Simulationen und Aufgaben sind so konzipiert, dass sie die im Vorfeld definierten Anforderungen (wie z. B. analytisches Denken, Überzeugungskraft, Leistungsmotivation) sichtbar machen sollen. Dabei stehen im klassischen Assessment Center einzelne Übungen (z. B. Rollenspiel, Präsentation) für sich und werden innerhalb des Ablaufes möglichst zeitökonomisch aneinander gereiht. Die Beobachtungen aus einzelnen, voneinander unabhängigen Übungen werden zusammengetragen und zu einer Gesamteinschätzung aggregiert. Es wird hierbei kein Wert darauf gelegt, dass Kernaufgaben einer Position realitätsnah simuliert werden. Die Durchführung dieser einzelnen Übungen ist dabei prinzipiell auch als Einzelverfahren möglich.

2.3.1.1 Die Stärken des klassischen Assessment Centers

Das Assessment Center liefert generell eine höhere Objektivität bei der Einschätzung von Teilnehmern als andere Verfahren. Dies gelingt dadurch, dass mehrere Beurteiler einen Kandidaten in verschiedenen Übungen sehen und unabhängig voneinander einschätzen. Entsprechend werden insgesamt Beurteilungen und daraus resultierende Entscheidungen transparenter und akzeptabler für alle Beteiligten. Die besondere Stärke des klassischen Assessment Centers gegenüber anderen Arten liegt vor allem darin, dass je nach Anforderung verschiedene, gegebenenfalls bereits vorhandene Übungsbausteine und Simulationen immer wieder neu für einzelne Positionsanforderungen kombiniert und eingesetzt werden können. Als Durchführender kann man so, je nach Bedarf, für einzelne Verfahren einzelne Übungsbausteine ergänzen, austauschen oder neu kombinieren. Entsprechend handelt es sich vor allem in der Konzeption um ein vergleichsweise ökonomisches Vorgehen.

2.3.1.2 Die Grenzen des klassischen Assessment Centers

Die einzelnen Übungen erscheinen den Teilnehmern oft als „aneinander gereiht", und es kann ihnen unter Umständen schwer fallen, sich immer wieder kurzfristig auf vollständig neue Situationen und Anforderungen einzustellen. Die Aussagekraft in Bezug auf zukünftige Leistungen in einzelnen konkreten Situationen ist insofern eingeschränkt, als dass einzelne Übungen zwar einzelne Anforderungen, nicht immer jedoch die Kernaufgaben mit ihren ganzheitlichen Herausforderungen einer möglichen zukünftigen Position widerspiegeln.

Damit stehen einzelne aneinander gereihte Übungen in der Gefahr, recht künstlich zu wirken und unter anderem die Identifikation der Teilnehmer mit den verschiedenen dargestellten Situationen zu erschweren. Dadurch wird es den Teilnehmern nicht ermöglicht, eine realistische Vorstellung von einer zukünftigen Aufgabe zu gewinnen, um persönlich die eigenen Neigungen und Stärken mit den konkreten Anforderungen dieser Aufgabe abzugleichen. Die Akzeptanz der mit den Ergebnissen verknüpften Entscheidungen ist in der Konsequenz oft nicht voll gegeben. Anders gestaltet sich dies, wenn ein Teilnehmer z. B. in einem sehr realitätsnahen Mitarbeitergespräch unmittelbar selber erkennt, welche Schwierigkeiten er damit hat, seine Gesprächsziele zu erreichen, und später bei der Rückmeldung der Ergebnisse eben dies auch aufgezeigt bekommt.

Nicht zuletzt aufgrund der oft entstehenden Anmutung von Künstlichkeit ist hier das Prinzip der Teilnehmerorientierung (vgl. Abschnitt 1.4.5) nur teilweise erfüllt, und diese Vorgehensweise erfreut sich vor allem bei Teilnehmern aus dem Kreis erfahrener Führungskräfte und Top-Entscheider keiner hohen Akzeptanz.

2.3.1.3 Typische Einsatzgebiete

Das klassische Assessment Center als ökonomische Kombination verschiedener bestehender Übungen und Simulationen wird vor allem bei der Auswahl von Auszubildenden oder Hochschulabsolventen eingesetzt. Es bietet eine ökonomische Ergänzung zu klassischen Verfahren wie Interviews oder Tests, um eine bessere Kenntnis überfachlicher, vor allem sozialer und kommunikativer Kompetenzen zu erlangen. Aufgrund seiner mangelnden Akzeptanz bei Führungskräften als Teilnehmer wird es für anspruchsvollere Positionen kaum noch eingesetzt. In größeren Unternehmen mit einem entsprechenden Anspruch an ein professionelles Personalmanagement spielt diese klassische Form des Assessment Centers daher nur noch eine untergeordnete Rolle. Dies liegt vor allem auch daran, dass eine Passung der Assessment Center-Inhalte zur Kultur und der Situation des Unternehmens heutzutage zu Recht immer wichtiger genommen wird. Stattdessen werden immer häufiger innovativere Verfahren, die im Weiteren noch beschrieben werden, eingesetzt.

2.3.2 Das klassische Assessment Center mit Rahmenhandlung

Als Erweiterung des klassischen Assessment Centers werden hier verschiedene Übungen und Simulationen in ein Gesamtszenario eingebettet. Dabei geschieht dies oft vor dem Hintergrund einer konkreten Zielposition oder zumindest einer konkreten Aufgabenart (z. B. Führung), so dass unmittelbar erfolgsrelevante Situationen, die auf die Teilnehmer in der Zielposition zukünftig tatsächlich so oder sehr ähnlich zukommen könnten, abgebildet werden. Dabei wird Wert darauf gelegt, dass in den verschiedenen Übungen (z. B. handlungsorientierte Fallstudie, Gesprächssimulation, Präsentation usw.) die Rolle des Teilnehmers stets konstant bleibt, so dass dieser sich in die dargestellte Situation und das Gesamtszenario im Laufe des Verfahrens sehr gut einfinden kann. Es wird hier versucht, nicht nur die relevanten Anforderungen sichtbar zu machen, sondern auch einzelne erfolgskritische Arbeitssituationen in ihrem ganzheitlichen Erscheinungsbild. So kann z. B. ein Verfahren für Nachwuchsführungskräfte oder zur Bewerberauswahl so aussehen, dass verschiedene Situationen im Arbeitsleben eines Abteilungsleiters Einkauf bei einem fiktiven Unternehmen dargestellt und simuliert werden. Das Rahmenszenario muss dabei nicht zwingend die Kernaufgaben einer bestimmten Position genau abbilden. Weil ein enger Bezug zwischen den einzelnen Übungen besteht, und weil die Teilnehmer Informationen aus vorhergehenden Übungen in späteren wieder verwenden können, wird diese Art auch als teildynamisiertes AC beschrieben. Dabei besteht jedoch eine Herausforderung in der Konzeption der Unterlagen darin, die Übungen zwar inhaltlich miteinander zu vernetzen, aber dennoch eine Unabhängigkeit zwischen den Übungen zu erhalten, die es den Teilnehmern ermöglicht, auch nach einer weniger gut gelungenen Übung weitere Herausforderungen mit neutralen Ausgangsbedingungen angehen zu können. Folgt z. B. auf eine analytische Fallstudie ein Kundengespräch, in dem Probleme aufgegriffen werden, die schon in der Fallstudie thematisiert werden, muss die Instruktion für das Kundengespräch so gestaltet sein, dass auch ein Teilnehmer mit schlechter analytischer Leistung in der Fallstudie danach ein gutes Kundengespräch führen kann.

2.3.2.1 Die Stärken des klassischen Assessment Centers mit Rahmenhandlung

Die besonderen Stärken dieses erweiterten klassischen Assessment Centers liegen darin, dass bei positionsspezifischen Übungen den Teilnehmern ein ganzheitliches Bild einer zukünftigen Aufgabe oder Position geboten wird. So besteht für sie die Möglichkeit, sich während des gesamten Verfahrens intensiv in eine mögliche zukünftige Rolle hineinzudenken und die eigenen Stärken und Schwächen in Bezug auf eine konkrete Position sehr unmittelbar zu erleben. Besonders positiv stellt sich für die Beobachter dar, dass die Teilnehmer durch ein realistischeres Gesamtszenario ihre tatsächlichen Stärken in Bezug auf relevante Anforderungen authentischer zeigen können. Darüber hinaus kann unmittelbar die Leistung in erfolgskritischen Situationen für eine zukünftige Position beobachtet werden, und es kann eine ganzheitliche Einschätzung erfolgen, wie weit der Weg für einzelne Teilnehmer zu einer erfolgreichen Aufgabenbewältigung noch ist, und wie umfangreich begleitende Personalentwicklungsmaßnahmen eingesetzt werden müssten.

Auch wenn nicht bestimmte Kernaufgaben simuliert werden, und so ein direkter Stellenbezug nicht deutlich wird, wird das Verfahren als ganzheitlicher erlebt, und es fällt den Teilnehmern oft leichter, sich in die verschiedenen Simulationen hineinzuversetzen.

2.3.2.2 Die Grenzen des klassischen Assessment Centers mit Rahmenhandlung

Auch bei diesem Verfahren besteht trotz eines höheren Maßes an Situationsbezogenheit immer noch eine recht enge Vorgabe bezüglich einzelner Situationen und Aufgabenstellungen. Trotz des Gesamtszenarios stehen die einzelnen Übungen weiterhin nebeneinander und werden nacheinander „abgearbeitet“. Dabei verfügt man hier, wie auch im klassischen Assessment Center, über ein hohes Maß an Standardisierung, das entsprechend ein relativ hohes Maß an Vergleichbarkeit zwischen verschiedenen Teilnehmern aus verschiedenen Durchführungsterminen ermöglicht.

2.3.2.3 Typische Einsatzgebiete

Klassische Assessment Center, die in eine Rahmenhandlung eingebettet sind, finden heute ihren Einsatz sowohl bei der Auswahl von Bewerbern als auch bei der Identifikation von individuellen Personalentwicklungsbedarfen in Bezug auf eine konkrete Zielposition oder Aufgabenart. Sie bieten, besonders bei der Simulation relevanter Kernaufgaben, durch die als ausreichend empfundene Realitätsnähe einerseits eine gute Akzeptanz bei den Teilnehmern und andererseits eine gute Vergleichbarkeit der Ergebnisse verschiedener Teilnehmer für die Beobachter. Entsprechend werden sie zunehmend häufiger eingesetzt und haben dem klassischen AC den Rang abgelaufen. Ein Beispiel für ein klassisches Assessment Center mit Rahmenhandlung in unterschiedlichen inhaltlichen Varianten findet sich im Praxisbeispiel der Krones AG in Kapitel 10.

2.3.3 Das dynamische Assessment Center

Unter einem dynamischen Assessment Center versteht man nicht nur die Einbettung aller Übungen und Simulationen in eine Rahmenhandlung, sondern auch die Möglichkeit der Teilnehmer, einen verstärkten Einfluss auf die weitere Entwicklung des Ablaufes zu nehmen. Entsprechend werden hier oft lediglich auf Basis einer Situationsdarstellung ein oder mehrere Ziele formuliert, die es innerhalb des Verfahrens zu erreichen gilt, um dann den Teilnehmern in relativ weiten Grenzen freien Raum bei der Erfüllung dieser Aufgaben zu geben. Dadurch erhält die gesamte Veranstaltung mitunter den Charakter eines Planspieles.

So können z. B. den Teilnehmern bezüglich der Einteilung ihrer Vorbereitungszeit auf bestimmte Situationen größere Freiräume gegeben werden, so dass individuelle Verhaltensweisen und -stile noch markanter hervortreten können. Es erfolgt zudem eine freiere Gestaltung der Situationen, wodurch auch hier individuelle Verhaltensweisen markanter werden. Mögliche Szenarien sind hierbei z. B. die Fusion zweier Unternehmen, wobei einzelne Teilnehmer als Repräsentant des einen und andere als Repräsentant des anderen Unternehmens in Erscheinung treten und unter dieser Perspektive agieren. Dazu werden Ziele formuliert, wie z. B. die Entwicklung einer gemeinsamen Marketingstrategie oder die gemeinsame Erarbeitung eines Namens für ein neues Produkt. Entsprechend können sowohl überfachliche als auch fachliche und methodische Kompetenzen beobachtet werden. In der Durchführung werden die vorgegebenen Ziele meist ergänzt durch einzelne, in den Zeitplänen der Teilnehmer individuell gesetzte Termine, wie z. B. Mitarbeitergespräche, die wiederum in das Gesamtszenario integriert sind. Hier kann es z. B. vorkommen, dass Teilnehmer Informationen aus einzeln geführten Mitarbeitergesprächen wieder als neue Informationen in die Gruppe hineinbringen. Je nach Verlauf des Verfahrens werden durch die Moderatoren weitere Informationen und Zielstellungen an die Teilnehmer gegeben.

2.3.3.1 Die Stärken des dynamischen Assessment Centers

Die Stärke eines vollständig dynamisierten Assessment Centers liegt zweifelsohne darin, dass den Teilnehmern sehr viel Spielraum gegeben wird, ihre persönlichen typischen Verhaltens- und Erfolgsstrategien zu zeigen. Die Beobachter bekommen die Möglichkeit, die Teilnehmer in relativ natürlichen Entscheidungs- und Gesprächssituationen zu beobachten, bei denen seitens der Teilnehmer oft weniger stark das Bewusstsein vorherrscht, beobachtet zu werden. Stattdessen werden, vergleichbar mit einem Planspiel, konkrete Aufgaben und Probleme gelöst. Besonders vorteilhaft zeigt sich das dynamische Assessment Center bei der Beobachtung von Verhaltensweisen, die einen längeren Zeitraum zur Entwicklung und damit auch zur Beobachtung benötigen. So kann z. B. hier erheblich differenzierter wahrgenommen werden, wer im Verlauf eines oder zweier Tage(s) als Teilnehmer auf welchem Wege z. B. eine herausragende Führungsrolle einnimmt, als dies in einer vielleicht 45-minütigen Gruppendiskussion möglich ist.

2.3.3.2 Die Grenzen des dynamischen Assessment Centers

Die Grenzen eines vollständig dynamisierten Assessment Centers liegen zweifelsohne darin, dass es aufgrund des großen Einflusses der Teilnehmer dazu kommen kann, dass zuvor in der Anforderungsanalyse identifizierte relevante Kriterien in einzelnen Übungsabschnitten nicht mehr beobachtbar sind. So kann z. B. eine als konfliktär angelegte Situation durch bestimmtes Teilnehmerverhalten sehr rasch gelöst werden und entsprechendes Konfliktverhalten nicht mehr beobachtet werden. Eine weitere Grenze des Verfahrens liegt darin, dass es für die Beobachter noch schwieriger wird, zwischen dem Einfluss der aktuell entstandenen Situation und dem der Person einzelner Teilnehmer bei der Beurteilung von Verhaltensweisen zu unterscheiden, als bei stark standardisierten Verfahren. Außerdem ist hier zumeist durch einen größeren Zeitanteil, der in der Gruppe verbracht wird, schwierig, das Verhalten einzelner Personen unabhängig von anderen Teilnehmern einzuschätzen. Nicht zuletzt dadurch, wie auch durch die entstehende Eigendynamik in der Durchführung, sind die Ergebnisse kaum noch unabhängig von der jeweiligen Durchführungssituation zu interpretieren. So ist es z. B. für einen eher zurückhaltenden Teilnehmer leichter, bestimmte Verhaltensweisen in einer Gruppe ebenfalls zurückhaltender Teilnehmer zu zeigen, wenn dort Themen grundsätzlich weniger kontrovers diskutiert werden, als dies in einer anderen Gruppe mit stärker offensiven Teilnehmern der Fall wäre.

Die Dynamisierung hat außerdem zur Folge, dass komplexe Interaktionen und Handlungsabläufe entstehen können, die nur noch von psychologisch gut ausgebildeten und erfahrenen Beobachtern erfassbar sind. Darüber hinaus bedarf das vollständig dynamisierte Assessment Center auch einer flexibleren und geschickteren Steuerung durch den jeweiligen Moderator. Als Auswahlverfahren ist es insofern weniger fair, als dass Situationen nicht über verschiedene Durchführungen hinweg konstant sind, und entsprechend individuelle Leistungen nicht vergleichbar werden. Aus diesem Grund, und weil es von der Dynamik der Gruppe lebt, findet es in der Praxis nur als Gruppenverfahren Anwendung.

2.3.3.3 Typische Einsatzgebiete

Typische Einsatzgebiete für eine solche Form des Assessment Centers liegen in der Feststellung individueller Personalentwicklungsbedarfe. Da hier weniger die konkreten Situationen einer zukünftigen Position abgebildet werden, sondern stärker die Einschätzung grundsätzlicher Verhaltensstrategien und Verhaltensspektren von Einzelnen erfolgt, erhält man im dynamischen Assessment Center einen guten ganzheitlichen Eindruck der Persönlichkeiten der Teilnehmer. Dies kann als individuelle, umfassende Entwicklungsmaßnahme in der Durchführung z. B. durch Feedbackrunden ergänzt werden, bei denen die Teilnehmer sich gegenseitig Rückmeldung geben über die voneinander wahrgenommenen Verhaltensweisen während der letzten Stunden. Entsprechend können so Fortschritte in der Persönlichkeitsentwicklung der Teilnehmer erfolgen und gezielt gefördert werden. Mitunter werden bei der Durchführung auch Outdoor-Elemente integriert, was den Erlebniswert für die Teilnehmer zweifelsohne noch steigern kann. Bedenken sollte man jedoch, dass auch die Aufgaben in einem dynamischen AC umso aussagekräftiger, z. B. für beruflichen Entwicklungsbedarf, sind, je stärker der Businessbezug gewahrt bleibt.

Der Einsatz dieses Verfahrens bietet sich an, wenn man stärker an grundsätzlichen Persönlichkeits- und Kompetenzbeschreibungen von Personen interessiert ist, als an unmittelbaren Eignungsfeststellungen für bestimmte Positionen. Dies ist eine Perspektive, die vor dem Hintergrund sich immer schneller wandelnder Anforderungen und Aufgaben in Unternehmen sicher zukünftig noch größere Bedeutung erlangen wird.

Als Verfahren zur Personalentwicklung hat das dynamische AC mittlerweile einen festen Platz im Methodenspektrum der Personalentwicklung. Trotzdem wird es aufgrund seiner eingeschränkten Anwendungsmöglichkeiten nicht so häufig eingesetzt wie die oben beschriebenen Verfahren.

2.3.4 Das Reality-Assessment Center

Das Reality-Assessment Center lebt davon, dass man die Teilnehmer die konkreten Anforderungssituationen einer zukünftigen Position oder Aufgabe direkt erleben lässt. Es handelt sich um eine Simulation der für die Teilnehmer oft zum Zeitpunkt der Durchführung noch unbekannten Realität. Bei der Konzeption eines Reality-Assessment Centers wird das realistische Arbeitsumfeld einer bestimmten Position im Maßstab 1:1 nachgebildet, so dass die Teilnehmer sich tatsächlich in einer möglichen zukünftigen Bürosituation, in einem zukünftigen Ladenlokal oder in einem anders gearteten Arbeitsplatz wiederfinden. Anders als im klassischen oder teildynamisierten Assessment Center verfügen die Teilnehmer nicht über einen entsprechend detaillierten Zeitplan, sondern werden vom Eintreten bestimmter Situationen überrascht. Es treten, wie im wahren Berufsalltag, plötzlich Kollegen oder Kunden in Erscheinung, oder Vorgesetzte melden sich telefonisch, um einzelne Themen zu besprechen. Diese Art der Durchführung erfolgt zumeist während eines Tages, innerhalb dessen die Teilnehmer in eine mögliche zukünftige Arbeitssituation vollständig hineinversetzt werden. Einzelne Verhaltensweisen, sowie die in der Anforderungsanalyse erhobenen Kriterien, werden sichtbar gemacht, indem für die Teilnehmer spontan bestimmte Situationen und Konstellationen geschaffen werden. Wichtig ist hierbei, dass eine mögliche zukünftige Realität sehr detailgetreu nachgebildet wird, um den Teilnehmern wirklich zu ermöglichen, sich vollständig in diese Situation hineinzuversetzen und sie zu erleben.

2.3.4.1 Die Stärken des Reality-Assessment Centers

Die Stärke des Reality-Assessment Centers liegt darin, dass die Beobachter einen sehr realistischen Eindruck konkreter Verhaltensweisen in einem möglichen zukünftigen Arbeitsverhältnis erhalten, und die Teilnehmer tatsächlich einen sehr intensiven „Realistic job-preview" bekommen. Sie können so unmittelbar eine Arbeitssituation erleben, die ihnen zuvor nicht bekannt war und entsprechend eine gute Selbsteinschätzung vornehmen, inwieweit eine solche Aufgabe ihren persönlichen Neigungen und Fähigkeiten entspricht. Neben dieser sehr hohen situationsbezogenen diagnostischen Aussagekraft zeichnet sich das Reality-Assessment Center durch eine positive Lebendigkeit und spielerische Komponente aus. Dieses Verfahren genießt bei professioneller Konzeption und Durchführung bei Teilnehmern und Beobachtern erfahrungsgemäß eine sehr hohe Akzeptanz und ist für diese auch gleichermaßen spannend wie interessant in der Durchführung.

2.3.4.2 Die Grenzen des Reality-Assessment Centers

Je nach Arbeitssituation und potenzieller zukünftiger Aufgabe erscheint die Konzeption und Durchführung eines Reality-Assessment Centers zunächst einmal sehr aufwändig. Es muss ein echter Arbeitsplatz eingerichtet werden, inklusive des gesamten Umfeldes und der technischen Ausstattung. Außerdem müssen Übungen mit realen, sehr spezifischen Situationen konstruiert werden. Folglich lohnt sich diese Art der Konzeption nur, wenn eine Vielzahl von Durchführungen mit einer größeren Teilnehmerzahl vorgesehen ist. Erst in diesem Fall relativieren sich die Investitionen. Außerdem bedarf es seitens der Rollenspieler unter Umständen sehr guter Branchen- und Fachkenntnisse, um als realistischer Gesprächspartner, z. B. als Kunde oder Mitarbeiter, für die Teilnehmer aufzutreten. Daneben gibt es Tätigkeiten, deren Kernaufgaben gar nicht in einem einzigen Tag realistisch abgebildet werden können, oder deren fachliche und methodische Anforderungen so komplex sind, dass zumindest für berufsunerfahrene Teilnehmer keine ausreichend schnelle Einarbeitung im Vorfeld möglich ist.

Die Grenzen des Verfahrens liegen außerdem darin, dass es zwar eine sehr differenzierte Einschätzung über die Leistungen in einer konkreten Aufgabe ermöglicht, jedoch nur sehr begrenzt generelle, von der konkreten Situation abstrahierte Potenzial- und Leistungsaussagen. Das liegt vor allem daran, dass der Einfluss von Fachkenntnissen und spezifischen Berufserfahrungen auf die Ergebnisse sehr stark sein kann. In der Konsequenz kann diese Einschränkung vor allem bei sich schnell wandelnden Anforderungen und Aufgaben in Unternehmen ein Problem darstellen.

2.3.4.3 Typische Einsatzgebiete

Gemäß der oben beschriebenen Stärken und Grenzen des Verfahrens erfolgt der Einsatz von Reality-Assessment Centern ausschließlich zur Auswahl von Bewerbern für eine konkrete Zielposition oder zur Definition von Personalentwicklungsbedarfen interner Bewerber, ebenfalls in Bezug auf konkrete Zielpositionen oder Aufgabenfelder. Besonders lohnenswert erscheint diese Art des Assessment Centers, wenn sehr großer Wert darauf gelegt wird, den Teilnehmern einen „Realistic Job-Preview" zu bieten. So besteht z. B. die Möglichkeit, im Vorfeld massiver Umstrukturierungsmaßnahmen den eigenen Mitarbeitern einen Ausblick auf einen möglichen zukünftigen Arbeitsplatz zu gewähren. Entsprechend können im Vorfeld beiderseitig die Entscheidungen für oder gegen eine bestimmte Position erheblich besser fundiert werden. Gerade aufgrund dieser Anwendungsmöglichkeit erfreut sich das Reality-AC in den letzten Jahren zunehmender Anwendung, auch wenn die Häufigkeit immer noch weit hinter der herkömmlicher AC-Verfahren zurückbleibt.

Die weiteren Kapitel beziehen sich aufgrund der Anwendungshäufigkeit der unterschiedlichen Verfahren methodisch stärker auf klassische und dynamische Einzel- und Gruppenverfahren (mit und ohne Rahmenhandlung) als auf Reality-ACs.

In den Tabellen 3 und 4 sind die typischen Merkmale sowie Vor- und Nachteile der verschiedenen AC-Verfahren zur besseren Übersicht zusammengefasst.

Tabelle 3: Übersicht der typischen Merkmale der verschiedenen AC-Verfahren

Verfahren	Typische Merkmale
Klassisches AC	– Kombination verschiedener Übungen ohne inhaltlichen Zusammenhang – Zusammenstellung von Einzelübungen je nach zu messenden Anforderungen
Klassisches AC mit Rahmenhandlung	– Erweiterung des klassischen ACs, indem alle Übungen in eine Rahmenhandlung integriert werden – Rahmenhandlung bildet oft den realen Hintergrund der Zielposition ab – Übungen sind nicht nur nach Anforderungen zusammengestellt, sondern simulieren relevante Situationen – Möglichkeit der Konstanz der eigenen Rolle für die Teilnehmer
Dynamisches AC	– Teilnehmer gestalten Situation maßgeblich mit, Planspielcharakter – Einbettung in ein Szenario, innerhalb dessen den Teilnehmern Ziele und Aufgaben vorgegeben werden
Reality-AC	– Simulation der realen Tätigkeit „im Maßstab 1 : 1", z. B. in Form eines exemplarischen Tages am Arbeitsplatz – Teilnehmer erhalten zu Beginn keinen Zeitplan, sondern werden von Aufgaben und Situationen überrascht – Anforderungen spiegeln sich in simulierten, typischen Situationen wider

Tabelle 4: Übersicht der Vor- und Nachteile der verschiedenen AC-Verfahren

Verfahren	Vorteile	Nachteile
Klassisches AC	– Ökonomie: Verschiedene Übungen können in unterschiedlichen Verfahren einfach kombiniert werden. – Jede Übung steht für sich, d.h. auch jeder Teilnehmer hat vor einer neuen Übung wieder die gleichen Chancen. – Validere Aussagen als Potenzialanalyseverfahren, die lediglich mit einem Beobachter oder einer Methodik arbeiten (z.B. nur Interview).	– Kein direkter inhaltlicher Positionsbezug (i.S.v. Abbildung realer Aufgaben z.B. einer Zielposition), was zu geringerer Akzeptanz und Aussagekraft führt. – Übungen wirken auf Teilnehmer oft aneinander gereiht und entsprechend künstlich.
Klassisches AC mit Rahmenhandlung	– Teilnehmer können sich in eine Position/Person vertieft eindenken. – Abbildung typischer Arbeitssituationen einer Zielposition möglich. – Inhalte und Ablauf der Übungen ergeben für die Teilnehmer eine innere Logik. – Durch aufeinander aufbauende Übungen umfassende Information der Teilnehmer über die simulierte Situation (= verbesserte Handlungsbasis).	– Aufwändiger in der Konstruktion als klassische ACs. – Leistung in einer frühen Übung kann Einfluss auf die Leistung in einer späteren haben.
Dynamisches AC	– Teilnehmer haben größere Spielräume, persönliche Verhaltensstrategien zu zeigen. – Durch Planspielcharakter wirkt die Situation für Teilnehmer insgesamt realer, und das Verhalten wird spontaner und authentischer. – Verbesserte Beobachtung von Anforderungen, die längeren Zeitraum brauchen, sich zu entwickeln (z.B. eine Führungsrolle in der Gruppe zu übernehmen).	– Geringe Vergleichbarkeit der Ergebnisse zwischen verschiedenen Durchführungen, da Verhaltensweisen stark abhängig vom Verhalten anderer Teilnehmer. – Situationen weniger fest definiert, deshalb je nach Verlauf einige Anforderungen schlechter messbar (z.B. Konfliktverhalten in sehr harmonischer Gruppe). – Situationen werden komplexer, Anforderungen an Beobachter steigen.

Tabelle 4: Übersicht der Vor- und Nachteile der verschiedenen AC-Verfahren (Fortsetzung)

Verfahren	Vorteile	Nachteile
Reality-AC	– Teilnehmer bekommen „Realistic Job-Preview“. – Beobachter sehen Verhalten in den der realen Arbeit sehr nahen Simulationen. – Hohe Aussagekraft für die Eignung für eine spezielle Zielposition.	– Einrichtung eines „realen“ Arbeitsplatzes z. T. sehr teuer oder kaum möglich. – Hoher Aufwand in Konzeption, da maximal maßgeschneidert auf bestimmte Position. – Durch Positionsspezifität kaum generelle Potenzialaussagen möglich. – Rollenspieler brauchen gute Branchen- oder Fachkenntnis, um realitätsnah Kunde, Mitarbeiter usw. sein zu können.

Literaturhinweise zu diesem Kapitel

Joiner, D. (2002). Assessment Centers: What's new? *Public Personnel Management, 31* (2), 179–185.

Krause, D. E. & Gebert, D. (2003). Unterschiede in der Durchführung zwischen internen und externen Assessment Centern – Eine empirische Analyse. *Zeitschrift für Arbeits- und Organisationspsychologie, 47,* 87–94.

Kuntz, B. (2000). Assessment Center – Abschied vom Postkorb? *managerSeminare, 43,* 104–111.

Lämmler, B. & Paschen, M. (2004). Personalentwicklung bei IKEA – Assessment ohne Verlierer. *managerSeminare, 73,* 78–83.

Neumann, R. (1999). „Fast wie im richtigen Leben …“. In-Vivo- und Real-Life-Assessment. In W. Jochmann (Hrsg.), *Innovationen im Assessment-Center* (S. 237–249).Stuttgart: Schäffer-Poeschel.

Obermann, C. (2009). *Assessment-Center: Entwicklung, Durchführung, Trends.* Wiesbaden: Gabler.

Paschen, M. (2002). Assessment-Center. Das Türmchen bauen ist passé. *management & training, 9,* 24–27.

Paschen, M. (2003). Förderung per AC. Assessment-Center zur Personalentwicklung. *managerSeminare, 70,* 70–75.

Paschen, M. (2004). *Instrumente der Personalentwicklung.* Norderstedt: Books on Demand.

Sarges, W. (Hrsg.). (2001). *Weiterentwicklungen der Assessment Center-Methode.* Göttingen: Verlag für Angewandte Psychologie.

Sarges, W. & Stracke, F. (2005). Feedback schon während des Assessment Centers: Das Lernpotenzial-Assessment Center. In I. Jöns & W. Bungard (Hrsg.), *Feedbackinstrumente im Unternehmen – Grundlagen, Gestaltungshinweise, Erfahrungsberichte* (S. 347–353). Wiesbaden: Gabler.

Steiner, H. (2009). *Online-Assessment.* Heidelberg: Springer.

3 Kommunikation in AC-Projekten

In diesem Kapitel werden die zentralen Eckpunkte und Inhalte der internen Kommunikation von Assessment Centern dargestellt. Da Assessment Center in vielen Fällen wichtige persönliche Laufbahnentscheidungen vorzeichnen, haben sie dementsprechend aus Sicht der Teilnehmer eine hohe Bedeutung und Brisanz. Dies macht es notwendig, den Prozess der internen Kommunikation sorgfältig und gut vorbereitet zu gestalten. Am Anfang dieses Kapitels werden Grundüberlegungen zur internen Kommunikation erläutert und die zentralen Fragen der unterschiedlichen Zielgruppen im Unternehmen dargestellt, die bei der Vorbereitung der Kommunikation berücksichtigt werden müssen. Mögliche Musterantworten und Argumentationshilfen runden diesen Bereich ab. Im darauf folgenden Absatz werden praktische Tipps und Hinweise für die interne Prozessgestaltung in der Kommunikation formuliert. Als praktische Hilfe finden sich auf der CD-ROM Vorlagen für den Schriftverkehr mit den Teilnehmern und für die Präsentation eines Assessment Center-Projektes. Abschließend wird noch einmal auf die häufigsten Argumente von Assessment Center-Kritikern eingegangen, und es werden Argumentationshilfen zur Verfügung gestellt.

Tools in diesem Kapitel:

- Einladungsschreiben zu einem Auswahl-Assessment Center (CD-ROM)
- Einladungsschreiben zu einem Förder-Assessment Center (CD-ROM)
- Präsentation eines Assessment Center-Projektes (CD-ROM)

3.1 Zielgruppen und Gegenstand der Kommunikation

Assessment Center genießen durchaus keine ungeteilte Zustimmung. In jedem Unternehmen wird es eine gewisse Anzahl von Führungskräften, Mitarbeitern oder Betriebsräten geben, die der Durchführung von Assessment Centern skeptisch gegenüber stehen. Diese Skepsis kann mehrere Ursachen haben. Eine liegt darin, dass einzelne Personen selbst ungünstige Erfahrungen als Teilnehmer bei einem Assessment Center gesammelt haben. Es gibt für Assessment Center leider keine allgemeingültigen Qualitätsstandards (die neue DIN-Norm zur Personalauswahl ist zwar ein Anfang, betrifft aber viele qualitätsrelevante Bereiche im AC nicht), und der Begriff Assessment Center subsummiert die unterschiedlichsten Philosophien und Verfahrensweisen. Insofern kann es durchaus vorkommen, dass einzelne Personen sehr negative Erfahrungen mit schlecht gemachten Assessment Centern gesammelt haben und daraus den Schluss ziehen, dass die Methode generell nicht sinnvoll und akzeptabel ist.

Die zweite Ursache, aus der die Skepsis herrühren kann, ist, dass rund um den Begriff Assessment Center immer noch eine Reihe von Mythen existieren, die gerne weitergereicht und weitererzählt werden. Hierzu gehört beispielsweise die immer wieder gehörte Unterstellung, ein Assessment Center sei vorrangig ein Stress- und Belastungstest oder aber würde solch eigenartige Dinge wie Beobachtungen beim Hummer-Essen beinhalten.

Natürlich haben einige Mythen durchaus einen wahren Kern. Beispielhaft sind hier Übungen zu nennen, in denen die Teilnehmer gemeinsam beim Brückenbauen aus Papier beobachtet werden oder 15 Gegenstände nach ihrer Nützlichkeit auf dem Mond sortieren müssen. Viele Bewerbungsratgeber haben natürlich gerade die möglichst eigenartig klingenden Geschichten aus einzelnen Assessment Centern aufgegriffen und dokumentiert. Wenn ein Unternehmen erstmals Assessment Center einführt, wird man immer gegen ein gewisses Unbehagen und manchmal auch eine gehörige Portion Skepsis kommunizieren müssen. Die Erfahrung zeigt aber, dass sehr viele Unternehmen höchst erfolgreich und von allen Interessengruppen im Unternehmen akzeptiert mit Assessment Centern arbeiten. Dies bedeutet, dass also keinesfalls die Methode selbst zwangsläufig zu unglücklichen Ergebnissen und Auswirkungen führen muss, sondern dass diese eher die Folge von wenig qualitativ hochwertigen Assessment Center-Konzepten und Prozessgestaltungen sind. Wenn Assessment Center professionell, businessbezogen, transparent, teilnehmerorientiert und unternehmensspezifisch gestaltet werden, wird das Verfahren nahezu immer als Erfolg gewertet. Das bedeutet aber, dass gerade bei einer Neueinführung dieser Methode eine hohe Anforderung auf der internen und externen Kommunikation des Assessment Centers liegt, damit sich alle Beteiligten möglichst gut informiert und unvoreingenommen mit dem Verfahren auseinandersetzen.

In den folgenden Abschnitten wird auf diejenigen Fragen und Unsicherheiten eingegangen, die üblicherweise bei der Einführung und Kommunikation von Assessment Centern auftreten und auf die seitens der Personalbereiche reagiert werden muss. Für alle Fragen sind Musterantworten formuliert worden, die direkt oder mit kleiner Abänderung in die schriftliche oder mündliche interne Kommunikation einfließen können, wenn eine ähnliche Philosophie und Herangehensweise wie in diesem Buch angestrebt ist. Natürlich muss der eine oder andere Aspekt unternehmensspezifisch abgeändert werden. Viele Argumente werden sich jedoch relativ gut in die unternehmensspezifische Argumentation integrieren lassen.

3.1.1 Kommunikationshilfen bei Auswahl-Assessment Centern

Zunächst sollen Fragen und Musterantworten dargestellt werden, die solche Problembereiche betreffen, die üblicherweise im Zusammenhang mit Auswahl-Assessment Centern diskutiert werden. Es ist natürlich ein Unterschied, ob interne oder externe Auswahl-Assessment Center durchgeführt werden. Bei internen Bewerbern sieht sich der Betriebsrat wesentlich stärker in der Verantwortung und begleitet den Prozess üblicherweise kritischer. Solche Fragen, die für beide Arten von Assessment Centern relevant sind, werden der Einfachheit halber nur unter einer Rubrik aufgeführt.

3.1.1.1 Typische Fragen der Führungskräfte

Frage: Warum ist ein Auswahl-Assessment Center überhaupt nötig – bislang haben doch Auswahl-Interviews ausgereicht?

Antwort: Selbstverständlich erbringen auch Auswahl-Interviews für viele Fragestellungen sinnvolle Ergebnisse. Es soll an dieser Stelle auf die wissenschaftliche Argumentation verzichtet werden, dass Assessment Center in nahezu allen einschlägigen wissenschaftlichen Untersuchungen zu einer besseren Trefferquote geführt haben als reine Einstellungsinterviews. Es gibt für den Nutzen von Assessment Centern auch ein sehr plausibles, praktisches Argument. Man kann sicherlich annehmen, dass Auswahlentscheidungen umso besser werden, je mehr Informationen die Entscheider zur Verfügung haben. Ein typisches Einstellungsgespräch beinhaltet die biografischen Informationen und die Selbstdarstellung im Gespräch. Wenn nun ein Auswahl-Assessment Center geplant ist, wird man auf diese beiden Informationsquellen natürlich nicht verzichten. Ein Auswahl-Assessment Center liefert darüber hinaus Eindrücke, die mit dem direkten Verhalten und der Leistungsfähigkeit in anforderungsrelevanten Situationen zu tun haben, also eine simulierte Arbeitsprobe. Durch die zusätzliche Berücksichtigung dieser Eindrücke kann die Entscheidungsqualität wohl kaum sinken, sondern nur steigen. Die Investition für ein Assessment Center rechnet sich im Allgemeinen schon, wenn nur eine einzige Fehlentscheidung verhindert werden kann. Die Tatsache, dass durch ein Assessment Center Fehlentscheidungen verhindert werden, ist ebenfalls relativ plausibel beweisbar. Häufig ist es so, dass auch in solchen Assessment Centern, die im Anschluss an sorgfältige Auswahl-Interviews geführt werden, einzelne Teilnehmer in den praktischen Arbeitsproben nur sehr wenig überzeugen. Die Erfolgsfaktoren im Einstellungsgespräch kommen dem fröhlichen, eloquenten Selbstdarsteller entgegen. Das Assessment Center ist in der Lage, eine positive Selbstdarstellung im Interview zu verifizieren oder manchmal auch zu falsifizieren.

Frage: Wie wird sichergestellt, dass unsere spezifischen Stellenanforderungen tatsächlich repräsentiert werden?

Antwort: In dem geplanten Auswahl-AC werden die verantwortlichen Linien-Führungskräfte des Bereiches als Beobachter mitwirken. Sie werden bei der Vorbereitung des Assessment Centers in die Konzeption der Übungen einbezogen, damit die Übungen sich tatsächlich auf die relevanten Anforderungen und Situationen beziehen können und fachlich plausibel sind. Die Einbeziehung der Führungskräfte als Beobachter hat aber noch einen anderen Hintergrund: Die Führungskräfte der Fachbereiche haben im Laufe ihrer Erfahrung ein implizites Wissen über die Erfolgsfaktoren in ihren Verantwortungsbereichen gesammelt. Dieses Wissen ist nicht komplett sprachlich auszudrücken (dann wirkt es meist trivial), sondern betrifft eher ein Fingerspitzengefühl für diejenigen Personen und Typen, die in diesen Bereichen wirklich zurecht kommen und erfolgreich sind. Ein Assessment Center soll die Führungskräfte in die Lage versetzen, vor dem Hintergrund dieses impliziten Erfahrungswissens eine noch differenziertere Beurteilung der Teilnehmer vornehmen zu können. Den Führungskräften soll die Möglichkeit gegeben werden, wesentlich mehr Eindrücke, Beurteilungen und Einschätzungen heranziehen zu können, als dies in einem ausschließlichen Einstellungsgespräch möglich wäre. Eine Vertriebsführungskraft kann die Passung eines Bewerbers zu Produkt-, Kunden- und Kollegenumfeld, zur Verkaufsphilosophie des Hauses und zur Gesprächsqualität sicherlich fundierter beurteilen und mit den Standards des eigenen Bereiches vergleichen, wenn sie den Bewerber in einer solchen Situation beobachten kann und nicht nur darauf angewiesen ist, dass der Bewerber darüber berichtet.

3.1.1.2 Typische Fragen der Teilnehmer

Frage: Was genau ist ein Assessment Center?

Antwort: Ein Assessment Center ist ein Auswahlverfahren, in dem die Teilnehmer sich nicht nur in einem Gespräch selbst darstellen, sondern ihre Kompetenzen und Leistungsmöglichkeiten auch bei der Bearbeitung von Fallstudien und Simulationen zeigen, die charakteristisch für die Anforderungen der Zielpositionen sind. Die Teilnehmer werden während der Bearbeitung der Simulationen durch geschulte Personalexperten und Beobachter eingeschätzt und beurteilt. Aus Unternehmenssicht soll ein Assessment Center vor allen Dingen mehr Beurteilungstiefe und mehr Fairness erzeugen. Insbesondere bei Teilnehmern aus technischen Berufen ist häufig zu beobachten, dass diese sich in einem Einstellungsinterview etwas schwerer tun, ihre Leistungsfähigkeit überzeugend darzustellen, als beispielsweise ein Marketingspezialist. Nichtsdestotrotz kann auch ein eher wortkarger und wenig redegewandter Bewerber hervorragende Führungsqualitäten für seinen Bereich mitbringen. Ein Assessment Center bietet die Möglichkeit, dass die Auswahlentscheidung nicht nur auf einem ein- oder zweistündigen Interview basiert, sondern die Teilnehmer haben in vielen unterschiedlichen Situationen die Gelegenheit, ihr Potenzial und ihre Leistungsfähigkeit darzustellen. Gerade für die etwas weniger redegewandten Teilnehmer ist dies oft eine gute Chance.

Frage: Wie kann ich mich auf ein Assessment Center vorbereiten?

Antwort: Die Teilnehmer brauchen sich auf ein Assessment Center nicht vorzubereiten. Es ist natürlich vorteilhaft, sich im Vorfeld über die Gestaltung des Verfahrens zu informieren und damit eine Grundidee von den Dingen zu gewinnen, die im Rahmen eines Assessment Centers verlangt werden. Es gibt eine Reihe von Bewerbungsratgebern, die Empfehlungen und Tipps für das Verhalten im Assessment Center beinhalten. Die Erfahrung zeigt, dass diese Tipps oft nicht nützlich sind und das darauf aufbauende Verhalten nicht authentisch wirkt. Die Tipps sind häufig trivial und nehmen wenig Rücksicht auf die Komplexität einer Assessment Center-Situation. Die Empfehlung „Stürzen Sie zu Beginn der Gruppendiskussion möglichst schnell ans Flip-Chart" wird von den Beobachtern durchaus nicht immer als positiv verbucht. Das Beste ist, wenn sich Teilnehmer zwar mit der Methodik vertraut machen, sich aber in den jeweiligen Assessment Center-Situationen auf ihre eigenen Erfolgsfaktoren verlassen. Kein vorgetäuschter Erfolgsfaktor kann besser sein als ein authentischer.

Frage: Nach welchen Kriterien wird die letztliche Entscheidung getroffen?

Antwort: Üblicherweise sind in einem Assessment Center 8 bis 14 Anforderungskriterien Gegenstand der Beurteilung. Sehr selten wird die letztliche Entscheidung für oder gegen einen Bewerber nach einem festen Entscheidungsalgorithmus getroffen, der sich ausschließlich aus den Punktwerten ergibt. Meist werden die Ergebnisprofile noch einmal vor dem Hintergrund des Gesamteindrucks über einen Bewerber diskutiert, und einzelne, weniger starke Kompetenzen können dabei durch Stärken in einem anderen Bereich kompensiert werden. Insofern ist der letztliche Entscheidungsprozess nicht genau quantifizierbar, sondern beruht auf einem Gesamtbild, welches die Beobachter von den Teilnehmern gewinnen.

Frage: Welchen Nutzen habe ich von einer Teilnahme?

Antwort: Unabhängig davon, ob die Teilnahme an einem Assessment Center zu einer erfolgreichen Einstellung oder Beförderung geführt hat, wird man in einem guten Assessment Center immer auch bemüht sein, den Teilnehmern ein ernsthaftes Feedback und eine wirkliche Beratung zukommen zu lassen. Nach einem Interview erhalten die Bewerber sehr selten ein wirklich offenes und differenziertes Feedback über ihre Wirkung, und die Gründe für oder gegen eine Einstellung werden selten offen und transparent kommuniziert. Anders ist dies bei einem Assessment Center. Aufgrund des Aufwandes und der Belastung fühlen sich die Unternehmen in einer ganz anderen Weise dazu verpflichtet, den Kandidaten durch die Assessment Center-Teilnahme einen wirklichen Nutzen zu bieten – als Gegenleistung für den Einsatz und das Engagement in der Veranstaltung. Insofern sind gute Assessment Center auch unabhängig von der letztlichen Entscheidung wertvolle Beratungs- und Coachingtage. Auch die Rückmeldung negativer Entscheidungen kann – bei aller Enttäuschung – nach einem Assessment Center deutlich mehr Ansätze für Selbstreflexion und Veränderungsimpulse bieten als die Rückmeldung nach einem Interview. Wenn die Unternehmen negative Besetzungsentscheidungen treffen, tun sie dies meist nach sehr sorgfältiger Abwägung der Assessment Center-Ergebnisse. Der Aufwand, den ein Assessment Center für ein Unternehmen verursacht, signalisiert, wie sachgerecht und ernsthaft man die Entscheidungen treffen will.

3.1.1.3 Typische Fragen der Arbeitnehmervertretung

Frage: Warum sollte durch ein Assessment Center die Auswahl fairer werden? Welcher Zusatznutzen entsteht, wenn wir die Bewerber dieser Belastung aussetzen?

Antwort: Ein wesentliches Prinzip eines Assessment Centers besteht in der Mehrfachbeobachtung. Üblicherweise ist es so, dass die Beurteilung und Entscheidung in einem Assessment Center durch die Eindrücke vieler Beobachter zu Stande kommt. Dieses Prinzip erhöht natürlich die Fairness und ist dazu geeignet, einzelne, vielleicht extreme Ansichten über den Mitarbeiter zu korrigieren und zu relativieren. Der direkte Zusatznutzen für die Teilnehmer liegt bei einem gut gemachten Assessment Center darin, dass die simulierten Übungen und Arbeitsproben ein echtes Erleben darüber erlauben, wie die Anforderungen der Zielpositionen sich darstellen und sich konkret „anfühlen". Dieser Nebeneffekt eines Assessment Centers kann den Teilnehmern eine Hilfe bei der kritischen Selbstreflexion darüber sein, ob die gewählte Zielperspektive wirklich den persönlichen Einstellungen und Ambitionen entspricht.

Frage: (bei internen Bewerbern) Durch ein internes Auswahl-AC produzieren wir eindeutige Sieger und Verlierer – ist die Demotivation der Verlierer nicht ein zu hoher Preis für ein Assessment Center?

Antwort: Die Problematik der internen „Verlierer" ist zunächst einmal völlig unabhängig von der gewählten Methodik. Wann immer es interne Auswahlprozesse gibt, bei denen mehrere Interessenten für wenige Plätze vorhanden sind, wird es interne Verlierer geben. Dies hat also zunächst einmal nichts mit der Methode zu tun, durch die die Auswahlentscheidung letztlich gefällt wird. Die so genannte Verliererproblematik ist häufig eher eine Transparenzproblematik. Durch ein Assessment Center (natürlich nur, wenn es als Gruppenverfahren organisiert wird) werden Gewinner und Verlierer offensichtlich, wohingegen sich dies bei einem diskreten internen Verfahren vermeiden ließe. Dieser Vorwurf ist nicht von der Hand zu weisen und muss zweifellos bei der Prozessgestaltung ins Kalkül gezogen werden. Für dieses Problem gibt es keine einfache Lösung, sondern hier kann lediglich ein sehr teilnehmerorientierter Prozess, eine gute Unterstützung und Bindung der weniger erfolgreichen Bewerber und eine sehr sorgfältige und sachgerechte Assessment Center-Durchführung die Effekte abmildern. Bei höherrangigen Zielpositionen kann es aus diesen Gründen auch sinnvoll sein, die Assessment Center nicht als Gruppenverfahren, sondern als Einzelverfahren zu konzipieren, um eine diskrete Durchführung zu ermöglichen.

Frage: Was passiert, wenn jemand im Assessment Center einen „schlechten Tag" hat und aufgrund dieses schlechten Tages seine weitere Karriere gefährdet?

Antwort: Bei internen Bewerbern wird die letztliche Entscheidung häufig auf einem Mix aus vorliegenden Leistungsdaten, internen Erfahrungen und den Assessment Center-Daten basieren. Sollte es im Assessment Center derartige Minderleistungen geben, die in einem völligen Kontrast zu den bisherigen Leistungsergebnissen stehen, so würde dies ohne Zweifel auffallen. Auf der anderen Seite muss man auch Folgendes sehen: Was genau soll es bedeuten, dass jemand einen „schlechten Tag" hat? Wenn jemand wirklich, beispielsweise durch Krankheit, familiäre Probleme oder sogar einen Schicksalsschlag, sehr eingeschränkt in seinen Leistungsmöglichkeiten ist, so sollte er dies auf jeden Fall zu Beginn des Assessment Centers artikulieren. Üblicherweise fällt so etwas den Beobachtern aber auch auf. In einem solchen Fall wäre ein Assessment Center abzubrechen und, wenn möglich, zu verschieben. Wenn „schlechter Tag" allerdings bedeutet, dass jemand mit einer leichten Übellaunigkeit das Assessment Center startet, so wird man üblicherweise von ihm erwarten können, dass dies keinen großen Effekt auf seine Leistungsfähigkeit hat. Auch in der praktischen Arbeit im Unternehmen wird man normalerweise nicht tolerieren können, dass jemand durch eine moderate schlechte Laune Minderleistungen bringt, die im völligen Widerspruch zu seiner sonstigen Leistungsfähigkeit stehen. Insofern kann man durchaus erwarten, dass auch solche Teilnehmer, die „mit dem linken Fuß zuerst aufgestanden sind", in einem Assessment Center hierdurch nicht in extremer Weise beeinträchtigt werden. Geschieht dies doch, wäre dies schon ein erhebliches Warnsignal für viele Anforderungen im Berufsleben. Darüber hinaus kommt dieses Argument bei jeder Art von Auswahlverfahren zum Tragen, also auch bei einem Interview. Hier kommt der so genannte „schlechte Tag" sogar noch stärker zum Tragen, weil im Gegensatz zum AC keine Möglichkeit mehr besteht, einen „schlechten Start" durch Leistungen in späteren Übungen zu kompensieren.

3.1.2 Kommunikationshilfen bei Förder- oder Personalentwicklungs-Assessment Centern

Deutlich kommunikationsintensiver als Auswahl-AC sind Personalentwickungs- und Förder-AC. Da diese Verfahren ja keinen unmittelbaren Selektionscharakter haben, müssen die Ziele und die Konsequenzen der Assessment Center-Teilnahme entsprechend sorgfältig definiert werden. Besonders fatal verlaufen Förder-Assessment Center, die klammheimlich eigentlich doch einer Selektionsfragestellung gedient haben. Ein solches Vorgehen gefährdet die Akzeptanz der Methodik für lange Zeit. Bei den nun folgenden Statements wird davon ausgegangen, dass das Ziel des Assessment Centers in einer Laufbahn- und Entwicklungsplanung besteht, die den Teilnehmern eine persönliche Standortbestimmung erlauben soll, individuelle Fördermaßnahmen vorbereiten soll und den weiteren Werdegang im Unternehmen zumindest vorskizziert. Meistens haben Förder-Assessment Center eine Perspektivplanung für die Teilnehmer im Sinn und damit auch einen leichten Auswahlcharakter. Es wird zwar nicht zwischen mehreren Bewerbern für eine bestimmte Position entschieden, aber durch die unterschiedliche Zuordnung der Teilnehmer zu unterschiedlichen Fördermaßnahmen zeichnet man dennoch Laufbahnentwicklungen vor.

3.1.2.1 Typische Fragen der Führungskräfte

Frage: Die Teilnehmer des Assessment Centers sind doch hier im Unternehmen teilweise schon jahrelang bekannt – welche zusätzlichen Eindrücke kann ein Assessment Center da noch bieten?

Antwort: Üblicherweise werden Förder-Assessment Center nicht allen Mitarbeitern angeboten, sondern nur denjenigen, die sich durch ihre bisherigen internen Leistungen hierfür empfehlen. Insofern sind die unternehmensinternen Beurteilungen und die positiven Arbeitsergebnisse Voraussetzung für die Teilnahme an einem Förder-Assessment Center und fließen in dieser Form ein. Ein internes Förder-Assessment Center macht genau dann Sinn, wenn die in dem Assessment Center abgebildeten Anforderungsbereiche und Situationen auf zukünftige Herausforderungen hin ausgerichtet sind und gerade nicht solche Dinge duplizieren, die sich durch die bisherigen Arbeitsergebnisse der Teilnehmer besser beurteilen ließen. Ein Förder-Assessment Center soll es ermöglichen, die Teilnehmer bei der Bewältigung solcher Aufgaben zu beobachten, die in ihrer bisherigen Tätigkeit nicht sinnvoll beurteilt werden können. In Förder-Assessment Centern geht es zumeist um Potenzial. Es ist durchaus denkbar, dass ein Teilnehmer hervorragende Leistungsergebnisse in seiner gegenwärtigen Funktion erbringt, aber dennoch wenig Potenzial für weitergehende Verantwortungen mitbringt. Hier kann ein gut gemachtes Assessment Center hilfreiche zusätzliche Informationen erbringen.

Frage: Wie ist es zu beurteilen, wenn Führungskräfte ihre eigenen Mitarbeiter im AC beobachten?

Antwort: Auf diese Frage gibt es keine einfache Antwort. Der „reinen Lehre" nach ist ein solcher Fall aus Objektivitätsgründen zu vermeiden. Allerdings gibt es durchaus auch ein paar Gründe, die dafür sprechen, die direkten Vorgesetzten als Beobachter einzuladen. Zum einen können diese das Verhalten der Teilnehmer noch stärker vor dem Hintergrund des realen Verhaltens in der Praxis deuten und interpretieren. Für die Teilnehmer ist die „Gesichtsverlustproblematik" oft brisanter, wenn hochrangige andere Führungskräfte des Unternehmens beobachten, da die Teilnehmer im Allgemeinen davon ausgehen, dass der eigene Vorgesetzte ihnen wohlgesonnen ist. Falls es zu einem Teilnehmer Eindrücke gibt, die diskrepant zur sonstigen Beurteilung durch den Vorgesetzten sind, so ist dies der jeweiligen Führungskraft leichter zu übermitteln und für diese leichter zu interpretieren, wenn sie selbst bei der Sammlung der Eindrücke im Assessment Center beteiligt war.

3.1.2.2 Typische Fragen der Teilnehmer

Frage: Welche Konsequenzen sind für mich mit der Teilnahme verbunden? Wie genau sieht die Förderung im Anschluss an das Assessment Center aus?

Antwort: Die direkten Konsequenzen für die Teilnehmer müssen genau definiert werden. Welche Art von Förderung wird in welcher Prozessgestaltung für welche mittel- und langfristigen Ziele auf den Assessment Center-Ergebnissen basieren? Den Teilnehmern wird zumeist auch vermittelt werden müssen, dass die Assessment Center-Ergebnisse – wenn überhaupt – nur über eine begrenzte Zeit zum Gegenstand der Personalakte werden und nicht für kurzfristige interne Stellenbesetzungsprozesse herangezogen werden (sonst hätte das Verfahren doch den Charakter eines Auswahlverfahrens). Mit gleicher Ehrlichkeit wird man aber auch auf folgenden Aspekt hinweisen müssen: Die Beobachter des Assessment Centers, die nicht selten auch hochrangige Entscheider sind, sammeln in dem Assessment Center persönliche Eindrücke über die Teilnehmer, die sich nachher nicht mehr „löschen lassen". Neben den formalen und geplanten Konsequenzen können natürlich aus den positiven und weniger positiven Eindrücken, die einzelne Führungskräfte und Entscheider aus dem Assessment Center mitnehmen, weitere Konsequenzen erwachsen, die nicht genau vorhersehbar sind.

Frage: Wenn meine Leistungsfähigkeit hier im Unternehmen als positiv bewertet wird, warum muss ich dann noch an einem Assessment Center teilnehmen?

Antwort: Die positive Leistungsfähigkeit von Mitarbeitern ist bei Förder-Assessment Centern zumeist die Grundlage und die Voraussetzung für ihre Einladung zum Assessment Center. Das Assessment Center selbst ist auf solche Anforderungen ausgerichtet, die durch die bisherigen Leistungen nicht sinnvoll beurteilbar sind (z. B. Führungsfähigkeiten).

3.1.2.3 Typische Fragen der Arbeitnehmervertretung

Frage: Durch ein Förder-AC schaffen wir eine Erwartungshaltung bei den Mitarbeitern im Hinblick auf entsprechende Förderung – wie soll diese Erwartungshaltung erfüllt werden?

Antwort: Üblicherweise bedeutet ein erfolgreiches Absolvieren eines Förder-Assessment Centers zwar das Recht auf eine privilegierte Förderung, aber nicht das Recht auf eine privilegierte Beförderung. Dieser Unterschied muss in der gesamten Kommunikation gegenüber den Teilnehmern mit hoher Deutlichkeit vermittelt werden. Normalerweise werden Beförderungen auch in der Zukunft immer an der konkreten Leistungsfähigkeit eines Mitarbeiters festgemacht und nicht an den vielleicht schon lange zurückliegenden Assessment Center-Ergebnissen. Empfehlenswert ist es, nach dem Förder-Assessment Center mit jedem Mitarbeiter ein Gespräch unter Einbeziehung des eigenen Vorgesetzten und der Personalabteilung zu führen, in dem die für diesen Mitarbeiter sinnvollen Fördermaßnahmen konkret vereinbart und festgelegt werden. Durch diese Festlegung wird die anfangs vielleicht diffuse Erwartungshaltung durch ein sehr konkretes Versprechen ersetzt, welches dann natürlich entsprechend eingelöst werden muss.

Frage: Sind nicht die direkten Vorgesetzten der Teilnehmer eigentlich die besten Beurteiler? Warum glaubt man, dass ein zweitägiges Assessment Center Eindrücke herbeiführen könnte, die der eigene Vorgesetzte aus der Zusammenarbeit ebenso gut beisteuern kann?

Antwort: Die Beurteilungen der direkten Vorgesetzten dürfen auf keinen Fall vernachlässigt werden, sondern müssen in die Vorauswahl der Teilnehmer und in die Besprechung der Assessment Center-Ergebnisse eng miteinbezogen werden. Ein Assessment Center soll den Teilnehmern jedoch gerade die Möglichkeit bieten, sich mit ihrer Leistungsfähigkeit auch einmal unabhängig vom direkten Vorgesetzten profilieren zu können. Der Betriebsrat erkennt hierin zumeist den Vorteil, dass „unentdeckte Potenziale" oder von ihren Vorgesetzten „gedeckelte" Mitarbeiter eine Chance erhalten. Außerdem kann ein Assessment Center so dazu beitragen (auch dies ist ein Argument, welches den Betriebsrat überzeugt), Förder- und Entwicklungsangebote etwas unabhängiger von möglichen Sympathie- oder Antipathieeffekten der direkten Vorgesetzten zu planen.

3.2 Hinweise für die Prozessgestaltung der internen Kommunikation

Der folgende Abschnitt enthält eine Reihe von praktischen Hinweisen für die interne Kommunikation von Assessment Centern und die dabei zu beachtenden Punkte. Erfahrungsgemäß ist in vielen Unternehmen eine offene und transparente Kommunikation eines Assessment Centers gewollt, allerdings verläuft der Prozess selbst nicht immer ganz glücklich und beseitigt nicht alle Unklarheiten. Wenn die nun aufgeführten Punkte beachtet werden, wird man üblicherweise einen erfolgreichen Prozessverlauf realisieren können.

3.2.1 Frühe Einbindung wichtiger Multiplikatoren

Ein Assessment Center wird umso mehr Akzeptanz finden, je frühzeitiger interne Multiplikatoren in die Prozessdefinition und die inhaltliche Ausgestaltung eingebunden werden. Praktisch bedeutet dies, dass es sich anbietet, das gesamte Assessment Center-Projekt (unabhängig davon, ob es sich um ein Auswahl- oder um ein Förder-AC handelt) mit einem Konzeptions-Workshop zu beginnen. In diesem Konzeptions-Workshop arbeiten dann die interessierten Führungskräfte gemeinsam mit den Verantwortlichen des Personalbereiches die Anforderungen heraus, definieren die Übungsszenarien vor und vereinbaren den weiteren Projektverlauf. Auf der Basis eines solchen Konzeptions-Workshops kann dann eine Art Pflichtenheft für das Assessment Center entstehen, das Grundlage der weiteren internen Abstimmung ist. Die frühzeitige Einbindung gerade auch kritischer Führungskräfte und das damit verbundene Angebot, aktiv an der inhaltlichen Gestaltung des Assessment Centers mitzuwirken, führt in aller Regel dazu, dass ein Assessment Center-Projekt einen guten Start nimmt und eventuelle Bedenken aufgenommen und im weiteren Prozessverlauf berücksichtigt werden können. Gerade das mit einem solchen Konzeptions-Workshop verbundene Signal, dass man sich in der inhaltlichen Ausgestaltung des Assessment Centers wirklich von den spezifischen Anforderungen der beteiligten Fachbereiche lenken lässt, kommt im Allgemeinen sehr gut an.

3.2.2 Frühzeitiger Start der Abstimmung mit dem Betriebsrat

Wenn das Assessment Center nicht leitende Mitarbeiter als Zielgruppe vorsieht, muss der Betriebsrat ohnehin früh eingebunden werden. Gegebenenfalls wird man sogar eine Betriebsvereinbarung zur Assessment Center-Durchführung schließen. Häufig ist es hierbei empfehlenswert, auch einzelne Abgesandte des Betriebsrates in den Konzeptionsprozess mit einzubinden. Gegebenenfalls ist es sogar sinnvoll, einen Betriebsratsvertreter in den oben skizzierten Konzeptions-Workshop einzuladen und so Transparenz über die inhaltliche Diskussion zu schaffen. Sobald der Betriebsrat bereit ist, die inhaltliche Konzeption mit zu begleiten, wird er üblicherweise auch in der Kommunikation gegenüber den Teilnehmern keine skeptische Grundhaltung gegenüber der Assessment Center-Methodik mehr vermitteln. In vielen Unternehmen sieht der Betriebsrat das Assessment Center als sehr positives Instrument, da es zusätzliche Eindrücke zu den Potenzialen der einzuschätzenden Mitarbeiter bietet und die Abhängigkeit von Beurteilungen durch den eigenen Vorgesetzten relativiert.

Darüber hinaus gilt es, mit dem Betriebsrat frühzeitig wesentliche Fragen der Prozesssteuerung zu klären. Für den Betriebsrat stehen hier insbesondere die Fragen zur Vorauswahl der Teilnehmer und zur Dokumentation der Ergebnisse im Vordergrund. Die Frage, ob die Assessment Center-Ergebnisse in der Personalakte aufbewahrt werden, oder wer bei einer abweichenden Aufbewahrungsvereinbarung welches Einsichtsrecht hat, sollte frühzeitig diskutiert werden. Manchmal ist es auch vorteilhaft, ein Betriebsratsmitglied als Beobachter in das Assessment Center einzuladen. Dieses Betriebsratsmitglied beobachtet dann eher den Gesamtprozess und wird üblicherweise nicht in die Bewertung der Teilnehmer einbezogen. Sollte es nach einem Auswahl-AC seitens einzelner Mitarbeiter Rückfragen beim Betriebsrat geben, ist es wesentlich besser, wenn sich ein Betriebsratsmitglied persönlich ein Bild von dem Verfahrensverlauf machen konnte. Falls die Teilnahme eines Betriebsratsmitgliedes intern kritisch diskutiert wird, lässt sich auch eine Regelung vereinbaren, nach der die Teilnehmer, bei denen der Betriebsrat einer Übungsdurchführung beiwohnt, vorher explizit zustimmen müssen.

3.2.3 Definition eines klaren Regelwerkes

Um viele interne Diskussionsprozesse abzukürzen und Unsicherheiten bei den Teilnehmern und Führungskräften zu vermeiden, ist es vorteilhaft, relativ frühzeitig ein klares Regelwerk im Zusammenhang mit allen das Assessment Center betreffenden Fragen zu vereinbaren und zu kommunizieren. Dieses Regelwerk sollte beispielsweise die folgenden Aspekte beinhalten:

3.2.3.1 Vorauswahl der Teilnehmer

Es ist dringend zu empfehlen, bei allen Arten von Assessment Centern den Vorauswahlprozess der Teilnehmer sehr sorgfältig zu definieren und zu kommunizieren. In einigen Unternehmen ist es Praxis, dass gerade zu Förder-Assessment Centern eher „handverlesene" Teilnehmer eingeladen werden. Eine so erfolgte Vorauswahl produziert natürlich bei den nicht eingeladenen Mitarbeitern (die sich aber selbst für geeignet halten) eine große Irritation (eventuell auch bei den Entsandten, die sich fragen, warum gerade sie ausgewählt worden sind). Bei der Frage nach dem Vorauswahlprozess sind darum verschiedene Punkte ins Kalkül zu ziehen: Eine wichtige Ausgangsfrage ist, ob man eine Selbstbewerbung der Teilnehmer zulässt. Dies ist meist eine Variante, die für den Betriebsrat sehr akzeptabel ist, weil es bedeutet, dass „unentdeckte Potenziale" auch unabhängig vom Votum des jeweiligen Vorgesetzten eine Selbstnominierung vornehmen können. Gleichzeitig führt ein so definierter Prozess häufig zu einer sehr großen Anzahl von Assessment Center-Interessenten, was einerseits unter Ressourcengesichtspunkten, andererseits aber auch unter inhaltlichen Gesichtspunkten oft nicht förderlich ist, weil damit eventuell zu starke Erwartungshaltungen gefördert werden. Insofern bleibt die Frage zu klären, ob es gegebenenfalls eine Vorauswahl-Instanz gibt. Hier kommt natürlich der eigene Vorgesetzte in Frage. Viele Unternehmen haben aber auch gute Erfahrungen mit so genannten „Sichtungsrunden" gemacht, in denen jeweils Führungskräfte aus benachbarten Bereichen, die ihre Mitarbeiter untereinander kennen, die letztliche Auswahl der Teilnehmer gemeinsam vornehmen. Eine solche Sichtungsrunde führt übrigens auch dazu, dass die beteiligten Führungskräfte einen einheitlicheren Vergleichsmaßstab beim Vorschlag ihrer Mitarbeiter anlegen, wodurch die Gruppe der Assessment Center-Teilnehmer homogener wird.

3.2.3.2 Mögliche Konsequenzen der Assessment Center-Teilnahme

Ein weiterer Punkt, zu dem es eine klare Sprachregelung geben sollte, betrifft die möglichen Konsequenzen, die mit einer Assessment Center-Teilnahme verbunden sind. Welche Dinge kann ein Teilnehmer bei einer erfolgreichen Absolvierung des Assessment Centers realistischerweise mit welcher Zeitperspektive erwarten? Welche Angebote stehen für die weniger erfolgreichen Teilnehmer zur Verfügung? Welche Erwartungen im Hinblick auf die Karriereentwicklung können durch das Assessment Center nicht erfüllt werden?

3.2.3.3 Umgang mit den Assessment Center-Ergebnissen

Wenn es schriftliche Assessment Center-Ergebnisse gibt, sollte klar definiert und intern kommuniziert sein, wie diese Ergebnisse aufbewahrt werden. Die umfassendste Form der Ergebnisdokumentation besteht darin, einen schriftlichen Ergebnisbericht zum Bestandteil der Personalakte zu machen. Bei Förder-Assessment Centern ist natürlich auch denkbar, dass nur die auf einem Assessment Center beruhenden Förder- und Entwicklungsempfehlungen (gegebenenfalls gemeinsam mit dem auf dem Assessment Center-Feedback aufbauenden Protokoll eines internen Fördergespräches) in der Personalakte dokumentiert werden. Manchmal werden diese Förderempfehlungen auch separat in der Personalentwicklung aufbewahrt, da sie ja nur dort verwendet werden müssen. Gegebenenfalls ist es auch möglich, den Teilnehmern freizustellen, ihren Ergebnisbericht der Personalakte beizufügen. Es gibt also eine Reihe von Varianten, die im Hinblick auf den Umgang mit Assessment Center-Ergebnissen denkbar sind. Eine von Anfang an feststehende Regelung darüber, in welcher Weise welche Ergebnisse von welchem Personenkreis verwendet werden, ist in jedem Fall für den Gesamtprozess förderlich.

Bei externen Bewerbern ist ebenfalls die Frage zu klären, ob die AC-Ergebnisse in der Personalakte abgelegt werden. Bei abgelehnten Bewerbern wird man die Ergebnisse üblicherweise vernichten. Wenn man bei eingestellten Bewerbern aus den AC-Ergebnissen Empfehlungen über die Einarbeitung und Personalentwicklung ableiten möchte, so empfiehlt sich eine interne Dokumentation.

In Unternehmen, die bislang wenige Erfahrungen mit der Assessment Center-Methodik gemacht haben, bieten sich auch bestimmte Regeln für das Verhalten der Beobachter an.

So ist es beispielsweise lohnenswert, mit den Beobachtern klar zu vereinbaren, dass Detailbeobachtungen und Eindrücke zu einzelnen Kandidaten intern diskret behandelt und nicht zum Gegenstand von „Flurgesprächen“ werden sollten.

3.2.4 Transparente Vorinformation der Teilnehmer

Sobald die Teilnehmer über die Planung eines Assessment Centers informiert werden, sollten ihnen auch umfangreiche Informationen über Ziele, Inhalte und Prozessgestaltung des Verfahrens zur Verfügung gestellt werden. Im Grunde empfiehlt es sich, eine kurze Broschüre für das Assessment Center zu erstellen, in der alle wichtigen Fragen der Teilnehmer beantwortet werden. Diese Broschüre sollte neben einer konkreten Darstellung über Ablauf und Inhalte des Assessment Centers auch die Durchführungsphilosophie („kein Stress-Test“) und eventuell auch das Anforderungsprofil offen legen. Darüber hinaus muss die Broschüre über die Regelungen im Zusammenhang mit der Prozessgestaltung informieren. Eine solche Broschüre ist für externe wie interne Teilnehmer nutzbar.

Auf der CD-ROM finden Sie zwei Einladungsschreiben, wobei davon ein Einladungsschreiben eine Vorinformation der Bewerber umfasst, die zu einem Auswahl-Assessment Center eingeladen werden. In der Vorinformation externer Bewerber kommt neben anderen Dingen auch der Personalmarketing-Gesichtspunkt zum Tragen. Gut gemachte Auswahl-Assessment Center haben immer auch eine Personalmarketing-Funktion und sollen interessanten Bewerbern ein positives und attraktives Bild des Unternehmens vermitteln. Dieses Personalmarketing beginnt bereits mit der Vorinformation der Teilnehmer. Der zweite Brief beschreibt eine beispielhafte Vorinformation von Teilnehmern an einem internen Förder-Assessment Center.

3.2.5 Detaillierte Vorinformation der entsendenden Führungskräfte

Eine besonders wichtige Zielgruppe der internen Kommunikation stellt bei internen Assessment Centern die Gruppe derjenigen Führungskräfte dar, aus deren Bereichen Mitarbeiter an dem Verfahren teilnehmen. Häufig wird diese Zielgruppe vernachlässigt. Es ist aber natürlich so, dass nach der Einladung zu einem Assessment Center die Teilnehmer mit eventuellen Fragen zunächst einmal auf ihren eigenen Vorgesetzten zugehen. Der jeweilige Vorgesetzte wird dann versuchen, die entstehenden Fragen nach bestem Wissen und Gewissen zu beantworten. Es ist aber denkbar (und in der Praxis nicht selten), dass die Führungskräfte im Hinblick auf die Durchführungsmethodik, Ausgestaltung und Philosophie des Assessment Centers Informationen transportieren, die abweichend von den Überlegungen des Personalbereiches sind. Gute Erfahrungen sind beispielsweise damit gemacht worden, den entsendenden Führungskräften eine Liste von Frequently Asked Questions (FAQ) zur Verfügung zu stellen, die diejenigen Punkte betreffen, die Mitarbeiter erfahrungsgemäß gegenüber ihren Vorgesetzten ansprechen, wenn sich Fragen zum Assessment Center ergeben. Eine solche Argumentationshilfe für die Führungskräfte kann viel dazu beitragen, dass die Kommunikation von Assessment Centern einheitlicher verläuft und Missverständnisse vermieden werden. Oftmals sind auch 3 bis 5 prägnante Charts hilfreich, die die Führungskräfte in Teammeetings präsentieren können, und die über das Intranet abrufbar sind. Auf der

CD-ROM finden Sie eine beispielhafte Präsentationsunterlage, die in vergleichbarer Form zur Information von Entscheidern, Betriebsräten, Beobachtern oder Teilnehmern genutzt werden kann.

3.3 Argumentationshilfen für kritische Diskussionen

Es gibt einige Argumente, die von Skeptikern und Kritikern der Assessment Center-Methode immer wieder gerne herangezogen werden, wenn es gilt, gegen diese Methode zu sprechen. Im folgenden Absatz sind die typischsten Kritiken an der Assessment Center-Methode zusammengestellt und Gegenstandpunkte formuliert.

Kritikpunkt: „In Assessment Centern gewinnt doch der beste Schauspieler."

Das Argument, dass in Assessment Centern die besten Selbstdarsteller und Schauspieler gewinnen, gehört zweifellos zu den am häufigsten vorgebrachten Argumenten gegen die Assessment Center-Methodik. Gleichzeitig ist es auch eines der am leichtesten widerlegbaren. Der beste Schauspieler gewinnt eindeutig im Interview. Es ist – was die schauspielerischen Fähigkeiten angeht – um ein Vielfaches einfacher, sich in einem Interview bestimmte Kompetenzen zuzuschreiben und bestimmte Dinge von sich zu behaupten, als diese in einer Arbeitsprobe auch zu zeigen. Das Argument, dass gute Schauspieler und Selbstdarsteller bevorzugt würden, gilt also in einem viel höheren Ausmaß für ein Einstellungsgespräch als für ein Assessment Center. Darüber hinaus gibt es noch einen weiteren, sehr wichtigen Punkt: Man kann letztendlich immer nur die Dinge „schauspielern", die tatsächlich auch zu den persönlichen Verhaltensmöglichkeiten gehören. Durch Verstellen kann man sich eigentlich nur schlechter machen. Ein schlechter Redner zu sein, aber eine gute Rede vortäuschen, das geht einfach nicht. Wenn jemand eine gute Rede vortäuschen kann, dann kann er auch eine gute Rede halten. Ein uneinfühlsamer Gesprächspartner zu sein, aber ein einfühlsames Kundengespräch vortäuschen, auch das geht nicht. Wer ein einfühlsamer Gesprächspartner sein kann, der hat die Verhaltensmöglichkeiten zu einer einfühlsamen Gesprächsführung in seinem persönlichen Repertoire. Ganz besonders deutlich wird dieses Argument, wenn man beispielsweise die Leistungen einer analytischen Fallstudie betrachtet. Hier wird es für einen intellektuell weniger begabten Teilnehmer sehr schwierig, hervorragende Analysefähigkeiten vorzutäuschen. Das heißt, ein Assessment Center zeigt diejenigen Verhaltensmöglichkeiten, zu denen jemand grundsätzlich in der Lage ist. Dies bedeutet nicht zwangsläufig, dass er im Alltag auch immer motiviert ist, diese Verhaltensweisen zu zeigen. Selbst wenn eine Führungskraft in einem Assessment Center ein hervorragendes Mitarbeitergespräch führt, kann es sein, dass wir im Alltag dieses Verhalten nur selten beobachten können. Das hat dann aber Gründe, die eher in der Motivation, in den Einstellungen und persönlichen Prioritäten liegen. Ein Assessment Center kann zumindest zeigen, ob jemand über die grundsätzlichen Verhaltensmöglichkeiten in seinem Repertoire verfügt.

Kritikpunkt: „Ein Assessment Center ist teuer und für viele Fälle zu aufwändig."

Dieses Argument scheint auf den ersten Blick oft recht plausibel. Es ist unbestritten so, dass – wie bei allen unternehmensinternen Entscheidungen – Kosten und Nutzen in einer sinnvollen Relation stehen müssen. Es gibt sicherlich Besetzungsentscheidungen, für die sich aufwändige Verfahren mehr lohnen als für andere. Trotzdem muss auch folgende Überlegung berücksichtigt werden: Wenn man bei einem gesprächsorientierten Verfahren davon ausgeht, dass im Regelfall mindestens zwei Gespräche, teilweise unter Anwesenheit von zwei Gesprächspartnern, geführt werden, so ist häufig der Gesamtaufwand an Mannstunden, der für ein kompaktes Assessment Center eingesetzt werden muss, nur unbedeutend größer. Die Eindrucksvielfalt über die Teilnehmer dürfte aber in einem Assessment Center größer sein als bei ausschließlich gesprächsorientierten Verfahren (z. B. Einstellungsgesprächen). Wenn es nun gelingt, durch diese zusätzlichen Eindrücke nur hin und wieder die eine oder andere Fehlentscheidung zu verhindern, so hat sich der Aufwand eines Assessment Centers extrem rasch amortisiert. Letztlich ist nicht nur die Vermeidung von Entscheidungsfehlern ausgesprochen wertschöpfend, sondern auch eine optimale Platzierung. Selbst wenn die „Wertschöpfungsdifferenz“ zwischen einem guten und einem sehr guten Mitarbeiter mit 20 % Differenz im Output sehr konservativ geschätzt würde, sieht man sofort, dass eine optimierte Auswahl immense Wertschöpfungspotenziale beinhaltet.

Kritikpunkt: „Assessment Center üben einen hohen Druck auf die Kandidaten aus und testen letztlich nur Belastbarkeit und Stressresistenz.“

Auch dieses Argument gibt es immer noch recht häufig in der Diskussion über den Sinn von Assessment Centern. Es ist sicher so, dass es Unternehmen gibt, die Assessment Center durchführen, auf die der oben formulierte Vorwurf zutrifft. Ein solches Assessment Center wäre aber sicherlich nicht sachgerecht. Üblicherweise sind die Anforderungen, die in einem Assessment Center abgebildet werden sollen, deutlich komplexer und fokussieren keinesfalls nur auf Belastbarkeit oder Verhalten unter Stress. Wenn nun ein Assessment Center so gestaltet ist, dass es in übertriebener Weise Belastung und Stress bei den Teilnehmern erzeugt, verliert es seine Differenzierungskraft im Hinblick auf die vielen anderen Anforderungen und wird letztendlich sehr eindimensional. Dies kann aber nicht das Ziel aus Sicht der Assessment Center-Verantwortlichen sein. Viel sinnvoller ist es, den Teilnehmern durch die Gestaltungsform und die Atmosphäre die Chance zu bieten, ihre maximale Leistungsfähigkeit unter Beweis zu stellen. Eine Fokussierung auf die Erzeugung von Stress ist dazu sicher nicht geeignet.

Kritikpunkt: „Interne Assessment Center produzieren Gewinner und Verlierer. Bei den Verlierern bleibt eine hohe Demotivation zurück.“

Hier gilt zunächst einmal das Argument, dass nicht die Assessment Center-Methode zu Gewinnern oder Verlierern führt, sondern die Notwendigkeit einer Selektionsentscheidung – ganz gleich mit welcher Methode man diese vornehmen würde. Trotzdem ist an diesem Argument natürlich etwas dran. Ein Assessment Center produziert ja zumindest Transparenz über Gewinner und Verlierer. Was jedoch haben die so genannten Verlierer eigentlich tatsächlich „verloren“? Sie haben eine Rückmeldung seitens des Unternehmens erhalten, dass man sie in aller Regel in der gegenwärtigen Position nach wie vor für sehr leistungsfähig hält (ansonsten hätte man vermutlich gar keine Einladung zum Assessment Center ausgesprochen), aber ihnen zunächst keine weitergehenden Perspektiven offerieren möchte. Die Teilnehmer haben also ihre Hoffnung verloren, rasch eine Position zu erklimmen, für die sie aber offensichtlich aus Unternehmenssicht aktuell nicht die erforderlichen Voraussetzungen mitbringen. Wäre es nun verantwortungsvoller oder sachgerechter gewesen, die Teilnehmer in der Illusion zu belassen, dass sie in absehbarer Zeit eine Beförderung zu erwarten haben? Wären die dadurch entstandenen Motivationseffekte langfristig hilfreicher oder tragfähiger gewesen? Wenn jemand intern eine Beförderung anstrebt, diese aber nicht erhält, kann dadurch Wechselmotivation entstehen (unabhängig davon, ob mit oder ohne Assessment Center ausgewählt wurde). Es gibt aber immer auch den Fall, dass Teilnehmer nach dem Erleben eines Assessment Centers und der sorgfältigen Rückmeldung und Beratung einsehen können, dass es – bei aller persönlicher Enttäuschung – ernsthafte und nachvollziehbare Gründe dafür gibt, sie derzeit nicht für eine Beförderung vorzusehen und ihnen auf diese Weise auch ein mögliches Scheitern oder zumindest eine dauernde Überforderung erspart bleibt. Ein Assessment Center bietet eine sehr intensive Gesprächsgrundlage, um dies mit den Teilnehmern zu thematisieren. Natürlich produziert ein internes Auswahl-AC auch Enttäuschungen. Dies lässt sich nicht vermeiden. Man kann aber durch die Methode durchaus vermitteln, dass man als Unternehmen die Auswahlfragestellung mit hohem Verantwortungsbewusstsein, hoher Ernsthaftigkeit und hoher Bereitschaft zu einer offenen und unterstützenden Rückmeldung gestaltet hat. Dies ist ohne Zweifel auch für die so genannten „Verlierer" ein positives Signal.

Literaturhinweise zu diesem Kapitel

DIN Deutsches Institut für Normung e.V. (2002). *DIN 33430 – Anforderungen an Verfahren und deren Einsatz bei berufsbezogenen Eignungsbeurteilungen*. Berlin: Beuth.

Kanning, U.P., Pöttker, J. & Gelléri, P. (2007). Assessment Center-Praxis in deutschen Großunternehmen. Ein Vergleich zwischen wissenschaftlichem Anspruch und Realität. *Zeitschrift für Arbeits- und Organisationspsychologie, 51* (4), 155–167.

Kersting, M. & Püttner, I. (2006). Personalauswahl: Qualitätsstandards und rechtliche Aspekte. In H. Schuler (Hrsg.), *Lehrbuch der Personalpsychologie* (2. Auflage, S. 841–861). Göttingen: Hogrefe.

Meriac, J.P., Hoffmann, B. J ., Woehr, D.J. & Fleisher, M.S. (2008). Further Evidence for the Validity of Assessment Center Dimensions: A Meta-Analysis of the Incremental Criterion-Related Validity of Dimension Ratings. *Journal of Applied Psychology, 93,* 1042–1052.

Obermann, C. (2009). *Assessment Center. Entwicklungen, Durchführung, Trends* (4. Auflage). Wiesbaden: Gabler.

Oechsler, W.A. (2010). *Personal und Arbeit: Grundlagen des Human Resources Management und der Arbeitgeber-Arbeitnehmer-Beziehungen* (9. Auflage). München: Oldenbourg Wissenschaftsverlag.

4 Anforderungen definieren und Rahmenkonzepte erstellen

Neben Kosten/Nutzen-Gesichtspunkten und Aspekten des Personalmarketings ist letztendlich sowohl aus Sicht der Teilnehmer als auch des Unternehmens ein Aspekt für den Erfolg eines Assessment Centers besonders relevant: die Qualität des Ergebnisses. Dieser Erfolg wird maßgeblich durch drei Einflussgrößen determiniert: Durch die durchführenden Personen, durch die Organisation der Veranstaltung und durch die eingesetzten Instrumente. Auf die durchführenden Personen wird im Kapitel 6 „Beobachten und Bewerten“ eingegangen. Das Kapitel 7 „Organisation und praktische Gestaltung“ liefert Tipps und Hinweise zur erfolgreichen Gestaltung von Assessment Centern. Das vorliegende Kapitel beschäftigt sich mit einigen Grundüberlegungen, die letztendlich entscheidend für die Konzeption der Instrumente sind. Ausgangspunkt ist die Überlegung, dass man sich zunächst einmal mit der Frage beschäftigt, was man alles im AC über einen Teilnehmer erfahren möchte. Die Antwort auf diese Frage wird in einem Anforderungsprofil zusammengefasst. Die Bewertung eines Teilnehmers anhand eines Anforderungsprofils und die anschließende Interpretation und Deutung bildet letztendlich die Grundlage der anstehenden Personalentscheidung.

Im Kapitel „Assessment Center – Philosophie, Trends und Prinzipien“ wurde auf das Prinzip der Anforderungsgerechtigkeit verwiesen (vgl. Abschnitt 1.4.1). Dieses Prinzip besagt, dass mit dem Assessment Center tatsächlich erfolgsrelevante Anforderungen an eine Zielposition oder -perspektive abgebildet werden sollen. Grundsätzlich erlaubt erst ein Anforderungsprofil den Vergleich zwischen Soll und Ist anhand von klar definierten Kriterien. In der Personalentwicklung und Weiterbildung bietet das Anforderungsprofil die Möglichkeit, die Qualifikationen des Mitarbeiters mit den Vorgaben aus dem Profil zu vergleichen und aus diesem Abgleich entsprechende Maßnahmen zur Personalentwicklung abzuleiten.

In der Personalauswahl liefert das Anforderungsprofil die Möglichkeit, das Profil der Zielposition mit dem Profil des Bewerbers zu vergleichen und daraus Aussagen über den potenziellen Erfolg oder Misserfolg in der angestrebten Position herzuleiten. Mit diesem Abgleich lässt sich auch abschätzen, mit welcher Leichtigkeit ein Bewerber sich in eine Position einarbeiten wird, und welche Unterstützung diesbezüglich noch vom Unternehmen zu leisten ist. Ein gutes Profil konzentriert sich dabei auf die wesentlichen relevanten Kriterien, die für Entscheidungsprozesse herangezogen werden sollen.

Manchmal wird bei der Entwicklung eines Anforderungsprofils im Unternehmen die Diskussion geführt, ob man für die definierten Kompetenzen nicht entweder Gewichtungen einführen müsste oder aber gewünschte Ausprägungsgrade in unterschiedlichen Funktionsbereichen oder Hierarchiestufen definieren sollte. Hierbei ist aber zu beachten, dass Gewichtungen und unterschiedliche Ausprägungsgrade streng genommen nicht genau das gleiche sind. Eine Kompetenz kann theoretisch eine extrem hohe Gewichtung haben (was bedeutet, dass sie im Konzert mit den anderen Kompetenzen eine herausragende Rolle spielen würde), aber gleichzeitig kann auch eine mittlere Ausprägung für den Erfolg völlig ausreichend sein. Allein wenn man sich dieses Argument vergegenwärtigt, wird sehr schnell klar, warum man beim Erzeugen von Gewichtungen und Wunschausprägungen häufig sehr komplizierte und wenig zielführende Diskussionen anzettelt. Es gibt aber noch ein wesentlich gewichtigeres Argument, warum die Empfehlung lautet, sich über die gewünschten Ausprägungsgrade gewünschter Kompetenzen nicht den Kopf zu zerbrechen. Man muss nämlich beachten, dass Erfolgsfaktoren bis zu einem gewissen Ausmaß kompensatorisch wirken können. Dies ist ja das letztliche Geheimnis des Erfolgs, dass der Erfolg im Ergebnis durch eine unterschiedliche Zusammensetzung von Kompetenzen gemacht wird, die nicht in einer vereinheitlichten Weise (und nichts anderes würde Gewichtung und Definition von Ausprägungsgraden bedeuten) berechnet werden kann.

Jetzt könnte dieses Argument ja dazu führen, dass man den Nutzen von Anforderungsprofilen generell hinterfragt. Davon sind wir aber weit entfernt. Dass es im Ergebnis sehr unterschiedliche Gründe für Erfolg und Scheitern geben kann, die unterschiedliche Kompensationen beinhalten, ist ein Phänomen, welches einen sachkundigen und erfahrenen Beurteiler voraussetzt. Das Anforderungsprofil gibt dem Beurteiler Struktur und Sprachwelt. Die Interpretation eines individuellen Profils an Ausprägungen bleibt aber eine Interpretations- und Deutungsleistung, die nicht vollständig verobjektivierbar ist. Anforderungsprofile beinhalten die Verständigung auf eine gemeinsame Sprachwelt und machen damit Beurteilungsergebnisse diskutierbar und hinterfragbar.

Durch objektive und transparente Anforderungsprofile wird der Auswahlprozess systematisiert, da einheitliche Beurteilungskriterien zugrunde gelegt werden, die von unterschiedlichen Personen eingesetzt werden können. Diese einheitlichen Kriterien implizieren nicht, dass darauf aufbauende Beurteilungen a priori einheitlich und objektiv erfolgen. Die Anforderungen müssen in einem nächsten Schritt operationalisiert und damit messbar gemacht werden (vgl. Abschnitt 6.1).

Auch aus Sicht des Personalmarketings erscheint eine Entscheidungsfindung und -begründung anhand von Anforderungsprofilen zielführend. Zumeist ist die Teilnahme an einem Assessment Center oder auch an jeder anderen Beurteilungssituation für einen Teilnehmer keine triviale Situation. Alleine das Gefühl, beurteilt zu werden, die diffuse Angst vor Gesichtsverlust, aber auch antizipierte Konsequenzen und Entscheidungen können schnell Unsicherheit und auch Reaktanz hervorrufen. Die Akzeptanz von Beurteilungen und Entscheidungen kann durch mehrere Aspekte erhöht werden, die hier erwähnt sein sollen:

- *Transparenz* durch die Offenlegung von Anforderungen, die Durchführung der Diagnostik und die Erläuterung der Ergebnisse
- *Fairness* in Bezug auf die Vergleichbarkeit der Bedingungen und Kriterien aller beteiligten Kandidaten
- *Selbstwertrelevanz* in dem Sinne, dass die mögliche Ablehnung nicht grundsätzlich persönlich zu bewerten ist, sondern sich nur auf die (Nicht-)Passung auf ein konkretes Profil bezieht.

Diese Aspekte sind durch das Anforderungsprofil alleine nicht erfüllt, jedoch stellt die Zugrundelegung eines Profils eine notwendige Bedingung dar. In Kapitel 10 werden diese positiven Effekte z. B. durch die Offenlegung des zugrunde liegenden Profils gegenüber Bewerbern in einem Traineeauswahlverfahren der ThyssenKrupp AG geschildert.

Es werden im weiteren Verlauf zwei bewährte, unterschiedliche Arten von Anforderungsprofilen diskutiert: das dimensionsorientierte und das aufgabenorientierte Profil. Für beide Profilarten wird detailliert beschrieben, wie sie positionsspezifisch erstellt werden können. Dabei wird die Methode in ihren Einzelschritten systematisch aufgezeigt und anhand von Praxisbeispielen verdeutlicht.

Basierend auf der Grundüberlegung, welche Anforderungen erfasst werden sollen, muss im Prozess der AC-Konzeption entschieden werden, wie diese Anforderungen in unterschiedlichen Settings, Übungen und Simulationen abgebildet werden sollen. Dieser Schritt wird in Kapitel 5 erläutert.

Tools in diesem Kapitel:

- Das allgemeine Profil M-Kompetenzmodell für Führung (CD-ROM)
- Beispiel für ein dimensionsorientiertes Profil mit Dimensionsfacetten (S. 67)
- Beispielhafter Ablaufplan für einen Workshop zur Anforderungsanalyse (S. 69)
- Leitfaden für ein Experteninterview (CD-ROM)

4.1 Kriterien für die Bewertung von Anforderungsprofilen

Die Verwendung von Anforderungsprofilen als Basis für Assessment Center zur Personalauswahl oder Personalentwicklung setzt bestimmte Qualitätskriterien voraus, denen die erstellten Profile genügen müssen, da ansonsten eine Sicherstellung der oben aufgeführten Vorteile nicht gewährleistet werden kann.

Die dargestellten vier Kriterien zur Definition und Gestaltung von Anforderungsprofilen sollen die Erstellung derselben und die Arbeit mit ihnen möglichst vereinfachen.

Orientierung am Wertschöpfungspotenzial der Position

Der Wertschöpfungsbeitrag einer Position bezieht sich auf folgende Fragestellung: Welchen Beitrag soll die Zielposition zum Unternehmenserfolg leisten? Was ist also das Ziel dieser Position, bzw. wann ist der Stelleninhaber erfolgreich? Alle im Anforderungsprofil enthaltenen Anforderungen sollten daraufhin überprüft werden, ob sie erforderlich sind, um das Ziel der Position zu erreichen.

Positionsbezogene und konkrete Beschreibung der Anforderungen

Anforderungen sollten positionsbezogen und konkret beschrieben sein. Vielfach werden Begrifflichkeiten als Kriterien genutzt, die recht dehnbar sind. Den spezifischen Positionen werden diese Schlagwörter jedoch häufig noch nicht gerecht. Was versteht z. B. der Entscheider, der eine Buchhalterin sucht, unter Flexibilität? Er könnte zum Beispiel damit meinen, dass diese Buchhalterin zeitlich flexibel sein muss. Es kann auch gemeint sein, dass sie sich auf unterschiedliche Personen einstellen können muss. Weniger wahrscheinlich ist damit eine örtliche Flexibilität gemeint, aber das sind alles

Mutmaßungen. Prinzipiell gibt es zwei Möglichkeiten, die Anforderungen zu konkretisieren:

- Die erste Möglichkeit bezieht sich darauf, dass die Anforderung selbst sehr konkret formuliert ist. So kann sich vermutlich jeder etwas unter einer Anforderung „Strukturiertes und abschlussorientiertes Führen von Verkaufsgesprächen“ vorstellen. Diesen Grad an Konkretisierung findet man typischerweise bei aufgabenorientierten Anforderungskriterien (vgl. Abschnitt 4.2.1).
- Bei der zweiten Möglichkeit stellt die Anforderung selber einen eher allgemein gültigen Begriff dar, z. B. „unternehmerisches Denken“. Solch übergreifende Dimensionen treten primär beim dimensionsorientierten Anforderungsprofil auf (vgl. Abschnitt 4.2.2). Der geringen Konkretisierung kann pragmatisch entgegengewirkt werden, indem die Anforderung durch Unterbegriffe, so genannte Facetten, definiert werden. So kann die Dimension „unternehmerisches Denken“ für den Marktleiter eines Supermarktes z. B. durch folgende Facetten konkretisiert werden: Kostenkontrolle, Umsatzdenken, Identifikation mit dem Unternehmen, bereichsübergreifendes Denken. Alle im Profil enthaltenen Anforderungen werden dementsprechend eindeutig konkretisiert.

Aktualität und Einbeziehung zukünftiger Aspekte

Bestehende Anforderungsprofile müssen bei jedem Einsatz auf ihre Aktualität hin überprüft werden. Da oft prognostische Aussagen anhand eines Anforderungsprofils getroffen werden sollen, gilt es, zukünftige Anforderungen abzubilden, sofern diese absehbar oder ableitbar sind.

Modulare Anpassung bei möglichen Positionsveränderungen

Das zu erstellende Anforderungsprofil sollte möglichst konkret formuliert sein, was allerdings zur Folge hat, dass die erstellten Anforderungsprofile regelmäßig und in möglichst kurzen zeitlichen Abständen überprüft und gegebenenfalls angepasst oder korrigiert werden müssen. Da dies aber selbst bei einer vergleichsweise kleinen Anzahl an Profilen einen immensen Aufwand bedeutet (dieses gilt umso mehr für aufgabenbezogene Anforderungsprofile), liegt die Lösung in einem modulartigen Aufbau. Die Module orientieren sich an den Aufgabentypen. So kann z. B. ein Modul mit Anforderungen für die Aufgabe „Kundenakquisition“ entstehen. Da sich in den seltensten Fällen alle Aufgabengebiete komplett ändern, sondern meist nur Teilaufgaben (Funktionen werden ergänzt oder fallen weg), bietet diese Möglichkeit eine effiziente Vorgehensweise, denn es brauchen nur einzelne Module des Profils angepasst, entfernt oder ergänzt zu werden. In Beispiel 1 ist ein solch modulartiger Aufbau dargestellt.

4.2 Erstellen von Anforderungsprofilen

Heute verfügen viele Unternehmen und Konzerne über eigene Kompetenzmodelle, die einen Rahmen und eine Sprachwelt für Anforderungsprofile darstellen können. Mit solchen Kompetenzmodellen soll gewährleistet werden, dass Personalarbeit von der Einstel-

Beispiel 1: Modulartiger Aufbau eines Anforderungsprofils

Kernaufgabe/ Funktion	Anforderung/ Aufgabentyp	Bewertungskriterium
Mitarbeiter führen	Mitarbeiter auswählen und beurteilen	– kann Anforderungen definieren – beherrscht Fragetechniken – kennt Auswahlinstrumente – …
	Aufgaben delegieren und kontrollieren	– gibt Aufgaben nach sinnvollen Kriterien ab – zeigt Vertrauen in seinen Mitarbeiter – …
	Führen mit Zielen	– vereinbart im Gespräch konkrete, messbare Ziele – begründet Ziele überzeugend – …
	…	…

lung über die jährliche Beurteilung bis zur fortlaufenden Personalentwicklung aus einem Guss stattfinden kann. Ein Beispiel dafür, wie verschiedene Module der Personalauswahl und -entwicklung an einem zugrunde liegenden Kompetenzmodell ausgerichtet werden, zeigt das Praxisbeispiel der ThyssenKrupp AG in Kapitel 10.

In der Formulierung und Ausgestaltung von Kompetenzmodellen gehen Unternehmen sehr unterschiedliche Wege und nutzen sehr unterschiedliche Philosophien. Zwei weitere Beispiele für Kompetenzmodelle, die erfolgreich als Grundlage für Assessmentinstrumente dienen, finden sich in den Praxisbeispielen der Krones AG und der tesa SE in Kapitel 10. Es gibt schlanke Modelle, umfassende, differenziert erscheinende, ebenen- und funktionsbereichsspezifisch erstellte, aber auch sehr generalistische Modelle. Es hängt natürlich sehr von der Qualität des Kompetenzmodells ab, wie unmittelbar sich das Anforderungsprofil daraus herleiten lässt. Nicht empfehlenswert ist es jedoch, sich alleine am Kompetenzmodell zu orientieren und sich mit den inhaltlichen Anforderungen nicht weiter auseinanderzusetzen. Das Kompetenzmodell bietet aber in jedem Fall eine Strukturierungshilfe und eine sprachliche Orientierung.

Es gilt in jedem Anforderungsprofil, eine Struktur und eine Sprachwelt für erfolgsbeschreibende Persönlichkeitsattribute zu finden, die im Unternehmen anknüpfungsfähig sind. Hier gibt es beispielsweise Unternehmen, die Anglizismen bevorzugen, andere, die diese ablehnen. Es gibt Unternehmen, die sich aufgrund der Kultur eher komplexe und differenzierte Profile wünschen, andere Unternehmen bevorzugen sehr schlanke und plakative Lösungen. Ein Kompetenzmodell, wie auch immer geartet, bietet aber in jedem Fall eine gute Grundlage für ein Anforderungsprofil, da es an Kultur und Sprachwelt eines Unternehmens anknüpft.

Unabhängig davon, ob man auf bestehende Kompetenzmodelle zurückgreifen kann oder aber die Freiheit hat, ein Anforderungsprofil ohne den strukturellen oder sprachlichen Rahmen zu erstellen, haben sich zwei unterschiedliche Arten von Anforderungsprofilen bewährt: Das aufgabenbezogene Anforderungsprofil und das dimensionsbezogene Anforderungsprofil (im Übrigen sind auch bestehende Kompetenzmodelle in der Regel entweder aufgaben- oder dimensionsorientiert).

Das aufgabenbezogene Anforderungsprofil bezieht sich sehr direkt und konkret auf die Aufgaben der Zielposition. Eine Anforderung kann z. B. lauten: „Bereichsergebnisse kontrollieren und mit Unternehmenszielen abgleichen."

Das dimensionsbezogene Anforderungsprofil besteht hingegen aus übergeordneten Eigenschaften oder Dimensionen (z. B. Ergebnisorientierung), die persönliche Voraussetzungen widerspiegeln, die jemand mitbringen sollte, damit er eine Position optimal ausfüllen kann.

Beide Arten von Anforderungsprofilen haben durchaus ihre Berechtigung (vgl. Tabelle 5), und es kann daher auch sinnvoll sein, den aufgabenbezogenen und den dimensionsbezogenen Ansatz zu kombinieren (was in etlichen Kompetenzmodellen auch getan wird).

Gerade dann, wenn es um interne Potenzialaussagen geht, bieten sich aufgabenbezogene Profile oft an, denn in diesem sehr sensiblen Prozess ist die Rückmeldung, gerade von schwachen Ergebnissen, für die Teilnehmer etwas selbstwertschonender. So ist es in der

Tabelle 5: Vorteile und Kritikpunkte von dimensions- und aufgabenorientierten Anforderungsprofilen

	Aufgabenorientierte Profile sind ...	**Dimensionsorientierte Profile sind ...**
Vorteile	– sehr konkret und positionsspezifisch – sehr gut einsetzbar zur Ableitung von Personalentwicklungsmaßnahmen – einfacher an die Teilnehmer zurückzumelden, da sie keine Pauschalaussagen über die Persönlichkeit beinhalten – gut für weitere Instrumente (z. B. Mitarbeitergespräche) zu nutzen	– pragmatisch und schnell in der Konzeption – etwas weniger spezifisch – zur Erfassung genereller Managementkompetenzen absolut ausreichend – gut einsetzbar, wenn keine bestimmte Position im Fokus steht
Kritikpunkte	– sehr aufwändig in der Konzeption – sehr aufwändig in der Pflege – schwieriger einzuschätzen, wenn der Teilnehmer noch nie ähnliche Aufgaben bearbeitet hat	– sensibel in der Rückmeldung, da eher Pauschalaussagen über die Persönlichkeit getroffen werden (z. B. „Ihr Analysevermögen ist unterdurchschnittlich")

Regel für einen Teilnehmer einfacher zu akzeptieren, dass er noch nicht sicher im „Umgang mit betriebswirtschaftlichen Kennzahlen“ (aufgabenbezogen) ist, als dass sein „Analysevermögen“ (dimensionsorientiert) oder sein „unternehmerisches Denken“ (wenn der Umgang mit Zahlen denn eine Facette dieser Dimensionen ist) schwach ausgeprägt ist. Aus diesem Beispiel wird auch ersichtlich, dass die Ableitung von Maßnahmen der Personalentwicklung bei aufgabenorientierten Profilen sehr einfach und nachvollziehbar ist.

Gerade Effizienz- und Ökonomiegesichtspunkte sprechen jedoch häufig für den dimensionsorientierten Ansatz, denn für dieses etwas allgemeiner gehaltene Profil wird erheblich weniger Zeit zur Konzeption und erfahrungsgemäß auch zur Abstimmung benötigt. Dieser Ansatz bietet auch dann einige Vorteile, wenn für die anstehende Entscheidung berufliche Vorerfahrungen des Teilnehmers keine Rolle spielen sollen. Dieses ist häufig bei Assessment Centern für Berufseinsteiger der Fall. Derjenige Teilnehmer, der schon Mitarbeitergespräche erlebt oder gar geführt hat, hat mehr Chancen, eine Anforderung „Mitarbeitergespräche führen“ besser zu bewältigen, als derjenige, der keine Vorerfahrung hat. Um den Effekt solcher Vorerfahrungen zu mindern, kann es hilfreich sein, eine andere Gesprächssituation abzubilden und dabei auf Dimensionen wie „Überzeugungskraft“ oder „Einfühlungsvermögen“ auszuweichen.

Im Prinzip lassen sich die Vorteile beider Vorgehensweisen auch kombinieren, indem gemischte Profile erstellt werden: Relevante Aufgaben (z. B. Verkaufsgespräche führen) werden in das Profil integriert und um einige wichtige übergreifende Persönlichkeitseigenschaften (z. B. Leistungsmotivation) ergänzt.

Unbeeinflusst von der Frage, für welche Art eines Anforderungsprofils man sich entscheidet, oder davon, ob oder ob man nicht auf den sprachlichen und strukturierenden Rahmen von Kompetenzmodellen zurückgreift, verläuft die Erstellung derselben nach ganz ähnlichen Kriterien: Ausgangspunkt von Anforderungsprofilen ist die Anforderungsanalyse. Diese lässt sich vom Ablauf her wie in Abbildung 1 skizzieren.

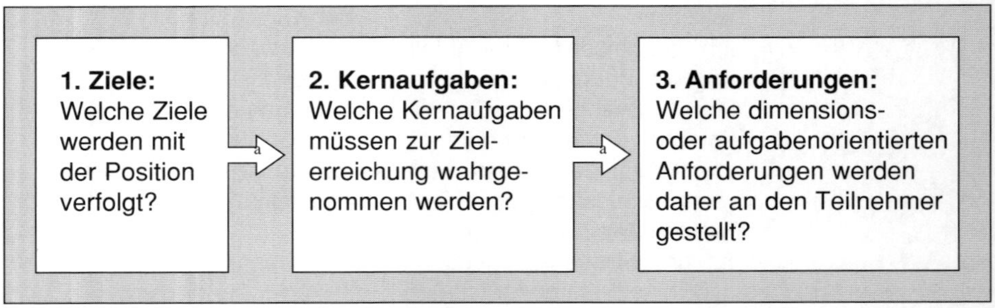

Abbildung 1: Ablaufskizze einer Anforderungsanalyse

1. Ziele: Im ersten Schritt geht es um die Auseinandersetzung mit dem Wertschöpfungsbeitrag der Zielposition. Es gilt, die Frage zu beantworten, welche unternehmerischen Ziele mit dieser Position verknüpft werden. Eine hilfreiche Frage hierfür lautet: Woran wird die Unternehmensleitung den Erfolg eines Positionsinhabers maßgeblich bestimmen? Bei der Definition der Positionsziele sind auch Unternehmensziele und Leitbilder sowie deren Implikationen für die Zielposition zu berücksichtigen.

Aus Gründen der Praktikabilität sollten zur Erstellung von Anforderungsprofilen lediglich drei bis sechs Ziele herangezogen werden. Sollten mehr als sechs Ziele generiert worden sein, so empfiehlt sich zunächst eine Überprüfung, ob in den Zielen nicht schon Kernaufgaben enthalten sind. Hier kommt es häufig zu Überschneidungen. In einem nächsten Schritt können die Ziele entweder durch Zusammenfassung oder Priorisierung auf die wichtigsten reduziert werden. Für einen Vertriebsleiter im Handel wurden beispielsweise folgende Ziele definiert:

- Erreichen der regionalen Marketingziele
- Erreichung von 50 Millionen Euro Umsatz im Geschäftsjahr
- Deckungsbeitrag 2 von +4 %.

2. Kernaufgaben: Aus den Zielen, die im ersten Schritt definiert wurden, werden nun direkt die Kernaufgaben abgeleitet. Mit den Kernaufgaben werden die wesentlichen Aufgabenschwerpunkte erfasst, die unmittelbar der Erfüllung zuvor definierter Ziele dienen (s. Beispiel 2).

Beispiel 2: Ausschnitt aus einem möglichen Anforderungsprofil eines Vertriebsleiters

Ziel:
Erreichen der regionalen Marketingziele

Kernaufgaben:
- Konzeption von Kundenveranstaltungen
- Teilnahme an Kongressen zur Pflege von Multiplikatoren
- Nutzung, Interpretation und Weitergabe von Marketingdaten
- Marktbeobachtung
- Budgetierung der Werbemittel

...

Bei der Ableitung von Kernaufgaben gilt ein Richtwert von maximal fünf Kernaufgaben pro Ziel. Dabei sollte der Bezug zum Erfolg immer im Vordergrund stehen, so dass weniger wichtige Aufgaben gar nicht erst aufgeführt werden müssen. Bei der Abschätzung der Wichtigkeit einer Kernaufgabe kann folgende Fragestellung hilfreich sein: Kann die Person in der zu beschreibenden Position die Ziele auch erreichen, wenn sie diese Aufgaben weniger gut oder gar nicht ausführt? Nur wenn diese Frage negativ zu beantworten ist, gehört eine Aufgabe zwingend zu den Kernaufgaben.

3. Anforderungen: Bei der Ableitung von Anforderungen werden diejenigen Kriterien definiert, die eine Person erfüllen muss, um die Kernaufgaben erfolgreich zu bewältigen. Genau hier beginnt nun der Unterschied in der Vorgehensweise, je nachdem, ob man sich für den aufgabenbezogenen Ansatz oder das dimensionsorientierte Profil entschieden hat (vgl. Abbildung 2). Und genau hier kommt zumeist auch das Kompetenzmodell ins Spiel. Bei der sprachlichen Festlegung der Anforderungen ist es sinnvoll, an der Sprachwelt des Unternehmens anzuknüpfen, wenn denn ein Modell vorliegt. Sinnvoll ist es jedoch auch, Anforderungen, die als wichtig erachtet werden, die aber im Kompetenzmodell des Unternehmens nicht vorgesehen sind, an genau dieser Stelle zu ergänzen.

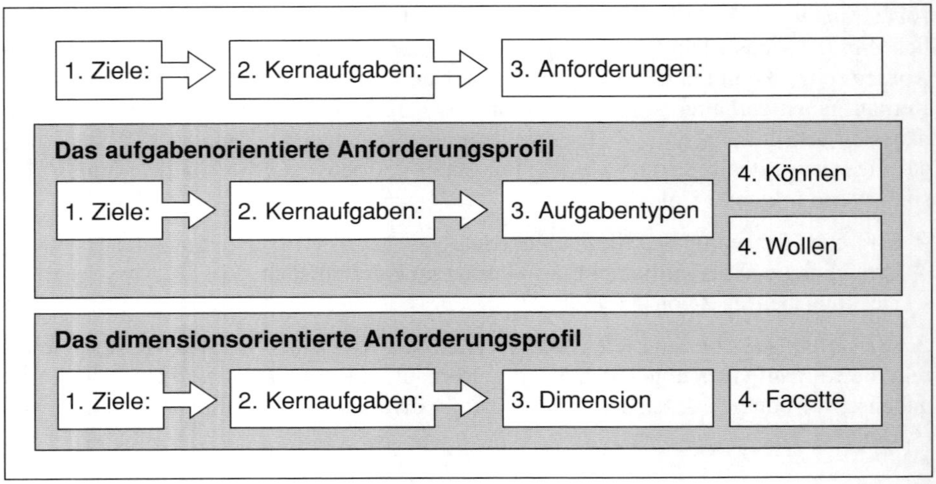

Abbildung 2: Schematischer Ablauf bei der Definition von Anforderungen

4.2.1 Der aufgabenorientierte Ansatz

Im Prinzip sind Kernaufgaben bereits beobachtbares Verhalten. Manch eine Kernaufgabe lässt sich als Anforderung direkt in ein Profil aufnehmen. Jedoch sind häufig die Kernaufgaben zu komplex und vielschichtig, um sie als Ganzes zu erfassen. Ferner soll gegebenenfalls auch eine Aussage getroffen werden, welche Teilaspekte einer Kernaufgabe von einem Teilnehmer schon beherrscht werden. Daher ist es ratsam, aus den Aufgabenkomplexen detailliertere Aufgabentypen abzuleiten, die sich für ein Anforderungsprofil eignen.

Aus der Kernaufgabe „Mitarbeiterführung" können z. B. folgende Aufgabentypen abgeleitet werden: Mitarbeitergespräche führen, Mitarbeiter auswählen und beurteilen, Ziele vereinbaren, Aufgaben delegieren, Ressourcen einteilen usw. Diese Aufgabentypen stellen nun eine gute Grundlage für ein aufgabenbezogenes Anforderungsprofil dar. In Beispiel 3 werden zwei Kernaufgaben durch Aufgabentypen abgebildet.

Beispiel 3: Beispielhaftes aufgabenorientiertes Profil für Führungsnachwuchskräfte im Vertrieb

Kernaufgabe: Vertriebssteuerung	**Kernaufgabe: Mitarbeiterführung**
– Eigenverantwortlich und selbstständig arbeiten – Konzipieren – Gestalten und Umsetzen – In Projektteams arbeiten – Ziele verfolgen	– Verantwortung suchen – Feedback geben – Coachen – Motivieren – Ziele vereinbaren und kontrollieren – Konflikte lösen – Teamarbeit fördern

Insbesondere, wenn es um Positionsanforderungen und Erfolgsprognosen geht, macht es Sinn, die Gründe für das Scheitern von Mitarbeitern zu reflektieren. Die Tatsache, dass viele Mitarbeiter auch an solchen Aufgaben scheitern, für die sie eigentlich gut ausgebildet und geschult sind, zeigt, dass nicht immer nur das „Können" im Vordergrund der Betrachtung stehen darf. Ausschließlich das Können zu erfassen, greift in der Regel zu kurz, denn allein die Tatsache, dass eine Person ein konstruktives und zielorientiertes Mitarbeitergespräch führen kann, bietet noch keine Gewähr, dass dieselbe Person dieses Verhalten auch im Arbeitsalltag zeigen möchte. Scheitern die Positionsinhaber bezüglich der von ihnen betrachteten Anforderungen eher daran, dass sie die entsprechenden Kompetenzen nicht besitzen oder daran, dass sie wenig motiviert sind?

Genau diese Überlegung wird noch in den aufgabenorientierten Ansatz integriert: Sowohl das „Können" als auch das „Wollen" sollen explizit berücksichtigt werden.

Qualitäten des Könnens: Die Feindefinition der Aufgabentypen entsteht folgendermaßen: Zunächst wird abgeleitet, was eine Person in Bezug auf eine Kernaufgabe konkret können muss. Dabei sind sowohl fachliche Aspekte (z. B. Produktkenntnisse) wie auch außerfachliche Kompetenzen zu berücksichtigen. In Beispiel 4 sind einige Qualitäten aus einem Profil für eine Vertriebsposition aufgeführt.

Beispiel 4: Qualitäten des Könnens für den Aufgabentyp „Verkaufsgespräche führen"

Aufgabentyp	Qualität des Könnens
Verkaufsgespräche führen	– baut Gespräche systematisch auf – kennt die Produkte des Hauses – kann dem Kunden die Produktvorteile klar und deutlich erklären – kennt Abschlusstechniken und kann diese anwenden – …

Qualitäten des Wollens: In einem weiteren Schritt wird nicht nur berücksichtigt, was jemand können muss, sondern auch, welche Einstellungen gewünscht werden. Dabei ist folgende Fragestellung hilfreich: Welche Motivation des Bewerbers ist für eine erfolgreiche Bewältigung der Position ausschlaggebend? Was will er? In Beispiel 5 sind einige Qualitäten des Wollens aufgeführt.

Beispiel 5: Qualitäten des Wollens für den Aufgabentyp „Verkaufsgespräche führen"

Aufgabentyp	Qualität des Wollens
Verkaufsgespräche führen	– ist motiviert, sich mit Kunden auseinanderzusetzen – will sein Produktwissen ständig aktualisieren – will Vertriebsziele erreichen – …

Das Außerachtlassen der Beantwortung der Motivfrage kann schwerwiegende Folgen haben, denn im Gegensatz zu Qualitäten des Könnens, die sich oft durch Schulungen, Seminare und andere Lernformen aneignen lassen, zeigen sich Motive sehr viel stabiler und extrem resistent gegenüber externen Beeinflussungsversuchen.

Der dargestellte aufgabenorientierte Ansatz liefert sehr konkrete Anforderungen an eine Position. Der Profilvergleich zwischen Anforderungsprofil und dem Profil des Teilnehmers lässt konkrete Aussagen zu, inwieweit ein Bewerber oder Positionsinhaber zum Zeitpunkt der Erhebung in der Lage ist, die an ihn gestellten Anforderungen zu erfüllen.

4.2.2 Der dimensionsorientierte Ansatz

Um dimensionsorientierte Anforderungen zu definieren, bietet sich folgende Vorgehensweise an: Ausgangsbasis sind, wie bei der aufgabenorientierten Vorgehensweise, die Positionsziele und die daraus abgeleiteten Kernaufgaben. Aus den Kernaufgaben werden die zur Bewältigung der kritischen Ereignisse notwendigen Verhaltensweisen benannt, und in einem weiteren Schritt werden daraus konkrete Eigenschaftsbeschreibungen als Anforderung abgeleitet. Im Prinzip wird damit die Frage beantwortet, wie eine Person sein muss, damit sie eine Kernaufgabe gut bewältigen kann.

In einem Profil sollten maximal 10 bis 15 solcher Dimensionen wie in Beispiel 6 enthalten sein, da diese sonst nicht mehr klar voneinander abgrenzbar sind. Wurden nun für alle Kernaufgaben relevante Dimensionen definiert, so kommen erfahrungsgemäß schnell 20 bis 30 mehr oder weniger trennscharfe Persönlichkeitseigenschaften zusammen, die dann reduziert werden müssen. Dazu werden möglichst ähnliche Persönlichkeitseigenschaften zu den Dimensionen zusammengefasst. Es entstehen auf diese Art komplexe Dimensionen, die aber eine ganz spezifische Bedeutung für eine konkrete Position haben. Um einen zu hohen Allgemeinheitsgrad des Profils zu verhindern, hat es sich daher bewährt, diese Anforderungen mit Facetten zu erläutern. Tool 1 stellt ein Anforderungsprofil nach Dimensionen dar. Groß gedruckt ist jeweils die Dimension (z. B. Organisation und Planung), darunter sind die dazugehörigen Facetten (z. B. Prioritäten setzten, Projektmanagement) aufgelistet.

Das allgemeine Profil M-Kompetenzmodell für Führung finden Sie auf der CD-ROM. Dieses fasst typische Anforderungen an Führungskräfte zusammen.

Beispiel 6: Beispielhafte Dimensionen für die Kernaufgaben „Vertriebssteuerung“ und „Mitarbeiterführung“

Kernaufgabe Vertriebssteuerung	Kernaufgabe Mitarbeiterführung
– Ergebnisorientiert – Analytisch – Zahlenorientiert – Beharrlich – Strategisch – Organisiert – …	– Einfühlungsvermögen – Überzeugend – Durchsetzungsstark – Zielorientiert – Kommunikativ – Geduldig – …

Tool 1: Beispiel für ein dimensionsorientiertes Profil mit Dimensionsfacetten

– ○ ○ ○ ○ ○ ○ ○ +	**Problemlöseverhalten**
○ ○ ○ ○ ○ ○ ○	Organisation und Planung (Prioritäten setzen, Projektmanagement, Arbeitsabläufe koordinieren, Zeitmanagement)
○ ○ ○ ○ ○ ○ ○	Analysevermögen (Umgang mit Zahlen, Problemanalyse, Analyse von Abläufen, Schlussfolgerndes Denken)
○ ○ ○ ○ ○ ○ ○	Unternehmerisches Selbstverständnis (Kostenorientierung, Bereichsübergreifendes Denken, Identifikation, Strategisches Denken, Unternehmenswissen, Schnittstellenmanegement)
○ ○ ○ ○ ○ ○ ○	Kreativität (Entwicklung von Lösungsvorschlägen, Integration verschiedener Sichtweisen)
	Zwischenmenschliches Verhalten
○ ○ ○ ○ ○ ○ ○	Teamorientierung (Feedback geben, Integrationsfähigkeit, Sensibilität)
○ ○ ○ ○ ○ ○ ○	Führungsverhalten (Motivation, Qualifikation, Steuerung, Besprechungsmanegement, Ziele setzen, Selbstverständnis, Informationsverhalten, Delegation)
○ ○ ○ ○ ○ ○ ○	Durchsetzungsvermögen (Umgang mit Widerstand)
○ ○ ○ ○ ○ ○ ○	Partnerschaftlichkeit (Kooperation, Projektarbeit, Einfühlungsvermögen, Bedarfsorientierung)
○ ○ ○ ○ ○ ○ ○	Überzeugungskraft (Begeisterungsfähigkeit, Verhandlungsgeschick, Argumentation, Rhetorik, Präsentieren)
	Motive und Einstellungen
○ ○ ○ ○ ○ ○ ○	Leistungsmotivation (Initiative, Dynamik, Power, Leistungswille)
○ ○ ○ ○ ○ ○ ○	Belastbarkeit (Ausdauer, Stressresistenz)
○ ○ ○ ○ ○ ○ ○	Flexibilität (Offenheit, Lernflexibilität, Veränderungsbereitschaft, Kritikfähigkeit)
○ ○ ○ ○ ○ ○ ○	Umsetzungsorientierung (Entscheidungsverhalten, Risikobereitschaft, Verantwortungsbewusstsein, Maßnahmen festlegen)

4.2.3 Quellen der Anforderungsanalyse

Dem Anforderungsprofil und insbesondere auch der Anforderungsanalyse sind in der Literatur viel Aufmerksamkeit gewidmet worden (Beispiele dafür führen wir für Leser, die an einer vertieften Auseinandersetzung mit diesem Thema interessiert sind, in den Literaturempfehlungen für dieses Kapitel auf). Wir möchten an dieser Stelle jedoch der Grundidee des Buches treu bleiben und nicht tief in die wissenschaftliche Befundlage eindringen, sondern Erfahrungen und Vorgehensweisen wiedergeben, die sich in der Praxis bewährt haben.

Um Daten für die Anforderungsanalyse zu gewinnen, stehen viele unterschiedliche Methoden und Quellen zur Verfügung. Im Vorfeld muss daher unter der Berücksichtigung von Kosten-Nutzen-Aspekten die Entscheidung getroffen werden, wie die relevanten Informationen gewonnen werden sollen. Zu den in der Praxis am häufigsten eingesetzten Methoden gehören Beobachtungen vor Ort, individuelle Interviews und Workshops. Die typischen Bezugsquellen der Informationen (und damit auch Gesprächspartner in Interviews oder Teilnehmer an Workshops) stellen dabei direkte Vorgesetzte des zukünftigen Stelleninhabers, gehobenes Management, Personalexperten, Mitarbeiter oder auch aktuelle Positionsinhaber dar. Diese drei häufig eingesetzten und praktisch bewährten Methoden werden im Folgenden dargestellt und diskutiert.

- *Beobachtungen vor Ort:* In der Regel beobachtet jemand, der nicht in die Arbeit direkt involviert ist, einen Stelleninhaber der Zielposition bei der Erledigung seiner Arbeit. Zumeist stehen diesem Beobachter dazu Checklisten oder Fragebögen zur Verfügung. Diese Vorgehensweise ist dann sinnvoll, wenn sich die zentralen Aufgaben leicht von außen beobachten lassen. Viele komplexe Tätigkeiten sind aber erfahrungsgemäß nicht leicht beobachtbar. Dies gilt insbesondere für solche Aufgaben, bei denen mentale Leistungen einen hohen Stellenwert einnehmen. Da gerade für letztgenannte und komplexe Positionen häufig Assessment Center durchgeführt werden, sind aus unserer Sicht Beobachtungen vor Ort als alleinige Quelle der Datengewinnung nicht ausreichend. In der Praxis hat sich die „Best Practice Methode" bewährt. Bei dieser Vorgehensweise wird ein Positionsinhaber in seiner Tätigkeit begleitet, der diese Position nach Ansicht der Führungskräfte hervorragend ausfüllt. Dadurch lässt sich ableiten, was ein Positionsinhaber können muss, um Erfolg zu haben. Ebenfalls geeignet ist die Vorgehensweise, einen Mitarbeiter zu beobachten, der die Position nur unzureichend erfüllt. Die Verhaltensweisen beider Positionsinhaber lassen sich gut gegenüberstellen. Dabei ist jedoch zu beachten, dass es sicherlich nicht nur jeweils eine erfolgreiche und erfolglose Vorgehensweise gibt.
- *Interviews:* Interviews werden zumeist als Einzelinterviews durchgeführt und typischerweise mit unterschiedlichen Zielgruppen und Ansprechpartnern geführt. Erfahrungsgemäß sind dabei insbesondere die Aussagen der direkten Vorgesetzten, aber auch bestehender Positionsinhaber, wertschöpfend. Persönliche Interviews sind auch deshalb besonders geeignet, da man im Gespräch situativ unterschiedliche Informationen schon vertiefen und so die Anforderungen tatsächlich sehr konkret beschreiben kann. Neben der Qualität und Erfahrung des Interviewers hängt die Qualität des Interviews natürlich auch davon ab, wie leicht es dem Interviewpartner gelingt, zu abstrahieren und zu beschreiben. Zielführende Fragen in einem Interview mit einem Experten können unter anderem sein:

- Was sind die grundlegenden Voraussetzungen (Ausbildung, Erfahrungen) zur Besetzung dieser Position?
- Beschreiben Sie bitte einen typischen Tagesablauf in der Position!
- Was sind die Ziele in dieser Position? Welche Kernaufgaben muss man zur Zielerreichung erfüllen?
- Was muss jemand wissen/können/wollen, um diese Aufgaben zu erfüllen? Was unterscheidet einen erfolgreichen von einem weniger erfolgreichen Positionsinhaber?
- Welche Kernaufgaben werden in der Zukunft verlangt werden? Welche Anforderungen ergeben sich daraus?

Einen konkreten Leitfaden zum Einsatz in einem Experteninterview finden Sie auf der CD-ROM.

– *Anforderungsanalyse-Workshop:* Die Durchführung eines Workshops mit allen wesentlichen Beteiligten, die sinnvolle Informationen liefern können, stellt eine effektive und effiziente Form der Datengewinnung dar. Es können auch zielgruppenspezifische Workshops durchgeführt werden. Immer häufiger kommt es vor, dass bei diesen Workshops auch das Top-Management einbezogen wird. Neben der Methodenvielfalt, die im Workshop zur Verfügung steht (Brainstorming, Gruppenarbeiten) bietet dieser natürlich auch die Möglichkeit der Konsensbildung. In der Praxis hat es sich bewährt, unterschiedliche Methoden und Quellen zu kombinieren. Sinnvoll ist es aber auf jeden Fall, dass der Prozess mit einem Anforderungsworkshop endet, da ein endgültiges Anforderungsprofil hier leicht abzustimmen ist. Einen beispielhaften Ablaufplan für einen solchen Anforderungsworkshop liefert Tool 2.

Tool 2: Beispielhafter Ablaufplan für einen Workshop zur Anforderungsanalyse

1. Moderatorinput:	Ziel des Workshops definieren
2. Moderatorinput:	Warum soll das Anforderungsprofil erstellt werden?
3. Moderatorinput:	Erklärung der Vorgehensweise: Ziele, Kernaufgaben, Anforderungen
4. Zurufabfrage:	Was sind heutige Ziele der Position? Welche zukünftigen Ziele kommen noch hinzu? Diskussion, bis ca. 3 bis 6 Ziele definiert wurden
5. Kartenabfrage:	Was sind die heutigen Kernaufgaben? Welche Kernaufgaben werden noch hinzukommen? Diskussion, bis ca. 3 bis 6 Kernaufgaben pro Ziel definiert wurden
6. Gruppenarbeit:	(je nach Anzahl der Teilnehmer beschäftigen sich Gruppen von je 2 bis 3 Personen mit einer Kernaufgabe): Welche Anforderungen (Aufgabentypen oder Dimensionen) ergeben sich aus den unterschiedlichen Kernaufgaben?
7. Moderation:	Vorstellung der Gruppenergebnisse
8. Diskussion:	Welches sind die wichtigsten Anforderungen für das Profil? (Es kann hilfreich sein, die Teilnehmer des Workshops punkten zu lassen, welche Anforderungen sie für relevant halten)
9. Moderation:	Festlegung eines Szenarios und von Übungstypen, anhand derer die Anforderungen abgebildet werden sollen

Literaturhinweise zu diesem Kapitel

Flanagan, J. C. (1951). Defining the requirements of the executive's job. *Personnel, 28,* 28–35.

Krumm, S., Mertin, I. & Dries, C. (2012). *Kompetenzmodelle.* Göttingen: Hogrefe.

Lance, C. E. (2008). Why Assessment Centers Do Not Work the Way They Are Supposed To. *Industrial and Organizational Psychology, 1* (1), 84–97. [sowie alle Kommentare zu diesem Artikel, S. 98–146]

Morgeson, F. P. & Dierdorff, E. C. (2011). Work Analysis: From Technique to Theory. In S. Zedeck (Ed.), *APA Handbook of Industrial and Organizational Psychology* (Volume 2: Selecting and Developing Members for the Organization, pp. 3–42). Washington DC: American Psychological Association.

Paschen, M. (2003). Kompetenzmodelle – konzeptioneller Hintergrund und praktische Empfehlungen. *Wirtschaftspsychologie aktuell, 2,* 54–59.

Schuler, H. (2005). Arbeits- und Anforderungsanalyse. In H. Schuler (Hrsg.), *Lehrbuch der Personalpsychologie* (2., überarbeitete und erweiterte Auflage, S. 45–68). Göttingen: Hogrefe.

Steinmayr, R. (2005). *Kompetenz- und eigenschaftsbasierte Anforderungsanalysen an Stichproben von Führungskräften und Managern.* Dissertation, Ruprecht-Karls-Universität Heidelberg. Abrufbar unter http://archiv.ub.uni-heidelberg.de/volltextserver/volltexte/2005/5974/pdf/Dissertation_Ricarda_Steinmayr.pdf [23.03.2012]

5 Szenario, Bausteine und Simulationen

Eines der Prinzipien des Assessment Centers besteht in seiner Methodenvielfalt (vgl. Abschnitt 1.4.7). Im Gegensatz zu anderen Verfahren zur Personalauswahl und Potenzialanalyse profitiert das AC hinsichtlich seiner Aussagekraft gerade von der Zusammenstellung verschiedenster Übungstypen, Tests und persönlichen Gesprächen. Im Anschluss an die Anforderungsanalyse muss im Prozess der AC-Konzeption entschieden werden, wie die definierten Anforderungen in unterschiedlichen Settings, Übungen und Simulationen abgebildet werden sollen. Dieser Schritt wird zu Beginn dieses Kapitels erklärt:

- Entwicklung von Assessment Center-Szenarien (5.1).

Je nach abzubildendem Anforderungsbereich und relevanten Kernaufgaben sind dabei verschiedene Bausteine sinnvoll, und je nach gewähltem Baustein gilt es, besondere methodische Herausforderungen zu berücksichtigen. Daher sind im weiteren Verlauf dieses Kapitels die verschiedenen Arten von AC-Bausteinen und Simulationen ausführlich dargestellt:

- Interviews (5.2)
- Analytisch-konzeptionelle Übungen (5.3)
- Gesprächssimulationen (5.4)
- Gruppenübungen (5.5)
- Präsentationen (5.6)
- Testverfahren (5.7).

Der Aufbau dieser Unterkapitel folgt jeweils einer vergleichbaren Struktur. Unter der Überschrift „Dafür eignet sich ...“ wird zunächst einmal dargestellt, für welche Fragestellung die jeweilige Übungsart oder der Baustein sinnvoll angewandt werden kann. Es werden Antworten auf die Frage gegeben, welche Kernaufgaben mit Hilfe des Bausteins besonders gut abgebildet werden sowie auch darauf, welche Anforderungen durch eine bestimmte Übungsart sichtbar gemacht werden können.

Im nächsten Schritt wird unter der Überschrift „Das macht eine gute Übung aus“ jeweils auf die besonderen Herausforderungen in der Bausteinkonzeption und Anwendung hingewiesen. Praxisnahe Tipps helfen, methodischen Schwierigkeiten zu begegnen und Übungen und Bausteine so zu konzipieren, dass sie maximal aussagekräftig sind.

Schließlich wird für jede Bausteinart (mit Ausnahme von Testverfahren) Schritt für Schritt erläutert, wie die entsprechenden Instrumente systematisch entwickelt werden können. Beispiele runden das Kapitel ab.

5.1 Entwicklung von Assessment Center-Szenarien

5.1.1 Die Auswahl des Übungstyps

Nachdem die Anforderungen erfolgreich definiert wurden, besteht der nächste Schritt in der Konzeption eines Assessment Centers darin, die Übungstypen festzulegen und dann inhaltlich zu bestimmen, in welchem Kontext die Simulationen stattfinden werden. Zunächst einmal wird nun darauf eingegangen, wie die passenden Übungstypen generiert werden. Dabei kann im Wesentlichen auf die Anforderungsanalyse zurückgegriffen werden, denn die Übungstypen können direkt aus den Kernaufgaben abgeleitet werden. Es wird analysiert, welche Teilaufgaben eine Person bei der Bewältigung der Kernaufgaben erledigt. Es muss dann entschieden werden, welche Aufgaben oder Teilaufgaben relevant sind und sich im Assessment Center simulieren lassen. Der Rückgriff auf die Kernaufgaben hat zwei echte Vorteile: Die Kernaufgaben sind Ausgangspunkt für die Ableitung der Anforderungen. Es wurden ja Anforderungen definiert, die zur Erfüllung der Kernaufgaben notwendig sind. In welchen Situationen kann man die Anforderungen also einfacher beobachten als bei der Simulation von Kernaufgaben oder Aufgabentypen? Darüber hinaus fordert das Prinzip des Berufsbezuges (vgl. Abschnitt 1.4.2) die Entwicklung von Szenarien, die im Business-Kontext eine Rolle spielen. Auch das ist gegeben, wenn die Teilnehmer eines Assessment Centers bei einer Simulation der Kernaufgaben beobachtet werden.

Beispiel 7: Übungstypen

Mögliche Übungstypen für die Kernaufgabe Mitarbeiterführung	**Mögliche Übungstypen für die Kernaufgabe Projektleitung**
– Einstellungsgespräch – Teamsitzung – Kritikgespräch – Motivationsgespräch – …	– Präsentation vor Vorgesetzten – Präsentation vor Projektteam – Analytische Übung, bei der ein Projektplan erstellt werden muss – Kollegengespräch – …

Bei der letztendlichen Festlegung auf die Aufgabentypen sollten folgende Fragen berücksichtigt werden:

- Ist der Aufgabentyp für die Zielposition relevant?
- Ist die Teilaufgabe, die beobachtet werden soll, wirklich abbildbar?
- Ist ein solcher Aufgabentyp für den Teilnehmer akzeptabel?
- Können durch diesen Aufgabentyp möglichst viele Anforderungen erfasst werden?
- Stellt die Zusammenstellung der Aufgaben einen Querschnitt der tatsächlichen Tätigkeit dar?

Nachdem Übungen ausgewählt wurden, wird in einem weiteren Schritt festgelegt, in welcher Übung welche Anforderung beobachtet werden kann. Als Anhaltspunkt kann gesagt werden, dass sich in Gesprächssimulationen besonders zwischenmenschliche Fähigkeiten, aber auch Motive erfassen lassen. In Fallstudien, Präsentationen und analytischen Übungen lassen sich insbesondere konzeptionelle Fähigkeiten und Problemlösetechniken beobachten. Das Interview eignet sich nahezu für alle Anforderungen. Bei der Festlegung, welche Anforderung in welcher Übung beobachtet wird, sollten folgende Regeln beachtet werden:

- Jede Anforderung sollte im Assessment Center mindestens zweimal erfasst werden (Prinzip der Mehrfachbeobachtung, vgl. Abschnitt 1.4.3).
- Pro Übung sollten nicht mehr als maximal sieben Anforderungen erfasst werden.

Tool 3: Ergebnismatrix*

		Interview	Fallstudie	Präsentation	Gruppendiskussion	Projektgespräch
Problemlöse-Potenzial	Analysevermögen					
	Logik und Schlussfolgern					
	Kreativität					
	Flexibilität und Offenheit					
	Umsetzungsorientierung					

		Interview	Fallstudie	Präsentation	Gruppendiskussion	Projektgespräch
Soziale Kompetenz	Durchsetzungsvermögen					
	Überzeugungskraft					
	Einfühlungsvermögen					
	Kooperationsverhalten					
	Rhetorik					

		Interview	Fallstudie	Präsentation	Gruppendiskussion	Projektgespräch
Motive und Einstellungen	Leistungsmotivation					
	Unternehmerisches Denken					
	Kundenorientierung					
	Beharrlichkeit und Ausdauer					
	Tatkraft und Dynamik					

* Ein weißes Feld bedeutet, dass die Anforderung in der jeweiligen Übung gemessen wird.

In der Praxis hat es sich bewährt, aus dem Ergebnis der vorangegangenen Schritte eine Anforderungsmatrix (vgl. Tool 3) zu erstellen.

5.1.2 Die Auswahl des Kontextes

Die Realitätsnähe eines Assessment Centers wird im Prinzip durch zwei Faktoren bestimmt: Zum einen durch den Grad der Vernetztheit der Übungen, welcher durch die Art des Assessment Centers bestimmt wird, zum anderen durch das ausgewählte Szenario (vgl. Abbildung 3).

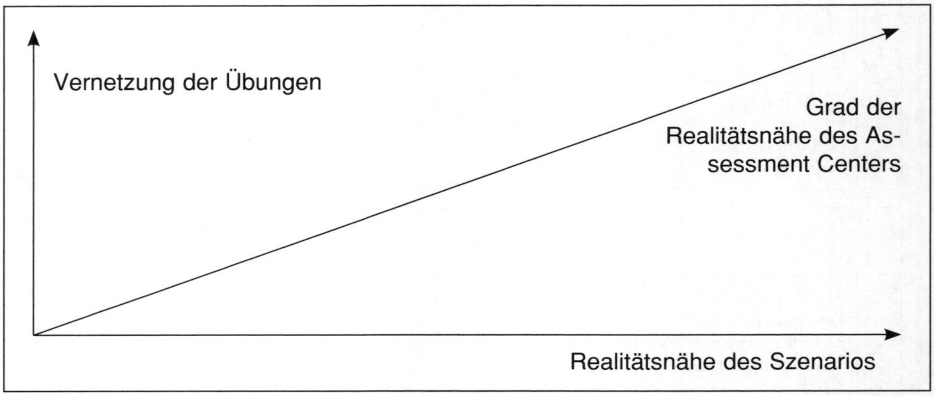

Abbildung 3: Grad der Realität des Assessment Centers

Auch die Auswahl des Szenarios hängt zunächst einmal davon ab, welche Variante eines Assessment Centers (vgl. Kapitel 2) durchgeführt werden soll, denn das Reality-Assessment Center gibt das Szenario, in dem die Übungen sich abspielen, vor. Das Szenario kann dort nur die reale Branche, das spezifische Unternehmen und die individuelle Zielposition sein. Soll beispielsweise die Eignung für eine Tätigkeit als Leiter einer großen Filiale für ein Bankhaus mittels eines Reality-Assessment Centers ermittelt werden, so wird genau diese Tätigkeit in den Übungen und Instruktionen abgebildet werden. Die Szenarien für alle anderen Arten von Assessment Centern lassen sich auf einem Kontinuum von realitätsfern bis realistisch einordnen. Mit Ausnahme des klassischen Assessment Centers finden jedoch alle Übungen innerhalb eines ausgewählten Kontextes statt.

5.1.3 Aspekte für die Konzeption von Szenarien

Bei der Auswahl von Szenarien steht zunächst einmal die Frage nach der Realitätsnähe an. Es werden Branche, Unternehmen und Position definiert, innerhalb derer die Simulationen stattfinden (vgl. Abbildung 4). Bei dieser Entscheidung sind erfahrungsgemäß folgende Faktoren ausschlaggebend: die Zielgruppe, die Zielsetzung sowie der Aufwand in der Konzeption.

Soll zum Beispiel ein fundiertes Fachwissen über eine Branche Voraussetzung sein, so ist exakt die Branche der Zielposition für ein Szenario geeignet. Prinzipiell sind hier natürlich diejenigen Teilnehmer des Assessment Centers im Vorteil, die ein gutes Branchenwissen haben. Steht das Fachwissen nicht primär im Vordergrund, so können die Aufgaben auch in einem solchen Kontext abgebildet werden, der Teilnehmern mit Branchenkenntnissen keine Vorteile verschafft. Die Ausgangssituation ist somit für jeden Teilnehmer gleich. Dies ist häufig der Fall, wenn Hochschulabsolventen rekrutiert werden sollen, bei denen es eher darum geht, allgemeines Potenzial zu erfassen.

Fremde Branche	Gleiche Branche
Konstruiertes Unternehmen	Realistisches Unternehmen
Unspezifische Position	Spezifische Zielposition
Realitätsferne Szenarien	Realitätsnahe Szenarien

Abbildung 4: Aspekte für die Konzeption von Szenarien

Beispiel 8: Szenario für Nachwuchsführungskräfte für die mittlere Führungsebene

Es sollen Nachwuchsführungskräfte für die mittlere Führungsebene eines internationalen Technologiekonzerns aus dem Pool der internen Mitarbeiter generiert werden. Die internen Bewerber haben sehr unterschiedliche Berufserfahrungen, einige kommen aus der Entwicklung, andere aus dem Controlling usw. Darüber hinaus sind sie für verschiedene Sparten tätig, die vom Bereich Luft- und Raumfahrttechnik bis zum Bereich Landmaschinen reichen.

Alle internen Bewerber sollen dasselbe Verfahren durchlaufen. Es gilt also nun, ein Szenario zu schaffen, bei dem alle Teilnehmer gleiche Chancen und Ausgangsvoraussetzungen haben.

Folgendes Szenario ist hier denkbar:

Die Teilnehmer werden während des Assessment Centers in die Position eines Geschäftsführers eines konstruierten Unternehmens innerhalb der Pharma-Branche versetzt. Das Unternehmen ist spezialisiert auf Medikamente zur Bekämpfung von Erkältungen und Atemwegserkrankungen. In der Funktion als Geschäftsführer haben sie nun die Aufgabe, Konzepte zu entwickeln und zu präsentieren, betriebswirtschaftliche Situationen zu analysieren, Mitarbeitergespräche zu führen und Projekte zu planen, also durchaus Aufgaben zu übernehmen, die für die mittlere Führungsebene relevant sein können.

Dieses Setting bietet sich an, da das konstruierte Unternehmen in der Pharmabranche aus ähnlichen Abteilungen bestehen kann (Forschung und Entwicklung, Vertrieb, Marketing, Qualitätssicherung …), wie der beschriebene Konzern. Erkältungsmedizin ist ein Produkt, mit dem viele Teilnehmer Erfahrungen gemacht haben, sie haben einen gewissen Bezug dazu. Darüber hinaus ist die Wahrscheinlichkeit groß, dass den meisten Teilnehmern die Pharma-Branche gleichermaßen fremd ist.

Sind sowohl externe als auch interne Teilnehmer an dem Verfahren beteiligt, und sollen die Teilnehmer über Branchenerfahrungen, nicht aber über spezifisches Produktwissen verfügen, so bietet es sich an, ein Szenario zu konstruieren, welches zwar in derselben Branche angesiedelt ist, aber nicht genau das eigene Unternehmen mit denselben Produkten oder Dienstleistungen widerspiegelt, denn dann sind interne Bewerber im Vorteil.

Es geht also bei der Auswahl des Szenarios darum, die nötige Chancengleichheit der Bewerber sicherzustellen, aber dabei auch die Anforderungen abzubilden, die gewünscht sind.

Steht nicht eine bestimmte Zielposition im Vordergrund, so bietet es sich an, ein Szenario zu gestalten, bei dem sich die Teilnehmer alle gleichermaßen mit der dargestellten Position identifizieren können. Häufig hat es sich bewährt, Positionen für das Szenario auszuwählen, die deutlich höher in der Hierarchiestufe sind als die realen Positionen der Teilnehmer (vgl. Beispiel 8).

Unabhängig davon, für welches Szenario man sich nun entscheidet, ist bei der Konzeption der Übungen zu beachten, dass alle Übungen sich selbst erklären. Das bedeutet, dass alle Informationen, die ein Teilnehmer zur erfolgreichen Bewältigung einer Übung benötigt, aus dem zur Verfügung gestellten Material hervorgehen müssen. Letztendlich lässt sich grundsätzlich sagen, dass die Konzeption von Szenarien und Übungen sich umso aufwändiger gestaltet, je realitätsnäher das Verfahren wird. Auch hier sollten im Vorfeld Kosten/Nutzen-Gesichtspunkte eine Rolle spielen.

Entscheidet man sich nun für ein realitätsfernes Szenario, so sollte man einen Kontext wählen, mit dem sich viele Teilnehmer mit großer Wahrscheinlichkeit identifizieren können und von dem sie ein einheitliches Verständnis haben. Grundsätzlich gilt, dass ein Teilnehmer sich umso besser mit einer Situation identifizieren kann, je mehr Hintergrundinformationen er hat.

5.2 Interviews

In vielen Assessment Centern sind auch Interviews mit den Teilnehmern Bestandteil der Übungen, auch wenn das Interview genau genommen nicht auf der Grundidee des Assessment Centers („Zeigen lassen“) basiert. Nichtsdestotrotz liefert es Eindrücke und Hinweise, die wertvolle Ergänzungen der Simulationen darstellen, und es gibt keinen Grund, diese Eindrücke nicht in eine Gesamteinschätzung einzubeziehen. Damit ein Interview einen sinnvollen Platz in einem Assessment Center einnehmen kann, sind einige Aspekte zu beachten. Wie alle anderen Übungen auch, muss sich ein gutes Interview durch einen hohen Anforderungsbezug auszeichnen. Eine reine Lebenslaufreflexion reicht nicht aus und ließe sich von der Bewertungsstruktur her kaum sinnvoll in eine Gesamtsystematik integrieren. Gerade bei Gruppen-Assessment Centern ist es natürlich auch wichtig, dass mit allen Teilnehmern ein vergleichbares Gespräch geführt wird, damit die Ergebnisse sinnvoll diskutierbar und fair sind. Hierfür eignen sich Interviewleitfäden mit vorformulierten Frageideen und Auswertungshilfen. Dieses Kapitel liefert einige Grundüberlegungen zur Interviewführung sowie eine detaillierte Anleitung, wie gute Interviewfragen und sinnvolle Gesprächsleitfäden entwickelt werden können. Das Ziel eines guten Interviews ist es, hierdurch wirklich etwas Persönliches über den Gesprächspartner zu erfahren, und dazu müssen die richtigen Fragen gestellt werden. Schließlich geht es auch darum, durch ein Interview solche Informationen zu erhalten, die sich gar nicht sinnvoll in das Anforderungsprofil integrieren lassen, wie beispielsweise die Wechselmotivation, die konkreten fachlichen Erfahrungen und die weiteren beruflichen Ziele.

Tools in diesem Abschnitt:

- Beispiel für einen Interviewleitfaden mit 5 Kompetenzen (CD-ROM)

5.2.1 Dafür sind Interviews geeignet

Grundsätzlich eignet sich ein Interview im Assessment Center für die Erfassung nahezu aller Arten von Bewertungskriterien. Gerade das macht den besonderen Nutzen eines Interviews aus und dürfte einer der Hauptgründe dafür sein, warum oftmals das Interview das alleinige oder gewichtigste Auswahlinstrument darstellt. Es gibt nichts, wonach man nicht fragen kann. Grundsätzlich ist damit ein Interview zunächst einmal ein hochflexibles Instrument, das übrigens auch von Teilnehmern sehr geschätzt wird (z. B. Anderson & Witvliet, 2008). Diese empfinden Interviews im Allgemeinen als eine sehr faire Situation, die sie als vergleichsweise gut kontrollierbar erleben.

In der berufsbezogenen Beurteilung von Menschen kommt dem Schildern der eigenen Sichtweise (und um nicht mehr und nicht weniger handelt es sich bei einem Interview) insofern eine besondere Bedeutung zu, als dass sich viele Anforderungen auf der Ebene von Einstellungen, Haltungen und Orientierungen abspielen (vgl. Kapitel 4). Leistungsmotivation, Einsatzbereitschaft, Offenheit für Veränderungen und Dienstleistungsorientierung sind keine Fähigkeiten im eigentlichen Sinne, sondern Sichtweisen und Haltungen. Im Kapitel zur Anforderungsanalyse haben wir diese Facette von Kompetenzen eingeführt als „Wollen“. Solche Aspekte lassen sich meist nicht unmittelbar beobachten, sondern nur erschließen. In einem Interview kann man Teilnehmer direkt und explizit nach ihrer Motivation fragen. Gerade in Bezug auf die Passung zwischen dem Teilnehmer mit seinen Vorstellungen von einem motivierenden Umfeld und den tatsächlichen Rahmenbedingungen der zukünftigen Aufgabe sollte die Frage der Motivation einen wesentlichen Baustein der Beurteilung darstellen. Das Interview eignet sich daher vor allem für die Erfassung der Motivationen, Interpretationen, Einstellungen, Sichtweisen und Haltungen eines Teilnehmers. Zu bestimmten Themen ist darüber hinaus jedoch auch die strukturierte Erfassung des Fremdbildes durch die Beobachtung von außen möglich.

Bei aller Flexibilität des Interviews für die verschiedensten Anforderungsbereiche gibt es jedoch einen großen Bereich, der sich im Interview praktisch nicht wirklich fundiert einschätzen lässt, obwohl er oft eine sehr wichtige Anforderungsdimension markiert, nämlich die intellektuellen Fähigkeiten eines Gesprächspartners. Besonders markante Leistungen oder intellektuelle Schwierigkeiten wird man zwar erahnen und vermutlich durch die Differenziertheit der Antworten oder auch die Antwortgeschwindigkeit oft richtig erkennen, aber im breiten Mittelfeld wird man durch ein Gespräch alleine oft keine wirklich fundierte Aussage treffen können. Analytische Schärfe, Denkgeschwindigkeit und Fähigkeit zum Umgang mit komplexen Problemen sind im Interview kaum sinnvoll abzubilden. Bei Einstellungsprozessen, in denen nur mit einem Interview gearbeitet wird, bleibt diese Klasse von Bewertungskriterien im Allgemeinen unberücksichtigt, oder man verlässt sich auf die Beurteilungen anderer (z. B. durch Schulnoten oder Universitätsabschlüsse). Im Assessment Center lassen sich intellektuelle Fähigkeiten natürlich sehr gut und differenziert abbilden (z. B. durch schwierige und komplexe Fallstudien), das Interview trägt aber nur wenig dazu bei.

5.2.2 Beobachtung und Beurteilung im Interview

Wenn man die Konzeption eines Interviews im Rahmen eines Assessment Centers mit der Konzeption anderer Übungen vergleicht, gibt es zahlreiche Parallelen. Ausgangspunkt einer Übung ist immer die Frage, welche Bewertungskriterien beurteilt werden sollen. Auch beim Interview wird man sich zunächst also diese Frage stellen. Um bestimmte Reaktionen beim Teilnehmer sichtbar zu machen, benötigt man hier aber keine Teilnehmerinstruktion, denn die Situation des Interviews ist kaum erklärungsbedürftig. Analog zu einer Instruktion benötigt man gute Interviewfragen. Ideal ist es, mit vorbereiteten Interviewleitfäden zu arbeiten, damit sowohl Fragen als auch Interviewverlauf bei den einzelnen Assessment Center-Teilnehmern vergleichbar sind.

Grundsätzlich gibt es im Interview zwei Quellen, aus denen man als Beobachter und Beurteiler seine Eindrücke gewinnt. Die erste Quelle an Beurteilungsmöglichkeiten sind solche Beurteilungsaspekte, die Verhalten und Stil der Darstellung und Gesprächsführung im Interview betreffen. Dafür eignen sich natürlich vor allen Dingen solche Kompetenzbereiche, die persönliche Wirkung und Gesprächsverhalten betreffen. Bei diesen Beurteilungen kommt es vorrangig nicht auf den eigentlichen Inhalt an, sondern auf Aspekte wie Ausdrucksvermögen, Eloquenz oder Souveränität.

Die zweite Quelle betrifft die eigentlichen Inhalte des Gesagten, also die Antworten im Hinblick auf die erfragten Kompetenzbereiche. Diese Beurteilungen beruhen dann eben nicht auf dem persönlichen Eindruck, sondern auf der Interpretation des gesprochenen Wortes. Ein Interviewleitfaden, der im Assessment Center Einsatz findet, sollte idealerweise hinsichtlich seiner Auswertungslogik analog zu den Beobachtungsbögen der Assessment Center-Übungen gestaltet sein. Das heißt, dass er neben den Interviewfragen auch Bewertungskriterien enthalten sollte, die anhand einer Skala eingeschätzt werden können. Auf diese Weise werden Interview-Ergebnisse unmittelbar mit den Ergebnissen anderer Assessment Center-Übungen vergleichbar und fügen sich in der Auswertung in die Gesamtlogik ein.

Bevor am Ende des Kapitels genauer darauf eingegangen wird, wie die beiden wesentlichen Bausteine eines guten Interviewleitfadens – konkrete Beschreibungen des Informationsbedarfs und sinnvolle Interviewfragen – entwickelt werden können, beleuchten wir im nächsten Schritt zunächst einmal grundsätzlicher, welche Schwierigkeiten in der Beurteilung eines Teilnehmers im Interview auftauchen können, um daraus die Voraussetzungen für die Gestaltung eines guten Interviews abzuleiten.

5.2.3 Das macht die Durchführung eines guten Interviews aus

Ziel des folgenden Abschnitts ist es, aus den Schwierigkeiten und Herausforderungen, die einem im Umgang mit Interviews begegnen können, Handlungsempfehlungen für gute Interviews abzuleiten. Fast alle Führungskräfte müssen regelmäßig auch Bewerberinterviews führen, oftmals ohne auf diese Aufgabe sinnvoll vorbereitet worden zu sein. Dabei stoßen sie auf ein paar Stolpersteine, die typisch und häufig zwischen dem gesprochenen Wort des Interviewten und der Beurteilung durch den Interviewer liegen und die sich durchaus bei der Vorbereitung von Interviews berücksichtigen lassen. Nachstehend werden die verschiedenen Herausforderungen im Interview zusammengefasst und Möglichkeiten dargestellt, mit ihnen umzugehen.

1. Herausforderung im Interview: Persönlichkeit oder Situation?

AC-Teilnehmer erzählen im Interview im Allgemeinen Geschichten über sich. Zwei Aspekte lassen sich in diesen Geschichten meist noch nicht sinnvoll voneinander trennen: Beschreibt ein Teilnehmer mit einer Geschichte wirklich eine persönliche Leistung, oder verrät er in Wirklichkeit eher etwas über Rahmenbedingungen, die er vorgefunden hat? Wer war verantwortlich für den Erfolg oder Misserfolg einer bestimmten Situation? Hier zeigen sich zwei grundsätzliche psychologische Mechanismen unseres Wahrnehmungssystems. Erstens sind wir schnell bereit, Menschen, die wir nicht gut kennen, aber in bestimmten Situationen beobachten oder Geschichten von ihnen hören, für die Ursachen dieser Geschichte verantwortlich zu machen. Passieren Geschichten uns selbst, ziehen wir eher Rahmenbedingungen und die Situation als Erklärungsmechanismen in Betracht, da wir uns selbst sehr viel besser kennen. Berichtet Ihnen ein Teilnehmer davon, dass er nach einmaligem Versuch, einen Kollegen von einer konstruktiven Zusammenarbeit zu überzeugen, den Weg über dessen Vorgesetzten gewählt habe, sind die meisten Interviewer bereit, mangelnde Konfliktfähigkeit als Schlussfolgerung über den Teilnehmer festzuhalten. Anders würde sich die Situation darstellen, wenn Sie den Kollegen kennen würden und wüssten, dass es sich bei diesem um einen überaus unangenehm sturen, blockierenden Kollegen handelt. In diesem Fall wären Sie wahrscheinlich eher bereit, das Verhalten des Teilnehmers als zielorientiert und mutig, auch unbequeme Schritte zu gehen und Konflikte zu deeskalieren, zu beurteilen.

Zweitens geht das Gehirn eines AC-Teilnehmers (wie das eines jeden Menschen) mit Erfolg und Misserfolg unterschiedlich um. Wie zahlreiche psychologische Studien zeigen, sehen wir uns und unsere Persönlichkeit als Verursacher für Erfolg, führen jedoch Misserfolg im Wesentlichen auf Rahmenbedingungen und die Situation zurück. Ein Beispiel hierfür ist ein Verkäufer, der Erfolg auf sich persönlich, mittelprächtige Ergebnisse aber auf den schwierigen Markt zurückführt.

Zusammengefasst heißt diese Herausforderung im Interview: Je weniger Sie über die Situation wissen, von der ein Teilnehmer berichtet, desto eher werden Sie den Teilnehmer als Verursacher der Geschichte wahrnehmen. Je besser Sie die Situation kennen, desto differenzierter ziehen Sie auch weitere mögliche Ursachen in Betracht. In Erfolgssituationen tendiert ein Teilnehmer eher dazu, sich als Verursacher zu sehen, in der Bewertung von Misserfolgen zieht er eher auch Rahmenbedingungen heran.

Konsequenzen für die Gestaltung und die Fragetechnik: Die Konsequenz aus dieser Schwierigkeit, die ja letztlich dem Interview inhärent ist, kann nur sein, nicht bei den Geschichten stehen zu bleiben. Eine Geschichte kann nur das „Material" sein, das mit einem Interviewten weiter interpretiert wird. Sie brauchen als Interviewer die Information über die Persönlichkeit des Teilnehmers, die in der Geschichte steckt. Sehen Sie daher eine Geschichte als ein Beispiel, welches man benutzen kann, um die folgende Frage zu diskutieren: „Was sagt diese Geschichte über Sie aus? Was hat uns diese Geschichte über Ihren Stil, Ihre persönliche Handschrift, Ihre Persönlichkeit und Ihre Motivation verraten? Wie haben Sie sich durch diese Erfahrungen verändert? …" Hüten Sie sich jedoch mit dem Wissen über die beschriebenen psychologischen Mechanismen vor voreiligen Schlüssen über die Persönlichkeit des Teilnehmers, sondern ziehen Sie mögliche Einflüsse der Situation einschließlich der anderen handelnden Persönlichkeiten in Betracht.

2. Herausforderung im Interview: Repräsentativität

Die andere Schwierigkeit mit Geschichten ist, dass bei bestimmten Leistungen und Beispielen nicht das typische Verhalten eines Teilnehmers im Vordergrund steht, sondern eine Extremsituation. Um sichere Rückschlüsse auf die Persönlichkeit ziehen zu können, sollte ein Interviewer daran interessiert sein, möglichst typische, repräsentative Geschichten von einem Teilnehmer zu erfahren, statt einmalige Vorfälle zu diskutieren. Hier befinden Sie sich als Interviewer in einem Interessensgegensatz zu dem Teilnehmer. Der Teilnehmer wird mehr daran interessiert sein, besondere Höhepunkte seiner Leistungen herauszustellen. Viele Interviewfragen tun Teilnehmern in der Hinsicht sogar explizit einen Gefallen („Was war Ihr größter Erfolg und Misserfolg?"). Bei solchen Fragen ist nur schwer zu entscheiden, was wirklich typisch für einen Teilnehmer ist und sich verallgemeinern lässt.

Konsequenzen für die Gestaltung und die Fragetechnik: Fragen Sie Teilnehmer bewusst nach typischen Situationen und nicht (nur) nach Extremfällen. Nutzen Sie dann tiefergehende Fragen, um die erzählte Geschichte wirklich gemeinsam zu durchdringen. Natürlich können auch Fragen nach Extremsituationen („größter Erfolg", „schwierigste Situation") hilfreich sein, um z. B. etwas über das bisherige Erfahrungs- und Leistungsspektrum des Teilnehmers und dessen Bewertung solcher Situationen zu erfahren. Für grundlegende Schlüsse zur Beurteilung der Persönlichkeit eines Teilnehmers sind jedoch typische, wiederkehrende Situationen hilfreicher und valider als Einmalereignisse.

3. Herausforderung im Interview: Was wollen Sie wissen?

In dem Kapitel zur Anforderungsanalyse (Kap. 4) wurde ausführlich beschrieben, dass Können und Wollen, Fähigkeiten und Motivation wichtig sind. Auch wenn Sie einen Interviewleitfaden anforderungsbezogen konstruiert haben, gilt es, sich noch einmal darüber klar zu werden, was neben dem Interviewleitfaden den Verlauf des Interviews bestimmt. Die Struktur eines Interviews muss immer durch den Informationsbedarf des Interviewers bestimmt werden und nicht durch das Informationsbedürfnis des Teilnehmers. Selbstverständlich darf und sollte ein Interviewer an die Geschichten des Teilnehmers anknüpfen und entsprechend nachhaken, sich aber weiterhin an dem orientieren, was er für eine anforderungsbezogene Beurteilung wissen muss. Eine Interviewszene, die der Teilnehmer steuert und nicht der Interviewer, zeigt das folgende Beispiel:

Interviewer: „Sie haben eben erzählt, dass Sie sich aktuell in einer Position befinden, in der es immer wieder zu Konflikten mit Schnittstellen kommt. Was ist denn ein Beispiel für einen solchen Konflikt?"

Teilnehmer: „Ein solcher Konflikt bestand z. B. darin, dass … Ich hatte allerdings das Glück, durch eine gute Führungskraft in der Situation unterstützt zu werden."

Interviewer: „Eine gute Führungskraft? Was macht denn für Sie eine gute Führungskraft aus?"

Teilnehmer: „Naja, eine gute Führungskraft ist aus meiner Sicht … Das ist natürlich gerade dann herausfordernd, wenn man sich wie wir in einem interkulturell bunt gemischten Team bewegt."

Interviewer: „Welche interkulturellen Herausforderungen sind Ihnen denn da begegnet?"

Wenn man sich den Verlauf der Sequenz anschaut, wird deutlich, dass der Teilnehmer durch eine kluge Formulierung seiner Antworten den Interviewer dazu gebracht hat, an den für den Teilnehmer günstigen Stellen nachzufragen. Damit haben die Antworten des Teilnehmers und nicht der Informationsbedarf des Interviewers (der vielleicht eigentlich noch mehr wissen wollte zu typischen Verhaltensweisen des Teilnehmers in Konflikten) das Interview gesteuert.

Konsequenzen für die Gestaltung und die Fragetechnik: Die erste Empfehlung zum Umgang mit dieser Herausforderung liegt in der Konzeption eines anforderungsbezogenen Interviewleitfadens, in dem wirklich klar definiert wird, was der Interviewer von dem Teilnehmer wissen will. Dabei wird sich von Worthülsen wie „Teamfähigkeit" gelöst und klar beschrieben, was diese Kompetenz im Einzelnen meint. In der Durchführung des Interviews bedeutet diese Herausforderung, wirklich eng am Anforderungsprofil zu interviewen und sich nicht durch interessante Geschichten des Teilnehmers vom eigentlichen Thema abbringen zu lassen (sondern die interessante Geschichte vielleicht später zu einem anderen Thema wieder aufzugreifen).

4. Herausforderung im Interview: Verhalten des Interviewers

Nicht selten zeichnet sich das Verhalten eines Interviewers auch durch ein Vorgehen aus, durch das es dem Interviewten sehr schwer gemacht wird, etwas von sich preiszugeben. Dazu gehören so profane Dinge wie die Verteilung der Redezeit. Manche Interviewer beanspruchen davon recht viel für sich selbst. Es ist aber vor allem ein eher von Misstrauen geprägter Fragestil, der viele Teilnehmer dazu bringt, im Gespräch nur wenig Authentizität zu zeigen und stattdessen ganz auf Selbstpräsentation zu setzen. Wenn der Interviewer als eine Art Habicht erscheint, der nur eine verletzliche Stelle sucht, wird man gerade diese besonders bewusst verbergen.

Konsequenzen für die Gestaltung und die Fragetechnik: Sowohl die Fragen, die man im Interview stellt, als auch das eigene Verhalten als Interviewer sollte man immer dahingehend überprüfen, ob sie förderlich sind, einen Gesprächspartner zu motivieren, die

Wahrheit zu sagen. So genannte „Stressinterviews“ tun dies sicher nicht. Sie steigern eher Taktik und Misstrauen, gewiss aber nicht Authentizität oder die Bereitschaft, sich zu öffnen. Es empfiehlt sich, einem Teilnehmer offen, neugierig, wohlwollend, interessiert, fördernd und mit einer signalisierten Bereitschaft zu einer konzentrierten Auseinandersetzung zu begegnen.

5. Herausforderung im Interview: Wahrhaftigkeit?

Ein weiteres Problem im Interview betrifft die Wahrhaftigkeit des Erzählten, wobei hier zwei Aspekte wichtig sind: Hat sich das, was ein Teilnehmer erzählt, wirklich so zugetragen? Und: Würden uns andere Menschen, die die Geschichte miterlebt haben, diese in vergleichbarer Weise und mit vergleichbaren Schwerpunkten erzählen?

Konsequenzen für die Gestaltung und die Fragetechnik: Das erst genannte Problem lässt sich nicht lösen. Wenn jemand im Interview bestimmte Dinge nicht erzählen mag und verschweigen will, dann wird ihn auch eine zivilisierte Fragetechnik nicht dazu bringen können. Wir treffen hier schlicht auf die Erkenntnisgrenze des Interviews. Wenn ein Teilnehmer beschließt, zu lügen, und sich dabei nicht dumm anstellt, werden wir ihn ohne spezielle Verhörmethoden aus anderen Kontexten (die zweifelsohne nicht angebracht wären) nicht zur wahrheitsgemäßen Darstellung zwingen können. Das andere Problem bezieht sich auf mögliche Diskrepanzen zwischen Selbst- und Fremdbild. Es gibt Führungskräfte, die im Interview ihre Offenheit für Kritik betonen und dies auch deswegen so glaubwürdig darstellen, weil sie selbst von der Richtigkeit dieser Einschätzung überzeugt sind. Würde man jedoch die Mitarbeiter befragen, würden die das möglicherweise ganz anders sehen. Solche Selbst- und Fremdbilddiskrepanzen lassen sich auch durch eine gute Fragetechnik oft nicht aufdecken. Nur selten sind die Darstellungen so einfach, dass offensichtliche Widersprüche auftauchen. Hier wird natürlich der besondere Wert des Assessment Centers deutlich – der Vergleich der Selbstdarstellung im Interview mit den Beobachtungen in den Übungen bietet in der Gesamtkombination eine ideale Möglichkeit, solche Abweichungen zwischen Selbst- und Fremdsicht abzubilden. Im Übrigen sind gewisse Diskrepanzen zwischen Selbst- und Fremdbild durchaus typisch und eher Ausdruck eines gesunden Selbstbewusstseins als eines schädlichen, irreführenden Verhaltens. Nichtsdestotrotz stellen sie eine Herausforderung in der Beurteilung des Interviewten dar, der sich mit den üblichen Methoden der Interviewtechnik nicht beikommen lässt.

Zusammengefasst lässt sich als Konsequenz aus den Herausforderungen ableiten, dass ein guter Interviewer Teilnehmern durch gute Fragen möglichst differenzierte, profilierte Aussagen über sich entlockt. Die Beurteilung der Antworten wird dann umso besser, je klarer zuvor definiert wurde, welche Anforderungen an den Teilnehmer gestellt werden und je mehr Wissen über die Rahmenbedingungen der jeweiligen Situation vorhanden ist.

Gleichzeitig wird jedoch auch deutlich: Gute Interviewfragen können profilierte Antworten von Teilnehmern nur wahrscheinlicher machen, nicht erzwingen. Im folgenden Abschnitt soll nun genauer dargestellt werden, wie gute Interviewfragen aufgebaut werden können.

Widmen wir uns zunächst einmal Anforderungen im Bereich des Könnens. Als Interviewer wollen Sie erfassen, inwieweit sich ein Teilnehmer eine bestimmte Kompetenz zuschreibt. Nehmen wir als Beispiel einmal die Kompetenz „Projekte zielgerichtet steuern“. Intuitiv würden Sie sich innerhalb eines Interviews dem Thema Projektsteuerung mit einer offenen Frage nähern (z. B. : „Welche Erfahrung haben Sie mit der Steuerung komplexer Projekte sammeln können?“) und damit liegen Sie genau richtig. Mit einer solchen Frage erhalten Sie genau die „Geschichten“ über einen Teilnehmer, die Sie für eine Beurteilung benötigen. Wir nennen diese Fragen daher *episodische Fragen*. Tiefergehende episodische Fragen können sich sowohl auf den Prozess („Wie sind Sie vorgegangen, um dieses Projekt zu steuern?“) als auch auf das Ergebnis („Wie zeit- und budgetgerecht ist Ihnen die Steuerung des Projektes gelungen?“) der Situation beziehen. Für ein fundiertes Verständnis der Situation benötigen Sie beide Fragearten.

Allerdings wissen Sie auch dann mit Bezug auf die oben skizzierten Herausforderungen noch nicht, ob die geschilderte Situation wirklich typisch ist und maßgeblich durch den Teilnehmer beeinflusst wurde. Sie sind also gefordert, in einem nächsten Schritt den verallgemeinerbaren Kern der geschilderten Situation zu finden. Dazu eignen sich so genannte *selbstreflektorische Fragen* (z. B. „Was zeichnet Sie persönlich in der Leitung solcher Projekte aus?“, „Was haben Sie aus jenem Projekt gelernt?“). Diese sind für Teilnehmer meist schwieriger zu beantworten, erhöhen aber die Wahrscheinlichkeit differenzierter Selbstaussagen erheblich.

Wenn Sie etwas zum Können des Teilnehmers erfahren wollen, fragen Sie vom Episodischen zum Selbstreflektorischen. Lassen Sie sich eine konkrete Geschichte schildern und leiten Sie dann ein allgemeines Verständnis der situationsübergreifenden Kompetenzausprägung ab.

Wie sieht es nun mit Fragen nach dem Wollen, der Motivation und den Einstellungen eines Teilnehmers aus? In der Regel wollen Sie zunächst einmal verstehen, was genau der Teilnehmer mit einem bestimmten Begriff verbindet. Im Interview nähern Sie sich einem Wollen-Aspekt daher über die Bitte nach einer Beschreibung durch den Teilnehmer. In Bezug auf Dienstleistungsorientierung könnte eine erste Frage z. B. lauten: „Was bedeutet Dienstleistungsorientierung für Sie und Ihren Verantwortungsbereich?“. Sie erhalten mit einer solchen Frage das Grundverständnis des Teilnehmers, das jedoch noch ohne Beleg dasteht. Im Sinne der oben dargestellten Fragetechnik handelt es sich bei einer solchen Frage um eine *selbstreflektorische Frage*.

Im nächsten Schritt sind Sie als Interviewer nun gefordert, für die selbstreflektorische Selbstbeschreibung Belege zu sammeln. Lassen Sie die Beschreibung durch den Teilnehmer vertiefen, indem Sie ihn bitten, konkrete Beispiele für die praktische Umsetzung des Grundverständnisses zu nennen („Welche Beispiele gibt es dafür, dass Sie in diesem Sinne besonders dienstleistungsorientiert agieren?“). Sie merken es bereits an der Formulierung: Bei diesem Fragetyp handelt es sich wieder um eine *episodische Frage*.

Möchten Sie etwas über das Wollen, im Sinne von Einstellungen, Motivation, Grundhaltungen, eines Teilnehmers verstehen, fragen Sie vom Selbstreflektorischen zum Episodischen. Lassen Sie sich das Grundverständnis und die Philosophie schildern und fragen Sie dann nach Belegen in Form von Beispielen und konkreten Situationen.

Ein gutes Interview stellt somit ein kontinuierliches Wechselspiel von selbstreflektorischen und episodischen Fragen dar. Wann immer ein Teilnehmer ein konkretes Beispiel erzählt, fragen Sie auch nach dem grundlegenden Verständnis und den verallgemeinerbaren Aspekten der Situation. Wenn Ihnen ein Teilnehmer grundlegende Behauptungen über seine Persönlichkeit oder Arbeitsweise liefert, lassen Sie sich diese im nächsten Schritt durch explizite Beispiele konkretisieren.

5.2.4 Schritte in der Entwicklung von Interviewleitfäden

Um einen guten Interviewleitfaden zu entwickeln, der sich in sinnvoller Weise in ein Assessment Center einfügt, sind nun die folgenden Schritte notwendig:

5.2.4.1 Definition der Anforderungen, die erfasst werden sollen

Zunächst ist es wichtig, eine sinnvolle Auswahl an Anforderungsbereichen zu treffen, die zum Gegenstand des Interviews werden sollen. Diejenigen Kompetenzen, die man im Interview beobachten kann (Überzeugungskraft, Argumentation, Rhetorik, etc.) kann man üblicherweise leicht integrieren, weil sie keine Gesprächszeit kosten und gut im Anschluss an das Gespräch beurteilt werden können. Darüber hinaus empfiehlt es sich, dann jene Anforderungsbereiche abzugreifen, die eher zum „Wollen" und zur Motivation gehören und in den anderen Übungen nicht so gut beobachtbar, sondern bestenfalls erschließbar sind. Hierzu gehören beispielsweise Leistungsmotivation, Gestaltungsmotivation oder auch Dinge wie die Einstellungen zu bestimmten Produkten oder Branchen. Auch wenn diese Anforderungsbereiche in anderen Assessment Center-Übungen ebenfalls repräsentiert sein können, sollten sie in einem Interview auf keinen Fall fehlen, denn im Interview kann sich der Interviewer durch entsprechende episodische Fragen „Beweise" und Beispiele für eine entsprechende Ausprägung dieser Motivation erzählen lassen. Nun ist es noch eine Frage der zur Verfügung stehenden Gesprächszeit, wie viele Anforderungsbereiche noch eingefügt werden können. Wenn beispielsweise im Assessment Center-Zeitplan 40 Minuten für ein Interview vorgesehen sind, so empfiehlt es sich, maximal 4–5 Kompetenzen zu erfassen, die wirklich besprochen werden müssen (also über die beobachtbaren Anforderungen hinausgehen). Gehört das Thema Mitarbeiterführung zum Anforderungsprofil, so würde sich das in nächster Priorität empfehlen, weil man auf Basis der Darstellung der Führungskonzepte eines Teilnehmers und seiner Selbstsicht einen guten Abgleich mit den späteren Rollenübungen zur Mitarbeiterführung vornehmen kann. Danach können dann diejenigen Anforderungsbereiche aufgenommen werden, die in den anderen Übungen am wenigsten repräsentiert sind.

5.2.4.2 Definition des Gesprächsablaufes

Für den Interviewleitfaden brauchen Sie nun noch eine Definition des Gesprächsablaufes. Welche Einführung erhält der Teilnehmer in das Interview? Mit welcher ersten Frage beginnt die „Aufwärmphase" im Gespräch, damit der Teilnehmer zunächst einmal offen über sich berichten kann (weil sich das Interview besonders als „Aufwärmübung" eignet, macht es oft Sinn, in einem Assessment Center mit dieser Situation zu beginnen.). Eine beispielhafte Einführung in das Gespräch könnte wie folgt lauten:

Beispiel 9: Einführung in das Gespräch

Wir begrüßen Sie herzlich zu diesem Interview, der ersten Übung in diesem Assessment Center. Haben sich zu dem Gesamtablauf für Sie noch Fragen ergeben, oder war die Einführung in der Gruppe ausreichend? In diesem Interview wird es einen Moderator geben, der das Gespräch hauptsächlich mit Ihnen führt, die anderen Beobachter werden sich aber sicherlich hin und wieder mit einer zusätzlichen Frage an Sie wenden. Wir haben für das Interview einen Gesprächsleitfaden vorbereitet, der die Themen und Diskussionspunkte für dieses Gespräch definiert. Wir benutzen einen solchen Leitfaden aus Fairnessgründen, damit alle Interviews in einer vergleichbaren Form geführt werden und machen uns deshalb immer wieder Notizen. Bevor wir jetzt detailliert einsteigen, möchten wir Sie zu Beginn des Gespräches bitten, uns noch einmal die wesentlichen Stationen Ihres bisherigen Lebenslaufes darzustellen. Bitte fokussieren Sie dabei nicht nur auf ein Nacherzählen der Daten und Fakten, sondern stellen Sie vor allen Dingen die für Sie in beruflicher Hinsicht prägenden persönlichen Erfahrungen dar.

5.2.4.3 Formulierung der Interviewfragen und der Auswertungshilfen

Nun müssen zu allen Anforderungsbereichen passende Interviewfragen und Auswertungshilfen formuliert werden. Es empfiehlt sich in der Konzeption des Interviewleitfadens, mit der Formulierung der Auswertungshilfen zu beginnen. Was erwarten Sie in Bezug auf die Kompetenz „Eigenständig Projekte leiten mit fachlich zugeordneten Mitarbeitern" von einem guten Teilnehmer? Definieren Sie in Anlehnung an das allgemeine Anforderungsprofil ca. 4 bis 6 Verhaltensanker, die spezifisch in Bezug auf die Interviewsituation beschreiben, was Sie von dem Teilnehmer erwarten. In Bezug auf die Kompetenz „eigenständig Projekte leiten mit fachlich zugeordneten Mitarbeitern" könnten diese z. B. lauten:

Beispiel 10: Verhaltensanker für die Kompetenz „eigenständig Projekte leiten mit fachlich zugeordneten Mitarbeitern"

- Kann seine Projektleitungserfahrungen differenziert und fundiert erläutern
- Hat durch seine Projektleitung nachweisbare Erfolge erzielt
- Kennt die zentralen Methoden des Projektmanagements und wendet diese an
- Kann durch Beispiele belegen, über sinnvolle Ideen und Konzepte zur Führung fachlich zugeordneter Mitarbeiter zu verfügen
- Beschreibt ein Selbstverständnis als Projektleiter, das im Einklang mit unserer Unternehmenskultur steht

In Bezug auf Kompetenzen, die Sie im Interview ausschließlich beobachten wollen, sind Sie an dieser Stelle bereits fertig. Im Folgenden werden beispielhafte Auswertungshilfen für solche Kompetenzen dargestellt. Alle in Beispiel 11 genannten Aspekte lassen sich tatsächlich in sinnvoller Weise durch das Gesprächsverhalten beobachten und sind unabhängig von den inhaltlichen Aussagen.

Beispiel 11: Aus dem Verhalten des Interviewten beurteilbare Kriterien

Dimension	Im Interview beobachtbare Facetten
Überzeugungskraft	– Inhaltlich stringente Argumentation – Souveräne Darstellung der persönlichen Erfahrungen
Einfühlungs-vermögen	– Konzentriertes Zuhören und Eingehen auf den Interviewer – Gutes Auseinandersetzen mit dem wirklichen Informationsbedarf der Fragen
Rhetorik	– Eloquente Formulierungen – Positive Wirkung von Stimme, Mimik und Gestik
Energie und Temperament	– Agiles und dynamisches Auftreten im Interview – Erkennbare innere Involviertheit in Bezug auf die dargestellten Themen

Für alle weiteren Kompetenzen entwickeln Sie nun im nächsten Schritt episodische und selbstreflektorische Fragen, welche (vermutlich) aussagekräftige Antworten des Teilnehmers hervorrufen, anhand derer Sie die definierten Anforderungen bewerten können.

Für die Entwicklung episodischer Fragen können Sie sich häufig an den hinter den Anforderungen stehenden Kernaufgaben orientieren (z. B. „Projekte leiten"). Dabei muss jedoch unterschieden werden, ob ein Teilnehmer diese Kernaufgaben in der Vergangenheit schon einmal absolviert hat oder ob diese Neuland für ihn darstellen.

Gehören die Aufgaben bereits zu den Tätigkeiten eines Teilnehmers, können die direkten Erfahrungen und Situationsbeschreibungen der Vergangenheit genutzt werden („Welche Projekte haben Sie mit welchem Ergebnis geleitet?"). Die selbstreflektorischen Fragen knüpfen Sie dann an diese Beispiele an. Beispiel 12 zeigt, wie sich eine Kernaufgabe mit den beiden Fragetypen in einem Interview repräsentieren könnte.

In dem anderen Fall, dass die Kernaufgaben noch nicht zum Tätigkeitsfeld des Teilnehmers gehören, kann man natürlich nicht direkt nach gesammelten Erfahrungen fragen. Es gibt in dieser Situation nur zwei Möglichkeiten – entweder man verzichtet darauf, die Kernaufgabe überhaupt zum Gegenstand des Interviews zu machen (sondern bildet sie in einer Assessment Center-Übung ab), oder man fragt nach analogen Situationen, die nicht direkt die tatsächlichen Aufgaben betreffen, aber vergleichbare Bewertungskriterien repräsentieren. Wieder orientieren sich die selbstreflektorischen Fragen inhaltlich an den Episoden, nach denen Sie im Zuge der episodischen Fragen gefragt haben.

Wie beispielsweise Interviewfragen für einen Teilnehmer aussehen können, der in Bezug auf die Kernaufgabe „Verkaufsgespräche führen" interviewt wird, aber selbst noch keine Verkaufsgespräche geführt hat, zeigt Beispiel 13.

Beispiel 12: Kernaufgaben, die bereits zu den Tätigkeiten eines Teilnehmers gehörten

Kernaufgabe	Fragen zu Erfahrungen und Situationen (episodische Fragen)	Fragen zu Einstellungen, Haltungen und Sichtweisen (selbstreflektorische Fragen)
Eigenständig Projekte leiten mit fachlich zugeordneten Mitarbeitern	– Welche Erfahrungen haben Sie mit der Leitung von Projekten? – Welche Projekte haben Sie mit welchem Ergebnis geleitet? – Wie haben Sie die Projekte strukturiert? – Welche besonderen Herausforderungen und Schwierigkeiten lagen in den Projekten? – Wie haben Sie die fachliche Führung der Mitarbeiter gestaltet? – Welche Probleme sind Ihnen bei einer rein fachlichen Mitarbeiterführung begegnet, und wie haben Sie diese gelöst? – Was sind Ihre praktischen Beiträge zum Erfolg der Projekte gewesen?	– Wie würden Sie Ihren Stil der Projektleitung charakterisieren? – Welche Ihrer Eigenschaften waren besonders hilfreich für den Erfolg der Projekte, mit welchen haben Sie sich möglicherweise auch mal im Weg gestanden? – Was schätzt man an Ihnen als Projektleiter, woran reibt man sich möglicherweise? – Was muss man Ihrer Einschätzung nach besonders beachten, wenn man nur über die fachliche Führung verfügt? – Wie würden Ihre Projektmitarbeiter Sie als Projektleiter charakterisieren? – Wie haben sich Ihr Vorgehen und Ihre Handschrift in der Projektleitung durch Ihre Erfahrungen verändert? – Was macht Sie sicher, dass der Erfolg des Projektes auf Sie persönlich zurückgeht?

Die Situation, dass ein Teilnehmer die im Vordergrund des Interviews stehenden Kernaufgaben noch nie bearbeitet hat, verführt häufig zur Formulierung von hypothetischen Fragen („Wie würden Sie ein Verkaufsgespräch führen?“), allerdings ergeben diese Fragen meist nicht allzu viel. Zum einen ist es für den Teilnehmer sehr einfach, solche Fragen opportunistisch zu beantworten, denn er braucht keinen Beleg anzutreten. Zum anderem ist die Antwort doch zumeist eher spekulativ. Dies gilt vor allem, wenn es bei den Fragen eher um allgemeine Verhaltensweisen geht („Wie würden Sie Konflikte zwischen Ihren Mitarbeitern angehen, wenn Sie Führungsverantwortung tragen würden?“). Hypothetische Fragen machen aber durchaus Sinn, wenn sie einen wirklichen Testcharakter besitzen. Insbesondere dann, wenn sie eher komplexe und durchaus Know-how-nahe Bereiche betreffen. Zur Kernaufgabe „Innovative Personalmarketing-Konzepte gestalten" wäre die folgende Frage eine durchaus legitime hypothetische Frage an einen Teilnehmer für die Funktion eines Personalleiters: „Sie kennen ja die Außenwirkung unseres Unternehmens über Ihr Branchen-Know-how. Wie würden Sie als Personalleiter unser Personalmarketing verbessern? Welche innovativen Gedanken und Ansätze würden Sie bei uns verwirklichen wollen? Was könnten wir im Falle einer Zusammenarbeit von Ihnen lernen?" Hier sind diese hypothetischen Fragen sehr zielführend, da man sich von einem Teilnehmer tatsächlich neue Ideen und Inspirationen verspricht und es darum in höchstem Maß anforderungsrelevant ist, dieses zu testen. Im Gegensatz zur ersten hypothetischen Frage nach dem Verkaufsgespräch lässt sich die Qualität der Antwort viel besser einschätzen.

Beispiel 13: Kernaufgaben, die neue und noch nicht direkt erlebte Bewertungskriterien beinhalten

Kernaufgabe	**Fragen zu Erfahrungen und Situationen (episodische Fragen)**	**Fragen zu Einstellungen, Haltungen und Sichtweisen (selbstreflektorische Fragen)**
Verkaufsgespräche führen	– Welche Erfahrungen haben Sie mit schwierigen Überzeugungssituationen? – In welchen Bereichen mussten Sie schon einmal komplexe Sachverhalte erklären und vermitteln? – Welche Erfahrungen haben Sie damit gesammelt, andere Menschen für Ihre Ideen zu gewinnen? – Wie sind Sie dabei vorgegangen? – Welche Überzeugungssituationen haben Sie zu Ihrer persönlichen Zufriedenheit gestalten können, welche sind nicht in Ihrem Sinne verlaufen? – Wo haben Sie bei sich beobachtet, dass Sie über solche Fähigkeiten verfügen?	– Welches sind Ihre persönlichen Erfolgsfaktoren, wenn Sie andere Menschen gewinnen wollen? – Was vermuten Sie, sind die Gründe, warum man Ihnen glaubt und sich von Ihnen überzeugen lässt? – Welche Rückmeldungen haben Sie in Bezug auf Ihr Verhalten in solchen Situationen erhalten? – Welche Ihrer Fähigkeiten prädestinieren Sie Ihrer Einschätzung nach besonders für das Führen von Verkaufsgesprächen, in welchen Bereichen müssen Sie sich noch entwickeln?

Wichtig ist noch der Hinweis, dass auch vorformulierte Fragen letztlich nicht wortwörtlich vorgelesen werden sollten (es sind ja keine Prüfungsfragen), sondern semantisch und sprachlich an den Gesamtgesprächsverlauf adaptiert werden müssen. Ein gutes Interview ist kein „Abfragen", sondern ein flüssiges Gespräch. Dennoch liefern vorformulierte Fragen dem Interviewer das Material und die Ideen, die es ihm erlauben, seine Aufmerksamkeit im Gespräch ganz auf den Gesprächspartner zu richten und nicht während des Gespräches gedankliche Kapazitäten für das kreative Formulieren guter Interviewfragen verwenden zu müssen. Dadurch gewinnt ein Gespräch seinen Tiefgang und seine Differenziertheit. Wer einmal mit wirklich guten Interviewleitfäden gearbeitet hat, wird sie nicht mehr missen wollen. Gute Interviewleitfäden werden mit der Zeit und der häufigen Anwendung sogar immer besser, weil man Erfahrungen darüber gesammelt hat, welche Fragen bei welcher Zielgruppe fundierte Antworten hervorrufen. Sie werden auch deswegen besser, weil der Vergleichsmaßstab zwischen unterschiedlichen Teilnehmern natürlich differenzierter wird, wenn unterschiedliche Antworten auf die gleiche Frage verglichen werden können. Ein Interview muss nicht in dem Sinne kreativ sein, dass man mit unterschiedlichen Teilnehmern immer wieder mit neuen oder neuartigen Fragen arbeitet. Besser ist, überall mit den gleichen Frageideen zu arbeiten und dann sinnvoll die Antworten vergleichen zu können.

Auf der CD-Rom finden Sie ein Beispiel für einen anforderungsbezogenen Interviewleitfaden.

5.3 Analytisch-konzeptionelle Übungen

Stehen intellektuelle, konzeptionelle und unternehmerische Anforderungen im Fokus des Interesses, so kommen analytisch-konzeptionelle Übungen zum Einsatz. Vor allem intellektuelle Fähigkeiten können in keiner anderen Übungsform, mit Ausnahme von Tests, vergleichbar gut abgebildet werden. In Postkorbübungen, handlungsorientierten Fallstudien und Übungen zur Konzeptentwicklung sollen Teilnehmer zumeist umfangreiches Datenmaterial analysieren und aufbauend darauf Konzepte und Strategien entwickeln oder auch operative Entscheidungen treffen. Die Konzeption dieser Übungen ist recht aufwändig und erfordert eine durchdachte, systematische Vorgehensweise, um aussagekräftige Übungen zu entwickeln, die zum einen genau die Anforderung sichtbar machen, die von Interesse sind und zum anderen auch den angestrebten Schwierigkeitsgrad aufweisen. Das folgende Kapitel vermittelt, für welche Zielsetzungen es sich lohnt, den vergleichsweise hohen Aufwand in Kauf zu nehmen und eine analytisch-konzeptionelle Übung zu entwickeln. Dabei werden verschiedene Arten von analytisch-konzeptionellen Übungen hinsichtlich ihrer Einsatzmöglichkeiten miteinander verglichen und Konsequenzen für die Art der Auswertung der Übungsergebnisse abgeleitet. Konkrete Tipps und Hinweise helfen, den übungsspezifischen Herausforderungen effektiv zu begegnen und Übungen zu konzipieren, die aussagekräftige Ergebnisse erzielen. Dabei wird gesondert auf Fact-Finding-Übungen eingegangen, eine spezielle Form der Konzeptentwicklung, die einige methodische Schwierigkeiten in sich birgt. Schließlich wird Schritt für Schritt und anhand von Beispielen eine Vorgehensweise dargestellt, anhand derer klassische Postkorbübungen, Konzeptentwicklungen und handlungsorientierte Fallstudien systematisch entwickelt werden können.

5.3.1 Dafür sind analytisch-konzeptionelle Übungen geeignet

Um zu beschreiben, was genau im Assessment Center mit analytisch-konzeptionellen Übungen beobachtbar und somit einschätzbar gemacht werden kann, muss man zunächst einmal einen genaueren Blick darauf werfen, welche Formen von analytisch-konzeptionellen Übungen es überhaupt gibt. Die Bezeichnung „analytisch-konzeptionell“ besagt zunächst, dass es sich um Übungen handelt, in denen Teilnehmer aufgefordert sind, Sachverhalte zu analysieren und aufbauend auf diese Analyseergebnisse aufgrund der gewonnenen Kenntnisse Maßnahmen, Strategien und Pläne für ein weiteres Vorgehen zu entwickeln. Im Gegensatz zu Gesprächssimulationen wird hier also der Fokus auf die Analyse von Daten und Informationen verschiedenster Art sowie auf die Ausarbeitung von Handlungsempfehlungen und Entscheidungen gelegt. Es handelt sich insofern nicht um Simulationen interaktiver Situationen (Gespräche, Diskussionen, Präsentationen), sondern um Simulationen von operativen oder strategischen Entscheidungssituationen, die die Teilnehmer mit Papier und Stift bzw. am Computer bearbeiten, wobei die Ergebnispräsentation durchaus auch interaktiv gestaltet werden kann.

5.3.1.1 Verschiedene Übungsarten innerhalb der analytisch-konzeptionellen Übungen

Innerhalb dieser Definition sind nun verschiedene Übungsarten denkbar. In der Abbildung 5 ist eine Kategorisierung verschiedener analytisch-konzeptioneller Übungstypen anhand zweier Dimensionen dargestellt. Die Übungen unterscheiden sich demnach zum einen hinsichtlich des Fokus der Aufgabenstellung, zum anderen hinsichtlich der Standardisierbarkeit der Auswertung der Übungen, die maßgeblich mit deren Komplexität zusammemhängt.

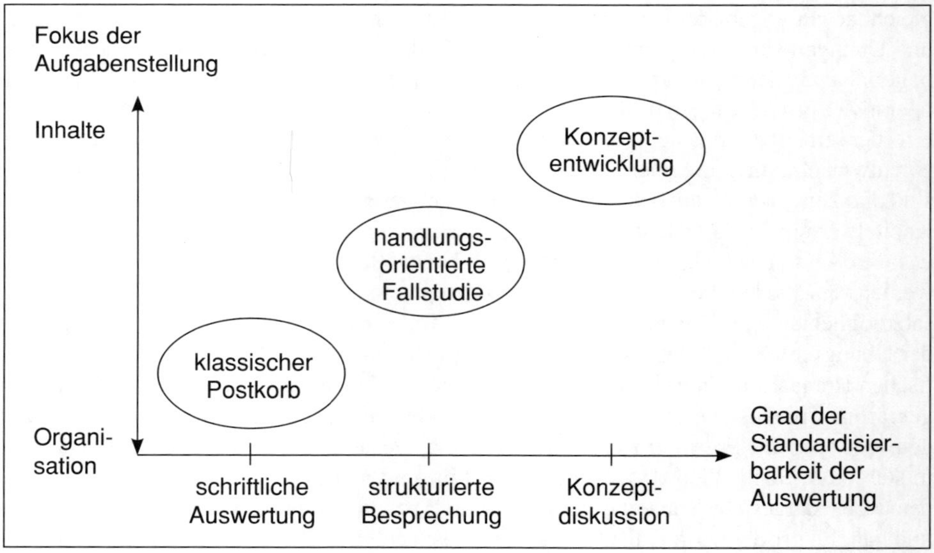

Abbildung 5: Systematik analytisch-konzeptioneller Übungen

Betrachtet man nun die verschiedenen analytisch-konzeptionellen Übungen bezüglich des Fokus der Aufgabenstellung, so ist festzustellen, dass sie zum Teil so angelegt sind, dass der Teilnehmer sich in der Bearbeitung vor allem auf operative organisatorische Fragestellungen konzentrieren soll. Der Teilnehmer ist also aufgefordert, anhand von Informationen aus verschiedenen alltäglichen Dokumenten organisatorische Entscheidungen zu treffen, so z. B. Prioritäten zu setzen oder Termine zu vereinbaren.

Die meisten analytisch-konzeptionellen Übungen fokussieren in der Aufgabenstellung weniger auf organisatorische als vielmehr auf inhaltlich geprägte Fragestellungen. Hier sollen vertieft Inhalte von Dokumenten und Daten analysiert, miteinander verknüpft und so schließlich die Gesamtsituation mit Problemfeldern und Chancen bewertet werden. Dabei handelt es sich z. B. um Unternehmensfallstudien (Case studies), in denen den Teilnehmern Daten über das Unternehmen und dessen Umfeld zur Verfügung gestellt werden, so dass sie Strategien bzw. wirtschaftliche Entscheidungen für das Unternehmen ableiten können.

Neben dieser Unterscheidung bezüglich des Aufgabenschwerpunktes bestehen auch Unterschiede in der Standardisierbarkeit der Auswertung der analytisch-konzeptionellen Übungen. So gibt es zum einen Übungen, die sehr stark vorstrukturiert sind, und die eine eindeutige Bewertung der Entscheidungen des Teilnehmers als „richtig" oder „falsch" erlauben. Es ist beispielsweise möglich, eindeutig zu bewerten, ob ein Teilnehmer in einer klassischen Postkorbübung eine Terminkollision in seinem Terminplan erkannt hat oder nicht. Je komplexer jedoch die zu analysierenden Unterlagen und die damit verbundene Aufgabenstellung sind, desto schwerer fällt es, eindeutige Aussagen bezüglich der Richtigkeit einer getroffenen Entscheidung oder Empfehlung zu treffen. Welche ist schon die richtige Strategie für ein Unternehmen, welche hingegen ist auf jeden Fall eine falsche? Vor allem im Falle von komplexen Konzeptentwicklungen, wie z. B. die bereits erwähnten Strategieentwicklungen im Rahmen von Case studies, bestehen Bewertungsmöglichkeiten für die von Teilnehmern entwickelten Konzepte weniger bezüglich der absoluten Richtigkeit, sondern vielmehr hinsichtlich der logischen Stringenz des Konzeptes sowie der umfassenden Berücksichtigung von Einflussfaktoren oder mittelfristigen Konsequenzen. Die Auswertung solcher komplexen analytisch-konzeptionellen Übungen erfolgt daher zumeist nicht schriftlich anhand von Notizen eines Teilnehmers, sondern findet im Rahmen einer Diskussion statt, so dass Ideen und Konzepte gemeinsam mit den Beobachtern besprochen und hinterfragt werden können.

Werden nun diese beiden Dimensionen „Fokus der Aufgabenstellung" und „Grad der Standardisierbarkeit der Auswertung" zur Unterscheidung von analytisch-konzeptionellen Übungen genutzt, welche typischen Übungsarten gibt es dann?

Da ist zunächst die *klassische Postkorbübung*. Die Aufgabenstellung im klassischen Postkorb ist stark organisatorisch geprägt. Dabei ist die fiktive Situation zumeist derart definiert, dass der Teilnehmer nach längerer Abwesenheit zurück an seinen Arbeitsplatz kommt und dort verschiedene Unterlagen (E-Mails, Briefe, Telefonnotizen, Nachrichten auf dem Anrufbeantworter etc.) vorfindet. Es handelt sich um alltägliche Dokumente und Notizen, durch die er im Unternehmen Informationen erhält. Ein Organigramm hilft dem Teilnehmer, sich in seinem fiktiven Arbeitsumfeld zurechtzufinden. Es gilt nun, die verschiedenen Informationen zu gewichten, Prioritäten zu setzen, Termine zu vereinbaren, dabei möglichst effizient vorzugehen und Kollisionen zu vermeiden, Informationen weiterzuleiten und Aufgaben zu delegieren. Der Teilnehmer soll sich selbst organisieren. Die Form der Auswertung kann, muss jedoch nicht zwangsläufig aufgrund der eindeutigen Bewertbarkeit von Entscheidungen schriftlich erfolgen. Der Teilnehmer notiert anhand eines Formulars, welche Termine er vereinbart, welche Priorität er vergibt etc. Aufgrund der üblichen Form der Kommunikation und Organisation am Arbeitsplatz werden Postkorbübungen verstärkt computergestützt durchgeführt und ausgewertet. Die hohe Eindeutigkeit der Teilnehmerentscheidungen macht eine standardisierte computergestützte Auswertung gut möglich. Gleichzeitig ist zu betonen, dass diese Art von klassischen, primär analytisch-organisatorisch ausgelegten Postkorbübungen nur noch sehr selten angewandt wird. Dies hängt vor allem damit zusammen, dass sie für die meisten Positionen nicht die zentralen erfolgskritischen Kernaufgaben und Anforderungen abbilden (vgl. 5.3.1.2).

Eine weitere Übungsart ist die *Konzeptentwicklung*. Sie ist bezüglich der beiden dargestellten Dimensionen der klassischen Postkorbübung konträr gegenübergestellt. Es handelt sich hierbei um eine Aufgabenstellung, die nicht organisatorisch ausgelegt ist, d. h. der Teilnehmer soll keine operativ-organisatorischen Maßnahmen planen. Hier geht es vielmehr darum, auf der Basis diverser Informationsgrundlagen Konzepte im Unternehmens-Kontext zu entwickeln. Im Falle von Case studies sind dies häufig differenzierte Unternehmensstrategien. Aufgabenstellungen können jedoch auch die Konzeption von Marketingstrategien, Projektplanungen, Fusionsentscheidungen etc. darstellen. Die dem Teilnehmer zur Verfügung gestellten Materialien sind daher verschieden von denen in der klassischen Postkorbübung. Unterlagen sind hier z. B. Controlling-Kennziffern, Marktdaten, Benchmark-Ergebnisse, Ergebnisse von Kunden- oder Mitarbeiterbefragungen, Zeitungsartikel, Qualitätskennziffern, Kostenanalysen etc. Da diese verschiedenen Informationsquellen in der Gesamtsicht zumeist ein sehr komplexes Problemfeld umschreiben, kann die Auswertung dieser Übungsart nicht schriftlich erfolgen. Die vom Teilnehmer entwickelten Strategien werden gemeinsam mit dem Beobachterteam diskutiert.

Schließlich werden häufig *handlungsorientierte Fallstudien* verwendet. Bei der handlungsorientierten Fallstudie handelt es sich um eine Mischvariante zwischen klassischem Postkorb und Konzeptentwicklung. Demnach ist der Teilnehmer hier aufgefordert, zum einen organisatorische Entscheidungen zu treffen und vor allem operative Maßnahmen zu planen. Zum anderen erhält er durch die Materialien auch einige Informationen zu Stärken und Problemfeldern seines fiktiven Verantwortungsbereichs. Er arbeitet somit auf zwei Ebenen, wobei die Anforderungen bezüglich der konzeptionellen Arbeit nicht derart hoch sind, dass eine ausgefeilte Unternehmensstrategie entwickelt werden soll. Wohl aber kann er, z. B. in der Gesamtsicht von tabellarisch dargestellten Kundenumsätzen seines fiktiven Verantwortungsbereichs und einem Zeitungsartikel zur Entwicklung der Marktstrukturen, erste Ideen für eine neue Form der Kundenakquise entwickeln. Eine konkrete operative Maßnahme könnte dann folgerichtig darin bestehen, dass er ein Treffen mit der Marketing-Abteilung verabredet. Auch in diesem Falle ist eine schriftliche Auswertung nicht ausreichend, denn der Teilnehmer – um bei diesem Beispiel zu bleiben – hätte auch ein Brainstorming-Meeting mit dem kompletten Vertriebsteam als eine ebenso sinnvolle Maßnahme wählen können. Es ist daher nicht eindeutig bestimmbar, ob eine Maßnahme richtig oder falsch ist. Allerdings kann gleichzeitig eindeutig als korrekt bewertet werden, dass der Teilnehmer den Zusammenhang zwischen den zwei Dokumenten „Tabelle Kundenumsätze“ und „Zeitungsartikel“ und die hieraus hervorgehende Notwendigkeit einer neuen Form der Kundenakquise erkannt hat. Die Auswertung dieser Mischform innerhalb der analytisch-konzeptionellen Übungen stellt daher auch eine Mischung der bisher dargestellten Vorgehensweisen in der Übungsdurchführung dar. Sie sollte, ebenso wie im Falle der Konzeptentwicklung, in einem persönlichen Gespräch mit dem Teilnehmer erfolgen. Sie kann jedoch anhand einer Checkliste vorstrukturiert werden, die es den Beobachtern erleichtert zu überprüfen, inwieweit wichtige Informationen und Verknüpfungen erkannt wurden.

5.3.1.2 Abbildung von Kernaufgaben und Anforderungen in analytisch-konzeptionellen Übungen

Aus der Unterscheidung der verschiedenen Übungstypen innerhalb der analytisch-konzeptionellen Übungen wird unmittelbar deutlich, dass sich diese jeweils zur Abbildung unterschiedlicher Kernaufgaben einer Tätigkeit im Rahmen eines Assessment Centers eignen.

So kann eine Konzeptentwicklung Kernaufgaben abbilden, die darin bestehen, weitreichende unternehmerische Entscheidungen zu treffen oder Strategien und Konzepte zur Lösung von Problemen im Arbeitsumfeld zu entwickeln. Gehören derartige Aufgaben zu den erfolgsrelevanten Tätigkeitsschwerpunkten einer Position, so eignet sich die Konzeptentwicklung als Übung für Potenzialaussagen in Hinblick auf diese Position. Die folgende Aufstellung stellt Beispiele für mögliche Aufgabeninhalte von Konzeptentwicklungen dar:

- Konzept zur Entscheidung für einen Fusionspartner inkl. weiterem Vorgehen
- Konzept zur Entscheidung für einen Zulieferer und Entwicklungspartner inkl. Projektplanung
- Konzept für eine neue allgemeine Unternehmensstrategie
- Konzept zum Aufbau einer neuen Abteilung im Unternehmen
- Konzept für eine Marketingstrategie
- Konzept für die Reorganisation eines Unternehmensbereichs
- Konzept zur Kosteneinsparung in einem Produktionsbereich
- Konzept zur Steigerung der Kundenzufriedenheit
- Konzept für das Personalmarketing im Vertrieb
- …

Gemäß dieser Übungsinhalte sind mit Hilfe von Konzeptentwicklungen bestimmte Anforderungen abbildbar:

Anforderungen im Bereich der intellektuellen Fähigkeiten:

- Analysevermögen und Auffassungsgabe
- Logisches Schlussfolgern
- Vernetztes Denken

Anforderungen im Bereich der unternehmerischen Fähigkeiten:

- Gesamtunternehmerisches Denken
- Strategisches Denken
- Risikofreude und Entscheidungsbereitschaft
- Verantwortungsbereitschaft

- Innovationskraft
- Kreativität
- Kundenorientierung
- Marktorientierung

Im Gegensatz zur Konzeptentwicklung können mit Hilfe klassischer Postkorbübungen vor allem solche Kernaufgaben abgebildet werden, die organisatorischer Natur sind. Hier geht es um Aufgaben, wie z. B.

- Tages-/Wochenplanungen erstellen
- Termine koordinieren und vorbereiten
- Prioritäten definieren
- Informationen filtern und weiterleiten
- Aufgaben delegieren
- Projekte leiten

Da die erfolgreiche Bewältigung dieser Aufgaben spezifische Anforderungen an den jeweiligen Positionsinhaber stellt, bestehen zwischen Konzeptentwicklungen und klassischen Postkorbübungen nur zu einem geringen Teil Überschneidungen bezüglich der mit Hilfe der Übungen abbildbaren Anforderungen:

Anforderungen im Bereich der intellektuellen Fähigkeiten:

- Analysevermögen und Auffassungsgabe
- Logisches Schlussfolgern
- Vernetztes Denken

Anforderungen im Bereich der organisatorischen Fähigkeiten:

- Arbeitseffizienz (Selbstmanagement, Zeitmanagement)
- Gründlichkeit und Gewissenhaftigkeit
- Bereitschaft zur Delegation und Informationsweitergabe
- Entscheidungsbereitschaft und Pragmatismus

Sowohl die abbildbaren Kernaufgaben als auch die Anforderungen geben einen Hinweis darauf, warum die klassische Postkorbübung in der Vergangenheit immer häufiger als wenig geeignete Assessment-Übung bewertet worden ist, was schließlich dazu geführt hat, dass im Vergleich zu früheren Assessment-Verfahren heute weniger Unternehmen Postkorbübungen verwenden. Die Ursache hierfür liegt unter anderem darin begründet, dass die klassische Postkorbübung für den größten Teil der im AC relevanten Zielpositionen nicht genau die Kernaufgaben abbildet, die schwerpunktmäßig zum Erfolg oder Misserfolg eines Positionsinhabers beitragen. Die Konzentration auf primär organisatorische Aufgaben ist nur für wenige Zielgruppen im Unternehmen besonders repräsentativ. Dabei handelt es sich z. B. um Sekretariatsfunktionen, z. T. auch für Projektleitungsaufgaben. Für Mitarbeiter in diesen Funktionen macht die effektive Bewältigung der oben geschilderten Tätigkeitsschwerpunkte tagtäglich den beruflichen Erfolg aus.

Die meisten im Unternehmen durchgeführten Assessment Center werden jedoch im Hinblick auf andere Zielpositionen konzipiert, in vielen Fällen sind das Führungspositionen. Sicherlich gehören auch Aufgaben wie „Prioritäten definieren“ und „Informationen filtern und weiterleiten“ zu den Tätigkeiten einer Führungskraft (sowie auch aller weiteren Positionen im Unternehmen). Häufig werden jedoch diese organisatorischen Aufgaben wie auch die organisatorischen Fähigkeiten nicht als derart erfolgsrelevant erachtet, dass eine ganze Übung hierzu gerechtfertigt erscheint. Man entscheidet sich zur Erfassung intellektueller Fähigkeiten daher häufiger für eine Konzeptentwicklung – oder eben für eine handlungsorientierte Fallstudie.

In ihrer Zwitterposition ermöglicht es die handlungsorientierte Fallstudie häufig besser als der klassische Postkorb, die relevanten Aufgaben und Anforderungen abzubilden, denn hier finden durchaus operativ-organisatorische Aufgaben Berücksichtigung, ohne dass sie jedoch allein in den Mittelpunkt gerückt werden. Gleichzeitig kann auch die Entwicklung erster Ideen für Problemlösungen dargestellt werden, so dass die handlungsorientierte Fallstudie es ermöglicht, sowohl die Anforderungen im Bereich der intellektuellen als auch im Bereich der organisatorischen Fähigkeiten und Teile der unternehmerischen Fähigkeiten beobachtbar zu machen. Inwieweit unternehmerische Fähigkeiten abgebildet werden können, hängt dabei von der Art des zur Verfügung gestellten inhaltlichen Informationsmaterials ab. Prinzipiell ist es jedoch möglich, folgende Anforderungen in der handlungsorientierten Fallstudie abzubilden:

Anforderungen im Bereich der intellektuellen Fähigkeiten:

- Analysevermögen und Auffassungsgabe
- Logisches Schlussfolgern
- Vernetztes Denken

Anforderungen im Bereich der unternehmerischen Fähigkeiten:

- Risikofreude und Innovationskraft
- Verantwortungsbereitschaft
- Kreativität
- Kundenorientierung

Anforderungen im Bereich der organisatorischen Fähigkeiten:

- Arbeitseffizienz
- Gründlichkeit und Gewissenhaftigkeit
- Bereitschaft zur Delegation und Informationsweitergabe
- Entscheidungsbereitschaft und Pragmatismus

Wenngleich nicht alle Facetten der unternehmerischen Fähigkeiten im Rahmen einer handlungsorientierten Fallstudie sinnvoll bewertbar sind, insbesondere nicht die strategischen Fähigkeiten, so führt die recht breite Nutzbarkeit in Hinblick auf die Bewertbarkeit verschiedenster Anforderungsbereiche doch dazu, dass die handlungsorientierte Fallstudie immer häufiger alternativ zur klassischen Postkorbübung verwendet wird.

5.3.2 Das macht eine gute analytisch-konzeptionelle Übung aus

Wie aber sollten die jeweiligen analytisch-konzeptionellen Übungen konzipiert sein, um die beschriebenen Anforderungen tatsächlich möglichst gut sichtbar zu machen? Im Folgenden sind einige Empfehlungen dargestellt, die verdeutlichen, welches die maßgeblichen Kriterien in der Konzeption von Postkorbübungen, handlungsorientierten Fallstudien und Konzeptentwicklungen sind, die eine erfolgreiche Durchführung ermöglichen.

5.3.2.1 Postkorbübungen und handlungsorientierte Fallstudien

Entscheidung für eine der beiden Übungsarten. Das erste Prinzip der Konzeption von effektiven Postkorbübungen und handlungsorientierten Fallstudien besteht in der zielgerichteten Entscheidung für eine der beiden Übungsarten. Wie zuvor dargestellt, stellt die klassische Postkorbübung für sehr viele Zielpositionen keine ideale Möglichkeit dar, die erfolgsrelevanten Kernaufgaben darzustellen, so dass in den meisten Fällen die Entscheidung zu Gunsten der handlungsorientierten Fallstudie fallen wird, es sei denn, die Zielposition verfügt über eindeutige organisatorische Aufgabenschwerpunkte.

Entscheidung für eine Form der Auswertung. Eine handlungsorientierte Fallstudie zu wählen, bedeutet nun auch, sich für eine strukturierte Form der Auswertung zu entscheiden, die im Gespräch mit dem Teilnehmer stattfindet. Häufig wird aus Zeitgründen eine schriftliche Form der Auswertung von handlungsorientierten Fallstudien gewählt, was jedoch dazu führen kann, dass Teilnehmer durchaus hervorragende Ideen zum Umgang mit den verschiedenen Problemsituationen entwickelt haben, diese aber nicht mit den Ideen derjenigen übereinstimmen, die die Übung konzipiert haben. Der Teilnehmer erhält daher eine geringere Bewertung als derjenige, der offensichtlich das Glück hatte, die Ansätze der Entwickler der Fallstudie besser zu treffen. Dabei wäre im Gespräch und bei näherem Nachfragen deutlich geworden, dass beide Ansätze gleichermaßen sinnvoll sind. Handlungsorientierte Fallstudien, die keine eindeutige Bewertung von Teilnehmerentscheidungen im Sinne von „richtig" oder „falsch" ermöglichen, sollten daher unbedingt im Gespräch mit dem Teilnehmer bewertet werden. Hat man sich hingegen für eine klassische Postkorbübung entschieden, so kann die Auswertung auch schriftlich erfolgen bzw. die Übung komplett computergestützt durchgeführt und ausgewertet werden.

Explizite Differenzierung zwischen Postkorb und handlungsorientierter Fallstudie. In diesem Text ist von dem „klassischen Postkorb" die Rede, da es sich hierbei um ein sehr bekanntes Instrument der AC-Methodik handelt. Fragt man einen zukünftigen AC-Teilnehmer, welche Übungen er in dem Verfahren zu bearbeiten erwartet, fällt oft noch der Begriff „Postkorb". Dieser hohe Bekanntheitsgrad der klassischen Postkorbübung kann zu Problemen bei der Verwendung von handlungsorientierten Fallstudien führen, denn mit der hohen Bekanntheit der Postkorbübung sind auch Handlungsempfehlungen aus Bewerber-Ratgebern und -Schulungen sowie Tipps von Bekannten, die bereits eine entsprechende Übung im Rahmen eines ACs bearbeitet haben, verbunden. Diese Empfehlungen beziehen sich auf die klare Benennung von Prioritäten, zu beachten, dass möglichst viele Informationen an andere Kollegen weitergeleitet werden, dass möglichst immer überprüft wird, ob Aufgaben eventuell delegiert werden könnten etc. Diese Empfehlungen, die im Umgang mit klassischen Postkorbübungen durchaus erfolgversprechend sein können, sind jedoch in der Bearbeitung handlungsorientierter Fallstudien häufig sogar hinderlich, denn anstatt die oben erwähnte Tabelle mit den Umsätzen pro Topkunde inhaltlich zu analysieren, kommt der Teilnehmer eventuell zu dem Entschluss „Das ist zwar wichtig, aber nicht dringlich. Ich lese das morgen im Zug!" und legt das

Dokument ungelesen zur Seite. Durch die Konzentration auf rein organisatorische Aufgaben und Anforderungen entgehen Teilnehmern so in handlungsorientierten Fallstudien zuweilen wichtige inhaltliche Informationen, die sie benötigen, um Entscheidungen zu treffen.

Aufgrund dessen sollte bei Verwendung einer handlungsorientierten Fallstudie zum einen nicht der Titel „Postkorb" verwendet werden, zum anderen sollten die Teilnehmer explizit auf die Zielsetzung und den Unterschied zum Postkorb hingewiesen werden. Ein entsprechender Hinweis in der Instruktion der Übung hilft zusätzlich, Missverständnisse zu vermeiden. Auch die schriftliche Ankündigung der Fragen, die in der Besprechung der Ergebnisse mit dem Beobachterteam gestellt werden, in der Instruktion erleichtert die Konzentration auf die wesentlichen Herausforderungen der Übung:

- Welche wichtige Information haben Sie dem Dokument entnommen?
- Inwieweit haben Sie Zusammenhänge zu anderen Dokumenten festgestellt?
- Welche Maßnahmen wollen Sie nun ergreifen?

Erzeugung eines gewünschten Schwierigkeitsniveaus. Postkorbübungen und handlungsorientierte Fallstudien sind häufig durch ein fiktives Szenario charakterisiert, das beinhaltet, dass nur eine eng begrenzte Bearbeitungsdauer zur Verfügung steht. Die Übungen erhalten einen bestimmten Schwierigkeitsgrad dadurch, dass komplexe Informationen schnell analysiert, verarbeitet und in entsprechende Maßnahmenvorschläge umgesetzt werden müssen.

Darüber hinaus wird der Anspruch häufig auch dadurch erhöht, dass Dokumente nicht eindeutig in ihrer Aussage sind bzw. wichtige Informationen zwischen wenig relevanten „versteckt" werden. So findet sich z.B. die Information bezüglich des Stopps eines zentralen Projektes aufgrund einer Geschäftsführungsentscheidung inmitten von anderen Tagesordnungspunkten auf einer Agenda für die nächste Bereichsleitersitzung. Findet der Teilnehmer diese Information inmitten der anderen Tagesordnungspunkte nicht, so fährt er in der Bearbeitung der Übung weiter fort, sich um die Steuerung des Projektes zu kümmern.

Die entscheidende Frage, die sich hier stellt, ist, inwieweit durch diese Vorgehensweise tatsächlich relevante Anforderungen abgebildet werden. Im Unternehmensalltag wird die zentrale Anforderung wohl seltener darin bestehen, in unbekannten Dokumenten subtile und versteckte Informationen zu identifizieren, ähnlich einem Rätsel. Die Schwierigkeit, die es abzubilden gilt, besteht vielmehr darin, dass für sich genommen eindeutige Einzelinformationen verknüpft werden sollen und dabei in der Gesamtsicht durchaus nicht unbedingt eindeutig eine Lösung nahe legen. Auf das Beispiel „Projektstopp" übertragen, könnte diese bedeuten, dass die Information der Geschäftsführungsentscheidung in einer separaten Mail (*nicht* versteckt in einem komplexen Dokument) eines Kollegen aus dem Projektteam vermittelt wird. Die Schwierigkeit wird dadurch erzielt, dass gleichzeitig andere – für sich genommen eindeutige Dokumente – dafür sprechen, dass das Projekt unbedingt weitergeführt werden sollte. Der Teilnehmer muss also die Zusammenhänge und verschiedenen Implikationen abwägen und eine erste Empfehlung bzgl. des weiteren Vorgehens in Sachen des Projektes treffen. Die letzte Empfehlung zur Konzeption von Postkorbübungen und handlungsorientierten Fallstudien lautet daher, ein angestrebtes Schwierigkeitsniveau durch einen bestimmten Grad an Komplexität der Verknüpfungen zwischen Dokumenten zu erzeugen, die jeweils für sich genommen eindeutig in ihrer Aussage sind.

5.3.2.2 Konzeptentwicklungen

Definition der Aufgabenstellung. Die erfolgreiche Gestaltung einer aussagekräftigen Konzeptentwicklung beginnt mit der eindeutigen Aufgabendefinition. Für die Bearbeitung der zumeist sehr komplexen Fragestellungen werden den Teilnehmern umfangreiche Materialien zur Verfügung gestellt. Die eigentliche Zielstellung geht in dieser Informationsflut leicht unter. Darüber hinaus kann nicht immer davon ausgegangen werden, dass verschiedene Teilnehmer das Gleiche unter der Aufgabenstellung „Entwickeln Sie auf Grundlage der zur Verfügung stehenden Materialien eine Marketingstrategie für die neue Produktlinie“ verstehen. Wichtig ist, die Aufgabenstellung möglichst präzise zu formulieren, um Missverständnisse zu vermeiden. So kann z. B. eine Konkretisierung der Zielstellung anhand von konkreten Fragen erfolgen, die im Rahmen des Konzepts beantwortet werden sollten.

Zusammenstellung aller relevanter Informationsmaterialien. Zur Beantwortung dieser Fragen müssen dem Teilnehmer umfassende Informationen zur Verfügung gestellt werden. Zwar ist es häufig Ziel, die Kreativität der Teilnehmer in Hinblick auf die von ihnen entwickelten Konzepte zu beobachten. Zuweilen erfordern Konzeptionsübungen jedoch auch Kreativität derart, dass Teilnehmer sich in der Situation sehen, fiktive Daten zu ergänzen, die zur Beantwortung der relevanten Fragen benötigt werden, jedoch in den Übungsunterlagen nicht enthalten sind. Dies führt leicht zu einer eingeschränkten Vergleichbarkeit von Teilnehmerergebnissen sowie auch zur Verunsicherung der Teilnehmer. Es ist daher empfehlenswert, Übungen zur Konzeptentwicklung vor der ersten Anwendung zunächst in Probedurchführungen auszutesten, um unter anderem feststellen zu können, ob die Informationen ausreichen, um die Fragen der Aufgabenstellung zu beantworten.

Aufbereitung der Informationsmaterialien in typischer Form. Auch die richtige Art der Aufbereitung der Materialien stellt eine wichtige Voraussetzung für eine aussagekräftige Übung dar. Hier spielt das Prinzip des Berufsbezugs (vgl. Abschnitt 1.4.2) eine wichtige Rolle. Die benötigten Informationen sollten möglichst in für die Situation und Aufgabenstellung typischer Form aufbereitet sein. Wird mit der Übung eine konzeptionelle Aufgabe eines Bereichsleiters abgebildet, so stellt sich die Frage „Welche Informationen würde sich ein realer Bereichsleiter beschaffen, um diese Fragestellung zu bearbeiten?“ So können Informationen über Planungen des Wettbewerbs in Form eines Artikels einer Fachzeitschrift vermittelt werden, während Informationen über die Umsatzentwicklungen einer Produktlinie aus den im Unternehmen üblichen, vom Controlling zur Verfügung gestellten Listen ersichtlich sind. Eine Einschränkung ergibt sich hier lediglich in Hinblick auf die Verständlichkeit von internen Dokumenten für externe Bewerber. Hier müssen eventuell Vereinfachungen oder Erläuterungen vorgenommen werden.

Sicherstellung vergleichbarer Voraussetzungen. Realitätsnähe anzustreben, bedeutet allerdings immer auch, die Herausforderung anzunehmen, gleiche Ausgangsvoraussetzungen für alle Teilnehmer, unabhängig von deren Aufgabengebiet, sicherzustellen. Gerade in Assessment Centern, in denen Teilnehmer aus ganz verschiedenen Bereichen und mit unterschiedlichen Ausbildungshintergründen teilnehmen, sollte daher darauf geachtet werden, dass keine Vorteile für einen Teil der Teilnehmer entstehen. So wäre es z. B. problematisch, die oben skizzierte Konzeptionsaufgabe der Entwicklung einer Marketingstrategie zu verwenden, wenn ein Teil der Teilnehmer über vertieftes Marketing-Know-how verfügt, ein anderer nicht.

Planung der Vorbereitungszeit. Häufig ist zu beobachten, dass die Vorbereitungszeit für komplexe Konzeptentwicklungen knapp bemessen ist, was dazu führt, dass vor allem Anforderungen wie z. B. schnelle Auffassungsgabe beobachtbar werden. Zumeist wird die Konzeptionsentwicklung jedoch als Übung ausgewählt, wenn strategische und unternehmerische Kompetenzen im Mittelpunkt des Interesses liegen. Um diese Anforderungen nun auch möglichst zuverlässig beobachtbar zu machen, ist es wichtig, den Teilnehmern ausreichend Zeit zur Verfügung zu stellen, um im Rahmen ihrer strategisch-unternehmerischen Kompetenzen möglichst optimale Konzepte entwickeln zu können. Im Unternehmen besteht die Herausforderung beim Entwickeln von Strategien und weitreichenden Konzepten in den seltensten Fällen darin, diese besonders schnell zu entwickeln. Die Anforderung liegt in der absoluten Güte des Konzeptes, nicht in der Qualität der Konzeption relativ zur dafür benötigten Zeit. Stehen also weniger solche Anforderungen im Vordergrund, die eine möglichst schnelle Analyse und Entscheidungsfindung erfordern, so sollte ruhig etwas mehr Zeit für die Vorbereitung von Konzeptentwicklungen eingeplant werden. Zwei bis drei Stunden sind hier durchaus realistisch.

Erzeugung eines gewünschten Schwierigkeitsniveaus. Schließlich stellt sich auch bei der Konzeptentwicklung die Frage, wie ein bestimmter Grad an Schwierigkeit hergestellt werden kann. Hierzu gibt es prinzipiell zwei Möglichkeiten.

Zum einen kann in der Konzeptentwicklung ein hohes Anforderungsniveau dadurch erzeugt werden, dass die Informationsmaterialien ambivalente Implikationen nahe legen. In dem Marketing-Beispiel könnte es zum Beispiel der Fall sein, dass die Marktentwicklungen (ersichtlich anhand einer Auswertung eines Marktforschungsinstitutes) dafür sprechen, als Zielgruppe die ältere Generation zu wählen, da hier die größten Wachstumspotenziale bestehen. Auf der anderen Seite wird aus der Wettbewerberanalyse deutlich, dass das eigene Unternehmen im Vergleich zu anderen noch über keinen nennenswerten Anteil in diesem Zielgruppensegment verfügt, der Ausbau von Marktanteilen in anderen Segmenten dementsprechend deutlich leichter fiele. Darüber hinaus stehen nur recht geringe Mittel für entsprechende Marketing-Maßnahmen zur Neupositionierung zur Verfügung (ersichtlich aus der Budgetaufstellung). Wie in diesem Beispiel wird das Anspruchsniveau der Übung dadurch erzeugt, dass die wiederum für sich genommen eindeutigen Informationen unterschiedliche Handlungsalternativen nahe legen. Die Herausforderung für den Teilnehmer besteht darin, die jeweiligen Vor- und Nachteile, Chancen und Risiken gegeneinander abzuwägen. Die Beobachter konzentrieren sich in der Besprechung des Konzeptes vor allem auf Schlüssigkeit und Vollständigkeit der Argumentation des Teilnehmers.

Eine zweite Möglichkeit zur Variation des Anspruchsniveaus besteht darin, eindeutige, aber schwer zu interpretierende Informationen zur Verfügung zu stellen. So gehört häufig ein gewisses Vorwissen dazu, um bestimmte Kennziffern sicher interpretieren zu können. Darüber hinaus ist häufig auch Erfahrung gefragt, um nicht nur die bestehenden Kennwerte zu verstehen, sondern sie auch zielsicher in Hinblick auf ihre möglichen Auswirkungen, so z. B. deren Bedeutung für die weitere Entwicklung des Marktumfeldes, einzuschätzen. Wird dieser Weg der Variation von Schwierigkeit gewählt, so sollten sich die beteiligten Beobachter und Entscheider jedoch klar darüber sein, dass hier Wissen und Erfahrung einen ganz entscheidenden Anteil an der von Teilnehmern gezeigten Leistung haben. Dies widerspricht der weiter oben aufgeführten Empfehlung, die Voraussetzungen für alle Teilnehmer eines ACs möglichst vergleichbar zu gestalten. Für ein AC, in dem generell Potenziale von Teilnehmern aufgezeigt werden sollen, ist dieses Vorgehen auch tatsächlich ungeeignet. Zur aktuellen Besetzung einer bestimmten Position mit Hilfe eines ACs jedoch kann es durchaus sinnvoll sein, Erfahrungswissen mit einfließen zu lassen, denn hier sind weniger die generellen Potenziale eines Teilnehmers von Interesse, sondern vielmehr seine aktuellen Kompetenzen in Hinblick auf das kurzfristig erfolgreiche Bekleiden einer bestimmten Position.

5.3.2.3 Fact-Finding-Übung

Die Fact-Finding-Übung stellt eine besondere Form der Konzeptentwicklungen dar. Dabei entspringt die Idee der Fact-Finding-Übung der Problematik, in allen analytisch-konzeptionellen Übungen zwar Anforderungen im Bereich der analytischen Kompetenzen erfassen zu wollen, jedoch nie den Analysevorgang selbst beobachten zu können. Vielmehr wird aufgrund der Analyse- und Konzeptionsergebnisse auf das Analyseverhalten des Teilnehmers zurückgeschlossen. Wie er sich jedoch im Einzelnen den verschiedenen Informationsmaterialien genähert, diese strukturiert, Hypothesen und Lösungsansätze aufgestellt und später wieder verworfen hat, kann bei der Besprechung der Übungsergebnisse thematisiert, jedoch nicht mehr direkt beobachtet werden.

In der Fact-Finding-Übung werden dem Teilnehmer daher zunächst lediglich einige Basisinformationen zur Verfügung gestellt. Er kann so Hypothesen bezüglich der in dem fiktiven Szenario bestehenden Problemfelder und Chancen aufstellen, diese jedoch noch nicht absichern. Vertiefende Details erhält der Teilnehmer in einem Gespräch mit einem Rollenspieler, der über ein breites Spektrum an Informationen verfügt. Es handelt sich demnach um eine besondere Gesprächssimulationsübung (vgl. Abschnitt 5.4) mit analytischem Schwerpunkt. Durch geschickte Fragen kann er nun immer mehr Fakten von dem Rollenspieler erhalten (daher der Name „Fact-Finding") und systematisch seine Hypothesen überprüfen, verwerfen, neue entwickeln und so schließlich im Gespräch eine möglichst optimale Konzeption oder Lösungsstrategie entwickeln. Auf diese Art und Weise sind die Beobachter in der Lage, den Analyseprozess selbst zu betrachten, wodurch sie wertvolle Zusatzinformationen erhalten, die ihnen verschlossen bleiben, wenn der Teilnehmer die Analyse allein durchführt. Anforderungen wie gedankliche Flexibilität sowie die Gesprächsführungskompetenz zur Bedarfs- oder Problemanalyse werden so sichtbar.

Insofern erscheint die Fact-Finding-Übung nahezu ideal zur Bewertung von intellektuell-analytischen Kompetenzen. Sie ist jedoch mit einigen nicht zu unterschätzenden methodischen Herausforderungen verbunden. Die größte besteht dabei in der Standardisierung des Rollenspielerverhaltens im Hinblick auf dessen Informationsbereitschaft. So ist nur schwer definierbar, wie konkret ein Teilnehmer nach Fakten fragen muss, damit er die Information von dem Rollenspieler erhält. Eine sehr offene Frage in der Form „Worin bestehen denn die Probleme der Abteilung?" wird der Rollenspieler wohl nicht beantworten wollen, denn dann wäre die Analysephase damit beendet, dass der Rollenspieler selbst die komplette Problematik schildert. Eine konkretere Frage eines Teilnehmers könnte jedoch z. B. lauten: „Wie ist es um die Zufriedenheit der Mitarbeiter in der Abteilung bestellt?“. Liegen nun dem Rollenspieler Informationen zur Mitarbeiterfluktuation vor, so könnte ein Rollenspieler der Ansicht sein, dass die Fluktuationsquote ein Ausdruck der Mitarbeiterzufriedenheit sei und daher dem Teilnehmer diese Information sehr bereitwillig zur Verfügung stellen. Ein anderer Rollenspieler wird argumentieren, dass der Teilnehmer nicht direkt nach der Mitarbeiterfluktuation gefragt habe, daher gibt er diese Information nicht an den Teilnehmer. Eine sehr wichtige Voraussetzung für eine standardisierte Durchführung von Fact-Finding-Übungen ist daher eine sehr umfassende Schulung und Abstimmung der Rollenspieler sowie präzise und detaillierte Anleitungen für das Rollenspielerverhalten. Diese bezieht sich abweichend von sonstigen Rollenspielerinstruktionen (vgl. Abschnitt 5.4.4) weniger auf den Charakter, Bedürfnisse und persönliches Auftreten, sondern vor allem auf die genaue Beschreibung des Antwortverhaltens, wie z. B. in der Form, dass Informationen zu einzelnen Themengebieten in einer bestimmten Reihenfolge herausgegeben werden.

Anhand des oben genannten Beispiels wird jedoch noch eine weitere methodische Herausforderung der Fact-Finding-Übung deutlich. Die Beobachtungen zu analytischen Kompetenzen werden häufig überlagert durch Kompetenzen der Gesprächsführung, nämlich die Fähigkeit, möglichst geschickt offene Fragen zu formulieren. Es stellt sich daher die Frage, ob hier tatsächlich das gemessen wird, was ursprünglich beabsichtigt war.

Aufgrund dieser methodischen Herausforderungen wird in der Praxis oft von der Nutzung von Fact-Finding-Übungen abgesehen. Die Fact-Finding-Übung ist jedoch sehr wohl eine gute Übungsform, wenn eine geschickte Gesprächsführungs- und Fragetechnik selbst zu den relevanten Anforderungen gehört und weniger die generelle analytische Kompetenz. So könnte in einem AC für Personalreferenten eine Übung in Form eines Bewerbergesprächs durchgeführt werden. Aufgabe des Teilnehmers ist die Analyse der Person im Hinblick auf definierte Anforderungskriterien. In einem AC für Vertriebsmitarbeiter kann z. B. die Bedarfsanalyse im Gespräch mit potenziellen Kunden im Fokus des Interesses stehen. Der Teilnehmer erhält daher erste allgemeine Informationen über den Kunden und dessen Situation und soll im Gespräch geschickt die genauen Bedarfe und damit Akquisepotenziale ergründen. In beiden Fact-Finding-Übungen kommt es auf die richtige Fragetechnik an. Ist somit die Anwendung geeigneter Fragetechnik selbst eine Anforderung, so kann eine Fact-Finding-Übung durchaus sinnvoll sein.

5.3.3 Konzeption von analytisch-konzeptionellen Übungen Schritt für Schritt

5.3.3.1 Postkorbübungen und handlungsorientierte Fallstudien

Wie sieht nun eine zielführende Entwicklung von Postkorbübungen und handlungsorientierten Fallstudien aus, die die dargestellten generellen Überlegungen und Empfehlungen zur Entwicklung der Übungen berücksichtigt? Im Folgenden ist eine mögliche Vorgehensweise Schritt für Schritt erläutert. Dabei wird jeweils zur Verdeutlichung des Vorgehens als Beispiel die Entwicklung einer handlungsorientierten Fallstudie im Vertriebsumfeld vorgestellt.

Schritt 1: Definition der Position und Grobskizze der Organisation

Im ersten Schritt wird definiert, welche Position der Teilnehmer in dem fiktiven Unternehmen laut Übungsinstruktion einnehmen soll. Idealerweise wird hierbei wiederum aus Gründen der Realitätsnähe eine Position gewählt, die der Zielposition möglichst ähnlich ist. Mit der Grobskizze eines Organigramms, d. h. der grundsätzlichen organisatorischen Struktur des Unternehmens oder des Unternehmensbereiches, in dem die fiktive Position angesiedelt ist, wird das Wirkungsfeld des Teilnehmers näher definiert. Die Organigramm-Skizze sollte bereits in diesem ersten Schritt erstellt werden, da die Unternehmensstruktur für die weitere Übungsentwicklung vordefiniert, über welche Befugnisse und Verantwortungsbereiche der Teilnehmer verfügt, wo im Unternehmen welche Aufgaben und Verantwortungsbereiche angesiedelt sind, wer wem hierarchisch übergeordnet ist, und mit welchem Bereich der Teilnehmer auf der Position bezüglich welcher Fragestellung zusammenarbeiten müsste. Auch bei der Grobplanung der Organisationsstruktur ist eine Orientierung an den realen Gegebenheiten empfehlenswert. Es sollte jedoch gerade für externe Teilnehmer eines ACs darauf geachtet werden, dass das Organigramm leicht verständlich und überschaubar bleibt, selbst wenn es in der Realität komplexer gestaltet ist. Vor allem solche Bereiche, die für das Handlungsumfeld des Teilnehmers auf der definierten Position weniger relevant sind, können durchaus vereinfacht dargestellt werden.

In der Beispiel-Übung einer handlungsorientierten Fallstudie im Vertriebsumfeld könnte die gewählte Position z. B. die eines Gebietsleiters im Vertrieb eines Produktionsunternehmens sein. Beispiel 14 zeigt die Grobstruktur des Organigramms.

Beispiel 14: Grobskizze einer Organisation

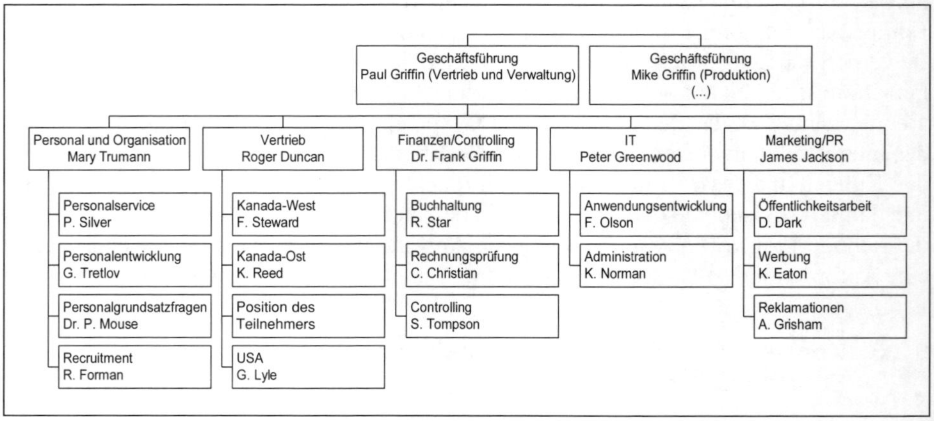

Schritt 2: Bestimmung typischer Problemfelder und Festlegung von Verknüpfungen

Nachdem Position und Organisationsstruktur definiert sind, wird häufig ein eher ungünstiger Weg in der Übungskonzeption beschritten: Es werden typische Materialien gesammelt, mit denen sich ein realer Positionsinhaber täglich beschäftigt. Aus diesen Materialien wird eine möglichst große Vielfalt an Dokumenten ausgewählt, die auch im Postkorb oder der handlungsorientierten Fallstudie Verwendung finden sollen. In diese Dokumente werden dann normalerweise die entsprechenden Informationen eingebracht und dabei Verknüpfungen zwischen den Dokumenten eingeplant. Diese Vorgehensweise führt leicht dazu, dass sich der Übungsentwickler der Herausforderung gegenübergestellt sieht, wichtige Informationen und komplexe Verknüpfungen in den bereits fest definierten Dokumenten unterzubringen. Konsequenz dieser Vorgehensweise ist nicht selten, dass die Dokumente hinsichtlich ihres Informationsgehaltes eben doch nicht, wie zuvor gefordert, eindeutig sind und Informationen in Dokumenten zwischen anderen Informationen oder gar in einem Nebensatz untergebracht werden müssen. Das Resultat sind die bereits erwähnten „versteckten“ Informationen, die jedoch – wie oben geschildert – die Aussagekraft der Übung negativ beeinflussen können.

Der Start der inhaltlichen Planung der Übung sollte daher nicht in einer Dokumentensammlung, sondern vielmehr in der Sammlung von für die Position typischen Problemfeldern bestehen. Erst nachdem festgelegt worden ist, welche organisatorischen Schwierigkeiten und inhaltlichen Problemstellungen im Rahmen der Übung bearbeitet werden sollten, um die Kernaufgaben möglichst gut abzubilden, kann in einem nächsten Schritt bestimmt werden, in welche Dokumente die für die Problemstellung relevanten Informationen idealerweise eingefügt werden sollten. Auf diese Art und Weise bestimmen die Inhalte die Art der zur Verfügung gestellten Unterlagen und nicht umgekehrt. Dokumente mit eindeutigen Informationen zu erstellen, fällt auf diese Art und Weise deutlich leichter.

Bei der Planung der inhaltlichen Schwerpunkte, Themen- und Problemfelder ist es nun wichtig, kritisch zu überprüfen, inwieweit die Fragestellungen und Themen dazu geeignet sind, die jeweils interessierenden Anforderungen einschätzbar zu machen. So ist es notwendig, dass einige kundenbezogene Problemstellungen (Kundenreklamationen, Kundentermine etc.) in der Übung enthalten sind, um z. B. die Kundenorientierung des Teilnehmers anhand der handlungsorientierten Fallstudie einzuschätzen. Zur Einschätzung der Gewissenhaftigkeit und Genauigkeit in einer Postkorbübung müssen ausreichend Detailinformationen (fehlerhafte Dokumente oder Rechnungen, Terminüberschneidungen etc.) vorhanden sein, um diese wiederum beobachtbar zu machen.

Da Komplexität, wie oben geschildert, vor allem dadurch erzielt wird, dass verschiedene Dokumente auf einen Themenkomplex Bezug nehmen und somit untereinander verknüpft sind, gilt es im zweiten Schritt, nachdem die Themen- und Problemfelder benannt sind, zu bestimmen, wie komplex diese realisiert werden – sprich, wie viele Dokumente sich auf die jeweilige Problemstellung beziehen sollen. Dabei ist es wichtig, unterschiedlich komplexe Verknüpfungen in einer Übung zu vereinen. So wird es Themen geben, die erst in der Gesamtsicht von fünf Dokumenten differenziert betrachtet werden können und andere, die aus einer Zweierverknüpfung bestehen (z. B. eine Terminkollision anhand der Angaben in zwei Dokumenten) oder auch nur in einem einzigen Dokument behandelt werden. Eine möglichst effiziente Vorgehensweise im Sinne einer möglichst optimalen „Verplanung“ der Anzahl der Dokumente wird erzielt, wenn zunächst die komplexen Verknüpfungen, die die Form mehrerer Dokumente determinieren, geplant werden und dann nach und nach die weniger komplexen Verknüpfungen festgelegt werden. Eine Zweierverknüpfung gegen Ende dieses Prozesses noch sinnvoll in bereits festgelegte Dokumente einzufügen, fällt deutlich leichter als eine komplexe, für die vier Dokumente benötigt würden.

Auf diese Art und Weise entsteht nach und nach eine Übungsstruktur mit Problemfeldern und unterschiedlich komplexen Verknüpfungen, die anhand verschiedener typischer Dokumente realisiert werden sollen. Ein sehr hilfreiches Instrument zur prägnanten Veranschaulichung dieser Übungsstruktur ist die Themen-/Dokumenten-Übersicht. Diese Übersicht stellt die wichtigste Arbeitsgrundlage für die weitere Entwicklung einer Postkorbübung oder handlungsorientierten Fallstudie dar. Eine Themen-/Dokumenten-Übersicht für eine handlungsorientierte Fallstudie im Vertriebsumfeld ist in Beispiel 15 dargestellt.

Schritt 3: Formulierung der Dokumente sowie der Teilnehmerinstruktion

Mit dem zweiten Schritt ist bereits der größte Teil der konzeptionellen Arbeit abgeschlossen. Im dritten Schritt werden nun entlang der Themen-/Dokumenten-Übersicht die einzelnen Dokumente erstellt. Dabei steht wiederum die Realitätsnähe in Hinblick auf Darstellungsform, optische Gestaltung und Sprachstil im Vordergrund. In diesem Schritt kann z. B. auch die Entscheidung fallen, eine Postkorbübung computergestützt durchzuführen, da die organisatorischen Aufgaben in der Realität zumeist mit Hilfe eines Computerprogramms und anhand von Informationen per E-Mail erledigt werden.

Neben den einzelnen Dokumenten muss darüber hinaus auch eine Teilnehmerinstruktion formuliert werden, die folgende Informationen beinhalten sollte:

- Ziel der Übung (bei handlungsorientierter Fallstudie mit Hinweis auf Abgrenzung gegenüber Postkorb)
- Name, Funktion und Verantwortungsbereich des Teilnehmers auf der fiktiven Position
- Evtl. aktuelle Projekte oder Arbeitsschwerpunkte des fiktiven Positionsinhabers
- Angaben zur aktuellen Situation (Datum, Uhrzeit, Ort, Aktivitäten der letzten Tage)
- Inhaltliche Begründung dafür, dass alle Unterlagen in der vorgegebenen Zeit bearbeitet werden sollten (z. B. anschließende Dienstreise)
- Konkretisierung der Aufgabe:
  - hinsichtlich der Form der Auswertung (schriftlich oder mündlich)
  - anhand der jeweils zu beantwortenden Fragen:
    Welche wichtige Information haben Sie dem Dokument entnommen?
    Inwieweit haben Sie Zusammenhänge zu anderen Dokumenten festgestellt?
    Welche Maßnahmen wollen Sie nun ergreifen?
  - hinsichtlich der zur Verfügung stehenden Hilfsmittel (Terminkalender, Taschenrechner etc.)
  - hinsichtlich der zur Verfügung stehenden Zeit für die Bearbeitung sowie für eine eventuelle Besprechung mit einem Beobachterteam

Schritt 4: Vervollständigung des Organigramms

Erst nachdem definiert ist, in welchen Dokumenten welche Informationen enthalten sein werden und in den Dokumenten auch konkrete Personen als Absender benannt sind, kann das Organigramm, das bisher nur in seiner Grobstruktur besteht, vervollständigt werden. Alle in den Dokumenten erscheinenden unternehmensinternen Absender sollten im Organigramm hinsichtlich ihrer Aufgaben und Bedeutung kenntlich gemacht sein.

Beispiel 15: Themen-/Dokumentenübersicht einer handlungsorientierten Fallstudie

Themenfeld / Dokument	Problem-mitarbeiter Meyer	Umsatz-rückgang	Kunden-veranstaltung	Akquise-Chance	Termin-kollision 16.04.	Fehler-haftes Zeugnis	Einstellung neuer Mitarbeiter
Dokument 1: Vorschlag Veranstaltungsorte von Sekretärin			Nur wenige genügen den definierten Anforderungen. Falscher Termin wurde bei Anfrage weitergeleitet		Termin für Kundenveranstaltung: 16.04.		Herr Braun ist der geeignetste aufgrund der drei Lebensläufe
Dokument 2: Infoschreiben F & E: Produktinnovation		F & E hat neues Produkt in Pipeline, Nutzen ist größer als neues Konkurrenzprodukt					
Dokument 3: Tabelle Umsatzentwicklung Region West	Meyer hat weniger Umsatzrückgang als andere Kollegen	Umsatzrückgang Region West Starke Differenzen zwischen Mitarbeitern					
Dokument 4: Protokoll letztes Regionalleiter-Meeting			Anforderungen für Veranstaltungsort definiert	Kontakt steht nicht auf Gästeliste			
Dokument 5: Brief: Kundenbeschwerde	Meyer vernachlässigt Kundenpflege		Kunde ist für die Veranstaltung eingeladen	Kunde ist Tochterunternehmen im Konzern			
Dokument 6: Lebensläufe von Bewerbern	Einer der Bewerber könnte einen sinnvollen Ersatz für Meyer darstellen						

Beispiel 15: Themen-/Dokumentenübersicht einer handlungsorientierten Fallstudie (Fortsetzung)

Themenfeld / Dokument	Problemmitarbeiter Meyer	Umsatzrückgang	Kundenveranstaltung	Akquise-Chance	Terminkollision 16. 04.	Fehlerhaftes Zeugnis	Einstellung neuer Mitarbeiter
Dokument 7: Budgetaufstellung Werbemittel/ -maßnahmen			Budget ist bereits überschritten				
Dokument 8: Info Vertriebscontrolling: Umsatzentwicklung/ Stand Dokumentationen	Meyer vernachlässigt Dokumentation von Kundenkontakten	Umsatzrückgang ist überregionaler Trend					
Dokument 9: Ausschreibung Großunternehmen	Meyer hält interne Regelungen nicht ein			Chance für großen Auftrag	Terminvorschlag 16. 04.		
Dokument 10 …							
Dokument 11: Zeitungsartikel Konkurrenzprodukt		Konkurrent hat neues Produkt, das von Kunden positiver bewertet wird als eigenes					
Dokument 12 …							
Dokument 13: Mitteilung von der Geschäftsführung	Geschäftsführer während Abwesenheit mit Meyer gesprochen, guter Draht Meyer – Gf	Geschäftsführung erwartet bis Ende der Woche Plan zum Stoppen des Umsatztrends	Budgetierung unterstützender Maßnahmen muss vorgenommen werden				
Dokument 14: Zeugnisentwurf von Personalabteilung					Widersprüchliche Aussagen über den Mitarbeiter		

Schritt 5: Erstellung einer Checkliste für Beobachter

Sowohl in der Postkorbübung als auch in der handlungsorientierten Fallstudie erfolgt die Auswertung in strukturierter Form. Für die Beobachter stellt eine Checkliste, in der die Verknüpfungen, ableitbaren Konsequenzen und Lösungsmöglichkeiten aufgeführt sind, eine hilfreiche Unterstützung zur Besprechung der Ergebnisse des Teilnehmers dar. Erfolgt die Auswertung schriftlich, so ist eine differenzierte Checkliste, in der jede Verknüpfung, Prioritätensetzung und notwendige Handlungen sowie korrekte Termine aufgeführt sind, unerlässlich, um eine standardisierte schriftliche Ergebnisauswertung vorzunehmen. Aufgrund der größeren Komplexität der handlungsorientierten Fallstudie müssen hier die Angaben in der Checkliste häufig allgemeiner gehalten werden. Zuweilen können hier nur Formulierungen wie „leitet Maßnahme zur Analyse der Qualitätsprobleme ein" gewählt werden, wobei offen bleibt, um welche Maßnahme es sich genau handeln soll. Voraussetzung ist hier natürlich, dass die Beobachter aufgrund ihres Erfahrungshintergrundes selbst bewerten können, inwieweit eine vorgeschlagene Maßnahme tatsächlich sinnvoll ist.

Schritt 6: Durchführung mehrerer Probebearbeitungen

Der Postkorb bzw. die handlungsorientierte Fallstudie ist nun mit allen benötigten Dokumenten und Materialien fertig gestellt. Bevor die Übung zum ersten Mal zum Einsatz kommt, sollten mehrere Probebearbeitungen von Personen durchgeführt werden, die über einen der Zielgruppe ähnlichen Erfahrungshintergrund verfügen. Anhand dieser Probebearbeitungen sollten folgende Aspekte überprüft werden:

- Sind die Dokumente eindeutig formuliert, d. h. kommt es leicht zu Missverständnissen bzw. werden wichtige Informationen doch als „versteckt" empfunden?
- Ist die Checkliste praktikabel, und sind die dort aufgeführten erwarteten Lösungsansätze tatsächlich realistisch aus den Informationen ableitbar?
- Ist der Zeitbedarf realistisch geplant, d. h. schaffen es die meisten Probanden, die umfassenden Dokumente zumindest überblicksartig zu bearbeiten?

5.3.3.2 Konzeptentwicklungen

In der Ausarbeitung von Konzeptentwicklungsübungen gibt es einige Parallelen zu Postkorbübungen und handlungsorientierten Fallstudien. Auch hier stellt die Grundlage für eine systematisch entwickelte Übung eine tabellarische Übersicht dar. Wie genau im Falle der Konzeptentwicklung vorgegangen werden kann, ist im Folgenden ebenfalls Schritt für Schritt dargestellt. Zur Verdeutlichung wird jeweils das bereits oben erwähnte Beispiel der Entwicklung einer Marketing-Strategie für eine neue Produktlinie verwendet.

Schritt 1: Auswahl einer im Sinne der Zielposition typischen Konzeptionsaufgabe

Der erste Schritt besteht darin, eine für die Zielposition typische und zugleich für die Teilnehmer gleichermaßen lösbare Konzeptionsaufgabe zu finden. Im Falle von Auswahl-Assessments für bestimmte Zielpositionen fällt es häufig leichter, eine entsprechende Aufgabenstellung zu entwickeln, denn hier können prinzipiell alle konzeptionellen Aufgabenstellungen aus dem Arbeitsalltag verwendet werden. Da Bewerber auf eine spezifische Position zumeist über einen relativ vergleichbaren Erfahrungshintergrund verfügen, wird eine solche, dem Arbeitsalltag entnommene, Aufgabe in den meisten Fällen für alle Teilnehmer lösbar sein. Hier muss lediglich darauf geachtet werden, dass bei Teilnahme externer Bewerber kein unternehmensspezifisches Know-how gefordert ist. Ein eventueller Wissensvorsprung interner Teilnehmer sollte nicht entscheidungsrelevant sein, da in den meisten Fällen das unternehmensspezifische Know-how im Gegensatz zu den persönlichen Kompetenzen und Potenzialen und dem unternehmensunabhängigen Know-how recht schnell zu erwerben ist. Sollte diese Problematik bei der Nutzung von realen Aufgabenstellungen auftreten, so bietet es sich an, die Aufgabenstellung in ein anderes Szenario, d. h. ein anderes Unternehmen, zu verlegen.

Schwieriger ist es häufig, eine sinnvolle Konzeptionsaufgabe für eine Zielgruppe zu finden, die sehr heterogen ist. Dies ist vor allem der Fall, wenn eine Auswahl nicht im Hinblick auf eine bestimmte Position, sondern für ein Programm (Trainee-Programm, Führungsnachwuchskreis) erfolgen soll oder aber gar keine Auswahl stattfindet, sondern ein Entwicklungs-AC für eine Gruppe interner Teilnehmer. Hier sollte die Konzeptentwicklung durchaus charakteristisch für eine mögliche zukünftige Aufgabe sein, sofern diese einzugrenzen ist, d. h. im Falle der Trainee-Auswahl eine typische Konzeptentwicklung eines Trainees oder im Falle des Führungsnachwuchskreises eine typische Konzeptionsaufgabe für eine Führungskraft. Dabei muss sichergestellt sein, dass die Aufgabenstellung ohne spezifisches Fach-Know-how, sondern mit gesundem Menschenverstand und einem, je nach Zielgruppe, bereits vorhandenen unternehmerischen Verständnis gelöst werden kann. Das Beispiel mit der Aufgabenstellung „Konzeption einer Marketing-Strategie“ eignet sich recht gut für gemischte Zielgruppen, vor allem, wenn es sich dabei um Konsumgüter handelt, die jeder Teilnehmer aus dem alltäglichen Leben kennt. Bevorteilung von einzelnen Personen findet hier nur dann statt, wenn einige Teilnehmer über vertieftes Marketing-Know-how verfügen.

Schritt 2: Formulierung von zu beantwortenden Fragestellungen

Zur Verdeutlichung der Aufgabenstellung sollten wiederum möglichst die in der Konzeption zu beantwortenden Fragen aufgeführt werden. In dem Beispiel der Marketingstrategie könnte es sich z. B. um folgende Fragen handeln:

- Wie soll die neue Produktlinie gegenüber Wettbewerber-Produkten positioniert sein?
- In welchem Preissegment wollen Sie die neue Produktlinie positionieren?
- Welche Zielgruppen wollen Sie ansprechen?
- Wie soll das Produktportfolio in Zukunft aussehen?
- Welche Vertriebskanäle wollen Sie nutzen?

Schritt 3: Auswahl typischer Daten und Dokumente

Nachdem nun die relevanten Fragestellungen definiert sind, die im Rahmen der Konzeption beantwortet werden sollen, gilt es, Informationsmaterial zusammenzustellen, das umfassende Informationen für die Beantwortung der Fragestellungen bereithält. Wie oben ausführlich geschildert, sollte das Informationsmaterial nicht nur umfassend, sondern auch so gestaltet sein, dass es typische Dokumente enthält, die auch in der Realität zur Bearbeitung der Fragestellungen herangezogen würden. Ergebnis dieser Überlegungen ist wiederum eine tabellarische Übersicht. In diesem Falle handelt es sich um eine Fragestellungen-/Dokumenten-Übersicht, in die bereits eingetragen wird, welche Informationen oder Implikationen das jeweilige Dokument in Bezug auf die jeweilige Fragestellung hat.

Wie oben dargestellt, werden Schwierigkeit und Komplexität in der Konzeptentwicklung vor allem dadurch erzeugt, dass die für sich genommen eindeutigen Informationen zusammen zu ambivalenten Entscheidungssituationen führen. Die Herausforderung für den Teilnehmer besteht darin, die jeweiligen Vor- und Nachteile der durch die Daten implizierten Lösungsansätze abzuwägen und ein in sich stimmiges Konzept zu entwickeln. In Beispiel 16 ist ein Auszug aus einer Fragestellungen-/Dokumenten-Übersicht dargestellt.

Schritt 4: Erstellung der Dokumente sowie der Teilnehmerinstruktion

Die Fragestellungen-/Dokumenten-Übersicht stellt wiederum das Herzstück der Fallstudie dar, anhand dessen nun die Dokumente erstellt werden. Auch eine Teilnehmerinstruktion wird im vierten Schritt erstellt, die folgende Informationen beinhalten sollte:

- Ziel der Übung
- Generelle Position und Aufgaben des Teilnehmers in der fiktiven Situation
- Hintergrund des Konzeptionsauftrages:
  - Anlass des Konzeptionsauftrages
  - Auftraggeber
- Weitere Hintergrundinformationen zum fiktiven Unternehmen:
  - Größe, Umsatz, Anzahl der Mitarbeiter, Ertragssituation
  - Geschichte des Unternehmens, Unternehmenskultur
  - Allgemeine Stärken und Schwächen des Unternehmens
  - Aktuelle Herausforderungen für das Unternehmen
- Konkretisierung der Aufgabe:
  - anhand der zu beantwortenden Fragestellungen
  - hinsichtlich der Form der Auswertung (z. B. Präsentation/Diskussion mit einem Beobachterteam)
  - hinsichtlich der zur Verfügung stehenden Hilfsmittel (Informationsmaterial, Taschenrechner etc.)
  - hinsichtlich der zur Verfügung stehenden Zeit für die Bearbeitung sowie für eine eventuelle Besprechung mit einem Beobachterteam

Bezüglich der Zielsetzung der Übung ist es vor allem in ACs mit gemischter Teilnehmergruppe und somit gleichermaßen wenig ausgeprägtem Fach-Know-how der Teilnehmer auch sehr hilfreich, darauf hinzuweisen, dass es in der Konzeption weniger darauf ankommt, Konzepte zu entwickeln, die in der Realität tatsächlich Bestand hätten, als vielmehr darauf, dass diese logisch stringent entwickelt wurden und gut durchdacht sind.

Beispiel 16: Fragestellung-/Dokumentenübersicht einer Konzeptentwicklung

Dokument / Fragestellung	Wie soll die neue Produktlinie gegenüber Wettbewerberprodukten positioniert sein?	In welchem Preissegment wollen Sie die neue Produktlinie positionieren?	Welche Zielgruppen wollen Sie ansprechen?	Wie soll das Produktportfolio in Zukunft aussehen?
Dokument 1: Imageanalyse eigenes Unternehmen (Auswertung Media-Agentur)	Unternehmen hat klar konservatives Image, völlige Neupositionierung wird nur mittelfristig und mit größeren Investitionen möglich sein			
Dokument 2: Positionierung Wettbewerber/Marktanteile bzgl. Zielgruppen (Auswertung Media-Agentur)	Positionierungsschwerpunkt: Firma X: Qualität (wie eigenes Unternehmen auch) Firma Y: Innovation Firma Z: Genuss/ Lifestyle		Zielgruppenschwerpunkte: Firma X (geringste Marktanteile, geringste Zuwächse): Ältere Menschen Firma Y (höchster Marktanteil): Menschen im mittleren Alter Firma Z (höchste Zuwächse): Junge Menschen	
Dokument 3: Umfrageergebnisse Kundenwünsche (Artikel in Fachzeitschrift)		Kunden legen weniger Wert auf Qualität als früher, mehr auf niedrige Preise		Kunden wünschen sich bessere Betreuung rund um das Produkt
Dokument 4: Unternehmensleitbild (firmeninternes Dokument)	Unternehmen positioniert sich auch intern konservativ			
Dokument 5: Preisvergleich Wettbewerber bzgl. bisheriger Produkte (Analyse internes Marketing)		Erfolgreichste Wettbewerber (Firma Y) liegen im Niedrigpreissegment	Anteil älterer Menschen wird immer größer	
Dokument 6: Entwicklung Umsätze nach Preissegmenten (Vertriebscontrolling)		Eigene Umsätze sind bzgl. aller Preissegmente gleichermaßen gefallen, im Niedrigpreissegment treten Margenprobleme auf		
Dokument 7: Demografische Daten Bevölkerungsentwicklung (Statistisches Bundesamt)				
Dokument 8: Umsätze Wettbewerber bzgl. der Produktlinie (Analyse internes Marketing)	Stärksten Umsatzzuwachs hatte Firma Z (Positionierung: Genuss/Lifestyle)	Firma Y hat die höchsten Marktanteile, Firma Z den stärksten Zuwachs		

Schritt 5: Erstellung einer Diskussionshilfe für Beobachter

Im Gegensatz zur Checkliste, die im Falle der Postkorb-Übung oder der handlungsorientierten Fallstudie erstellt werden muss, ist es in der Konzeptentwicklung kaum möglich, eine systematische Auswertung in Hinblick auf richtige Lösungen, bestimmte Maßnahmen etc. vorzunehmen. Für die Beobachter wird daher keine Checkliste erstellt. Im Sinne der Übersichtlichkeit, gerade im Falle sehr komplexer Übungen, ist es für die Beobachter jedoch sehr hilfreich, eine Übersicht über die Dokumente und die darin enthaltenen Kerninformationen zu erhalten. Den Beobachtern sollte daher entweder eine Übersicht über die Dokumente mit den entsprechenden Kerninformationen oder auch eine leicht verständliche Form der Fragestellungen-/Dokumenten-Übersicht zur Verfügung gestellt werden. So können sie auf einen Blick sehen, welche Informationen dem Teilnehmer vorlagen und welche Einflussfaktoren er abwägen sollte, um zu seinen Empfehlungen zu gelangen. Im Gegensatz zur Checkliste, die die Beobachter zur Auswertung einer Postkorbübung oder handlungsorientierten Fallstudie erhalten, wird somit in der Konzeptentwicklungsübung eine möglichst prägnante Inhaltsübersicht erstellt.

Schritt 6: Durchführung mehrerer Probebearbeitungen

Schließlich sollte auch eine Konzeptentwicklung vor ihrem ersten Einsatz in mehreren Probebearbeitungen überprüft werden. Dabei stehen folgende Fragestellungen im Vordergrund:

- Sind die zur Verfügung gestellten Daten tatsächlich umfassend und vollständig, um die Fragestellungen zu beantworten?
- Ist der Zeitbedarf realistisch geplant, d. h. schaffen es die meisten Probanden, das Material tief zu analysieren und die Fragestellungen ausführlich zu beantworten?
- Sind die Fragestellungen tatsächlich sinnvoll ohne Fach-Know-how bzw. unternehmensspezifisches Know-how lösbar?

Abschließend lässt sich feststellen, dass analytisch-konzeptionelle Übungen einen wichtigen Beitrag leisten, diejenigen Anforderungen zu erfassen, die durch das Interview oder Rollenspiele kaum abzubilden sind. Neben analytisch-intellektuellen Fähigkeiten können auch fachliche Anforderungen mit Hilfe der analytisch-konzeptionellen Übungen einbezogen und überprüft werden.

5.4 Gesprächssimulationen

Gesprächssimulationen sind alle dialogischen Übungen, bei denen es letztendlich um ein Gespräch zwischen Teilnehmern und mindestens einem Rollenspieler geht. In diesem Kapitel wird beschrieben, welche Anforderungen und Kernaufgaben im sozialen und kommunikativen Bereich grundsätzlich durch eine solche Art von Instrument sichtbar und messbar gemacht werden können. Darauf aufbauend werden die wesentlichen Herausforderungen in der Konzeption und Anwendung von Gesprächssimulationen beschrieben und diskutiert, und es werden Tipps und Anregungen gegeben, wie eine professionelle und systematische Erstellung und Anwendung erfolgen kann.

Die typischen Fehler und Probleme, die häufig auftauchen, werden beschrieben, alternative Vorgehensweisen dargestellt. In der Summe werden so Qualitätskriterien definiert, anhand derer eine eigene systematische Konzeption neuer oder eine kritische Betrachtung und Einschätzung bereits bestehender Instrumente erfolgen kann.

Tools in diesem Abschnitt:

- Mitarbeitergespräch – Instruktion für Teilnehmer (S. 122 und CD-ROM)
- Mitarbeitergespräch – Instruktion für Rollenspieler (S. 127 und CD-ROM)

5.4.1 Dafür sind dialogische Gesprächssimulationen geeignet

In vielen Assessment Center-Verfahren nehmen Gesprächssimulationen einen großen Raum ein. Dies ist sicherlich darauf zurückzuführen, dass mittlerweile kaum noch eine Position existiert, bei der man allein für sich „im Elfenbeinturm" arbeitet, sondern es für viele Tätigkeitsbilder zu den Hauptaufgaben gehört, projektorientiert und in Netzwerken zu denken und zu handeln und somit zahlreiche und ganz unterschiedliche Gespräche mit anderen Menschen zu führen. Dies spiegelt sich nicht zuletzt in Stellenausschreibungen wider, in denen wohl keine Anforderung so häufig genannt wird wie Teamfähigkeit.

Als Gesprächssimulationen werden hier alle dialogischen Übungen verstanden, in denen es darum geht, als Teilnehmer in einem Assessment Center ein Gespräch mit einem oder mehreren Rollenspielern zu führen. Zum Teil werden auch Gespräche zwischen zwei Teilnehmern eingesetzt. Bei diesen gelten die gleichen Regeln, Besonderheiten, Tipps und letztlich auch Limitationen, wie sie im Abschnitt 5.5 unter Gruppenübungen beschrieben werden.

Noch stärker als andere Instrumente in Assessment Center-Verfahren stehen gerade Gesprächssimulationen oft in dem Ruf, dass es hierbei um Schauspielerei gehe. Ein Aspekt, der sicherlich immer besonders dann zutrifft, wenn die durchgeführte Gesprächssimulation die zentralen Anforderungen nicht abbildet oder eine geringe Realitätsnähe aufweist.

Wie auch bei anderen eingesetzten Instrumenten stellt sich zunächst die Frage, wofür diese Art von Übungen eigentlich geeignet ist.

Auf der Ebene Kernaufgaben sind dialogische Situationen natürlich grundsätzlich dafür geeignet, alle mit der tatsächlichen Aufgabe oder Position verbundenen Gesprächssituationen zu simulieren. Dazu gehören klassisch:

- Mitarbeitergespräche
- Verkaufsgespräche
- Kollegengespräche
- Verhandlungsgespräche
- Kundengespräche

Vor allem in der Kernaufgabe Mitarbeitergespräche gibt es eine große Bandbreite möglicher typischer Gesprächssituationen zwischen einer Führungskraft und einem Mitarbeiter. Dazu gehören zum Beispiel Kritikgespräche, Coachinggespräche, Zielvereinbarungsgespräche oder Beurteilungsgespräche. Ergänzend dazu stellt sicherlich auch ein Personalauswahlinterview eine zentrale Aufgabe einer Führungskraft dar.

Grundsätzlich kann man alle diese Gespräche danach unterscheiden, ob eine Hierarchie zwischen dem Teilnehmer bzw. seiner Rolle und der des Rollenspielers besteht. Ein Verhältnis also, das in der Definition Mitarbeitergespräch immanent enthalten ist, wobei auch hier grundsätzlich die Möglichkeit besteht, ein Gespräch zwischen z. B. einem Projektleiter und einem Projektmitarbeiter ohne disziplinarische Weisungsbefugnis zu simulieren. Ein anderes grundlegendes Unterscheidungsmerkmal ist, ob der Teilnehmer mit einem internen oder einem externen Gesprächspartner konfrontiert wird. Typische externe Gesprächspartner, die durch den Rollenspieler zu simulieren sind, sind hierbei Einkäufer, Verkäufer, externe Dienstleister und Projektpartner etc.

Vor allem unter der Perspektive, welche Kernaufgaben abbildbar sind, werden in Assessment Center ungewöhnliche Formate, die der realistischen, bei Auswahl-ACs dann zukünftigen Position entsprechen, oft vernachlässigt. Solche eher ungewöhnlichen Formate sind beispielsweise:

- ein Gespräch mit einem Betriebsrat
- ein Gespräch mit einem Pressevertreter
- ein Gespräch mit dem eigenen Vorgesetzten
- ein Radiointerview
- telefonische Gespräche, z. B. mit einem Kunden, Mitarbeiter, Kollegen oder Dienstleister

Die Empfehlung an dieser Stelle lautet, auch vor diesen eher ungewöhnlichen Formaten nicht zurückzuschrecken, wenn diese Art von Gespräch tatsächlich erfolgsrelevant für eine bestimmte Aufgabe oder Position ist und wichtige Anforderungen sichtbar machen kann.

Neben den Kernaufgaben sind in dialogischen Gesprächssituationen eine Vielzahl von Anforderungen abbildbar. Dazu gehören das ganze Spektrum an kommunikativen und sozialen Kompetenzen, wie zum Beispiel:

- Gesprächsführung
- Rhetorik
- Dialektik und Argumentation
- Einfühlungsvermögen
- Durchsetzungsbereitschaft
- Überzeugungskraft
- Sensibilität
- Konfliktmanagement

Außerdem alle Teilfacetten des Anforderungsbereiches „Mitarbeiterführung“, die sich in Mitarbeitergesprächen sichtbar machen lassen, wie zum Beispiel:

- Mitarbeitersteuerung im Gespräch
- Mitarbeiterentwicklung
- Delegationsvermögen
- Mitarbeitermotivation
- Coaching

Neben diesem breiten Spektrum an kommunikativen und sozialen Kompetenzen lassen sich auch eine Vielzahl persönlicher Kompetenzen im Sinne von Sichtweisen, Werthaltung und Motiven sichtbar machen. Dieser motivatorische Komplex umfasst zum Beispiel Anforderungen wie:

- Dynamik
- Einsatzbereitschaft
- Zielorientierung
- Beharrlichkeit
- Tatkraft
- Kundenorientierung
- Frustrationstoleranz

Betrachtet man alle möglichen Kernaufgaben und Anforderungen, die in einer dialogischen Gesprächssituation abbildbar sind, scheint gerade diese Art von Übungen bestens geeignet, ein breites Spektrum an diagnostischen Fragestellungen abzudecken und wesentliche für die Zielstellung relevante Informationen zu bieten. So universell diese Einsatzmöglichkeiten erscheinen, so eingeschränkt werden sie auf der anderen Seite, wenn man berücksichtigt, dass man sich letztendlich in jeder Art von Gesprächssituation auf einzelne besonders wichtige Kernaufgaben oder einzelne Anforderungen fokussieren muss. Sicher ist keine Gesprächsübung in der Lage, alle oben genannten Anforderungen auf einmal in einem Gespräch abzubilden. Darüber hinaus gilt hier – wie bei anderen Instrumenten auch – dass sich die tatsächliche Aussagefähigkeit letztendlich an einer qualitativ hochwertigen Gestaltung entscheidet.

5.4.2 Das macht eine gute dialogische Gesprächssimulation aus

Die Qualität in Gestaltung und Durchführung einer guten Gesprächssituation ist im Wesentlichen an der Bewältigung von vier zentralen Herausforderungen festzumachen:

- Die definierten Kernaufgaben und Anforderungen müssen im Gespräch zwingend sichtbar werden.
- Es muss eine in sich stimmige, realitätsnahe Situation geschaffen werden.
- Die Rollenspieler müssen diese Situation zum Leben erwecken und Anforderungen gezielt „testen“ können.
- Es muss verständlich werden, inwieweit das durch den Teilnehmer gezeigte Verhalten für ihn oder sie typisch und nicht lediglich durch die Besonderheit der Umstände und der Situationen bestimmt ist.

Ob man diesen Herausforderungen professionell begegnet, entscheidet darüber, ob die Chancen dialogischer Situationen in ACs umfassend genutzt oder vertan werden.

5.4.2.1 Anforderungen zwingend sichtbar machen

Die erste grundlegende Herausforderung bei der Konzeption und Durchführung einer dialogischen Gesprächssituation liegt darin, die vorab definierten Anforderungen und Kernaufgaben eindeutig sichtbar werden zu lassen. Das bedeutet, es bedarf in der Instruktion für diese Situation eindeutig definierter Gesprächsziele bzw. definierter Themen, die das

Potenzial haben, die relevanten Anforderungen sichtbar werden zu lassen. Dies heißt zum Beispiel, dass für den Anforderungsbereich „Konfliktbereitschaft" eine Situation konzipiert werden muss, in der definitiv ein Konflikt zu Stande kommt. Auch für andere Anforderungen muss den Teilnehmern Gelegenheit gegeben werden, ihre Fähigkeiten und Fertigkeiten in diesem Anforderungsbereich unter Beweis zu stellen. Entsprechend bedarf es für Anforderungen wie Sensibilität auch Anspielungen, Botschaften oder indirekter Signale des Rollenspielers, die für den Teilnehmer unterschiedlich leicht identifizierbar sind. Nur so kann ein differenzierbares Ausmaß an Sensibilität und Gespür für Gesprächssituationen einschätzbar gemacht werden. Sollen Anforderungen aus dem Bereich der persönlichen Motivationen oder Werthaltungen sichtbar gemacht werden, so muss den Teilnehmern die Chance geboten werden, diese im Gespräch offenkundig werden zu lassen. So kann selbstverständlich nur da Beharrlichkeit beobachtet werden, wo im Gespräch auch Notwendigkeit besteht, beharrlich zu argumentieren oder konsequent die eigenen Ziele zu verfolgen, um insgesamt erfolgreich zu sein.

5.4.2.2 Schaffung einer stimmigen, realitätsnahen Situation

Um sich nicht dem Vorwurf von Schauspieler-Qualitäten als oberste Anforderung auszusetzen, bedarf es Gesprächssituationen, die die tatsächlichen Anforderungen und realistischen Gespräche der relevanten Positionen realitätsnah abbilden. Dazu gehört zum Beispiel, dass von dem Gesprächspartner, auf den die Teilnehmer treffen, ein „rundes" und stimmiges Gesamtbild des Charakters der Person und der Situation, in der diese sich befindet, entworfen wird. Das heißt auch, dass in der Instruktion für die Teilnehmer ein ausreichendes Maß an Hintergrundinformationen und Fakten verfügbar sein muss. Der Maßstab für den anzustrebenden Idealzustand ist dabei immer, die Informationen zur Verfügung zu stellen, die der Teilnehmer in der tatsächlichen Gesprächssituation gehabt hätte.

An dieser Stelle wird deutlich, dass die mögliche Menge an Informationen, die ein Teilnehmer bei einer vielleicht 30- bis 45-minütigen Vorbereitung auf eine solche Gesprächssituation verarbeiten kann, durchaus begrenzt ist. Dies ist vor allem deshalb relevant, da hier gerade nicht analytisches Denkvermögen und kognitive Verarbeitungsgeschwindigkeit ausschlaggebend für Erfolg oder Misserfolg sein sollen. Eine sehr gute Möglichkeit bietet hier, Rückgriff auf Informationen zu nehmen, die den Teilnehmern bereits im Vorfeld zugänglich gemacht wurden. So kann zum Beispiel eine Gesprächssituation in einem Szenario spielen, das sich schlüssig aus einer bereits besprochenen Fallstudie oder Postkorbübung ergibt. Auf diesem Wege kann sehr ökonomisch ein recht umfassendes und realistisches Bild der gesamten Situation eingeführt werden (vgl. hierzu auch Abschnitt 2.3.1 „Das klassische Assessment Center").

Realität sollte auch der entscheidende Maßstab sein, wenn die Gesprächsdauer geplant wird, d. h., die Gesprächszeit sollte im Hinblick auf die Anzahl der Themen und Gesprächsziele angemessen sein. Welche Führungskraft würde im wahren Führungsleben schon ein 15- bis 30-minütiges Mitarbeitergespräch ansetzen, um vier oder fünf sehr kritische Verhaltensaspekte aus der Vergangenheit zu thematisieren oder vielleicht sogar die mögliche Alkoholproblematik mit dem eigenen Mitarbeiter zu besprechen? Gerade hier wird in vielen Assessment Center-Verfahren eine sehr große Realitätsferne hergestellt, wodurch die Qualität und Aussagekraft der Ergebnisse zum Teil deutlich abnimmt. Es ist erfahrungsgemäß vorteilhaft, eine eher geringere Anzahl an Gesprächsthemen einzubringen, um innerhalb der Themen dann wiederum eine differenzierte Beobachtung der relevanten Kernaufgaben und Anforderungen vornehmen zu können.

Zu der Realitätsnähe gehört auch, Situationen zu beschreiben, in denen sowohl positive als auch negative Aspekte über den Gesprächspartner vermerkt sind, oder in denen beiderseitige Interessen dargestellt sind. Dies bedeutet zum Beispiel, ein Mitarbeitergespräch zu konzipieren, in dem sowohl der Teilnehmer in der Rolle als Führungskraft etwas bei seinem Mitarbeiter erreichen möchte als auch umgekehrt die Führungskraft mit Wünschen oder Forderungen des Mitarbeiters konfrontiert wird.

Gerade bei Teilnehmern, die in der simulierten Gesprächssituation bereits berufliche Erfahrung haben, ist es unabdingbar, eine insgesamt schlüssige, realitätsnahe und stimmige Situation zu konzipieren und vor allem dann auch ebenso realitätsnah von den Rollenspielern umsetzen zu lassen.

Abschließend zu dieser Herausforderung einer möglichst realitätsnahen Situation versteht es sich von selbst, insgesamt eine anspruchsvolle Situation zu konzipieren, die eben in ihrem Schwierigkeitsgrad so gewählt ist, dass sie nicht von allen Teilnehmern insgesamt gleichermaßen erfolgreich oder weniger erfolgreich absolviert wird, sondern so, dass eine gute Differenzierung zwischen verschiedenen Teilnehmern möglich ist. So gelingt es fast jedem Teilnehmer, z. B. in einem Verkaufsgespräch einem sehr interessierten, ehrlichen, aufgeschlossenen Kunden, dessen Bedarf vollkommen identisch ist mit dem Angebot des Verkäufers, ein entsprechendes Produkt oder eine Dienstleistung zu verkaufen. Auf der anderen Seite wird es niemandem gelingen, in einem kurzen Gespräch als Führungskraft einen Mitarbeiter davon zu überzeugen, einen Veränderungsprozess gut zu finden, der persönlich ausschließlich Nachteile mit sich bringt.

5.4.2.3 Als Rollenspieler Situationen zum Leben erwecken und Anforderungen gezielt testen

Neben der Konzeption entscheidet bei dialogischen Übungen die Durchführungsqualität maßgeblich über die Aussagekraft des Instrumentes. Ein noch so gut, schlüssig und anforderungsgerecht konzipiertes Kollegengespräch gerät zur Farce, wenn ein Rollenspieler einfach nicht in der Lage ist, ein adäquates, realitätsnahes Kollegenverhalten in der entsprechenden Situation an den Tag zu legen. Dies bedeutet, dass als Grundanforderung an Rollenspieler eine vertiefte Kenntnis der besonderen Gesprächssituation sowie möglicher Inhalte und Vorgehensweisen der Gesprächspartner vorhanden sein muss. Dies bedeutet weiter, dass die in vielen Verfahren eingesetzten Rollenspieler, wie zum Beispiel Praktikanten, Trainees oder Schauspielschüler, oft vollkommen ungeeignet sind, einen realistischen Kunden, Mitarbeiter oder Kollegen zu spielen. Dies ist einfach schon deshalb unmöglich, weil diese Personen über keinerlei praktische Erfahrung und Kenntnis der besonderen Situation verfügen.

Neben der Anforderung, ein realistisches Gespräch als Rollenspieler führen zu können, gilt natürlich aus Gründen der Vergleichbarkeit zwischen verschiedenen Teilnehmern, dass eine einheitliche Simulation des Gespräches erfolgt. Dies heißt nicht, dass in allen

Gesprächen von den Rollenspielern konsequent die gleichen Aussagen getroffen werden müssen. Es geht hier darum, in einer Rollenspieleranweisung grundlegende Argumente und vor allen Dingen eine schlüssige Position des Rollenspielers zu beschreiben. Daneben bedarf es einer stimmigen psychologischen Beschreibung des Charakters, zumindest in einigen kurzen Anweisungen. So ist es zweifelsohne für die Vergleichbarkeit der unterschiedlichen Gespräche sehr wichtig, ob die Teilnehmer es alle gleichermaßen mit einem eher ungeduldigen, vielleicht aufbrausenden oder hektischen Gesprächspartner zu tun haben oder vielleicht mit jemandem, der eher introvertiert, ruhig, zurückhaltend und schüchtern ist.

Die Herausforderung für den Rollenspieler besteht in der Durchführung dann darin, innerhalb dieser definierten Rahmenbedingungen in Bezug auf Charakter und Argumentation in den einzelnen Gesprächssituationen angemessen und entsprechend den Verhaltensweisen der Teilnehmer zu reagieren. Es leuchtet ein, dass ein Mitarbeiter als Rollenspieler anders reagieren muss, wenn eine Führungskraft ihn in den ersten fünf Minuten lautstark mit Vorwürfen überhäuft, als wenn ein anderer Teilnehmer zu Beginn des Gespräches durch viele Fragen in einem positiven, angenehmen Klima ein Gespräch beginnt. Auch dies zeigt, dass dem Rollenspieler in seiner eigenen Sensibilität, Flexibilität und argumentativen Kompetenz eine höchst anspruchsvolle Aufgabe zukommt.

Aber die Anforderungen an den Rollenspieler reichen bei einer qualitativ hochwertigen Durchführung noch weiter. Im besten Falle hat der Rollenspieler ein Selbstverständnis als „Tester" des ihm gegenübersitzenden Probanden. Dies bedeutet, er muss im Verlauf des Gespräches stets parallel berücksichtigen, welche Anforderungen und Kernaufgaben sichtbar gemacht werden sollen. Nur wenn er dies kann und ein Gespräch flexibel in eine bestimmte Richtung zu lenken vermag, ist er auch in der Lage, bestimmte Verhaltensmöglichkeiten zu „provozieren". So muss ein guter Rollenspieler zum Beispiel im Verlauf eines Mitarbeitergespräches feststellen können, wann es offenkundig ist, dass der Teilnehmer beispielsweise über ein gutes Maß an Durchsetzungsorientierung verfügt. Dann ist seine Aufgabe, ergänzend dazu zu testen, inwieweit sein Gegenüber auch auf Kooperationsangebote reagieren kann, um im Nachhinein eben auch eine Einschätzung von Kriterien wie Einfühlungsvermögen oder Kooperationsbereitschaft vornehmen zu können.

In der Durchführung von Assessment Centern erfahrene Personalfachleute und Berater wissen, dass die Aufgabe des Rollenspielers einen sehr hohen Anspruch an die entsprechende Person stellt. Im besten Falle denken diese auf mehreren Ebenen gleichzeitig. Es geht darum, sich gleichzeitig ein Bild von seinem Gegenüber zu machen, bestimmte Verhaltensweisen zu ermöglichen, inhaltlich realistisch auf Fragen und Argumente seines Gesprächspartners reagieren zu können und dabei auch nonverbale Signale seines Gegenübers auszuwerten. Ergänzend dazu gehört auch die Fähigkeit, selbst in einer realistischen, vielleicht kritischen Gesprächssituation seine persönliche Betroffenheit und Involviertheit als Rollenspieler zwar zu spielen, sich aber trotzdem eine innere Distanz zu wahren.

In diesem Zusammenhang passiert es mitunter, dass interne Führungskräfte als Rollenspieler die Gesprächssituationen persönlich gewinnen möchten oder die Notwendigkeit sehen, gegenüber anderen Beobachtern besonders positiv zu erscheinen. Hier entsteht vor allem für interne Teilnehmer oft eine ambivalente Situation, in der es schwer ist, zu unterscheiden, inwieweit eine Führungskraft noch den eigenen Mitarbeiter spielt oder ihre persönliche Dominanz als z. B. echter Hauptabteilungsleiter ausspielt. Diese Einflussfaktoren können sich nur ungünstig auf die Qualität der Ergebnisse auswirken. Gewarnt sei in diesem Zusammenhang auch davor, Rollenspieler einzusetzen, die aus Spaß am Rollenspiel sehr extreme Situationen darstellen. So kommt es mitunter vor, dass Rollenspieler zum Beispiel als Mitarbeiter ein derartiges Ausmaß an Resistenz und Widerspenstigkeit an den Tag legen, dass in einer realistischen Situation vermutlich eine Abmahnung oder Kündigung folgen müsste. Die Frage, die sich dann stellt, ist, inwieweit tatsächlich ein Abmahnungs- oder Kündigungsgespräch zu den erfolgskritischen Hauptaufgaben einer Zielposition gehört oder ob nicht andere Anforderungen relevanter sind. Hier, wie im gesamten Assessment Center-Verfahren, besteht nicht zuletzt aus ökonomischen Erwägungen immer die Notwendigkeit, sich auf wesentliche Kernaufgaben und sehr zentrale, erfolgskritische Anforderungen zu konzentrieren, um einen vertretbaren Aufwand in Konzeption und Durchführung nicht zu übersteigen.

5.4.2.4 Einstellungen, Ziele und typische Verhaltensweisen der Teilnehmer sichtbar machen

Wenn das Vorgehen eines Teilnehmers nach einer durchgeführten Gesprächssimulation grundlegend bewertet werden soll, geht es auch um die Frage, inwieweit die Verhaltensweisen, die ein Teilnehmer in einer Gesprächssimulation zeigt, eigentlich repräsentativ für sein sonstiges Arbeitsverhalten sind. Dazu können vor allem bei berufserfahrenen Teilnehmern möglichst realitätsnahe Gespräche simuliert werden, die die bevorzugten persönlichen Verhaltensstrategien unmittelbar sichtbar machen. Darüber hinaus sollte in der Nachbesprechung einer jeden Übung mit dem Teilnehmer genau diese Frage explizit geklärt werden, um sich als Beobachter ein Bild von „typischen" Verhaltensweisen machen zu können. Zudem hilft eine explizite Nachbesprechung der Gesprächssimulation dabei, Haltung und Sichtweisen des Teilnehmers besser zu verstehen. Darüber hinaus lassen sich auch Eindrücke dazu sammeln, inwieweit ein Teilnehmer eine strategische Vorbereitung des Gesprächs vorgenommen und dieser im Gespräch folgen konnte. Eine weitere Facette, die sich im Nachgespräch erfassen lässt, bezieht sich auf die Sensibilität des Teilnehmers und seine Wahrnehmungsfähigkeit in Bezug auf den Gesprächsverlauf sowie die Emotionen und Reaktionen des Gegenübers. Es lohnt sich daher für eine vertiefte Diagnostik der Gesprächssimulation immer, nach Abschluss des Gesprächs etwa fünf Minuten für eine Nachreflexion mit dem Teilnehmer zu reservieren. Mögliche Fragen können sein:

- Was waren Ihre Ziele und Strategien für das Gespräch? Wie zufrieden sind Sie mit dem, was Sie erreicht haben?
- Wie schätzen Sie Ihren Gesprächspartner ein? Wie würden Sie diesen charakterisieren? Wie geht Ihr Gesprächspartner jetzt vermutlich aus dem Gespräch?
- Was in Ihrer Herangehensweise an das Gespräch war typisch für Sie und würden wir in der Realität vermutlich so oder so ähnlich auch beobachten können?
- Was würden Sie rückblickend anders machen?

5.4.3 Konzeption von dialogischen Gesprächssimulationen Schritt für Schritt

Bei der Konzeption des Instrumentes Gesprächssimulationen geht es in aller Regel darum, eine Teilnehmerinstruktion und eine Rollenspielerinstruktion zu formulieren. Ein typischer, klarer Aufbau für eine solche Instruktion ist der folgende:

1. Kurze Beschreibung, welche Art von Gespräch der Teilnehmer führen soll („Sie führen gleich ein Gespräch mit einem Kunden, ...") und einer kurzen Beschreibung, welche relevanten Anforderungen hier sichtbar gemacht werden sollen („Wir werden in dieser Übung darauf achten, wie konsequent Sie Ihren Standpunkt vertreten, Ihren Gesprächspartner überzeugen und ...").
2. Beschreibung der persönlichen Situation des Teilnehmers in dieser Simulation („Sie sind Herr Meier, Abteilungsleiter im Bereich Fertigung bei der Muster AG. Sie verantworten einen Bereich von ..., Ihre aktuell größten Herausforderungen bestehen darin, ...").
3. Allgemeine Informationen über den Gesprächspartner („Sie sprechen gleich mit Herrn Baum, der in Ihrem Mitarbeiterteam als Spezialist für ... eingesetzt wird. Herr Baum ist seit 5 Jahren in Ihrem Unternehmen und seit 2 Jahren in Ihrer Abteilung tätig. Er befasst sich aktuell vor allem mit ..."). Daneben erfolgt hier eine kurze Beschreibung der gemeinsamen Historie von Führungskraft und Mitarbeiter oder die Geschichte des Mitarbeiters. Dazu können auch kurze Informationen über den privaten Hintergrund eines Mitarbeiters gehören, wie zum Beispiel Familiensituation oder Hobbies – alles Informationen, die eine reale Führungskraft zweifellos vom eigenen Mitarbeiter hätte.
4. Themen und Ziele für das Gespräch. Hier folgt eine klare Beschreibung der einzelnen Gesprächsthemen bzw. -ziele. Es können aktuelle Verhaltensweisen des Gesprächspartners aus jüngster Vergangenheit beschrieben werden, und es sollte dem Teilnehmer deutlich werden, was Anlass, Sinn und Zweck dieses Gespräches sind.
5. Definition des Zeitrahmens und Möglichkeit, noch Fragen zu stellen – abschließend werden die Teilnehmer in der Instruktion aufgefordert, sich nun auf die kommende Gesprächssituation vorzubereiten, und es wird mitgeteilt, wie viel Zeit zur Vorbereitung und zur anschließenden Durchführung des Gespräches zur Verfügung steht. Als hilfreich hat sich erwiesen, hier noch einmal explizit auf die Möglichkeit, bei Unklarheiten Fragen zu stellen, hinzuweisen, damit die Teilnehmer in der Lage sind, ein wirklich realistisches und individuell notwendiges Maß an Informationen zu haben.

Die inhaltliche Konzeption innerhalb dieser Systematik kann dann in drei wesentlichen Schritten erfolgen.

Schritt 1: Auswahl der Kernaufgaben und relevanten Anforderungen

Zu Beginn der Konzeption einer dialogischen Gesprächssituation stellt sich zunächst einmal die Frage, welche Kernaufgaben bzw. -anforderungen eigentlich sichtbar gemacht werden sollen. Vor allem aus einer Anforderungsanalyse, bei der auch relevante Kernaufgaben generiert wurden, lassen sich konkrete Gesprächssituationen entwickeln. Vorteilhaft ist hier, wenn ebenfalls über die Anforderungsanalyse eine gute Kenntnis möglicher „typischer" Gesprächsthemen vorhanden ist. In der Konzeption erfolgt zunächst eine Auflistung der Kernaufgaben oder -anforderungen und ein erster Entwurf, wie diese grundsätzlich in einem Gespräch sichtbar gemacht werden können. Dazu gehört sicherlich auch eine erste Vorstellung davon, wie der Charakter und die psychologische Logik des Gesprächspartners bei diesen Themen aussehen könnte. Dies veranschaulicht nachstehendes Beispiel 17.

Beispiel 17: Entwurf von Gesprächsthemen für einzelne Kernaufgaben für ein Mitarbeitergespräch

Gesprächsart: Mitarbeitergespräch (Vertriebsleiter – Außendienstmitarbeiter)	
Anforderungen/Kernaufgaben	**Mögliche Gesprächsthemen**
Integrationsvermögen	Mitarbeiter hat z. B. Konflikt(e) mit Kollegen, unangemessenes Verhalten gegenüber Kollegen
Überzeugungskraft	Überzeugung von einem Thema, auf das der Mitarbeiter sich nur ungern einlassen wird (z. B. Veränderungen mittragen)
Durchsetzungsvermögen	Striktes Einfordern von Regeln, an die der Mitarbeiter sich nicht halten will
Ziele vereinbaren	Konkrete Zielvereinbarung treffen (z. B. Umsatz, Qualität)
Feedback geben	Positive und negative Aspekte in der Arbeit des Mitarbeiters (z. B. aktueller Verkaufserfolg, aber auch Beschwerde von Kollegen oder Kunden)
Mitarbeiter: sehr selbstsicher (evtl. arrogant), erfolgreicher Verkäufer, statusorientiert, pragmatischer Macher, der sich nicht immer an Regeln hält	

Nach dieser allgemeinen Beschreibung der Anforderungen und möglicher, daraus resultierender Charakteraspekte oder Gesprächsthemen geht es darum, ein angemessenes Rahmenszenario auszuwählen.

Schritt 2: Ein angemessenes Setting auswählen

Bei der Suche nach dem richtigen Rahmenszenario ist zunächst einmal zu entscheiden, ob dies vor dem Hintergrund einer für die Teilnehmer bekannten oder aktuell realen Branchen- oder Unternehmenssituation passieren soll, oder ob zum Beispiel aus Fairness- und Vergleichbarkeitsgründen ein Szenario gewählt wird, welches vermutlich allen Teilnehmern gleichermaßen unbekannt ist (vgl. dazu Kapitel 5.1).

Wie eingangs erwähnt, empfiehlt es sich erfahrungsgemäß, ein solches Szenario vielleicht aus einer vorher besprochenen Übung, zum Beispiel Fallstudie oder Postkorb, abzuleiten. Auf diesem Wege sind eine Vielzahl relevanter Fakten bereits vorhanden, die eine realistische Information der Teilnehmer ermöglichen, ohne die Vorbereitungszeit sehr weit ausdehnen zu müssen. So, wie in Schritt 1 die grundlegenden Themen und Anforderungen beschrieben werden, wird hier das Gesamtszenario entworfen. Dies kann in einem Beispiel bedeuten: „Gespräch findet in einer Vertriebsorganisation statt, z. B. bei einem holzverarbeitenden Unternehmen, aktuelle Themen sind z. B. Einführung eines Shop-in-Shop-Verkaufskonzeptes und Erweiterung der aktuellen Produktpalette …". Zu beachten ist hier, wie bei Schritt 1, dass eine passende Auswahl der Anforderungen und möglicher situativer Aspekte vorgenommen wird, um ein für die Teilnehmer angemessenes, realitätsnahes Szenario zu schaffen. Für das oben genannte Beispiel könnte ein Rahmenszenario in etwa so aussehen:

- Unternehmen ist erfolgreicher Hersteller von Parkettböden (größeres, mittelständisches Unternehmen)
- Situation spielt in Vertriebsorganisation, die regional in Verkaufsgebiete unterteilt ist
- Produkte werden über Baumärkte und Händler verkauft
- Einführung neuer Produkte oder eines neuen Marketingkonzeptes

Bei der Definition der Anforderungen und Themen, sowie des Szenarios selbst, sollte darauf verzichtet werden, eine „richtige" Lösung der Situation vorzugeben. Zuweilen werden in Gesprächssimulationen Informationen verborgen, die Teilnehmer dann „entdecken" müssen (z. B. durch detektivisches Fragen), ohne die ein erfolgreicher Gesprächsverlauf nicht mehr möglich wird. Dazu gehört ein, hinter den eigentlichen Themen verstecktes, Kernthema, wie zum Beispiel ein Alkoholproblem eines Mitarbeiters. So wird für alle Teilnehmer, die nicht per Zufall oder aufgrund von eigenen Vorerfahrungen auf diese Thematik im Gespräch kommen, eine erfolgreiche Lösung der Gesprächssituation unmöglich gemacht. In Gesprächssimulationen sollte es nicht darum gehen, als Teilnehmer die „richtige" Lösung zu finden, sondern darum, relevante Anforderungen sichtbar zu machen. Das bedeutet, der Prozess des Gespräches steht im Vordergrund.

Wenn die Anforderungen und Themen und das Rahmenszenario klar definiert sind, erfolgt die Integration dieser Aspekte.

Schritt 3: Kernaufgaben und Anforderungen in das Szenario integrieren

Im dritten Schritt werden die beiden vorher definierten Aspekte miteinander verknüpft, um so eine verständliche, stimmige und anforderungsbezogene Situation zu konzipieren. In diesem Schritt würde jetzt in unserem Beispiel festgelegt werden, dass innerhalb des beschriebenen Unternehmens ein Mitarbeitergespräch zwischen einem regionalen Vertriebsleiter und einem Außendienstmitarbeiter geführt wird. In diesem Szenario werden dann die relevanten Themen und Anforderungen spezifisch auf die Situation bezogen. So könnte z. B. der Konflikt mit einem Kollegen anhand eines Konfliktes mit einem Mitarbeiter aus dem Vertriebsinnendienst dargestellt sein, und die Thematik „Einfordern von Regeln" könnte darin bestehen, dass der Mitarbeiter nicht regelmäßig an Meetings teilnimmt oder eine Kundendatenbank nicht pflegt. Wichtig ist, dass die Themen innerhalb des Szenarios einen realistischen Sinn ergeben, aber gleichzeitig nicht zu kompliziert geschildert werden, um den Teilnehmern ein rasches, von ihren analytischen Fähigkeiten weitestgehend unabhängiges, Verständnis der Situation zu ermöglichen.

Gemäß dem möglichen Aufbau, wie er eingangs dieses Teilkapitels beschrieben wird, werden die einzelnen Elemente der Teilnehmer- und Rollenspielerinstruktionen konzipiert. So folgt eine Beschreibung der grundlegenden Gesprächssituationen und der beobachteten Anforderungen, die Situation wird kurz beschrieben, in der sich der Teilnehmer befindet, und allgemeine Informationen über den Gesprächspartner werden innerhalb dieses definierten Settings abgefasst.

Aufgrund der relevanten Kernaufgaben und -anforderungen ergeben sich im Rahmenszenario konkrete Themen und mögliche Gesprächsziele. Dabei ist vor allem darauf zu achten, dass der zeitliche Rahmen dem Umfang der definierten Situation und der Anzahl der Themen entspricht. So sollten in einem 20- bis 30-minütigen Gespräch in der Regel nicht mehr als 2 bis 4 getrennt voneinander bestehende Themen besprochen werden. Erfahrungsgemäß erhält man später in der Durchführung einen höheren Informationsgewinn dadurch, dass man beobachtet, wie die Diskussion um ein bestimmtes Gesprächsthema vertieft verläuft, anstatt bei einer Vielzahl verschiedener Themen die im Prinzip oftmals immer gleiche, kurze, oberflächliche Behandlung durch die Teilnehmer zu sehen.

Ist es Ziel des Assessment Centers, in den Übungen die realistische Situation in einer Zielposition exemplarisch abzubilden, ist es durchaus ratsam, die so erstellte Gesprächssimulation einem aktuellen Positionsinhaber oder der Führungskraft eines Positionsinhabers vorzulegen, um sich abschließende Hinweise und Tipps geben zu lassen, wie ein solches Gespräch im wahren Arbeitsleben verlaufen kann bzw. häufig verläuft – Informationen, die vor allem für das Briefing der Rollenspieler sehr vorteilhaft sind.

5.4.4 Konkretes Beispiel für eine Rollenspielinstruktion

Im Folgenden werden für ein beispielhaftes Rollenspiel im Vertriebskontext eine Instruktion für den Teilnehmer (Tool 4) und eine für den Rollenspieler (Tool 5) dargestellt. Eingefügte Kommentare weisen auf die wesentlichen Erfolgsfaktoren im Rahmen der Konzeption hin und geben Tipps, wie sich häufige Fehler oder Schwachstellen in derartigen Instruktionen vermeiden lassen. Auf der CD-ROM finden Sie die Instruktionen ohne die ergänzten Kommentare.

Tool 4: Mitarbeitergespräch – Instruktion an den Teilnehmer

Mitarbeitergespräch im Vertriebskontext – Instruktion an den Teilnehmer
Ziel dieser Übung
Hier wird beschrieben welche grundlegenden Rollen aufeinandertreffen (Führungskraft und Mitarbeiter, Kundenbetreuer und Kunde, Kollege und Kollege, ...) und worin die wesentlichen Herausforderungen und Ziele des Gesprächs bestehen.
In dieser Übung werden Sie in der Rolle einer Führungskraft ein Gespräch mit einem Ihnen zugeordneten Mitarbeiter führen. Das Gespräch findet im Außendienstkontext statt, allerdings nicht in Ihrer Branche. Ziel ist es hierbei, intensive fachliche Diskussionen nach Möglichkeit aus dem Gespräch herauszuhalten und sich ganz auf Führungs-

aspekte zu fokussieren. Wir werden in dieser Übung unter anderem darauf achten, wie Sie Feedback geben, Ihren Gesprächspartner überzeugen und Vereinbarungen treffen.

Hintergrundinformationen

1. Erläuterung Rollenübung

Gerade bei AC-unerfahrenen Teilnehmern hilft es, zu beschreiben, was unter dem Übungsformat „Rollenübung" zu verstehen ist und wer welche Rolle spielt.

Bei der folgenden Übung handelt es sich um eine Rollenübung. Das bedeutet, dass Sie ein Gespräch mit dem Moderator eines der Beobachterteams führen, der dabei die Rolle Ihres Mitarbeiters übernimmt.

2. Funktion, Verantwortung und Historie des Teilnehmers

An dieser Stelle wird die Vorgeschichte des Teilnehmers dargestellt (Wie lange ist er schon in der Funktion? Falls relevant: Was hat er vorher gemacht? Wie ist er in die Funktion gekommen?) und in den Kontext des Gesamtunternehmens eingeordnet.

Tipps und Hinweise:

- *Je neuer der Teilnehmer in der Funktion oder gar im Unternehmen ist, desto realitätsnäher lässt sich das Gespräch gestalten, denn dann ist logisch zu begründen, warum der Teilnehmer noch keine engere Beziehung zum Rollenspieler hat und auch über einige Informationen nicht verfügt.*
- *Nehmen Sie keine Charakterisierung des Teilnehmers vor. Da Sie aus dem Gespräch heraus etwas über das typische Verhalten und die zugrunde liegenden Einstellungen des Teilnehmers erfahren wollen, dürfen Sie ihm in der Instruktion keine Eigenschaften und Vorgehensweisen „vorschreiben".*
- *Beschränken Sie sich auf die Informationen, die für eine erfolgreiche Identifikation des Teilnehmers mit der Rolle und für ein Verständnis der Situation notwendig sind; zu viele Details verkomplizieren die Instruktion unnötig!*
- *Wenn es ein umfassendes Rahmenszenario gibt, brauchen Sie den unternehmerischen Kontext nicht mehr ausführlich darzustellen.*

Sie sind Herr Mais, Vertriebsleiter Süd der Woodbar GmbH, einem Hersteller von Parkettböden. Sie haben die Leitung der Region Süd vor einem Jahr übernommen, nachdem Sie zuvor vier Jahre erfolgreich als Vertriebsmitarbeiter der Woodbar GmbH tätig waren. Das Unternehmen erzielte im vergangenen Jahr einen Umsatz von ca. 350 Mio. Euro, davon werden etwa 80 % in Deutschland realisiert. Ihr Unternehmen ist auf exklusive Echtholzböden spezialisiert, wobei Sie seit drei Jahren auch Wand- und Deckenverkleidungen aus Echtholz im Programm haben. Ihr Slogan ist: „Natürlich mit Holz leben", und Sie legen großen Wert auf qualitativ hochwertige Produkte und Produkte für biologisches Bauen. Entsprechend sind Ihre Außendienstmitarbeiter sowohl verkäuferisch als auch fachlich gut ausgebildet.

Ihre Produkte werden über große Baumärkte und Fachhändler vertrieben. Dort versuchen Sie seit einem Jahr verstärkt, ein „shop in shop"-Konzept zu platzieren, wo unter der Überschrift „Natürlich mit Holz leben" Ihr gesamtes Produktspektrum ansprechend dargeboten wird. Dabei ist es nicht immer leicht, Ihre Kunden davon zu überzeugen, 15 bis 25 qm Verkaufsfläche für Ihren Produktstand zur Verfügung zu stellen. Derzeit erreichen Sie bei der relevanten Händlergruppe eine Erfolgsquote von etwa 35 %.

3. Struktur und Arbeitsweise des Verantwortungsbereichs

Definieren Sie alle Informationen, die der Teilnehmer zu seinem Verantwortungsbereich benötigt, um in Anbetracht der später beschriebenen Problematik substanziell argumentieren zu können. Dies bezieht sich insbesondere auf die Anzahl der Mitarbeiter, Teams, definierte Verantwortlichkeiten, bestimmte Formen der Zusammenarbeit. Auch hier gilt: Liefern Sie nur die wesentlichen Informationen.

Sie führen in der Region Süd insgesamt 14 Vertriebsmitarbeiter. Im Vergleich zu den anderen 7 Vertriebsgebieten in Deutschland liegt Ihr Gebiet stets im oberen Mittelfeld. Dies ist für Sie, aufgrund der schwierigen Konkurrenzsituation in der Region, ein zufriedenstellendes Ergebnis. Ihr stärkster Konkurrent, die Firma Pirosa, hat aus der Unternehmenshistorie bedingt in Ihrer Region einen Marktanteil von ca. 60 %, deutschlandweit lediglich 35 %.

4. Vorstellung des Rollenspielers

In diesem Abschnitt wird der Rollenspieler mit allen relevanten Informationen vorgestellt:
- *Funktion und Verantwortung des Rollenspielers (Aufgaben, Anzahl Mitarbeiter)*
- *Vorgeschichte des Rollenspielers (Wie lange befindet er sich schon in der Funktion? Falls relevant: Was hat er vorher gemacht und wie ist er in die Funktion gekommen?)*
- *Gemeinsame Vorgeschichte: Wie lange und wie gut kennen sich Teilnehmer und Rollenspieler? Wie ist die Beziehung untereinander?*
- *Persönlichkeit und generelles Verhalten des Rollenspielers.*

Tipps und Hinweise:
- *Der Charakter des Rollenspielers muss in sich stimmig sein. Achten Sie dabei auch darauf, dass die Historie zum Charakter passt (z. B. dass der Ehrgeizige schnell Karriere gemacht hat, während der Sicherheitsorientierte, Strukturierte schon länger dasselbe macht).*
- *Es erleichtert die Konzeption, sich eines Persönlichkeitsmodells (z. B. DiSG) zu bedienen und den Rollenspieler anhand eines der Typen zu beschreiben. Die Grundfrage lautet dabei: Welcher Typus neigt aufgrund seiner typischen Verhaltensweisen besonders leicht dazu, die Probleme zu erzeugen, um die es im Rollenspiel gehen soll? (z. B. nimmt der Stetige die Führungsrolle nicht an und vermeidet Konflikte und ist daher gut geeignet, wenn es um derartige Themen gehen soll)*
- *Allgemeine Worthülsen („impulsiv“, „kollegial“, „zurückhaltend“) reichen zur Beschreibung des Rollenspielers nicht aus. Erläutern Sie diese näher und untermauern Sie sie mit Beispielen. Nutzen Sie dafür z. B. vergangene Situationen, von denen Sie beschreiben, wie sich der Rollenspieler verhalten hat. Wenn Sie beispielsweise schildern, wie sich der Rollenspieler zu einem früheren Zeitpunkt bei kritischem Feedback verhalten hat, ist leicht ableitbar, wie er sich in der Rollenübung verhalten wird.*
- *Beschreiben Sie das Verhalten des Rollenspielers möglichst neutral in dem Sinne, dass Sie dem Teilnehmer keine Bewertung („Sie mögen Herrn X nicht…“, „Sie finden anstrengend, dass…“) vorgeben. Dem Teilnehmer sollte die Freiheit gelassen werden, diese Bewertung selbst vorzunehmen, damit er sich möglichst realistisch mit der Situation identifizieren kann. Bewertungen anderer („Bei Kollegen gilt Herr X als…“) können jedoch wichtige Informationen liefern.*

Sie haben für heute ein Mitarbeitergespräch mit Herrn Reinders vereinbart. Herr Reinders ist seit einem Jahr für das Gebiet München 1 zuständig. Vorher hat er vier Jahre lang höchst erfolgreich das Gebiet in und um Nürnberg aufgebaut und dort unerwartete Umsatzzuwächse erzielt (pro Jahr ca. 10% Steigerung). Trotz der ausgesprochen schwierigen Konkurrenzsituation in München hat Herr Reinders auch hier ungewöhnliche Steigerungen erzielen können. Bevor er nach Nürnberg ging, wurde ihm von Ihrem Vorgänger zugesichert, dass er nach spätestens drei Jahren eine attraktive Perspektive im Münchener Umfeld bekomme, aus dem er privat stammt. Als München 1 durch eine Kündigung frei wurde, haben Sie Herrn Reinders, wie vereinbart, das Gebiet anvertraut, und er hat einen absoluten Senkrechtstart hingelegt. Er hat im Gebiet eine Umsatzsteigerung von 25% erzielt und ist damit deutschlandweit auf Rang fünf aller Verkaufsmitarbeiter aufgestiegen (Platz eins hält seit Jahren Herr Maxter aus Hamburg). Herr Reinders sieht sich nicht zuletzt deshalb als absoluten Top-Verkäufer. In seinem Gebiet hat er das „shop in shop“-Konzept schon zu fast 50% durchgesetzt. Erst gestern haben Sie erfahren, dass er die Top-Bau-Baumärkte (vier Märkte allein in München) für das „shop in shop“-Konzept gewinnen konnte.

Herr Reinders ist allerdings, trotz seiner Erfolge, im Kollegenkreis nicht gerade beliebt. Er ist bekannt für seine selbstdarstellerische Art, seinen aufbrausenden Charakter und sein mitunter arrogantes Auftreten im Unternehmen. Dies wird durch Äußerlichkeiten wie exklusive Sportarmbanduhren und teure Markenbekleidung noch unterstützt. Herr Reinders ist 34 Jahre alt und alleinstehend.

5. Anlass und Inhalt des Gesprächs

Schildern Sie nun den Anlass des Gesprächs und beschreiben Sie die Probleme, die in der jüngeren Vergangenheit aufgetreten sind.

Tipps und Hinweise:

- *Der Teilnehmer muss über alle Informationen verfügen, die er in der Realität auch hätte, wenn der Rollenspieler diese in seiner Argumentation anführt. Es sollte hier kein Informationsungleichgewicht zwischen Teilnehmer und Rollenspieler geben (es sei denn, es geht um Informationen, die der Teilnehmer berechtigterweise nicht hat, wie z.B. Motive des Rollenspielers oder konkrete Vorkommnisse in einem Meeting, bei dem der Teilnehmer nicht dabei war). Die Leitfrage lautet immer: Wüsste der Teilnehmer in der Realität davon?*
- *Schreiben Sie dem Teilnehmer keine Fehler zu und halten Sie seinen Einfluss auf die vergangene Situation möglichst klein. Das erleichtert es dem Teilnehmer, die Situation anzunehmen und verhindert, dass sich jemand möglicherweise mit einer „Ich-hätte-eh-schon-im-Vorfeld-ganz-anders-reagiert“-Haltung von den Gesprächsinhalten distanziert.*
- *Achten Sie darauf, dass die beschriebenen Probleme stimmig zueinander passen. Wenn dem Rollenspieler auf der einen Seite ein Fehler in einer Excel-Liste unterlaufen ist, weil er nicht gründlich genug war, ist es unwahrscheinlich, dass er auf der anderen Seite ein Zeitmanagementproblem hat, weil er immer alles doppelt und dreifach prüft.*
- *Stellen Sie Probleme dar, die dem Rollenspieler ausreichend Argumentationsmöglichkeiten bieten (Warum hat er sich so verhalten? Warum fordert er, was er fordert?)*
- *Geben Sie dem Teilnehmer konkrete Informationen zu seinem Handlungsspielraum: Welche Vereinbarungen wurden schon getroffen, welche unternehmensinternen Vorgaben gibt es?*

- *Wenn der Teilnehmer in dem Gespräch Feedback geben soll, liefern Sie ihm konkrete Verhaltensbeschreibungen als Grundlage. Hier bieten sich wörtliche Zitate oder auch konkrete E-Mails oder andere angehängte Dokumente (Zahlen, Auswertungen, ...) an. Geben Sie außerdem Informationen über die Auswirkungen des Verhaltens (z. B. x Euro verloren).*

Sie haben Herrn Reinders heute nun zu einem Mitarbeitergespräch eingeladen. Herr Reinders gab sich etwas überrascht („Was liegt denn an, Herr Vertriebsleiter?"), und es gab einiges Hin und Her in der Terminfindung, bis Sie sich schließlich auf den heutigen Termin einigen konnten. Herr Reinders schien Ihnen zu vermitteln, dass er der wichtigste Mann in der Vertriebsregion ist, und eben nicht sofort Zeit habe, wenn Sie „rufen". Es gibt – neben den grundsätzlichen Aspekten – auch ein paar ganz konkrete Themen für das Gespräch.

Unabhängig vom persönlichen Umsatzerfolg gibt es einige Regeln, die in Ihrem Verantwortungsbereich für alle gelten. Dazu gehört z. B. die Pflege des Kundeninformationssystems (KIS), in das alle Angaben zu Kundenbeziehungen einzupflegen sind. Einzupflegen sind unter anderem die relevanten Ansprechpartner im Unternehmen, welche Verkaufsaktionen geplant oder durchgeführt werden und welche Vereinbarungen getroffen wurden. Diese Informationen dienen einerseits dem Marketing, andererseits der vereinfachten Vertretung oder Übergabe in Gebieten. Alle Außendienstmitarbeiter sind mit Laptops ausgestattet, um auch unterwegs Zugriff auf alle Daten zu haben und Ergänzungen direkt nach einem Kundengespräch eingeben zu können. Herr Reinders hat auch zu seiner Zeit in Nürnberg dieses System nur sehr unvollständig gepflegt, was von Ihrem Vorgänger offensichtlich toleriert wurde. Im vergangenen ersten Jahr in München hat Herr Reinders bei diesem Thema immer wieder betont, dass er zu wenig Zeit habe und „lieber Umsätze" mache, als „Geschichten zu schreiben, die eh keinen interessieren". Eine genauere Überprüfung dieses Themas hat ergeben, dass alleine bei 30 % seiner Kunden (z. B. Müllster und Söhne oder Prakto-Bau) keine aktuellen Telefonnummern eingepflegt sind. Auch werden offensichtlich nicht alle Vereinbarungen und Gesprächsinhalte dokumentiert. Dies zeigt sich auch an dem Kunden Top-Bau-Baumärkte. Erst gestern haben Sie „per Zufall" vom Vertriebsinnendienst erfahren, dass er die Top-Bau-Baumärkte (vier Märkte allein in München) letzte Woche für das „shop in shop"-Konzept gewinnen konnte. Sie wollen darauf hinwirken, dass er die KIS-Datenbank in Zukunft vollständig pflegt und die Versäumnisse der letzten 12 Monate aufarbeitet.

Ein anderer für Sie absolut verbindlicher Aspekt ist die regelmäßige und aktive Teilnahme an den Region-Süd-Meetings. Hier kommen monatlich alle Außendienstmitarbeiter der Region zusammen. Herr Reinders hat in den letzten sechs Monaten lediglich dreimal teilgenommen und ist dem letzten Meeting am vergangenen Montag ohne Entschuldigung fern geblieben. Wenn er teilnimmt, zeigt er gerne sein Desinteresse, indem er permanent in seinen Unterlagen blättert und lediglich durch vereinzelte abfällige oder spöttische Bemerkungen („aha, sehr spannend, das hab ich ja noch nie vorher gehört") auffällt.

Vorgestern haben Sie mit dem Leiter des Vertriebsinnendienstes Herrn Wertheim gesprochen. Er hat sich über die „cholerische" und stark fordernde Art von Herrn Reinders beschwert. Im Umgang mit seinen Mitarbeitern würde dieser sich „unmöglich aufführen". So habe er vergangene Woche z. B. Frau Sommer angebrüllt „Wenn Sie die Klamotten nicht in 3 Tagen bei Rapp & Rapp haben, dann hole ich Sie persönlich von Ihrem Sessel!" Eine Äußerung, die Herr Wertheim persönlich gehört habe, weil Frau Sommer das Telefon auf Lautsprecher gestellt habe, als er vorbeigekommen sei. Auch zynische Kommentare, wie z. B. am Ende eines Gespräches zu sagen „legen Sie sich wieder hin", sind für Herrn Wertheim indiskutabel. Sie wissen selber, dass die Abläufe im Vertriebsinnendienst noch nicht optimal sind und manche Dinge sehr lange brauchen. Herr Wertheim bemerkte bereits, dass die Bereitschaft seiner Mitarbeiter, mit Herrn Reinders zusammenzuarbeiten, bald ein Ende haben könnte.

6. Aufforderung zur Vorbereitung

Abschließend beschreiben Sie, wer wen mit welcher Vorinformation wohin zum Gespräch eingeladen hat. Diese Informationen stehen auch im realen Leben zur Verfügung und es kann ansonsten zu Missverständnissen kommen.

Tipps und Hinweise:
- *Gerade bei Kritikgesprächen sollten die Vorkommnisse nicht zu weit in der Vergangenheit liegen, wenn z. B. eine gute Führungskraft das Problem eher angesprochen hätte. Sollen länger zurückliegende Themen angesprochen werden, sollte die entsprechende Historie („Sie haben das bereits einmal thematisiert") dargestellt werden.*
- *Geben Sie auf jeden Fall die Durchführungszeit des Gesprächs an. Wenn Sie auch die Vorbereitungszeit angeben, beachten Sie, dass diese eine typische Fehlerquelle darstellt, wenn der Zeitplan geändert wird.*

Sie haben daher Herrn Reinders für heute um ein Gespräch in einem Besprechungsraum auf der Woodbar-Vertriebsetage gebeten und ihm mitgeteilt, dass Sie gerne Feedback zu den letzten Monaten geben würden.

Sie haben jetzt **45 Minuten** Zeit, sich auf das Gespräch mit Herrn Reinders vorzubereiten. Für das Gespräch stehen Ihnen anschließend **30 Minuten** zur Verfügung.

Bitte bereiten Sie sich jetzt auf das Gespräch vor. Wenn Sie noch Fragen haben, so stellen Sie diese bitte jetzt.

Tool 5: Mitarbeitergespräch – Instruktion an den Rollenspieler

Mitarbeitergespräch im Vertriebskontext – Instruktion an den Rollenspieler

Ihre Rolle

Fassen Sie zu Beginn kurz zusammen, wen der Rollenspieler darstellt und auf wen er trifft. Verweisen Sie darauf, dass alle Hintergründe der Teilnehmerinstruktion zu entnehmen sind. Zur Vorbereitung auf das Gespräch muss der Rollenspieler diese ohnehin lesen, so dass eine doppelte Aufführung der Informationen die Instruktion unnötig in die Länge zieht.

Sie sind Herr Reinders, Vertriebsmitarbeiter bei der Firma Woodbar GmbH, einem Hersteller von Parkettböden. Ihr Vorgesetzter hat Sie für heute um ein Mitarbeitergespräch gebeten. Die weiteren Hintergründe des Gespräches entnehmen Sie bitte der Teilnehmerinstruktion.

Ihre Person und Ihre Argumentation im Gespräch
1. Persönlichkeit und Grundhaltung des Rollenspielers *Stellen Sie die Persönlichkeit des Rollenspielers sowie seine zugrunde liegenden Einstellungen und Motive dar. Diese sollten schlüssig zu den aufgetretenen Problemen führen. Beschreiben Sie außerdem, mit welcher Haltung der Rollenspieler in das Gespräch geht.*
Sie sind bekannt dafür, dass Sie mitunter recht aufbrausend und forsch agieren. Ihnen ist durchaus bewusst, dass das nicht immer gut ist. Auf der anderen Seite haben Sie das Gefühl, dass sich sonst teilweise im Unternehmen „nichts bewegt". Sie sind sich bewusst darüber, dass Sie einer der besten Verkäufer der Woodbar GmbH sind und tragen dieses Selbstverständnis als „erfolgreicher Vertriebsprofi" gerne nach außen. In zwei bis drei Jahren könnten Sie sich vorstellen, selber als regionaler Vertriebsleiter zu arbeiten. Sie gehen gelassen und selbstbewusst in das Gespräch, weil Sie wenig Kritisches in dem Feedback von Ihrem Vorgesetzten erwarten.
2. Argumentation zu den einzelnen Themen *Getrennt nach den einzelnen Themen führen Sie die wesentlichen Argumente des Rollenspielers auf. Dabei reichen Stichpunkte, damit der Rollenspieler schnell einen Überblick über seine Argumentation gewinnen kann. Geben Sie dem Rollenspieler Rahmendaten für seine Forderungen (z. B. Deadlines, Preise) vor und auch, wann er bereit ist, einzulenken. Gerade bei Gesprächen mit starkem Bezug zur Realität der Teilnehmer sind typische Reaktionen in Form von wörtlicher Rede für den Rollenspieler hilfreich.*
Thema Kundeninformationssystem (KIS) – Sie denken, das KIS-System ist nur lästig. Sie kennen Ihre Kunden und haben die wichtigsten Informationen im Kopf. – Sie sind der Ansicht, als Verkäufer Ihre Zeit besser für Kundengespräche zu nutzen als für Formalitäten. – Die wichtigsten Telefonnummern haben Sie ohnehin in Ihrem Handy gespeichert – da haben Sie direkten Zugriff, wenn Sie unterwegs sind. – Wenn Herr Mais Ihnen Ihren Nutzen und die Notwendigkeit der KIS-Pflege aufzeigen kann, zeigen Sie Bereitschaft, das Thema „irgendwann" einmal anzugehen. *Thema Region-Süd-Meetings* – Sie denken, in vielen Meetings wird nur „drum rum" geredet, aber nichts Konkretes getan. Wenn alle Kollegen sich „so reinhängen" würden wie Sie, bräuchte man keine Meetings. – Wenn Sie nicht zu Meetings gekommen sind, hatten Sie immer wichtige Kundentermine – man muss Prioritäten setzen. – Sie glauben nicht, dass Ihre Kollegen an Ihren Tipps und Beiträgen interessiert sind, die suchen nur Ausreden, warum das bei ihnen nicht geht. *Thema Verhältnis zum Vertriebsinnendienst* – Sie regen sich eben manchmal über den Innendienst auf, die sind einfach „zu lahm".

- Bei Frau Sommer ging es darum, dass Sie bei Rapp & Rapp versprochen hatten, dass kurzfristig neue Prospekte und Muster für den „shop in shop“-Stand kommen. Frau Sommer sprach von Lieferschwierigkeiten und dass die Kunden sich dann „eben mal gedulden müssen“. Da haben Sie rot gesehen.
- Grundsätzlich sehen Sie ein, dass Beleidigungen nicht in Ordnung sind, aber Druck machen müsse man schon. Das erwarten Sie auch von Herrn Mais. Er soll als Vertriebsleiter schließlich dafür sorgen, dass seine Außendienstmitarbeiter „den Rücken frei“ haben.

5.5 Gruppenübungen

Geht man nach der Anwendungshäufigkeit, so zeigen Befragungen (z. B. Thornton & Krause, 2009), dass Gruppenübungen oder Gruppendiskussionen in ACs zu den beliebtesten Übungen gehören. In Gruppenübungen ist der Teilnehmer aufgefordert, zusammen mit anderen Teilnehmern Themen zu diskutieren sowie Lösungen und Konzepte zu erarbeiten, so dass sein Verhalten im Team beobachtet und somit eine wichtige Kernaufgabe vieler Positionen abgebildet werden kann. Die besondere Beliebtheit liegt sicherlich auch daran, dass die Gruppenübungen die ökonomischste Form der AC-Übungen darstellen, denn hier kann ein Beobachterteam parallel mehrere Teilnehmer beobachten und beurteilen. Da die Zeit der Beobachter in einem Gruppen-AC stets eine Engpass-Ressource darstellt, sind Gruppenübungen eine willkommene Möglichkeit, möglichst viele Beobachtungen und Bewertungen in einem begrenzten Zeitrahmen vorzunehmen. Darüber hinaus erscheinen Gruppenübungen häufig auf den ersten Blick als die am einfachsten zu konzipierenden Übungen, denn einer Gruppe ein Diskussionsthema vorzugeben und dann zu beobachten, wie die einzelnen Teilnehmer versuchen, sich durchzusetzen, zu überzeugen, mit anderen zu kooperieren etc., erscheint recht simpel. Bei genauerer Betrachtung stellt sich jedoch heraus, dass Gruppenübungen tatsächlich die größten Herausforderungen für eine zuverlässige Eignungs- oder Potenzialaussage mit sich bringen. In diesem Kapitel ist dargestellt, für welche Anwendungsfelder die Gruppenübung tatsächlich sinnvoll ist. Es wird erläutert, worin die übungsspezifischen Herausforderungen bestehen, wie auf sie reagiert werden kann und wo die Grenzen der Methodik liegen. Schließlich wird eine Anleitung dargestellt, wie Schritt für Schritt eine zielführende Gruppenübung konzipiert werden kann.

Tools in diesem Abschnitt:

- Teilnehmerinstruktion Gruppendiskussion (S. 141 und CD-ROM)

5.5.1 Dafür sind Gruppenübungen geeignet

Gruppenübungen repräsentieren für sehr viele Positionen wichtige Kernaufgaben, die maßgeblich für den Erfolg der Positionsinhaber sind. Heute ist kaum eine Position im Unternehmen vorstellbar, auf der ein Mitarbeiter nicht regelmäßig an Besprechungen, in Projektgruppen oder auch an informellen Diskussionsrunden teilnimmt. Ein großer Anteil der Abstimmungsprozesse im Unternehmen findet in solchen Besprechungen in größeren Gruppen, d. h. mit mehr als zwei Personen, statt. Gruppenübungen bilden daher augenscheinlich sehr gut zentrale Kernaufgaben der meisten im AC relevanten Zielpositionen ab. Der Rahmen und die Zielsetzung der für bestimmte Positionen typischen Meetings kann dabei sehr unterschiedlich sein:

– Regelmäßiges Team-Meeting
– Regelmäßiger Management Jour Fixe
– Projektteam-Meeting/Arbeitsgruppensitzung
– Treffen einer Entscheiderrunde
– Kurzfristig einberufenes Treffen zum Trouble-Shooting

All diese verschiedenen Gruppensituationen haben gemein, dass sich mehrere Kollegen zusammenfinden, um Probleme zu besprechen, Lösungen zu erarbeiten und Entscheidungen zu treffen. Dabei verfolgen die einzelnen Teilnehmer unterschiedliche Interessen und Ansichten, so dass sich in der Realität häufig angeregte Diskussionen oder auch Konflikte entwickeln. Genau diese Situation versucht man nun, im AC mit der Gruppenübung abzubilden. Prinzipiell sind hierfür alle aufgeführten Besprechungstypen aus dem Arbeitsalltag in entsprechende Gruppenübungen übertragbar. Lediglich in der Realität bestehende hierarchische Unterschiede zwischen den Teilnehmern einer Besprechung wird man aus Gründen der Vergleichbarkeit in einer Gruppenübung nicht abbilden.

Die im Rahmen von Gruppenübungen abbildbaren Anforderungen liegen auf der Hand. Wie bereits geschildert, besteht die Herausforderung in Besprechungen und somit auch in Gruppenübungen vor allem darin, andere von den eigenen Ansichten zu überzeugen, die eigenen Interessen zu vertreten und gemeinsam mit den anderen Gesprächspartnern zu einer möglichst guten Problemlösung zu gelangen. Der Schwerpunkt der in Gruppenübungen abbildbaren Anforderungen liegt daher im Bereich der kommunikativen und sozialen Kompetenzen. Hierzu gehören z. B.:

– Überzeugungskraft
– Durchsetzungsvermögen
– Kooperationsbereitschaft
– Dialektik und argumentative Stringenz
– Einfühlungsvermögen

Darüber hinaus werden durch das Verhalten einzelner Teilnehmer im Laufe der Diskussion auch grundlegende persönliche Eigenschaften deutlich, die sich vor allem auf Aspekte der Motivation und Dynamik einer Person beziehen, so z. B.:

– Beharrlichkeit
– Einsatzbereitschaft
– Ziel- und Umsetzungsorientierung
– Flexibilität

Schließlich liegt auch die Überlegung nahe, nicht nur zu betrachten, wie sich die Teilnehmer verhalten, sondern auch, welche Standpunkte sie vertreten bzw. welche Argumente sie anführen. So werden bestimmte berufsbezogene Einstellungen und Werthaltungen deutlich. Je nach Diskussionsthema können Anforderungen wie die folgenden in einer Gruppenübung abgebildet werden:

- Kundenorientierung
- Wirtschaftliches Denken
- Gesamtunternehmerisches Denken
- Strategisches Denken

Um diesen Bereich der Anforderungen, der sonst zumeist nur im Interview oder in analytischen Fallstudien eingeschätzt wird, sichtbar zu machen, ist es jedoch zum einen erforderlich, durch das Diskussionsthema sicherzustellen, dass Teilnehmer sich in erforderlichem Umfang, z. B. zum Umgang mit Kunden (Kundenorientierung) äußern. Zum anderen gilt es hier, in der Konzeption der Gruppenübung noch weitere Herausforderungen zu meistern, um tatsächlich stichhaltige Beobachtungen vornehmen zu können. Entsprechende Vorgehensweisen sind im nächsten Abschnitt ausführlich geschildert.

5.5.2 Das macht eine gute Gruppenübung aus

Gruppenübungen gehören wohl zu den hinsichtlich ihres konzeptionellen Anspruchs am meisten unterschätzten Übungen im Assessment Center. Erfahrene AC-Anwender wissen jedoch, dass es eben nicht ausreicht, einer Gruppe ein aktuelles Diskussionsthema vorzugeben und dann ihr Diskussionsverhalten zu beobachten, um tatsächlich aussagekräftige Ergebnisse zu erzielen. Nicht selten stellen Beobachter fest, dass Diskussionsrunden im AC unrealistisch harmonisch ablaufen, kein sinnvolles Ergebnis erbringen und häufig Unsicherheit herrscht bezüglich der Einschätzung des Verhaltens Einzelner. Um Gruppenübungen möglichst zielführend zu konzipieren und in der Durchführung sensibel mit den verschiedenen auftretenden Schwierigkeiten umzugehen, sollten vor allem die folgenden drei, für diese Übungsart typischen, Herausforderungen bewältigt werden:

- Provokation einer sinnvollen inhaltlichen Auseinandersetzung
- Faire und gezielte Auswertung einer nur schwer standardisierbaren Situation
- Einheitlicher Umgang mit bestimmten wiederkehrenden Verhaltensmustern in der Gruppe

5.5.2.1 Provokation einer sinnvollen inhaltlichen Auseinandersetzung

Gruppenübungen laufen häufig ausgesprochen harmonisch ab. Dagegen ist prinzipiell nichts einzuwenden, denn auch im Berufsalltag sind konstruktive Besprechungen, in denen die Diskussionspartner offen aufeinander zugehen und gemeinsam nach der für alle Seiten sinnvollsten Lösung suchen, absolut erstrebenswert. Im Assessment Center geht es auch nicht darum, in Gruppenübungen Teilnehmer „aufeinander zu hetzen", was übrigens tatsächlich eine Befürchtung vieler Teilnehmer vor einem Assessment Center ist. Vielmehr wird angestrebt, eine sinnvolle inhaltliche Auseinandersetzung zu erzielen, in der die Teilnehmer sich bei aller Kooperationsbereitschaft für ihre eigenen Interessen einsetzen und ihre Meinung vertreten. Da aber die sachlichen Ergebnisse einer Gruppendiskussion für die Teilnehmer faktisch keinerlei Konsequenzen haben, lohnt es sich für sie auch häufig nicht, sich in die Auseinandersetzung zu begeben, auch nicht in eine Auseinandersetzung, in der sie sich im Berufsalltag sehr klar positioniert und für ihre Interessen gekämpft hätten. Bei der Suche eines Themas für eine Gruppenübung sowie der Konzeption der einzelnen Übungsfacetten besteht daher eine der zentralen Herausforderungen darin, die Teilnehmer zu einer sinnvollen inhaltlichen Auseinandersetzung zu veranlassen, damit letztendlich das gezeigte Verhalten auch tatsächlich aussagekräftig in Hinblick auf das Diskussionsverhalten im Berufsalltag ist. Um diese Form der Auseinandersetzung zu erzielen, werden in der AC-Praxis unterschiedliche Wege gegangen, die nur zum Teil von Erfolg gekrönt sind. Daraus lassen sich einige Erfolgsfaktoren zur inhaltlichen Gestaltung von Gruppenübungen definieren, die die Wahrscheinlichkeit einer intensiven Auseinandersetzung erhöhen.

Realitätsbezug. Hier ist zunächst wiederum der unmittelbare Bezug des gewählten Diskussionsthemas zum Arbeitsalltag zu erwähnen. Zuweilen begegnet man Gruppenübungen, in denen die Teilnehmer aufgefordert sind, aktuelle Themen der Art „Gewalt im Fernsehen“ zu diskutieren. Die Problematik derartiger Themenstellungen liegt auf der Hand. Abgesehen von der Tatsache, dass die Teilnehmer sich je nach Interessensschwerpunkt unterschiedlich tief mit solchen Themen auseinandergesetzt haben und hierdurch ungleiche Voraussetzungen entstehen können, sind diese Themen nur wenig geeignet, tatsächlich bei einem großen Teil der Teilnehmer ein hohes Maß an persönlicher Involviertheit zu erzielen. Die Wahrscheinlichkeit ist groß, dass ein solches allgemeines Thema bei einem Großteil der Teilnehmer auf Gleichgültigkeit stößt und somit sicherlich nicht zu einer intensiven Auseinandersetzung führt. Dennoch werden derartige Themen auch heute noch gerade in der Auswahl von Bewerbern ohne Berufserfahrung verwendet. Da dies häufig zu den geschilderten enttäuschenden Konsequenzen einer „dahin schleichenden“ Diskussionsrunde führt, sollte auch für diese Zielgruppen ein Thema gefunden werden, das einen stärkeren Bezug zu der angestrebten Position hat und dennoch ohne größeres Vorwissen diskutiert werden kann. So könnte z. B. in einer Gruppe von Bewerbern für Ausbildungsplätze die Aufgabe gestellt werden, ein aus ihrer Sicht sinnvolles Ausbildungsprogramm zu entwickeln. Hierzu müssen selbstverständlich entsprechende Unterlagen mit Lernzielen und Rahmenbedingungen der Ausbildung zur Verfügung gestellt werden.

Ein- und mehrdimensionale Entscheidungssituationen. Soll in der Gruppe eine Entscheidung getroffen werden, so sollte diese mehrdimensional angelegt sein. Was bedeutet in diesem Zusammenhang mehrdimensional? Die meisten Gruppenübungen haben zum Ziel, dass die Teilnehmer gemeinschaftlich zu einer Entscheidung gelangen. Sie sollen am Ende der Gruppenarbeit ein eindeutiges Ergebnis präsentieren können. Dabei ist die Entscheidungssituation häufig so ausgelegt, dass die Entscheidung bedeutet, Gewinner und Verlierer zu produzieren, „Ja“ oder „Nein“ zu beschließen, einzelnen Teilnehmern eine Ressource zuzuteilen oder nicht. Diese eindimensionalen Entscheidungssituationen sind dadurch charakterisiert, dass keine kreative Lösungsfindung möglich ist, sondern lediglich zwischen zwei Alternativen entschieden oder eine Ressource zwischen den Teilnehmern verteilt werden kann, was zwangsläufig dazu führt, dass sich einige Teilnehmer durchsetzen und andere nachgeben müssen. Hier ist z. B. die schon beinahe klassische Übung „Dienstwagen-Zuteilung“ zu erwähnen. Die Teilnehmer sollen hier entscheiden, wer von ihnen ein Anrecht auf die limitierten Dienstwagen hat. Ein weiteres Beispiel für eine eindimensionale Entscheidungssituation besteht in der Entscheidung für einen von zwei Unternehmensstandorten, wobei die Teilnehmer jeweils an einem der beiden Standorte tätig sind. In diesen Situationen kommen die Teilnehmer irgendwann, wenn die Argumente ausgetauscht sind, in die ambivalente Situation, sich durchsetzen zu müssen oder sich teamorientiert-kooperativ zu verhalten. Es stellt sich die Frage: „Was wird jetzt in dieser Patt-Situation von mir erwartet?“ Die Entscheidung für den einen oder anderen Weg an dieser einen Stelle der Diskussion ist jedoch häufig stärker davon abhängig, was der Teilnehmer glaubt, was von ihm erwartet wird, als davon, wie er sich normalerweise im Team verhält.

Die Alternative zu diesen eindimensionalen Entscheidungssituationen besteht darin, die Aufgabenstellung für die Gruppe mehrdimensional zu gestalten, was auch den meisten Aufgabenstellungen im Unternehmensalltag sehr viel besser entspricht. Mehrdimensional bedeutet in diesem Falle, dass gemeinsam ein Problem oder eine Aufgabe bewältigt werden muss, die Entscheidung aber nicht in einem „Ja" oder „Nein", „Du" oder „Ich" besteht, sondern in einem Maßnahmenplan oder einem komplexen Konzept mit mehreren Facetten. Zu jeder dieser Facetten können die einzelnen Teilnehmer ihre Ideen einbringen, an der ein oder anderen Stelle ihre Ansichten und Interessen durchsetzen, bezüglich anderer Punkte Kompromisse eingehen. Das Verhalten der Teilnehmer wird hierdurch deutlich repräsentativer für ihr Vorgehen im Alltag. Darüber hinaus berichten auch Teilnehmer im Anschluss an die Übung, dass sie sich in solchen Gruppenübungen deutlich wohler fühlen als in forcierten „Alles oder Nichts"-Entscheidungsrunden. Aufgabenstellungen können hier z. B. das oben erwähnte Konzept für einen Ausbildungsplan oder die Erarbeitung eines Konzeptes für eine neue Produkt-Strategie sein.

Vorgegebene Standpunkte und Rollen. Verfolgt man das Ziel, eine intensive Auseinandersetzung in der Gruppenübung zu erzielen, was liegt dann näher, als den Teilnehmern konträre Standpunkte vorzugeben, die sie in der Runde vertreten sollen? Infolge dieser Überlegung wird in vielen Gruppenübungen auch tatsächlich so verfahren. Allerdings führt auch die Vorgabe von zu vertretenden Ansichten häufig nicht zu dem gewünschten Effekt. Dieses Vorgehen führt im Gegenteil sehr leicht dazu, dass sich die Teilnehmer mehr denn je als Schauspieler fühlen, da sie unter Umständen Ansichten vertreten müssen, die ihnen eigentlich sehr fremd sind. Nicht selten wirkt das Teilnehmerverhalten auch tatsächlich nicht sehr authentisch. In vielen Fällen bemängeln Teilnehmer, dass sie sich durch die vorgegebenen Ansichten in ihrer eigentlichen Argumentationsfähigkeit eingeschränkt gefühlt haben. Selbst wenn man argumentiert, dass es auch in der Realität vorkommt, dass man im Team Positionen vertreten muss, hinter denen man nicht steht, so entstehen hierdurch doch zumindest ungleiche Voraussetzungen für die Teilnehmer, die sich mit dem vorgegebenen Standpunkt gut identifizieren können, und für die, bei denen das nicht der Fall ist. Da demnach eine hohe Wahrscheinlichkeit für eine Verzerrung der Beobachtungen entsteht, sollte auf die Vorgabe von Standpunkten und Meinungen verzichtet werden.

Eine Variante dieses Vorgehens besteht in der Vorgabe von Rollen, so wird z. B. einem Teilnehmer die Rolle des Vertriebsleiters, einem anderen die des Leiters Controlling, einem dritten die des Personalleiters und schließlich dem vierten Teilnehmer die Rolle des Produktionsleiters zugewiesen. Sollen nun diese Personen über zukünftige Möglichkeiten zur Budgeteinsparung diskutieren, ergeben sich aufgrund der zugewiesenen Rollen unterschiedliche Interessen, die es zu vertreten gilt, die jedoch nicht explizit im Sinne von Standpunkten oder Forderungen vorgegeben sind. Dieses Vorgehen vermeidet die oben geschilderten Probleme, denn die eigentlichen Standpunkte kann der Teilnehmer selbst entwickeln, wenn er sich in die jeweilige Rolle versetzt. Allerdings erzeugt die alleinige Vorgabe von Rollen auf der anderen Seite wiederum keine hohe Identifikation mit der vorgegebenen Position oder Funktion, so dass der „Vertriebsleiter" häufig doch nicht sehr stark aus Vertriebssicht argumentiert. Wird dieser Weg der Vorgabe von Rollen gewählt, so muss berücksichtigt werden, dass gerade bei sehr realitätsnahen Diskussionsthemen keiner der Teilnehmer bevorteilt wird, da er die gleiche Rolle wie im Arbeitsalltag innehat und demnach auch durch entsprechendes Wissen und Fakten überzeugen kann, worüber andere nicht verfügen.

Erarbeitung eines Standpunktes. Eine gute Möglichkeit, um eine möglichst realistische und kontroverse Diskussion zu erreichen, besteht darin, bei den Teilnehmern ein echtes Commitment bezüglich ihres dort vertretenen Standpunktes zu erzielen. Dies erreicht man weniger durch die Vorgabe von Standpunkten und Ansichten, sondern vielmehr durch die individuelle Erarbeitung eines Standpunktes. Gibt man Teilnehmern die Aufgabe, sich mit einer komplexen Problemstellung auseinanderzusetzen, Lösungsalternativen durchzuspielen und sich so schließlich eine Meinung bezüglich der besten Problemlösung zu bilden, so erzielt man die maximale Wahrscheinlichkeit, dass Teilnehmer diese Lösungsansätze in der Gruppe mit realistischem Engagement und persönlichem Commitment vertreten. Für die Konzeption der Gruppenübung bedeutet dies, dass die Aufgabenstellung häufig wie eine Fallstudie oder Übung zur Konzeptentwicklung (vgl. Abschnitt 5.3) formuliert und aufbereitet wird.

So kann z. B. ein Konzept zur Reorganisation eines fiktiven Unternehmensbereiches anhand umfassender Informationen zum Unternehmen in der Vorbereitung auf die Gruppendiskussion entwickelt werden. Ein besonders hohes Commitment gegenüber der eigenen Konzeption wird vor allem dann erzielt, wenn die Teilnehmer zunächst ihre individuellen Konzepte in der Gruppe präsentieren, bevor sie diese mit den anderen Teilnehmern diskutieren. Ziel der Diskussionsrunde ist es dann, zu einer gemeinsam getragenen Lösung zu kommen, nachdem zunächst alle Teilnehmer ihre Lösungsansätze vorgestellt haben. Wichtig ist bei diesem Vorgehen, dass die zur Verfügung gestellten Daten unterschiedlichste Lösungsansätze gleichermaßen nahe legen, so dass tatsächlich Diskussionsbedarf besteht. Die Informationen dürfen nicht zu stark einen Lösungsweg nahe legen, denn sonst besteht die Gefahr, dass die Teilnehmer einheitlich zu dieser Lösung gelangen und wiederum keine rege Diskussion entsteht. In der Konzeption der Übung ist es daher besonders wichtig, die Information von mehreren Personen bearbeiten zu lassen, um Präferenzen hinsichtlich der Lösungsansatze frühzeitig zu erkennen und bei den Übungsmaterialien entsprechend nacharbeiten zu können. Die Diskussion muss jedoch nicht unbedingt auf fiktiven Daten aufbauen. Handelt es sich um interne AC-Teilnehmer, so kann auch auf deren Wissen über das Unternehmen zurückgegriffen und Konzepte für das eigene Unternehmen entwickelt werden. In diesem Falle ist jedoch ebenso kritisch zu überprüfen, wie wahrscheinlich es ist, dass die Teilnehmer tatsächlich zu unterschiedlichen Ansätzen und Konzepten kommen werden und somit tatsächlich eine kontroverse Diskussion sichergestellt ist.

Bereitstellung unterschiedlicher Informationen. Wird die geschilderte Vorgehensweise des Erarbeitens eines eigenen Standpunktes gewählt, so besteht eine weitere Verstärkungsmöglichkeit zur Provokation einer angeregten Diskussion darin, den Teilnehmern zum Teil unterschiedliche Informationen zur Verfügung zu stellen. Diese dürfen nicht widersprüchlich sein (z. B. einmal Daten bezüglich Umsatzrückgang und einmal bezüglich Umsatzwachstum), sondern sie müssen jeweils andere Facetten der fiktiven Situation und Fragestellung beleuchten. So kommt es z. B. dazu, dass ein Teilnehmer aufgrund seines Wissens zum Umsatzrückgang in eine Richtung argumentiert und ein anderer auf Grundlage seines Wissens über die Marktentwicklung zu einer anderen Entscheidung gelangt ist. Auf diese Art und Weise müssen in der Diskussion flexibel neue Aspekte aufgenommen und diskutiert werden. Diese Form des Austausches ist darüber hinaus ausgesprochen realistisch für Diskussionsrunden bestehend aus mehreren Experten oder Vertretern verschiedener Abteilungen. Hierbei ist jedoch darauf zu achten, dass die Teilnehmer, trotz zum Teil unterschiedlicher Informationen, vergleichbare Voraussetzungen zur Entwicklung eines schlüssigen Konzeptes vorfinden, um die Fairness des Verfahrens sicherzustellen. Darüber hinaus sollten die Teilnehmer bereits in der Instruktion darüber informiert werden, dass sie über zum Teil unterschiedliche Informationsgrundlagen verfügen.

Werthaltige Diskussionsthemen. Eine weitere Möglichkeit, Diskussionen mit starker Involviertheit der Teilnehmer zu konzipieren, besteht darin, Themen zu wählen, die „werthaltig" sind und daher leicht die Grundüberzeugungen der Teilnehmer ansprechen. Hierdurch fühlen diese sich leichter veranlasst, sich kontrovers zu äußern als wenn die diskutierten Themen ihnen inhaltlich nahezu egal sind. Eine Möglichkeit hierfür sind ethisch-moralisch relevante Diskussionen, die durchaus nicht abstrakt sein müssen, sondern in eine fiktive Rahmengeschichte eingebunden werden. So können Teilnehmer in einem AC für Führungskräfte aufgefordert werden, anhand von Beschreibungen des Verhaltens mehrerer Führungskräfte in einem fiktiven Unternehmen in einer schwierigen Entscheidungs- oder Veränderungssituation eine Rangfolge der handelnden Personen zu erstellen hinsichtlich deren Verhalten als verantwortungsvolle Führungskraft. Neben der Tatsache, dass die Forcierung einer Rangfolge zu einer sehr kontroversen Auseinandersetzung führt, werden durch Diskussion des „richtigen" Handeln als Führungskraft sehr gut die Grundeinstellungen und Werte der Teilnehmer deutlich und können somit eingeschätzt werden.

Vermeidung des „Megakompromisses". Schließlich ist in Gruppenübungen auch häufig eine Tendenz zur Vertagung der Entscheidung oder zum Suchen eines „Megakompromisses" zu beobachten, der zwar die Interessen aller berücksichtigt, jedoch nicht realistisch umsetzbar wäre. Hierdurch gehen Teilnehmer der Auseinandersetzung aus dem Weg und eine kontroverse Diskussion findet nicht statt. Daher sollte die Instruktion der Gruppenübung eine klare Aussage beinhalten, die deutlich macht, dass in der Runde eine eindeutige Entscheidung getroffen bzw. ein gemeinsames Konzept verabschiedet werden muss. Im Szenario ist dies stets leicht zu begründen durch die Forderung der Unternehmensleitung, eine Entscheidung vorzulegen. Darüber hinaus können auch Rahmenbedingungen definiert werden, die die Planung des „Megakompromisses" unmöglich machen. Diese könnten so aussehen, dass z. B. nicht alle Maßnahmenvorschläge der Teilnehmer berücksichtigt werden können, da das Budget begrenzt und quantifiziert ist.

5.5.2.2 Faire und gezielte Auswertung einer kaum standardisierbaren Situation

Die zweite große Herausforderung der Gruppenübungen besteht darin, dass sie im Vergleich zu allen anderen Übungen am wenigsten standardisierbar sind. Die Möglichkeiten jedes einzelnen, sich in bestimmter Art und Weise in die Gruppe einzubringen, hängen immer auch von der Gruppenzusammensetzung ab. Ist ein Teilnehmer sehr dominant, so beeinflusst dies auch das Verhalten der anderen Teilnehmer, indem sie z. B. besonders nachgiebig reagieren oder auch aktiv den Konflikt eingehen, was sie in einer sehr harmonischen Runde nicht getan hätten. Teilnehmer einer Gruppenübung sind eben keine geschulten Rollenspieler, die das Verhalten anderer Teilnehmer systematisch abtesten (vgl. Abschnitt 5.4.2.3). Diese Schwierigkeit ist übungsimmanent und kann letztendlich auch nicht vollständig vermieden werden. Es gibt lediglich einige Möglichkeiten, damit möglichst sensibel umzugehen:

Zunächst sollten die Beobachter für diese Besonderheiten von Gruppenübungen besonders sensibilisiert werden. Im Rahmen von Beobachterschulungen (vgl. Abschnitt 6.5) sollte diese Problematik daher intensiv thematisiert werden, wenn Gruppenübungen Verwendung finden. Auch eine gewisse Erfahrung der Beobachter mit vielen verschiedenen beobachteten Gruppenübungen hilft, die durch die Gruppenzusammensetzung gegebenen Voraussetzungen in der Bewertung der Beobachtungen entsprechend zu berücksichtigen. Es besteht darüber hinaus auch generell die Gefahr, dass in Gruppenübungen bestimmte Beobachtungsfehler besonders leicht entstehen, so z. B. der Kontrasteffekt (vgl. Abschnitt 6.4). Extremes Verhalten eines Teilnehmers – im Positiven wie Negativen – führt leicht dazu, dass andere Teilnehmer bezüglich desselben Verhaltens genau entgegengesetzt über- oder unterbewertet werden. Ist z. B. ein Teilnehmer herausragend argumentativ geschickt, so kann es passieren, dass die anderen bezüglich ihrer argumentativen Stärke weniger positiv eingeschätzt werden, als dies der Fall gewesen wäre, wenn dieser herausragende Teilnehmer nicht in der Runde anwesend gewesen wäre. Auch für diese Effekte müssen Beobachter in der Beobachterschulung sensibilisiert werden. Außerdem sollte in der Auswertung der Ergebnisse direkt nach der Übung darauf geachtet werden, dass ein Teilnehmer nach dem anderen bewertet wird anstatt alle Teilnehmer zunächst bezüglich der ersten Anforderung zu bewerten, dann bezüglich der zweiten etc. Letzteres würde den Vergleich zwischen den Teilnehmern und damit relative Einschätzungen fördern. Die Bewertung selbst soll jedoch im Normalfall nicht eine relative Aussage in Bezug auf die anderen Teilnehmer, sondern in Bezug auf ein Anforderungsprofil darstellen.

Des Weiteren sollten Beeinflussungen des Teilnehmerverhaltens untereinander dadurch vermieden werden, dass in internen ACs Kollegen, die auch im Alltag häufig zusammenarbeiten, möglichst nicht aufeinandertreffen. Eine solche Situation bedingt zum einen, dass den Teilnehmern die Diskussion eines fiktiven Themas im gewohnten Kollegenkreis eher noch unwirklicher und somit als Schauspiel vorkommt. Zum anderen führt eine gemischte Gruppe von untereinander bekannten und weniger bekannten Diskussionsteilnehmern wiederum zu ungleichen Voraussetzungen.

Darüber hinaus sollte bei Gruppenübungen eine Teilnehmerzahl von fünf, maximal sechs Personen nicht überschritten werden. Auf diese Art und Weise wird zum einen vermieden, dass eher zurückhaltende Personen gerade bei Anwesenheit dominanterer Persönlichkeiten kaum zu Wort kommen. Zum anderen bleibt die Situation auch für unerfahrene Beobachter noch überschaubar. Um diesen Effekt zu unterstützen, empfiehlt es sich, dass sich Beobachter auf zwei oder drei Teilnehmer einer Gruppe konzentrieren, da bei der gleichzeitigen Beobachtung von mehr Teilnehmern die Beobachterqualität entsprechend leidet (für eine Untersuchung dazu siehe z. B. Melchers, Kleinmann & Prinz, 2010).

Da jedoch die Problematik der mangelnden Standardisierbarkeit und Steuerbarkeit von Gruppenübungen nicht endgültig gelöst werden kann, bleibt schließlich nur noch die Empfehlung, Gruppenübungen nur dort zu verwenden, wo sie tatsächlich die Kernaufgaben repräsentieren und diese Übungsart auch nicht aus Gründen der Ökonomie zu überstrapazieren. Nicht selten bestehen ACs aufgrund des Zeitmangels aus mehreren Gruppenübungen, die jedoch die größten methodischen Probleme mit sich bringen. Zu den bereits dargestellten Schwierigkeiten ist noch hinzuzufügen, dass die Gruppenübung häufig die am wenigsten authentischen, spontanen Reaktionsweisen hervorruft. Dies liegt neben den genannten Effekten vor allem auch daran, dass sie den Teilnehmern viel Zeit zur Reflexion der Situation gibt. So gewinnen Beobachter häufig den Eindruck, ein Teilnehmer sage nach einer längeren Zeit der Zurückhaltung innerlich zu sich selbst: „Jetzt muss ich mich aber mal wieder beteiligen“ und wird überraschend wieder aktiv. Im Gegensatz hierzu ist z. B. in einer Gesprächssimulation (vgl. Abschnitt 5.4) spontanes Handeln gefragt, denn im direkten Gespräch mit dem Gegenüber muss permanent agiert werden. Es verbleibt nicht so viel Zeit, sich über sozial erwünschtes Verhalten Gedanken zu machen.

Die einzige Möglichkeit, dieser Problematik Herr zu werden, besteht darin, wie oben geschildert, ein für die Teilnehmer möglichst relevantes Thema zu finden und eine hohe Identifikation mit den vertretenen Standpunkten bei den Diskussionsteilnehmern zu erreichen, damit diese immer voll und ganz in den Diskussionsprozess involviert bleiben. Dies ist z. B. in dynamischen ACs der Fall, in denen die Teilnehmer das gesamte Verfahren gemeinsam als Gruppe bestreiten (vgl. Abschnitt 2.3.3). Hier wird durch eine möglichst interessante und komplexe Aufgabenstellung, die eigenverantwortlich über einen oder gar mehrere Tage von der Gruppe bearbeitet wird, ein hohes Commitment bei den Teilnehmern erzielt und der Situation somit eine positive Eigendynamik verliehen.

Besonders umsichtig sollte die Frage nach der Verwendung einer Gruppenübung in Verfahren mit Teilnehmern aus verschiedenen Kulturen bzw. mit unterschiedlichen Sprachkenntnissen beantwortet werden. Mangelnde Sprachkompetenz bzw. ausgeprägte sprachliche Sicherheit von Muttersprachlern führen gerade in Gruppenübungen, in denen es auch darum geht, Gehör zu finden, Raum einzunehmen und spontan Argumente zu formulieren, zu deutlichen Vor- bzw. Nachteilen einzelner Teilnehmer. Diese können in anderen Einzelübungen von den Beobachtern und Rollenspielern mit mehr Rücksichtnahme aufgefangen werden, als dies zuweilen im Schlagabtausch einer Gruppenübung der Fall ist. Zudem ist gerade die westliche Diskussionskultur im Team mit Unterbrechungen und kritischer Gegenargumentation für manche, beispielsweise asiatische, Kulturen sehr ungewohnt. Ob in einem solchen Falle eine geringe Fähigkeit, mit dieser Diskussionskultur umgehen zu können, bewertungsrelevant ist, oder nicht, diese Frage kann mit Recht unterschiedlich beantwortet werden (vgl. Kapitel 9). Festzuhalten ist jedoch, dass bei der Frage nach einer Verwendung von Gruppenübungen diese Einflüsse auf jeden Fall berücksichtigt werden müssen.

5.5.2.3 Einheitlicher Umgang mit bestimmten wiederkehrenden Verhaltensmustern in der Gruppe

In Gruppenübungen treffen Beobachter immer wieder auf typische Verhaltensmuster von Teilnehmern, die zum Teil Schwierigkeiten in der Bewertung des Verhaltens bedingen. Hierzu gehören vor allem zwei Typen: Der „Stille“ und der „Moderator“.

Der „Moderator“ konzentriert sich in der Diskussionsrunde auf die Steuerung des gemeinsamen Erarbeitungs- und Diskussionsprozesses. Dies führt dazu, dass er seinen eigenen Standpunkt nicht vertritt und auf der inhaltlichen Ebene kaum an der Diskussion beteiligt ist. Wie aber bewertet man ein solches Verhalten? Soll z. B. Zielorientierung bewertet werden, so hat er seine eigentlichen Ziele nicht verfolgt, auf der anderen Seite aber sein persönliches Ziel, nämlich den Prozess möglichst stringent zu steuern, klar erreicht. Dieses Ziel zu verfolgen stellt jedoch völlig andere Anforderungen an einen Teilnehmer. Ein solches Dilemma sollte dadurch vermieden werden, dass bereits in der Instruktion explizit darauf hingewiesen wird, dass sich der Teilnehmer inhaltlich positionieren und keine rein moderierende Rolle einnehmen soll. Darüber hinaus sollten die Beobachter im Rahmen der Beobachterschulung bereits darauf hingewiesen, wie ein solches Verhalten z. B. in Hinblick auf Durchsetzungsvermögen, Überzeugungskraft oder ähnliche Anforderungen zu bewerten ist. Dies ist jeweils von der Operationalisierung der Anforderungen abhängig und daher nicht allgemeingültig festzulegen. Es sollte jedoch im Unternehmen und für einzelne Verfahren klar definiert sein.

Der „Stille" hingegen hält sich insgesamt im Diskussionsgeschehen zurück und hat kaum Redeanteile. In dieser Situation sind einige Anforderungen nicht bewertbar. Dabei handelt es sich vor allem um den Bereich der berufsbezogenen Einstellungen, Werthaltungen und Kompetenzen (z. B. Kundenorientierung, Wirtschaftliches Denken, Gesamtunternehmerisches Denken, Strategische Kompetenz, Analytisch-konzeptionelle Kompetenzen), denn diese beziehen sich nicht auf das gezeigte Verhalten, sondern auf den Inhalt der Beiträge. Wenn jedoch ein Teilnehmer kaum Redebeiträge hatte, können auch die Inhalte seiner Beiträge und die Qualität seiner Ideen nicht sicher bewertet werden. Im Gegensatz hierzu sind jedoch die meisten Anforderungen im Bereich der sozialen Kompetenzen einschätzbar. So ist das Durchsetzungsvermögen bei diesem Teilnehmer sicherlich in dieser Situation sehr gering ausgeprägt. „Nicht-Verhalten", also Passivität, ist daher für manche Anforderungen bewertungsrelevant, für andere nicht. Diesbezüglich sollte sauber unterschieden werden. Sind Anforderungen tatsächlich nicht eindeutig bewertbar, so sollte auch keine Bewertung vorgenommen werden. Auch für diese besonderen Fälle sollten die Beobachter im Rahmen der Beobachterschulung sensibilisiert und ein einheitliches Vorgehen in der Bewertung festgelegt werden.

Eine Möglichkeit, fehlende Einschätzungen aufgrund der Gruppenübung zu verhindern, besteht in der Realisierung einer Kombination aus Präsentation und Gruppendiskussion. Ist es, wie oben dargestellt, Aufgabe der Teilnehmer, ein Konzept zu entwickeln, um es in der Gruppe zu diskutieren, so kann die Diskussion laut Instruktion damit beginnen, dass zunächst jeder Teilnehmer sein Konzept im Team präsentiert. Erst nach den Einzelpräsentationen gehen die Teilnehmer zur Diskussion über. Auf diese Art und Weise haben auch stille Teilnehmer bereits zu Beginn inhaltliche Beiträge erbracht, die die oben dargestellten Anforderungen einschätzbar machen. Ein Beispiel für eine solche Gruppendiskussion mit integrierter Präsentation ist am Ende dieses Kapitels dargestellt.

5.5.3 Konzeption von Gruppenübungen Schritt für Schritt

Schritt 1: Auswahl eines geeigneten Diskussionsthemas

Im ersten Schritt muss ein geeignetes Diskussionsthema gefunden werden. Will man dem Prinzip des Berufsbezugs gerecht werden, so eignen sich prinzipiell zwei Arten von Themen:

- Diskussion eines Themas aus dem realen Unternehmensumfeld, z. B.:
  - Internationalisierungsstrategie des Unternehmens
  - Neue Produktstrategie
  - Steigerung der Produktivität in der Instandhaltung
- Diskussion eines für die Zielposition typischen Themas innerhalb eines fiktiven Umfeldes, z. B.:
  - Auswahl eines potenziellen Kooperationspartners
  - Budgetplanung
  - Krisensitzung aufgrund negativer Presseberichte

Um eine möglichst aussagekräftige und kontroverse Diskussion zu erzielen, sollte die Auswahl des Themas, unabhängig davon um welche der beiden Arten von Diskussionsthemen es sich handelt, anhand der folgenden Fragestellungen erfolgen. Bei einem gut geeigneten Diskussionsthema können viele der Fragen mit „Ja" beantwortet werden.

- Ist die Art des Themas wirklich typisch für die Zielposition?
- Kann sich jeder Teilnehmer aufgrund seiner Vorerfahrung bzw. mit Hilfe der zur Verfügung gestellten Informationen prinzipiell gleichermaßen fundiert in die Diskussion einbringen?
- Ist das Thema geeignet, um Interesse oder gar hohe persönliche Involviertheit der Teilnehmer zu erzeugen?
- Ist es wahrscheinlich, dass verschiedene Teilnehmer auch unterschiedlicher Ansicht sind bzw. zu unterschiedlichen Vorschlägen gelangen?
- Handelt es sich um ein Thema, bezüglich dessen die Standpunkte weit auseinanderliegen können?

Schritt 2: Definition des Rahmenszenarios und der Zielsetzung

Ist ein Thema gefunden, das die verschiedenen aufgeführten Aspekte erfüllt, so muss zunächst entschieden werden, ob die Gruppenübung in ein Rahmenszenario eingebettet werden soll, oder ob die Teilnehmer in ihrer eigenen Rolle in der Gruppe auftreten. Im Falle der Diskussion eines Themas innerhalb eines fiktiven Umfeldes nehmen die Teilnehmer gemeinsam die Rolle eines bestimmten Gremiums, einer Projektgruppe, eines Management-Teams o. Ä. ein. Im Falle der Diskussion eines realen Themas ist dies nicht unbedingt notwendig.

Der Vorteil einer Gruppenübung ohne fiktives Rahmenszenario besteht darin, dass die Teilnehmer weniger leicht den Eindruck gewinnen, eine Rolle spielen zu müssen. Der Vorteil eines definierten Rahmenszenarios besteht hingegen darin, dass sich die Gruppenübung harmonisch in ein eventuell konzipiertes Gesamtszenario eines ACs gemeinsam mit anderen Übungen einfügen lässt. Auch hierdurch verliert die Situation an Künstlichkeit. Darüber hinaus können, wie bereits erwähnt, auch Rollen zwischen den Teilnehmern verteilt werden, die aufgrund dessen verschiedene Interessen vertreten werden.

Bei der Definition des Rahmenszenarios sollte wiederum darauf geachtet werden, dass es die Teilnehmer in eine Situation versetzt, die – falls vorhanden – typisch für die Zielposition ist. Für die oben dargestellten Beispiel-Themen kämen z. B. folgende Rahmensettings in Frage:

Beispiel 18: Rahmensettings für verschiedene Diskussionsthemen

Thema	Rahmensetting
Internationalisierungsstrategie des Unternehmens	Projektgruppe Internationalisierung, bestehend aus Führungskräften verschiedener Abteilungen
Neue Produktstrategie	Meeting der Führungskräfte der Bereiche Marketing und Vertrieb
Steigerung der Produktivität in der Instandhaltung	Teamleitersitzung der Abteilung Instandhaltung
Auswahl eines potenziellen Kooperationspartners	Jour Fixe des Management-Kreises
Budgetplanung	Abteilungsmeeting mit allen Teamleitern
Krisensitzung aufgrund negativer Presseberichte	Teambesprechung im Bereich Public Relations

Zur Definition des Rahmenszenarios gehören darüber hinaus auch eine Beschreibung des aktuellen Anlasses des Meetings sowie – im Falle eines fiktiven Szenarios – umfangreiche Daten zum Unternehmen, dessen Wettbewerbsumfeld etc. Erst wenn das Szenario beschrieben ist, ist es sinnvoll, eine Zielsetzung für die Gruppenübung zu definieren. Die Zielsetzung kann z. B. darin bestehen, eine Entscheidung zu treffen, eine Entscheidungsvorlage zu erarbeiten oder auch einen Projektplan zu erstellen.

Wichtig ist in diesem zweiten Schritt, dass die unter anderem in Abschnitt 5.5.2 aufgeführten Qualitätskriterien und Empfehlungen berücksichtigt werden. Bei einer zielführenden Konzeption eines Rahmenszenarios können die folgenden Fragen mit „Ja" beantwortet werden:

- Erscheint das Rahmenszenario inklusive der Zielsetzung der Gruppenübung in sich schlüssig?
- Ist die von den Teilnehmern zu treffende Entscheidung mehrdimensional angelegt?
- Werden – wenn überhaupt – Rollen an Stelle von Standpunkten vorgegeben?
- Wenn Teilnehmer eine Rolle einnehmen sollen: Ist dies aufgrund der Vorerfahrung für alle gleichermaßen möglich?
- Ist eine eindeutige Empfehlung oder Entscheidung gefordert?
- Wird durch die Rahmenbedingungen ein „Megakompromiss" vermieden?

Schritt 3: Erstellung der Teilnehmerinstruktion

Schließlich werden auch für die Gruppenübung die bisher erarbeiteten Rahmenbedingungen und Zielsetzungen in eine Teilnehmerinstruktion überführt. Eine umfassende Instruktion für eine Gruppenübung sollte folgende Informationen beinhalten:

- Ziel der Übung
- Rolle des Teilnehmers (nimmt er eine fiktive Position ein, oder ist er „er selbst“)
- Bei einem fiktiven Szenario: Aktueller Anlass der Diskussion
- Bei einem fiktiven Szenario: Hintergrundinformationen zum fiktiven Unternehmen je nach Diskussionsthema
- Konkretisierung der Aufgabe, am besten anhand von zu beantwortenden Fragen
- Hinweis auf die Notwendigkeit einer inhaltlichen Diskussion an Stelle der Übernahme einer rein moderierenden Funktion
- Evtl. Hinweis darauf, dass zunächst eine Präsentation der Einzelvorschläge in der Gruppe erfolgen soll (vgl. Abschnitt 5.5.2.1)
- Evtl. Hinweis darauf, dass die Teilnehmer z. T. unterschiedliche Informationen erhalten haben (vgl. Abschnitt 5.5.2.1)
- Hinweis auf die zur Verfügung stehende Zeit für die Vorbereitung sowie die Durchführung der Diskussion

Die Gruppenübung bleibt auch unter Berücksichtigung dieser Empfehlungen eine der methodisch herausforderndsten Übungen. Allerdings ist sie die einzige Übung, die es erlaubt, Teilnehmerverhalten in einer Gruppe zu beobachten. Da jedoch gerade die erfolgreiche Arbeit in Teams zu den zentralen Kernaufgaben vieler Positionsgruppen gehört, wird die Gruppenübung auch weiterhin zum Standardrepertoire des Assessment Centers gehören. Dabei sollte jedoch alles getan werden, um die Aussagefähigkeit dieser Übungsart mit den beschriebenen Mitteln zu maximieren und immer wieder kritisch hinterfragt werden, inwieweit bereits verwendete Gruppenübungen weiter optimiert werden können.

Tool 6: Gruppendiskussion für ein internes Förder-AC

Ziel dieser Übung
In dieser Übung wollen wir beobachten, wie Sie in der Gruppe mit Kollegen zu einem aktuellen Thema aus Ihrem Arbeitsumfeld diskutieren und dabei sowohl Ihre Interessen vertreten als auch eine gemeinsam getragene Lösung zusammen mit den Kollegen erarbeiten. Wir interessieren uns dabei auch dafür, wie Sie inhaltlich argumentieren. Stellen Sie daher Ihre Ansichten im Team dar, und nehmen Sie keine reine Moderator-Rolle ein.

Ihre Situation:
Im Zuge aktueller Maßnahmen innerhalb des Sanierungskonzeptes der XY GmbH hat die Unternehmensleitung eine Arbeitsgruppe ins Leben gerufen, um Konzepte zur Effektivitätssteigerung innerhalb des Unternehmensbereiches Allgemeine Verwaltung zu entwickeln und zu etablieren. Sie sind als Gruppenleiter Allgemeine Verwaltung der Niederlassung Süd Mitglied dieser Arbeitsgruppe, die erarbeiten soll, welche Möglichkeiten bestehen, um die Effizienz dieses Unternehmensbereiches bei gleichzeitiger Sicherstellung der internen Serviceleistungen zu steigern. Die Umsetzung der von der Arbeitsgruppe begleiteten Maßnahmen soll in zwei Jahren erfolgt sein.

Ein erstes kurzes Meeting dieser Arbeitsgruppe, die neben Ihnen noch aus den zwei anderen Gruppenleitern Allgemeine Verwaltung (Niederlassung West und Niederlassung Ost) besteht, hat bereits stattgefunden. Dabei wurde deutlich, dass vor allem Outsourcing-Maßnahmen im Mittelpunkt der Einsparungsmaßnahmen stehen werden. Am Ende der ersten Sitzung haben Sie und Ihre Kollegen sich darauf verständigt, dass zunächst jedes Arbeitsgruppenmitglied ein erstes Grobkonzept zur Effizienzsteigerung im Bereich Allgemeine Verwaltung erstellt, so dass die verschiedenen Ansätze im zweiten Meeting vorgestellt und diskutiert werden können. Sie haben sich darauf geeinigt, dass Ihre Konzepte jeweils folgende Fragestellungen beantworten sollen:

- Welche Stärken und welche Verbesserungsfelder sehen Sie generell in der Allgemeinen Verwaltung?
- Wo sehen Sie neben dem Outsourcing Ansätze zur kurz- und langfristigen Effizienzsteigerung?
- Anhand welcher Kriterien wollen Sie entscheiden, ob ein Dienstleistungsbereich outgesourced werden soll oder nicht?
- Wo sehen Sie dementsprechend Möglichkeiten, durch Outsourcing eine Effizienzsteigerung zu erzielen? Welche Kernkompetenzen sollten jedoch auf keinen Fall outgesourced werden?
- Wie sieht Ihr Vorschlag zum weiteren Vorgehen in der Arbeitsgruppe aus?

Die Unternehmensleitung hat bereits angekündigt, dass im Anschluss an diese Arbeitsgruppensitzung ein erstes Konzept bezüglich Ansatzpunkten und nächsten Schritten präsentiert werden soll. Sie müssen daher am Ende dieses Meetings als Gruppe zu einer eindeutigen Empfehlung bezüglich aller oben aufgeführten Fragestellungen kommen.

Nächste Schritte
Sie haben für die Erarbeitung Ihres Konzepts nun insgesamt **90 Minuten** Zeit. Wir möchten Sie zunächst bitten, eine maximal **10-minütige** Präsentation mit Ihrem persönlichen Vorschlag zu den aufgeführten Fragen in Einzelarbeit zu erstellen. Hierzu können Sie die vorhandenen Präsentationsmedien nutzen. Flip-Chart und Pinnwand werden für Ihre Präsentation zur Verfügung stehen.

Im Anschluss daran treffen Sie mit den zwei Kollegen aus der oben beschriebenen Arbeitsgruppe zusammen. Bei den Kollegen handelt es sich um andere Teilnehmer dieses ACs, die ebenso jeweils ein Konzept zur Effizienzsteigerung entwickelt haben werden. Wir möchten Sie darum bitten, dass zu Beginn der Arbeitsgruppensitzung zunächst jeder individuell seine persönliche Präsentation vor dem Team vorstellt. Für diese Phase sind dementsprechend maximal **30 Minuten** eingeplant. Insgesamt stehen Ihnen und den Kollegen für die Arbeitsgruppensitzung **60 Minuten** zur Verfügung.

Wir wünschen Ihnen nun eine erfolgreiche Vorbereitung der Übung!

5.6 Präsentationen

Präsentationen gehören sowohl zu den methodisch unkompliziertesten als auch am breitesten einsetzbaren Tools im AC. Dies liegt vor allem daran, dass sie inhaltlich nahezu alle Themenfelder abdecken und somit auch sehr viele Anforderungsbereiche abbilden können. Letztlich handelt es sich bei einer Präsentation um eine spezielle Darstellungsform von Inhalten, die auch in anderen Übungen thematisiert werden können. Allerdings folgt die Präsentationsübung dabei, genau wie das Interview, dem Prinzip des „Erzählen lassens". In einer Präsentation kann ein Teilnehmer prinzipiell zu jedem beliebigen Thema und somit auch jedem Anforderungsbereich Stellung beziehen. Er kann davon berichten, wie er bestimmte Situationen bewältigt hat bzw. bewältigen will oder Ergebnisse von unternehmerisch relevanten Analysen und Konzepten vorstellen. Auch seine persönliche Sichtweise zu relevanten Themen kann er in einer Präsentation, ähnlich wie im Interview, darstellen. Im Sinne des Prinzips „Zeigen lassen" können darüber hinaus Anforderungen im kommunikativen Bereich beobachtet werden. Nicht zuletzt aufgrund dieser breiten Anwendbarkeit zur Abbildung verschiedenster Anforderungen sind Präsentationsübungen sehr verbreitet. In diesem Kapitel wird dargestellt, wann der Einsatz von Präsentationen tatsächlich sinnvoll ist, und wie die universellen Einsatzmöglichkeiten von Präsentationsübungen am besten genutzt werden können. Qualitätskriterien für die Entwicklung von Präsentationsübungen geben Hinweise zur Gestaltung von Übungen, in denen Teilnehmer aufgefordert sind, eine Gruppe von Zuhörern zu informieren und für sich und ihre Ansichten zu gewinnen. Schließlich wird Schritt für Schritt erläutert, wie Präsentationsübungen systematisch entwickelt werden.

Tools in diesem Abschnitt:

- Teilnehmerinstruktion für eine im Vorfeld vorzubereitende Präsentation (S. 151 und CD-ROM)

5.6.1 Dafür sind Präsentationen geeignet

Präsentationen gehören, ähnlich wie die Gruppen- und Postkorbübungen, zu den Klassikern der AC-Methodik. Teilnehmer erhalten die Aufgabe, zu einem bestimmten Thema oder einer spezifischen Fragestellung vor einem Auditorium Stellung zu beziehen, Fakten, Ideen und Lösungsansätze zu präsentieren. Dies geschieht zumeist mit Hilfe von üblichen Präsentationsmedien. Inwieweit eignen sich diese Präsentationssituationen wirklich für Eignungs- oder Potenzialaussagen, und inwieweit sind sie repräsentativ für die erfolgsrelevanten Kernaufgaben der Zielpositionen in Assessment Centern? Schon allein aus Gründen der Methodenvielfalt werden Präsentationsübungen nahezu standardmäßig in ACs verwendet. Allerdings werden sie häufig auch für Zielpositionen angewandt, deren Inhaber kaum in die Situation kommen, Präsentationen vor einer größeren Gruppe von Personen zu halten. Bevor man sich daher für diese Form der Übung entscheidet, sollte im Rahmen der Anforderungsanalyse kritisch überprüft werden, ob hiermit tatsächlich repräsentativ Kernaufgaben abgebildet werden. Kernaufgaben können sich z. B. auf folgende Präsentationssituationen beziehen:

- Kundenpräsentationen (z. B. Unternehmens- oder Produktpräsentationen)
- Präsentationen vor internen Gremien (z. B. Lenkungskreis, Unternehmensleitung)
- Präsentationen vor dem eigenen Team (z. B. Vorstellung der Unternehmensziele)
- Schulungspräsentationen (z. B. Produktschulung für neue Mitarbeiter)

All diese verschiedenen Präsentationen, die sich zum einen hinsichtlich des Auditoriums, zum anderen hinsichtlich der präsentierten Inhalte unterscheiden, sind prinzipiell auf das AC übertragbar und in Form einer Präsentationsübung darstellbar. Um das Prinzip des Berufsbezugs zu berücksichtigen (vgl. Abschnitt 1.4.2), könnten also jeweils sowohl Auditorium als auch das Thema in das Szenario einer Präsentationsübung übernommen werden. Alle Kernaufgaben, die mit der Darstellung von Sachverhalten vor einer Gruppe von Zuhörern zu tun haben, sind sehr gut in einer Präsentation abbildbar. Die Grenzen liegen lediglich in der 100 %ig realitätsgetreuen Abbildung sehr großer Auditorien. Zumeist können nur stellvertretend einige Beobachter das Auditorium darstellen.

Hinsichtlich der abbildbaren Anforderungen ist zunächst einmal offensichtlich, dass Präsentationsübungen einige Facetten im Bereich der kommunikativen und sozialen Kompetenzen sehr gut einschätzbar machen, z. B.:

- Überzeugungskraft
- Rhetorik und Ausdrucksvermögen
- argumentative Stringenz
- Begeisterungsfähigkeit
- Kompetenzen im Bereich der Präsentationstechnik

Nutzt man darüber hinaus noch die Möglichkeit, Beobachter nicht nur als stilles Auditorium einzusetzen, sondern auch als kritisches Publikum, das Fragen stellt, Kritik anbringt und rege diskutiert, so sind darüber hinaus auch interaktive Kompetenzen beobachtbar, z. B.:

- Durchsetzungsvermögen
- diplomatisches Geschick
- Souveränität
- argumentative Flexibilität

Betrachtet man die verschiedenen Formen von Präsentationsübungen noch genauer, so stellt man fest, dass die Präsentationsübung über diese übungstypischen Anforderungsbereiche hinaus ein Universal-Tool ist, mit dessen Hilfe tatsächlich alle möglichen Anforderungsbereiche sichtbar gemacht werden können. Wie ist dies zu begründen?

Theoretisch kann jedes erdenkliche Thema zu einem Präsentationsthema gemacht werden. Der Teilnehmer kann zu allen möglichen berufsbezogenen (theoretisch auch zu nicht berufsbezogenen) Fragen Stellung beziehen und dies in Form einer Präsentation tun. Das heißt, in einer Präsentation kann man – genau wie im Interview (vgl. Abschnitt 5.2) – auffordern, sowohl zu verschiedenen Facetten des Anforderungsbereiches „Persönliche Kompetenzen und berufsbezogenen Einstellungen" die eigenen Sichtweisen darzustellen (z. B.: Bitte präsentieren Sie, wodurch sich aus Ihrer Sicht eine verantwortungsvolle Führungskraft auszeichnet, und wie Sie dies in der angestrebten Position als Abteilungsleiter „Interne Dienste" realisieren wollen!) als auch die bisherigen Vorgehensweisen in verschiedenen beruflichen Situationen zu präsentieren (Bitte erstellen Sie eine Präsentation zur Planung Ihres letzten Softwareentwicklungsprojektes inklusive Ihrer Erfahrungen in der Umsetzung!).

Es können jedoch nicht nur typische Fragestellungen aus dem Interview in Form einer Präsentation beantwortet werden. Auch die Ergebnisse einer Konzeptentwicklung (vgl.

Abschnitt 5.3) können in einer Präsentation dargestellt werden. Es bietet sich durchaus an, ein entwickeltes Konzept, z. B. zur Reorganisation eines Unternehmensbereiches, vor der Unternehmensleitung, dargestellt durch einige Beobachter, zu präsentieren. Auf diese Art und Weise werden unternehmerische und analytisch-konzeptionelle Kompetenzen in der Präsentationsübung beobachtbar. Letztlich stellen Präsentationen mit aktiv beteiligter Zuhörerschaft auch eine Form von Gesprächssimulation dar (vgl. Abschnitt 5.4). Befinden sich im Auditorium Mitarbeiter, so sind Facetten der Führungskompetenz abbildbar, handelt es sich um Kunden, so können Anforderungen wie Kundenorientierung, Verhandlungsgeschick etc. eingeschätzt werden.

Die Besonderheit der Präsentationsübungen liegt demnach darin, dass sie genau genommen gar keine eigene Übungsart darstellen, sondern vielmehr eine eigene Darstellungsform, eine besondere Form der Realisierung anderer Übungstypen. Aus diesem Blickwinkel überrascht es nicht, dass in Präsentationen, je nach Auditorium und Thema, alle Anforderungsbereiche sinnvoll abgebildet werden können.

5.6.2 Das macht eine gute Präsentation aus

Präsentationsübungen sind im Vergleich zu anderen Übungsarten relativ unkompliziert in der Anwendung und verursachen nur wenige methodische Schwierigkeiten. Dennoch sollten vor allem zwei wichtige Qualitätskriterien berücksichtigt werden, die den Erfolg einer guten Präsentationsübung ausmachen: *Schaffung von Realitätsbezug* und *Abbildung von Interaktionskompetenzen.*

5.6.2.1 Schaffung von Realitätsbezug

Auch bei Präsentationsübungen ist häufig zu beobachten, dass die in der Realität vorhandenen Rahmenbedingungen und Voraussetzungen nur bedingt berücksichtigt werden. Dies beginnt bereits beim ausgewählten Präsentationsthema. Es besteht tatsächlich kein überzeugender Grund dafür, AC-Teilnehmer aufzufordern, Präsentationen zu halten, die nichts mit den Inhalten zu tun haben, die er auch in einer zukünftigen Zielposition im Rahmen von Präsentationen vertreten muss. Dabei liegt die Grenze der Realitätsnähe selbstverständlich wie in allen anderen Übungen in der Schaffung gleicher Voraussetzungen für alle Teilnehmer. Nehmen mehrere Personen an einem Verfahren teil, so müssen diese bezüglich der inhaltlichen Aufgabenstellung über eine vergleichbare Wissensbasis verfügen bzw. über gleiche Möglichkeiten, sich das erforderliche Wissen anzueignen.

Wird ein realitätsnaher Präsentationsinhalt gewählt, so muss dementsprechend gewährleistet sein, dass der Teilnehmer über die entsprechenden unternehmensspezifischen Informationen verfügt, oder die realistische Präsentationsaufgabe muss in ein fiktives Szenario verlegt werden, was ihr den Charakter einer analytisch-konzeptionellen Übung verleiht. Eine gleichermaßen sehr pragmatische wie zielführende Möglichkeit besteht auch darin, einen externen oder internen Bewerber, der sich auf der angestrebten Position noch nicht gut auskennt, aufzufordern, eine bereits bestehende Präsentation mit vergleichbarer Zielsetzung zum AC mitzubringen und zu halten. Allerdings muss berücksichtigt werden, dass die Vergleichbarkeit zwischen den Teilnehmern hierdurch eingeschränkt wird.

Realitätsbezug bedeutet im Zusammenhang mit Präsentationsübungen darüber hinaus, dass Teilnehmer realistische Rahmenbedingungen vorfinden sollten. Hierzu gehört sowohl eine realistische Vorbereitungszeit als auch möglichst gewohnte Präsentationsmedien. Manche Assessment Center fordern von ihren Teilnehmern, nach einer nur wenige Minuten andauernden Auseinandersetzung mit der Instruktion, eine Stegreifpräsentation zu halten. Hierdurch werden sicherlich Anforderungen wie Stressresistenz und Flexibilität messbar. Gehört das spontane Entwickeln von Stegreifreden zu den Kernaufgaben und Flexibilität und Stressresistenz in diesen Situationen zu den zentralen Anforderungen, dann ist eine solche Instruktion sinnvoll. Allerdings sind diese Kernaufgaben nur für sehr wenige Job-Profile relevant. In anderen Funktionen besteht daher die Gefahr, dass zentrale Anforderungen, die normalerweise an eine gute Präsentation gestellt werden, wie z. B. argumentative Stringenz, Begeisterungsfähigkeit etc., durch Eigenschaften wie Stressresistenz überstrahlt werden, wodurch die Aussagefähigkeit der Übung deutlich eingeschränkt wird.

Um Teilnehmern tatsächlich die Möglichkeit zu geben, ihre für sie typische maximale Leistung zu zeigen, sollte eher das Präsentationsthema komplex und die Vorbereitungszeit dafür lang sein. So kann je nach Thema die Vorbereitungszeit zwei bis drei Stunden betragen. Dies ist zum Beispiel bei Präsentationen in der Form von Ergebnisdarstellungen von analytischen Fallstudien oder Konzeptentwicklungen durchaus realistisch.

Des Weiteren kann die Instruktion für die Präsentationsübung auch durchaus bereits vor dem AC herausgegeben, an die Teilnehmer per E-Mail oder Post versandt und die Präsentation schon vor Beginn des ACs fertiggestellt werden. Diese für den Teilnehmer optimale Vorbereitungszeit führt dazu, dass für die Beobachter deutlich wird, was der Teilnehmer tatsächlich an Leistung erbringen kann, wenn er optimal vorbereitet ist. Darüber hinaus ermöglicht dieses Vorgehen dem Teilnehmer auch, tatsächlich gewohnte Medien, beispielsweise einen Beamer, zu verwenden, denn für die Erstellung einer Power Point-Präsentation ist im Rahmen eines ACs zumeist nicht genügend Zeit vorhanden. Hier muss leider häufig auf Flip-Charts oder andere handgeschriebene Materialien zurückgegriffen werden. Schließlich eignet sich dieses Vorgehen auch sehr gut für die Durchführung von Einzel-Assessments, denn im Gegensatz zum Gruppen-AC besteht die knappe Ressource hier nicht in der Beobachterzeit, sondern in der Zeit des Teilnehmers (vgl. Abschnitt 7.2.2.2). Soll dessen Zeit optimal genutzt werden, so stehen im Laufe der zumeist eintägigen Dauer des Einzel-Assessments kaum mehrere Stunden Vorbereitungszeit für eine Präsentation zur Verfügung. Während also die ausführliche Vorbereitung auf eine Präsentation in einem Gruppenverfahren ein willkommener „Pausenfüller" ist, erhöht die dem Verfahren vorgelagerte Vorbereitung einer Präsentation die Effizienz im Einzel-Verfahren. Organisatorisch ist dabei jedoch zu beachten, dass wenn Teilnehmer gebeten werden, Dateien in elektronischer Form zum Assessment Center mitzubringen, sie eine genaue Instruktion dazu erhalten, in welchem Format die Datei zu erstellen und auf welchem Speichermedium diese mitzubringen ist, um technische Schwierigkeiten zu vermeiden. Sicherer ist es oft, die Teilnehmer zu bitten, die Datei einige Tage vor dem Assessment Center an die für die Organisation verantwortliche Person per E-Mail zu verschicken. So kann die technische Kompatibilität zuvor geprüft werden.

Inhaltlich betrachtet liegt eine weitere Voraussetzung für die Vorbereitung einer Präsentation vor Beginn des ACs selbstverständlich darin, dass es sich um ein Präsentationsthema handelt, das komplex genug ist, so dass es nicht eine „richtige“ Lösung oder einen „richtigen“ Ansatz gibt, sonst bestünde die Gefahr, dass dieses sich bei einem Gruppenverfahren oder auch bei mehreren Teilnehmern einer Einzel-Assessment-Reihe unter einigen Teilnehmern herumspricht und die Voraussetzungen für die Teilnehmer nicht mehr identisch wären. Darüber hinaus besteht zuweilen die Befürchtung, dass bei vorgelagerter Vorbereitung einer Präsentation alle Teilnehmer inhaltlich perfekte Präsentationen halten und die Übung daher nicht mehr genügend differenziert. Diese Befürchtung hat sich jedoch als unbegründet erwiesen. Selbst wenn Teilnehmern explizit gestattet wird, sich durch Internetrecherchen, Gespräche mit Kollegen etc. zu informieren, kommen sie erfahrungsgemäß zu deutlich unterschiedlich guten Konzepten, Schlussfolgerungen und Ideen. Will man die Gefahr einschränken, dass die Präsentation nicht von jemand anderem vorbereitet worden ist und damit die Kompetenz einer anderen Person bewertet wird, so sollte eine ausführliche Diskussion der Präsentation eingeplant werden. In der intensiven Diskussion des Pro und Contra von Konzepten und Ideen sowie der Ableitung bestimmter Darstellungen wird gut ersichtlich, ob ein Teilnehmer sich selbst intensiv mit der Fragestellung auseinandergesetzt hat.

5.6.2.2 Abbildung von Interaktionskompetenzen

Wie bereits dargestellt, besteht in der Präsentation die Möglichkeit, auch Interaktionskompetenzen abzubilden, wenn die Beobachter ein aktives und diskussionsfreudiges Auditorium darstellen. Genau wie in Rollenübungen muss dabei ein adäquates Verhalten der Diskussionspartner des Teilnehmers sichergestellt werden. Sie übernehmen in der Präsentationsübung die Funktion von Rollenspielern, so dass für sie all diejenigen Anforderungen gelten, die an Rollenspieler gestellt werden (vgl. Abschnitt 5.4.2.3). Dies bedeutet zum einen, dass die Beobachter über einen entsprechenden Erfahrungshintergrund verfügen müssen, um mit dem Teilnehmer sowohl inhaltlich als auch rhetorisch auf einer Ebene diskutieren zu können. Zum anderen sollten sie sich nicht dazu verleiten lassen, einen falschen Ehrgeiz zu entwickeln, als „Gewinner“ aus der Diskussion zu gehen. Vielmehr ist es das Ziel, systematisch bestimmte Anforderungen abzutesten, so z. B. zu überprüfen, wie flexibel und diplomatisch der Teilnehmer auf verschiedenste Arten von Fragen und Zuhörertypologien reagieren kann. Dies kann auch bedeuten, dass die Zuhörer sich nicht immer „realistisch“, das heißt nicht wie in der Unternehmensrealität, verhalten sollten. So wäre es zwar realistisch, dass Diskussionen mit dem Präsentator, wenn z. B. ein inhaltlicher Fehler deutlich wird, nur noch um dieses Thema kreisen oder dass Präsentationen sogar abgebrochen werden. Im AC hingegen müssen die Zuhörer dem Teilnehmer die Gelegenheit geben, alle seine Ideen vorzustellen, um ein vollständiges Bild zu erhalten.

Der oben erwähnte Hinweis auf Zuhörertypologien macht darüber hinaus deutlich, dass auch für eine Präsentation, in der die Zuhörer aktiv in die Diskussion mit dem Teilnehmer einsteigen, Rollenspieler-Instruktionen für die Beobachter formuliert werden sollten. Nur so ist sichergestellt, dass diese auch tatsächlich in sich stimmige Charaktere darstellen und sich bezüglich ihrer Grundhaltung vergleichbar kritisch oder unterstützend gegenüber verschiedenen Teilnehmern verhalten.

5.6.3 Konzeption von Präsentationen Schritt für Schritt

Schritt 1: Auswahl einer geeigneten Präsentationsaufgabe

Im ersten Schritt muss nun ein geeignetes Präsentationsthema gefunden werden. Hier kommen vielfältigste Möglichkeiten in Frage, die sich grundsätzlich in vier verschiedenen Kategorien einordnen lassen:

- Selbstpräsentation
- Frei wählbares Thema
- Präsentation zu einem für die Zielposition typischen Thema
- Präsentation der Ergebnisse einer Fallstudie bzw. Konzeptentwicklung

Selbstpräsentation. Bei der Selbstpräsentation handelt es sich um Themenstellungen, die dem Interview entliehen sind (vgl. Abschnitt 5.2). Entsprechend berichtet der Teilnehmer also etwas über sich, seine Erfahrungen, Erwartungen und Pläne. Mögliche Themen sind z. B.:

- Präsentation des Lebenslaufs anhand der wichtigsten Stationen
- Präsentation der persönlichen Motivation und Kompetenz zur Übernahme einer bestimmten Position sowie der wichtigsten Erfolgs- und Misserfolgerlebnisse, inklusive daraus gezogener Konsequenzen
- Präsentation der Erwartungshaltung bezüglich der Zielposition inklusive nächster Karriereschritte

Der Vorteil der Selbstpräsentation liegt vor allem darin, dass relevante personenbezogene Fragestellungen neben dem Interview noch einmal vertieft betrachtet und diskutiert werden können. Gerade bei Personen, die noch wenig Erfahrung auf einer potenziellen Zielposition haben oder bisher noch über gar keine Berufserfahrung verfügen, stellt die eigene Person selbstverständlich ein Präsentationsthema dar, in dem sie sich bereits gut auskennen.

Die Selbstpräsentation verfügt aber auch über einen entscheidenden Nachteil: Sie ist nicht repräsentativ für Präsentationen im Unternehmensalltag. Die oben dargestellten Themen werden kaum Inhalt einer Präsentation im Unternehmenskontext werden. Darüber hinaus ist es hier zwar für die Beobachter möglich, Verständnisfragen zu klären und auch vertieft nachzuhaken. Kontroverse Diskussionen, wie im Falle von realitätsnahen Präsentationen, in denen z. B. vom Teilnehmer entwickelte Konzepte oder Strategien präsentiert werden, sind hier zum einen inhaltlich nicht sinnvoll, zum anderen auch nicht adäquat, wenn ein Teilnehmer von seinen persönlichen Erfahrungen berichtet. Auf der anderen Seite kann die Fähigkeit zur Selbstreflexion gut eingeschätzt werden. Dies gelingt gerade dann besonders gut, wenn die Einschätzung der eigenen Stärken, Schwächen und Motive von den Zuhörern kritisch hinterfragt und Beispiele eingefordert werden.

Frei wählbares Thema. Sollen lediglich die für Präsentationen typischen Anforderungen im kommunikativen und sozialen Bereich eingeschätzt werden, so ist hierfür prinzipiell jedes Präsentationsthema aus dem Berufskontext nutzbar – also auch ein vom Teilnehmer frei wählbares. So kann der Teilnehmer z. B. eine bereits bestehende Präsentation verwenden oder zu einem Thema seiner Wahl eine Präsentation erstellen. Dabei werden häufig in der jüngeren Vergangenheit durchgeführte Projekte oder auch Planungen und Konzepte dargestellt, die bislang noch nicht realisiert werden konnten, für die sich der Teilnehmer jedoch begeistert engagiert. Der Vorteil dieser Vorgehensweise liegt darin, dass der Teilnehmer in einer für ihn sehr realitätsnahen Situation beobachtet wird, nämlich in einer Präsentation, in der er sich inhaltlich sehr sicher fühlt.

Probleme können dann entstehen, wenn die Inhalte der Präsentation so speziell sind, dass die Beobachter sie nicht zu 100 % verstehen oder kritisch hinterfragen können. Daher sollte der Teilnehmer bereits sehr frühzeitig ankündigen, zu welchem Thema er präsentieren möchte, so dass entschieden werden kann, ob sich dieses Thema auch tatsächlich eignet. Bei mehreren Teilnehmern sollte darüber hinaus kritisch betrachtet werden, ob möglicherweise die Vergleichbarkeit der Anforderungen durch diese Vorgehensweise in Frage gestellt wird.

Präsentation zu einem für die Zielposition typischen Thema. Die beste Möglichkeit zur Abbildung der Kernaufgaben einer Zielposition besteht, wenn das Thema der Präsentation unmittelbar in Zusammenhang mit der Zielposition steht und ein Thema so gewählt ist, dass der Präsentationsinhalt typisch für die Position ist. Hier sind genauso viele Varianten denkbar, wie es verschiedene Präsentationsthemen auf einer bestimmten Position gibt.

Eine besondere Form besteht darin, zwar keine dem Alltag entliehene Präsentation zu halten, dennoch aber ein Thema zu wählen, das auf die Zielposition konkret Bezug nimmt. So könnte z. B. ein interner Bewerber, der auf der angestrebten Position ein neues Team mit einer neuen Funktion im Unternehmen aufbauen würde, eine Präsentation dazu halten, wie er das Team aufbauen, strukturieren und im Unternehmen positionieren will. Am Ende dieses Abschnitts ist eine entsprechende Beispiel-Übung dargestellt.

Die Grenzen dieser Variante liegen im Vergleich zu den drei anderen jedoch in der Notwendigkeit eines guten Vorwissens sowohl allgemeiner fachlicher Art als auch in Bezug auf positionsspezifisches Know-how. Will man einem externen Bewerber die gleiche Aufgabe geben, so muss er mit sehr umfangreichem Informationsmaterial versorgt werden.

Präsentation der Ergebnisse einer Fallstudie bzw. Konzeptentwicklung. Eine sinnvolle Alternative zu einem realistischen Präsentationsthema besteht in der Präsentation der Ergebnisse einer analytisch-konzeptionellen Übung (vgl. Abschnitt 5.3). Ist diese trotz des fiktiven Szenarios realitätsnah konzipiert, so können hier sowohl relevante Kernaufgaben sehr gut abgebildet als auch Personen ohne unternehmensspezifisches Wissen mit der Aufgabe betraut werden. Auch für ACs ohne konkrete Zielposition und hinsichtlich des Erfahrungshintergrundes gemischter Teilnehmergruppen ist dies sicherlich die beste Variante.

Der Nachteil der Verwendung einer handlungsorientierten Fallstudie oder Konzeptentwicklung liegt eindeutig in dem vergleichsweise hohen Konzeptionsaufwand.

Schritt 2: Erstellung der Teilnehmerinstruktion

Nachdem nun das Thema der Präsentation definiert ist, gilt es im zweiten Schritt, die Informationen zusammenzustellen, die für die Vorbereitung und Durchführung der Präsentation benötigt werden. Dabei sind die Teilnehmerinstruktionen je nach gewähltem Thema naturgemäß sehr unterschiedlich. Während bei einem frei wählbaren Thema eine sehr knappe Instruktion alle relevanten Informationen vermittelt, müssen im Falle der Präsentation der Ergebnisse einer analytisch-konzeptionellen Übung all die umfangreichen Dokumente einer handlungsorientierten Fallstudie oder Konzeptentwicklung zur Verfügung gestellt werden. Dennoch gibt es einige Informationen, die in jeder Instruktion einer Präsentationsübung enthalten sein sollten:

- Ziel der Übung
- Position des Teilnehmers (nimmt er eine fiktive Position ein, oder ist er „er selbst")
- Konkretisierung der Fragestellung, am besten wiederum anhand von zu beantwortenden Fragen
- Beteiligte Zuhörer und deren Rolle (spielen sie eine Rolle, oder sind sie sie selbst)
- Ankündigung des Verhaltens der Beobachter (aktiv diskutierende oder passive Zuhörer)
- Hinweis auf zur Verfügung stehende Präsentationsmedien bzw. die gewünschte Art der zu erstellenden Materialien (z. B. PowerPoint-Präsentation auf einem USB-Stick mit in das Beobachterteam bringen)
- Hinweis auf die zur Verfügung stehende Zeit für
  - Vorbereitung der Präsentation (bei vorab erstellten Präsentationen Hinweis auf eventuellen vorherigen Abgabetermin),
  - Durchführung der Präsentation,
  - evtl. Diskussion mit den Zuhörern.

Für eine Selbstpräsentation reichen diese Informationen bereits aus, um dem Teilnehmer zu vermitteln, was genau von ihm erwartet wird. Soll der Teilnehmer ein frei wählbares Thema präsentieren, so wird es häufig als hilfreich empfunden, ihm einige Beispiele, z. B. in Form von in der Vergangenheit gewählten Themen, an die Hand zu geben. Auf diese Art und Weise wird die Unsicherheit reduziert, welche Art von Thema wohl geeignet sein könnte.

Wird eine Präsentation zu einem für die Zielposition typischen Thema gewählt, so benötigt der Teilnehmer umfassende Informationen zum aktuellen Anlass der Präsentation inklusive einiger Rahmendaten, die die Problematik der Situation beschreiben. Für externe Teilnehmer müssen diese Informationen sehr umfangreich sein. Da sowohl Teilnehmer als auch Beobachter sich bei dieser Themenstellung in eine fiktive Rolle begeben, sollte der Teilnehmer auch darüber informiert werden, wen die Beobachter darstellen werden, d. h. vor welchem Gremium oder welcher Zuhörergruppe er diese Präsentation halten wird.

Soll der Teilnehmer Ergebnisse einer analytisch-konzeptionellen Übung präsentieren, so erhält er alle Informationen und Dokumente, wie im Falle einer handlungsorientierten Fallstudie oder Konzeptentwicklung (vgl. Abschnitt 5.3). Es werden lediglich die oben aufgeführten präsentationsspezifischen Informationen und der Hinweis auf die Zielgruppe seiner Präsentation ergänzt.

Schritt 3: Erstellung von Beobachter-Materialien und Instruktionen

Neben den Checklisten und Diskussionshilfen, die die Beobachter zur Verfügung gestellt bekommen, wenn sie eine handlungsorientierte Fallstudie oder eine Konzeptentwicklung präsentiert bekommen, gilt es im dritten Schritt, für jede Präsentation, in der Beobachter nicht stille Zuhörer sondern aktive Diskussionspartner sein sollen, Beobachterinstruktionen zu erstellen. In diesen Anleitungen für Beobachter sollten folgende Informationen enthalten sein:

- Tipps zum Abtesten der relevanten Anforderungen durch spezielle Verhaltensweisen und Fragestellungen (vgl. Abschnitt 5.4.2.3)
- Hinweise zur teilnehmerorientierten Verhaltensweise von Rollenspielern, z. B. Vermeidung von Gesprächseskalationen
- Beispielfragen bzw. häufig anwendbare Gegenargumente
- Falls eine Rolle übernommen werden soll: Erläuterung der darzustellenden Person
  - Funktion innerhalb des Unternehmens bzw. Rolle außerhalb des Unternehmens,
  - Charakter und typische Verhaltensweisen in der Diskussion,
  - Standpunkt und Beispielargumente in dieser Rolle.

Auf diese Art und Weise können auch Beobachter ohne umfangreiche Rollenspielerfahrung gute Diskussionspartner in einer Präsentationsübung sein und sowohl relevante Anforderungen im Bereich der Verhaltenskompetenzen sichtbar machen als auch die fachliche Kompetenz – im Falle von positionstypischen Präsentationsthemen – wirksam überprüfen.

Die folgende Teilnehmerinstruktion für eine im Vorfeld des Assessment Centers vorzubereitende Präsentation finden Sie auch auf der CD-ROM.

Tool 7: Präsentationsübung für ein Einzel-Assessment zur Auswahl eines internen Bewerbers

Ziel dieser Übung
In dieser Übung wollen wir beobachten, wie Sie vor einer hochrangig besetzten Runde von Zuhörern ein Konzept präsentieren und die Anwesenden in der Diskussion von Ihnen und Ihren Ideen und Ansätzen überzeugen.

Ihre Situation
Aufgrund von Problemen in der Realisierung von Großprojekten, die in der Vergangenheit größere Verluste verursacht haben, hat die Unternehmensleitung der XY GmbH beschlossen, das Team „Projektmanagement" innerhalb der Abteilung Unternehmensorganisation zu etablieren. Ziel dieses Teams ist es, in Zukunft die professionelle Planung und Steuerung sowie das systematische Controlling von verantwortungsvollen Projekten sicherzustellen. Hierbei handelt es sich vor allem um Projekte zur Neuentwicklung komplexer Produkte zusammen mit Kunden der XY GmbH. Projektmitarbeiter und Teilprojektleiter werden aus den Bereichen Forschung & Entwicklung, Produktion, Einkauf und Vertrieb stammen.

Der Teamleiter „Projektmanagement" hat die verantwortungsvolle Aufgabe, dieses neue Team aufzubauen und zu leiten. Neben der geschilderten Zielsetzung des Teams sind als Rahmenvorgaben bisher lediglich die Anzahl der zukünftigen Teammitarbeiter (10 Personen) bekannt sowie der zeitliche Rahmen, innerhalb dessen der Aufbau des Teams erfolgt und die erfolgreiche Arbeit des Teams sichergestellt sein soll. Dies soll in 18 Monaten der Fall sein.

Die Unternehmensleitung hat Sie nun als zukünftigen Teamleiter „Projektmanagement" aufgefordert, Ihr Konzept zum Aufbau und zur Etablierung des neuen Teams zu präsentieren. Sie erhalten die Gelegenheit, im Rahmen einer regulären Sitzung der Unternehmensleitung Ihr Konzept zu präsentieren und gemeinsam mit den Anwesenden zu diskutieren.

Sie haben im Vorhinein mit einem Vertreter der Unternehmensleitung klären können, zu welchen Fragestellungen Sie in Ihrer Präsentation Stellung beziehen sollen. Dabei haben sich folgende thematische Schwerpunkte herauskristallisiert:

- Welche Aufgabenschwerpunkte sehen Sie aufgrund der definierten Zielsetzung für das Team?
- Wie wollen Sie das Team bezüglich der Aufgabenschwerpunkte verschiedener Funktionsgruppen strukturieren?
- Über welche Qualifikationen müssen die Mitarbeiter der verschiedenen Funktionsgruppen verfügen?
- Wie wollen Sie Schritt für Schritt das Team aufbauen, um schließlich zu der angestrebten Gesamtteamstruktur zu gelangen?
- Welche Positionierung des Teams gegenüber anderen Abteilungen und Schnittstellen im Unternehmen streben Sie an, und wie erreichen Sie diese Positionierung?
- Wie definieren Sie Ihre persönliche Rolle als Teamleiter „Projektmanagement"?
- Wie werden Sie diese verschiedenen Schritte des Teamaufbaus und der Teametablierung nach und nach in den nächsten 18 Monaten realisieren?

Ihre Aufgabe

Sie haben nun bis zum 30. Juli 20XX Zeit, um Ihre Präsentation vorzubereiten. Hierzu können Sie die gebräuchlichen Präsentationsmedien nutzen. Beamer und Flip-Chart werden für Ihre Präsentation zur Verfügung stehen. Sollten Sie darüber hinaus weitere Medien benötigen, informieren Sie bitte Frau XY bis zum 28. Juli. Falls Sie sich für eine PowerPoint-Präsentation entscheiden, so bitten wir Sie, diese auf einem USB-Stick zu speichern und zu Ihrem Einzel-Assessment mitzubringen.

Die Mitglieder der Unternehmensleitung werden im Rahmen des Einzel-Assessments von den anwesenden Beobachtern dargestellt. Richten Sie sich darauf ein, dass Ihre Zuhörer das von Ihnen präsentierte Konzept kritisch hinterfragen und aktiv diskutieren werden. Sie haben für die Präsentation inklusive der Diskussion **30 Minuten** zur Verfügung. Planen Sie daher nicht mehr als **20 Minuten** für die eigentliche Präsentation Ihres Konzeptes ein.

Sollten Sie zu dieser Übung oder zu anderen Details des Einzel-Assessments Fragen haben, so scheuen Sie sich bitte nicht, Frau XY unter der Durchwahl -xxx zu kontaktieren. Sie wird Ihnen gerne weitere Informationen geben.

Wir wünschen Ihnen nun eine erfolgreiche Vorbereitung der ersten Übung!

5.7 Testverfahren

Testverfahren stellen in einem Assessment Center die am stärksten standardisierten Verfahren dar. Eine unternehmensspezifische Entwicklung ist häufig zu aufwändig, und man wird sich darum einer Auswahl aus den gängigen Testverfahren bedienen, wenn man diese in ein Assessment Center integrieren möchte. In diesem Kapitel werden zunächst Chancen und kritische Aspekte im Einsatz von Testverfahren diskutiert. Es wird ein Überblick über die im beruflichen Bereich sinnvollen Verfahrensgruppen gegeben und kurz die Methodik und Funktionsweise von Testverfahren erläutert. Da Testverfahren eine besondere Herausforderung in der Kommunikation gegenüber Teilnehmern darstellen, wird ausführlich und mit konkreten Argumentationshilfen auf die Darstellung von Testverfahren gegenüber Teilnehmern eingegangen. Um eine sinnvolle und fundierte Auswahl von Testverfahren zu ermöglichen, befindet sich in diesem Kapitel auch eine Checkliste zum Erkennen und Beurteilen seriöser Testverfahren sowie ein Überblick über eine Reihe von geeigneten Testverfahren.

Tools in diesem Abschnitt:

- Checkliste zur Auswahl von Testverfahren (S. 160)
- Kommunikations- und Argumentationshilfen in der Darstellung von Testverfahren gegenüber Teilnehmern (S. 162)
- Überblick über gängige Persönlichkeitstests (S. 164)
- Überblick über gängige Intelligenz- und Fähigkeitstests (S. 169)
- Überblick über gängige Konzentrations- und Leistungstests (S. 172)

5.7.1 Dafür eignen sich Testverfahren

5.7.1.1 Chancen und Probleme im Einsatz von Testverfahren

Testverfahren gehören zu denjenigen Bestandteilen eines Assessment Centers, die üblicherweise bei allen Beteiligten am meisten Skepsis hervorrufen. Dafür gibt es die unterschiedlichsten Gründe. Aus Sicht der Teilnehmer ist der Anforderungsbezug bei Testverfahren am schwersten nachzuvollziehen. Während beispielsweise ein Mitarbeitergespräch oder eine Strategiefallstudie einen sehr direkten und unmittelbaren Zusammenhang zu bestimmten beruflichen Aufgaben aufweisen, ist dieser bei einem Intelligenztest, der unter anderem Aufgaben zum räumlichen Vorstellungsvermögen beinhaltet, wesentlich schwerer herzustellen. Für die Teilnehmer ist es daher weniger akzeptabel, dass aus einem solch allgemeinen Test Rückschlüsse auf die Eignung zu sehr spezifischen Aufgaben gezogen werden. Darüber hinaus gibt es meist eine Skepsis gegenüber psychologischen Testverfahren allgemein. Häufig erscheinen diese sehr „invasiv", und Bewerber haben eine gewisse Furcht, „durchschaut" zu werden oder zu einer Offenlegung von ihnen unangenehmen Persönlichkeitsfacetten genötigt zu werden. Viele Unternehmen setzen Testverfahren auch deswegen nicht ein, weil sie den hohen Überzeugungsaufwand scheuen, mit dem der Test intern (beispielsweise gegenüber dem Betriebsrat oder den Führungskräften) und auch gegebenenfalls den Bewerbern gegenüber vermittelt werden muss. Hier erscheint der Nutzen von Testverfahren vielen Unternehmen nicht hoch genug, um diesen Aufwand zu rechtfertigen. Es kommt außerdem noch folgender Aspekt hinzu: Bei sehr wirtschaftsnahen und businessbezogenen Assessment Center-Übungen können Führungskräfte und Personalfachleute durch das Lesen der Übung im Allgemeinen recht gut die inhaltliche Qualität und Substanz bewerten. Einer Konzeptaufgabe oder Strategiefallstudie sieht man an, ob sie in Bezug auf bestimmte Anforderungen sachgerecht und durchdacht ist. Bei Testverfahren ist dieser Bewertungsprozess deutlich schwieriger. Vor allem Intelligenztests, aber auch Persönlichkeitstests sieht ein „Laie" nicht unbedingt an, ob es sich um sachgerechte, seriöse Verfahren handelt. Hinzu kommt, dass nahezu alle seriösen und mit einem wissenschaftlichen Hintergrund entwickelten Testverfahren über lange Zeit nur an Diplom-Psychologen verkauft wurden. Insofern waren solche Unternehmen, die gerne mit Testverfahren arbeiten wollten, aber keinen Diplom-Psychologen zur Verfügung hatten, oft dazu gezwungen, auf weniger fundierte Verfahren auszuweichen, ohne über das Expertenwissen zu verfügen, Stärken und Schwächen dieser Verfahren einzuschätzen. All diese Punkte sind verständlicherweise Hemmnisse, was den Einsatz von Testverfahren in Assessment Centern angeht. Außerdem sind Testverfahren ihrem Wesen nach immer hoch standardisierte Verfahren, die aus Sicht vieler Unternehmen nicht so gut in die oftmals sehr maßgeschneiderten Assessment Center hineinpassen.

Auf der anderen Seite gibt es tatsächlich für eine Reihe von Fragestellungen hochwertige Testverfahren, die einen substanziellen und hilfreichen Beitrag in der Informationsgewinnung über Teilnehmer liefern können. Viele gute Testverfahren sind oft jahrelang und mit großem Aufwand beforscht worden, und es liegen substanzielle Hinweise auf ihre Messgenauigkeit und Prognosefähigkeit vor. Für bestimmte Zielgruppen (z. B. Ausbildungsplatzbewerber) stellen Testverfahren sogar das hochwertigste Auswahlinstrumentarium überhaupt dar. Für die Aussagekraft von Testverfahren in Bezug auf Personalentscheidungen gibt es zahlreiche Belege. Einen Überblick im Vergleich zu und in Kombination mit anderen Verfahren liefern z. B. Schmidt und Hunter (1998). Einen aktuellen Überblick zum Stand der Forschung und der Diskussion zur Bedeutung von Persönlichkeitstests in unternehmerischen Kontexten geben Oswald und Hough (2011). In Gruppen-Assessment Centern lassen sich Testverfahren meist auch deswegen gut integrieren, weil sie die Pausenzeiten der Teilnehmer überbrücken. Es geht also in der Diskussion um Testverfahren gar nicht so sehr um das „Entweder-Oder", sondern viel stärker um die Frage, welche Verfahren für welche Zielgruppe einen sinnvollen Beitrag leisten und persönlich akzeptabel sind. Hierbei steht die Akzeptanz ganz klar im Vordergrund. Selbst ein leistungsfähiges Verfahren, welches Teilnehmern an einem Assessment Center, den Führungskräften und Beobachtern oder dem Betriebsrat nicht vermittelbar ist, wird nicht langfristig eingesetzt werden können.

5.7.1.2 Arten psychologischer Testverfahren

Psychologische Testverfahren können sich auf ganz unterschiedliche Gegenstandsbereiche und Kompetenzen beziehen. Für den Einsatz im Assessment Center sind die folgenden drei Arten psychologischer Testverfahren prinzipiell geeignet (die große Klasse von beispielsweise klinisch-psychologischen Testverfahren wird hier nicht berücksichtigt, da sie im beruflichen Kontext nicht sinnvoll eingesetzt werden können und sollten).

Persönlichkeitstests

Die erste große Gruppe von Testverfahren betrifft solche Instrumente, die sich auf Persönlichkeits- und Charaktereigenschaften beziehen. Im Vordergrund stehen hier Anforderungsbereiche wie z. B. Extraversion, Konfliktverhalten, Einfühlungsvermögen etc. Es ist klar, dass im beruflichen Kontext und im Assessment Center nur solche Persönlichkeitsverfahren zum Einsatz kommen sollten, bei denen die dem Test zugrunde liegenden Anforderungsbereiche direkt berufsrelevant sind. Viele Persönlichkeitstests erfassen Eigenschaften, die das direkte Informationsbedürfnis eines Arbeitgebers offensichtlich überschreiten. Hierzu gehören beispielsweise Anforderungsbereiche wie Hysterie oder Paranoia (beide Anforderungsbereiche stammen aus dem Testverfahren Minnesota Multiphasic Personality Inventory (MMPI) von Hathaway & McKinley; MMPI-2, dt. Bearb. von Engel, 2000), das tatsächlich verschiedentlich auch für den Einsatz in der Personalauswahl empfohlen wird). Es gibt aber durchaus Verfahren, die direkt für den Einsatz im beruflichen Kontext konstruiert worden sind und darum auch ein wesentlich höheres Maß an Akzeptanz finden (z. B. das Bochumer Inventar zur berufsbezogenen Persönlichkeitsbeschreibung (BIP) von Hossiep & Paschen, 2003).

Persönlichkeitstests sind streng genommen immer eine strukturierte Selbstbeschreibung eines Teilnehmers. Zumeist haben sie folgende Struktur: Der Teilnehmer erhält ein Testheft mit unterschiedlichen Statements (z. B. „Ich übernehme in Sitzungen oft die Führung."). Auf einem Antwortbogen gibt der Teilnehmer dann den Grad der Zustimmung oder der Ablehnung zu dieser Aussage an. Aus allen Aussagen gemeinsam ergibt sich dann ein differenziertes Selbstbild des Teilnehmers, eine facettenreiche Selbstbeschreibung. Der Wert eines Persönlichkeitstests im Assessment Center liegt vorrangig darin, dass diese Selbstbeschreibung eines Teilnehmers dazu genutzt werden kann, einen Abgleich mit dem Fremdbild und der Beurteilung durch die Beobachter herbeizuführen. Ergebnisse von Persönlichkeitstests eignen sich in sehr guter Weise dafür, mit den Teilnehmern ein differenziertes Gespräch hinsichtlich ihrer Selbstwahrnehmung und ihrer Wirkung auf andere zu führen. Unter diesem Blickwinkel kommuniziert, sind Persönlichkeitstests (wenn sie wirklich berufsbezogen sind) üblicherweise ohne Akzeptanzprobleme in ein Assessment Center zu integrieren. Mit dieser Philosophie eingesetzt, würden Persönlichkeitstest keinen eigenen Beitrag zu einer Entscheidung liefern, sondern wären lediglich ein Werkzeug, durch das eine tiefer gehende Auseinandersetzung und Gesprächsführung mit den Teilnehmern möglich wird.

Ein häufiger Vorwurf gegenüber Persönlichkeitstests besteht darin, dass diese prinzipiell verfälschbar sind. In einem Intelligenztest kann man sich nicht „schlauer stellen" als man wirklich ist. In einem Persönlichkeitstest können die Ankreuzantworten jedoch tatsächlich mehr oder weniger stark verfälscht werden. Der Vorwurf der prinzipiellen Verfälschbarkeit ist richtig. Es gibt aber hierauf folgende Aspekte anzumerken: Zum einen ist die Verfälschbarkeit in keiner Weise abhängig von der Art der Darbietung der Fragen – ein Interview hat prinzipiell das gleiche Problem. Zum anderen ist es so, dass die Möglichkeit, einen Test zu verfälschen, nicht gleichzeitig bedeutet, dass viele Teilnehmer dies auch tun. Sowohl die Erfahrung wie auch die wissenschaftliche Befundlage (z. B. Converse, Oswald, Imus, Hedricks, Roy & Butera, 2008) zu diesem Punkt zeigen, dass die meisten Teilnehmer ein recht realistisches Bild von sich vermitteln, wenn die folgenden Nebenbedingungen erfüllt sind: Die Teilnehmer wissen, dass die Testergebnisse nicht ausschlaggebendes Entscheidungskriterium sind, und sie wissen darüber hinaus, dass die Ergebnisse Gegenstand eines vertiefenden Gespräches sind, in dem die abgegebene Selbsteinschätzung erläutert und mit Beispielen belegt werden muss.

Intelligenztests und spezielle Fähigkeitstests

Intelligenztests beziehen sich auf die kognitive und intellektuelle Kapazität eines Teilnehmers. Hierbei gibt es ganz grundsätzlich zwei Arten von Testverfahren. Zum einen solche, in denen die „allgemeine Grundintelligenz" gemessen wird. Diese drückt sich dann in dem allseits bekannten IQ (Intelligenzquotienten) aus, durch den repräsentiert wird, wie weit die Intelligenzausprägung eines Teilnehmers vom Durchschnitt der Bevölkerung abweicht. Ein Intelligenzquotient von 100 bedeutet, dass ein Teilnehmer genauso intelligent ist wie der Gesamtdurchschnitt. Steigende und fallende Werte des Intelligenzquotienten weisen auf entsprechend höhere und niedrigere Ausprägungen hin. Die zweite Gruppe von Intelligenztests betrifft solche Testverfahren, die nicht nur auf einen einzigen IQ-Wert abzielen, sondern eher ein Intelligenzprofil darstellen. In diesem Intelligenzprofil werden dann verschiedene Bereiche der kognitiven Leistungsfähigkeit differenziert nebeneinander beschrieben. Hierzu gehören beispielsweise rechnerisches Denken, räumliches Vorstellungsvermögen, Merkfähigkeit, sprachliches Ausdrucksvermögen oder manchmal auch Allgemeinbildung. Neben diesen beiden Arten von Intelligenztests gibt es auch noch sehr spezielle Fähigkeitstests, die auf einige klar umrissene Anforderungen fokussieren. Besonders prominent ist beispielsweise die so genannte „Drahtbiegeprobe" (Lienert, 1967). Bei diesem Test müssen die Teilnehmer aus einem Drahtstück eine Figur auf der Grundlage einer Vorlage biegen. Der Test erfasst die manuelle Geschicklichkeit, mit der dies geschieht. Für bestimmte Tätigkeiten im gewerblichen Bereich hat dieser Test eine gute Vorhersagegenauigkeit. Andere spezielle Fähigkeitstests beziehen sich beispielsweise auf das technische Verständnis oder auf bestimmte Bürotätigkeiten.

Besonders solche Testverfahren, die auf einen allgemeinen IQ-Wert abzielen, haben im Rahmen von Assessment Centern die größten Akzeptanzschwierigkeiten. Der IQ-Wert hat etwas sehr Statisches, Überdauerndes und die Rückmeldung eines schlechten IQ-Wertes möglicherweise auch etwas sehr Brüskierendes und kann eine echte Selbstwertgefährdung beinhalten. Solche Assessment Center-Teilnehmer, die beispielsweise in vielen zwischenmenschlichen Übungen sehr gut abschneiden, denen dann aber aufgrund eines schlechten IQs eine negative Entscheidung zurückgemeldet werden muss, werden sich mit diesem Feedback sehr schwer tun. Obwohl der IQ nachweislich einen hohen Zusammenhang mit dem Berufserfolg in den unterschiedlichsten Bereichen besitzt, werden allgemeine IQ-Tests aus diesem Grunde (in Deutschland zumindest) kaum in Assessment Centern eingesetzt. Eine Ausnahme bildet hier die Testung von Ausbildungsplatzbewerbern.

Intelligenztests, die ein Intelligenzprofil entwerfen, sind bezüglich der Akzeptanz etwas leichter vermittelbar, weil man hier besser erläutern kann, welche Intelligenzbereiche für bestimmte Aufgaben besonders wichtig und grundlegend sind. Allerdings ist auch ihre Anwendung selten (siehe z. B. Schuler, Hell, Trapmann, Schaar & Boramir, 2007). Auch hier liegt der Grund für den seltenen Einsatz sicher nicht in der fehlenden Leistungsfähigkeit dieser Verfahren (die ist nachweislich hoch), sondern in der schweren Kommunizierbarkeit und der Empfehlung, in der Anwendung mit Diplom-Psychologen zusammen zu arbeiten. Unproblematischer stellt sich der Einsatz der speziellen Fähigkeitstests dar. Es gibt mittlerweile eine ganze Reihe von Fähigkeitstests, die unmittelbar auf bestimmte berufliche Aufgaben bezogen werden können (z. B. der so genannte Büroarbeitstest von Lienert & Schuler, 1994, in dem Aufgaben wie Kundenbriefe sortieren, Adressen prüfen und Rechtschreibfehler finden integriert sind). Diese Tests lassen sich für entsprechende Zielgruppen gut im Auswahlverfahren integrieren und leisten oftmals einen zusätzlichen Beitrag, der ansonsten ohne Not vernachlässigt würde.

Konzentrations- und Leistungstests

Im Gegensatz zu Intelligenztests geht es bei Konzentrations- und Leistungstests nicht so sehr um die mögliche kognitive Kapazität, sondern eher um das „Wie". Es geht um Konzentrationsfähigkeit, Belastbarkeit, Aufmerksamkeit etc. Leistungstests werden üblicherweise so gestaltet, dass Teilnehmer unabhängig von ihrer Intelligenz hohe oder niedrige Ausprägungen in der Konzentrationsfähigkeit erreichen können. Diese Tests bestehen darum im Allgemeinen aus sehr vielen leichten Aufgaben (z. B. einfache Kopfrechenaufgaben), damit eine möglichst geringe „Vermischung" der Ergebnisse mit der Intelligenzleistung erfolgt. Bewertet wird dann in einem solchen Test, wie viele dieser Aufgaben in welcher Zeit bearbeitet oder richtig gelöst wurden, was dann als ein Maß für die Konzentrationsfähigkeit gilt. Grundsätzlich haben natürlich auch diese Tests mit entsprechenden Akzeptanzproblemen zu kämpfen, aber da sie meist gut erklärbar und schnell durchführbar sind, gibt es eine Reihe von Anforderungen, bei denen sich diese Tests gut eignen. Dies gilt beispielsweise bei Auswahlverfahren für solche Funktionen, in denen Daueraufmerksamkeit und Konzentration eine besonders wichtige Rolle spielen (z. B. Überwachungstätigkeiten in der Produktion oder Flugsicherung). Bei einer solchen Zielaufgabe fällt es schwer, Assessment Center-Aufgaben zu entwickeln, die mit vergleichbarer Qualität Konzentrationsfähigkeit abbilden können. Darum erscheint der Einsatz von Leistungstests in einem solchen Fall durchaus zielführend und gerechtfertigt. Bei dieser Art von Testverfahren ist oft auch eine PC-Darbietung möglich, womit der Test dann eine noch höhere Parallelität zu vielen Aufgaben aufweist, die Konzentrationsfähigkeit erfordern.

5.7.1.3 Funktionsweise von Testverfahren

Um die Ergebnisse psychologischer Testverfahren sinnvoll interpretieren zu können, ist es hilfreich, einen Einblick darin zu haben, wie sie funktionieren. Die Grundidee aller psychologischen Tests ist es, Menschen im Hinblick auf bestimmte Eigenschaften relativ zum Durchschnitt einer Vergleichsgruppe zu beschreiben. Persönlichkeitseigenschaften, wie z. B. Kontaktstärke, lassen sich eben nicht wie Temperaturen auf einer definierten Skala messen, denn es gibt keinen definierten Nullpunkt, Minus- oder Plus-Bereich, und insofern wäre es schwer, eine allgemeine Kontaktstärke-Skala zu beschreiben. Es ist aber durchaus möglich, zu erklären, dass Person X kontaktstärker ist als Person Y. Es ist darüber hinaus auch möglich zu erklären, dass Person X kontaktstärker ist als der Durchschnitt irgendeiner Vergleichsgruppe. Alle psychologischen Testverfahren funktionieren nach diesem Prinzip.

Zunächst werden Testitems entwickelt, die aus Sicht der Testautoren den zu erfassenden Persönlichkeits-, Intelligenz- oder Leistungsaspekt repräsentieren. Dann wird sich der Testentwickler bemühen, eine möglichst große Menge an Testdaten aus demjenigen Personenkreis zu sammeln, in dem später der Test Anwendung finden soll. Bei seriösen wissenschaftlichen Tests sind dies oft viele tausend Daten, die dem Test zugrunde liegen. Die Summe dieser Daten ist die so genannte „Normierungsstichprobe". Ein Teilnehmer dieses Tests wird in seinem Ergebnis dann mit den Daten der Normierungsstichprobe verglichen. Wenn dieser Testteilnehmer nun einen Wert hat, der genau dem Durchschnitt der Normierungsstichprobe entspricht, so wird dies in dem Test für ihn zu einem mittleren Ergebnis führen. Wenn er aber ein Ergebnis erbringt, welches in der Höhe der Ausprägung nur von ganz wenigen Personen in der Normierungsstichprobe erreicht worden ist, dann wird dieser Teilnehmer einen entsprechend extremen Ergebniswert erhalten. Diese Grundidee, Testteilnehmer relativ zu einer sinnvollen Vergleichsgruppe zu beschreiben, macht den großen Wert und die hohe Sachgerechtigkeit vieler psychologischer Testverfahren aus. Denn für den Anwender ist dies meist genau die Information, die interessant ist, um beispielsweise einen Bewerber mit anderen Bewerbern vergleichen zu können. Seriöse Testverfahren legen deswegen auch viel Wert darauf, eine sehr solide Datenbasis zugrunde legen zu können, um der Aussagekraft des Tests Substanz zu verleihen. Viele weniger seriös entwickelte Testverfahren legen demgegenüber die zugrunde liegende Datenbasis entweder nicht offen oder verfügen vielleicht noch nicht einmal über ein entsprechend überzeugendes Fundament. Erste Voraussetzung und zentrale Basis für einen guten Test ist damit die zugrunde liegende Normierung.

Auf welche Art von Testfragen dieses Prinzip nun angewendet wird, hängt natürlich stark vom inhaltlichen Gegenstandsbereich des Tests ab. Bei einem Persönlichkeitstest ist es beispielsweise meist so, dass zu jeder in dem Test abgebildeten Persönlichkeitseigenschaft etwa 10 bis 15 Fragen gestellt werden. Bei einer Skala „Kontaktfähigkeit" wären dies beispielsweise Fragen wie: „Es fällt mir leicht, auf fremde Menschen zuzugehen." Wenn der Test beispielsweise nur die Beantwortung „ja" oder „nein" zulässt, könnten die Testteilnehmer bei 15 Fragen zwischen 0 und 15 Punkte für diese Skala erhalten. 0 Punkte würden bedeuten, dass man keine einzige Frage im Sinne einer hohen Kontaktfähigkeit beantwortet hat, und 15 Punkte würden dementsprechend darauf hinweisen, dass alle Fragen im Sinne einer hohen Kontaktfähigkeit beantwortet wurden. Der individuelle Wert eines Teilnehmers (z. B. 9 Punkte) würde dann in der oben beschriebenen Form mit dem Durchschnitt seiner Vergleichsgruppe verglichen. Wenn in der Vergleichsgruppe im Durchschnitt 6 Punkte erreicht worden sind, würde dieser Testteilnehmer eine vergleichsweise höhere Kontaktfähigkeit attestiert bekommen. Wenn der Durchschnitt der Vergleichsgruppe jedoch 10 Punkte betragen würde, so würde besagter Teilnehmer eine leicht unterdurchschnittliche Kontaktfähigkeit im Ergebnis aufweisen. Bei Intelligenztests geht man mit der gleichen Logik vor, allerdings haben die Aufgaben dann meist ein anderes Format. Zu einer Anforderungsdimension „räumliches Vorstellungsvermögen" würden dann beispielsweise 15 Unteraufgaben gehören, in denen bestimmte Gebilde gedanklich im Raum gedreht werden müssen o.Ä. Der Weg, zu dem Testergebnis zu gelangen, wäre jedoch der gleiche.

5.7.2 Das macht einen guten Test und einen sinnvollen Testeinsatz aus

5.7.2.1 Gütekriterien von Testverfahren

Um unterschiedliche Tests miteinander vergleichen zu können, hat die Testforschung eine Reihe von Gütekriterien entwickelt, anhand derer bestimmte Eigenschaften eines Tests beschrieben werden können. Wenn sich Testanwender über die Qualität bestimmter Testverfahren informieren wollen, stellen diese Gütekriterien einen guten ersten Anhaltspunkt dar. Alle seriösen Tests werden auf jeden Fall Informationen über die hier genannten Kriterien bereithalten.

Tabelle 6: Gütekriterien von Testverfahren

Gütekriterium des Tests	Inhaltliche Bedeutung
Reliabilität	Die so genannte Reliabilität ist ein Maß für die Messgenauigkeit eines Testverfahrens. Vereinfacht gesagt, beschreibt sie, wie exakt der Ergebniswert eines Teilnehmers seine „wahre Ausprägung" in dieser Eigenschaft abbildet oder mit wie viel Fehlertoleranz bei einem Testeinsatz gerechnet werden muss. Die Reliabilität wird in den Testunterlagen durch einen Wert zwischen 0 und 1 beschrieben. 0 bedeutet hierbei, dass der Test absolut ungenau ist, also völlig beliebige Ergebnisse produziert. Ein Wert von 1 bedeutet dementsprechend, dass der Test völlig exakt die entsprechende Eigenschaft abbildet. Als Richtlinie kann gelten, dass bei Intelligenz- oder Leistungstests eine Reliabilität von 0.7 bis 0.8 erreicht werden muss, bei Persönlichkeitstests wird man mindestens 0.6 erwarten, um sinnvolle Aussagen treffen zu können.
Validität	Die Validität beschreibt die „Gültigkeit" eines Tests, wobei Gültigkeit im beruflichen Kontext fast immer die Prognosegenauigkeit meint. Prognosegenauigkeit bedeutet, wie gut der Test in der Lage ist, tatsächlich die spätere berufliche Bewährung und Leistung vorherzusagen. Für viele Tests liegen auch hierzu Untersuchungen vor. Besonders bei Testverfahren für Ausbildungsplatzbewerber ist relativ gut untersucht, inwieweit diese einen systematischen Zusammenhang beispielsweise zu der späteren Abschlussnote der Berufsausbildung aufweisen. Es hat sich gezeigt, dass die erfolgreiche Absolvierung einer Berufsausbildung tatsächlich bereits zum Zeitpunkt der Bewerbung mit einer überraschend hohen Treffergenauigkeit vorherzusagen ist. Auch die Validität wird üblicherweise mit Werten zwischen 0 und 1 beschrieben. Wegen der meist schwierigen Untersuchungsbedingungen und den vielen Einflussfaktoren (um die berufliche Bewährung vorherzusagen, müssen realistischerweise einige Jahre zwischen dem Zeitpunkt der Testdurchführung und der Betrachtung des Berufserfolges vergehen) gibt man sich bei der Validität mit etwas geringeren Ausprägungen zufrieden als bei der Reliabilität. Man wird aber eine Validität von mindestens 0.3 oder 0.4 erwarten, wenn ein Test einen wirklichen Zusatznutzen zu den anderen Simulationen eines Assessment Centers erbringen soll.
Normierung	Im Hinblick auf die Normierung wird man erwarten können, dass eine ausreichend große Vergleichsdatenbasis aus der relevanten Zielgruppe gegeben ist. Je nach Heterogenität der Zielgruppe sind manchmal 100 Daten ausreichend, manchmal wird man wesentlich größere Datenmengen fordern.

Bei der Interpretation der Gütekriterien von Testverfahren ist allerdings auch immer folgender Aspekt zu bedenken: Bei Testverfahren legt man auch deswegen so strenge Maßstäbe an die Gütekriterien an, weil die sehr standardisierte Darbietungsform eines Tests diese Gütekriterien überhaupt sinnvoll berechnen lässt. Streng genommen kann man natürlich auch ein Interview oder ein simuliertes Mitarbeitergespräch vor dem Hintergrund dieser Gütekriterien betrachten. Genauigkeit in einem Interview würde beispielsweise dadurch ausgedrückt, dass mehrere Interviewer zu sehr ähnlichen Ergebnissen kommen. Dies ist in der Praxis häufig nicht der Fall. Insofern kann als sicher gelten, dass die Reliabilität vieler Interviews deutlich geringer ist als die Reliabilität von Testverfahren. Gleiches gilt für die Vorhersagegenauigkeit von Interviews. Auch um die Normierung ist es oft nicht so gut bestellt, denn es ist bei vielen Interviewern nicht leicht nachvollziehbar, welchen Vergleichsmaßstab und welche Vergleichsgruppe diese heranziehen. Insofern sind die Testverfahren hinsichtlich ihrer Gütekriterien anderen Auswahlinstrumenten sicherlich nicht unterlegen, aber es sind eben die einzigen Verfahren, die anhand der Gütekriterien bewertet werden, daher sind sie in Bezug auf diese Gütekriterien auch am angreifbarsten.

Neben den wissenschaftlichen Gütekriterien gibt es aber eine Reihe von praktischen Anforderungen, denen ein guter Test genügen muss, damit seine Anwendung sinnvoll und akzeptanzförderlich möglich ist. Die folgende Checkliste bietet einen Überblick über diejenigen Aspekte, die man bei der Auswahl von Testverfahren berücksichtigen sollte.

Tool 8: Checkliste zur Auswahl von Testverfahren

Kriterien für einen seriösen und sachgerechten psychologischen Test	
Hintergründe in der Entwicklung des Testverfahrens	
Der Test wurde auf der Grundlage wissenschaftlicher Erkenntnisse konzipiert und entwickelt.	
Es gibt Belege dafür, dass der Test in der relevanten Zielgruppe die gewünschte Fragestellung erfolgreich beantworten hilft.	
Der Testanbieter legt die Belege zur Konstruktion und zur Leistungsfähigkeit des Verfahrens offen und macht so die Testhintergründe nachvollziehbar.	
Die Anforderungsbereiche des Testverfahrens decken sich mit den für die Fragestellung relevanten Dimensionen.	
Die Mindestanforderungen im Hinblick auf die wissenschaftlichen Gütekriterien werden erreicht (Normierungsstichprobe ausreichend groß, Reliabilität>0.6, Validität>0.3).	
Zu jedem Anforderungsbereich des Testverfahrens gibt es eine ausreichende Anzahl von Fragen oder Aufgaben (pro Anforderungsbereich mind. 6 Fragen oder Aufgaben)	

Kriterien für einen seriösen und sachgerechten psychologischen Test	
Materialien für den Testanwender	
In dem Handbuch zum Test werden Anwendung, Auswertung und Interpretation ausführlich und umfassend beschrieben (Durchführungsobjektivität).	
Die Testautoren haben genaue Anwendungsbereiche definiert und berichten im Handbuch über Erfahrungen in der praktischen Testdurchführung.	
Die Teilnehmerinstruktion ist genau beschrieben und definiert, um sicherzustellen, dass alle Teilnehmer den Test unter gleichen Bedingungen bearbeiten.	
Anwendung und Durchführung des Testverfahrens	
Das Verfahren ist für die gewählte Zielgruppe hinsichtlich der Art der Aufgaben oder der Fragen akzeptabel und kommunizierbar.	
Der Test sieht eine transparente Erläuterung der Testhintergründe und Ergebnisse an den jeweiligen Teilnehmer vor.	
Bei Persönlichkeitstests: Die einzelnen Testfragen wirken für den beruflichen Kontext adäquat und beinhalten keine abwegigen oder eigenartig erscheinenden Aspekte.	
Bei Intelligenz- und Fähigkeitstests: Es kann gegenüber den Teilnehmern deutlich gemacht werden, warum ein Zusammenhang der Testdimensionen und der tatsächlichen praktischen Anforderungen plausibel ist.	
Alle Durchführungsschritte sind umfassend erläutert.	
Auswertung und Interpretation der Ergebnisse	
Dem Testverfahren liegen eindeutige Auswertungsregeln und Interpretationshilfen bei.	
Sowohl Auswertung als auch Interpretation werden durch Beispiele beschrieben (z. B. die Bedeutung von „sprachlicher Intelligenz" und die praktischen Zusammenhänge der Ausprägung mit bestimmten Leistungen).	
Das Verfahren gibt Hinweise und Hilfen, wie die Rückmeldung der Ergebnisse an die Teilnehmer zu gestalten ist.	

5.7.2.2 Kommunikation von Testverfahren gegenüber Teilnehmern

Es ist schon mehrfach auf den Aspekt der Akzeptanz von Testverfahren und der in diesem Punkt oft schwierigen Ausgangslage verwiesen worden. Wenn nun Testverfahren eingesetzt werden sollen, ist es darum von besonderer Bedeutung, durch eine gute Kommunikation und fundierte Erläuterung die Akzeptanz bei den Teilnehmern zu erhöhen. Hierzu ist es wichtig, den Teilnehmern die grundsätzlichen Überlegungen zum Testeinsatz und natürlich auch die speziellen Bedingungen des konkreten Tests ausführlich zu erläutern. Die nun folgenden Texte sind so verfasst, dass sie direkt als Gesprächshilfe oder auch schriftliche Vorabinformation in der Kommunikation gegenüber den Teilnehmern genutzt werden können, und beziehen sich auf die allgemeinen Hintergründe zum Testeinsatz. Ergänzend müsste dann jeweils der spezifische Test erläutert werden.

Tool 9: Kommunikations- und Argumentationshilfen in der Darstellung von Testverfahren gegenüber Teilnehmern

Erläuterung von Persönlichkeitstests gegenüber Teilnehmern
Wir möchten Sie als Bestandteil dieses Assessment Centers unter anderem auch darum bitten, diesen Persönlichkeitsfragebogen zu beantworten. Der Grund hierfür ist, dass wir Ihnen mit diesem Fragebogen die Möglichkeit geben wollen, uns eine strukturierte und differenzierte Selbsteinschätzung zu vermitteln. Das Assessment Center ist so aufgebaut, dass Sie von unterschiedlichen Beobachtern in verschiedenen Simulationen beobachtet und eingeschätzt werden. Hierdurch gewinnen wir eine Reihe von Eindrücken über Sie. Auf der anderen Seite ist es so, dass Sie sich selbst sehr gut kennen und sich natürlich in viel mehr Situationen erlebt haben, als wir hier heranziehen können. Dieser Persönlichkeitsfragebogen soll Ihnen darum die Möglichkeit bieten, uns gegenüber darzustellen, wie Sie sich selbst im Hinblick auf verschiedene Anforderungen erleben, die im Rahmen dieses Assessment Centers von Relevanz sind. Dieser Persönlichkeitsfragebogen ist kein „Test" in dem Sinne, dass es richtige oder falsche Antworten gibt. Es gibt unterschiedliche Erfahrungen, Sichtweisen und Herangehensweisen, und wir möchten Ihre individuellen Voraussetzungen kennenlernen. Dieser Persönlichkeitsfragebogen wird nicht direkt in das Assessment Center-Ergebnis einfließen, sondern stellt nur ein Werkzeug dar, um die verschiedenen Beobachtungen und Eindrücke zu Ihrer Selbsteinschätzung in Beziehung zu setzen und diesen Vergleich von Selbst- und Fremdbild zu einem vertieften Gespräch mit Ihnen zu nutzen. Wir werden Ihnen das Ergebnis des Persönlichkeitsfragebogens ausführlich erläutern und gemeinsam mit Ihnen interpretieren.
Erläuterung von Intelligenztests und speziellen Fähigkeitstests gegenüber Teilnehmern
Wir möchten Sie als Bestandteil dieses Assessment Centers unter anderem auch darum bitten, diesen Fähigkeitstest zu bearbeiten. Der Grund für den Einsatz dieses Testverfahrens liegt in folgender Überlegung: Im Rahmen der anderen Assessment Center-Übungen bearbeiten Sie überwiegend solche Übungen und Simulationen, in denen Ihre sozialen und zwischenmenschlichen Fähigkeiten im Vordergrund stehen, z.B. in der Gruppensituation oder in einem simulierten Gespräch. Für die Anforderungen, die wir in diesem Assessment Center abbilden möchten, sind allerdings zu einem gewissen Teil auch Ihre intellektuellen und analytischen Fähigkeiten wichtig. Wir möchten diese Anforderungsbereiche nun auch zum Bestandteil dieses Assessment Centers machen, ohne dabei aber im Hinblick auf unterschiedliche fachliche Voraussetzungen die Fairness gegenüber verschiedenen Teilnehmern in Frage zu stellen. Dieser Fähigkeitstest gibt uns nun die Möglichkeit, Ihre Fähigkeiten im analytischen Bereich kennenzulernen, ohne dass Sie dafür irgendeine Art von Vorwissen verwenden müssen. Bitte bedenken Sie, dass dieser Fähigkeitstest nur eine Facette unter mehreren darstellt. Im Anschluss an die Testauswertung werden wir Ihnen Ihr persönliches Ergebnis sehr gern ausführlich erläutern.

Erläuterung von Konzentrations- und Leistungstests gegenüber Teilnehmern
Wir möchten Sie als Bestandteil dieses Assessment Centers unter anderem auch darum bitten, diesen Konzentrationstest zu bearbeiten. Ihnen ist ja bekannt, dass eine hohe Konzentrationsfähigkeit und Aufmerksamkeit eine wichtige Voraussetzung für die in diesem Assessment Center relevanten Aufgabenbereiche darstellt. Diejenige Art von Konzentration, die Sie exakt bei den entsprechenden tatsächlichen Aufgaben benötigen, können wir hier natürlich nicht simulieren. Wir benutzen daher einen Konzentrationstest, bei dem nachgewiesen ist, dass er die Konzentrationsfähigkeit unabhängig von der spezifischen Aufgabe sehr gut erfassen und darstellen kann. In diesem Test werden Ihnen inhaltlich sehr einfache Aufgaben begegnen. Insofern geht es nicht um Ihre Intelligenz oder Ihr Analysevermögen. Es geht in diesem Testverfahren vielmehr darum, wie viele Aufgaben Sie in der vorgegebenen Zeit richtig bearbeiten und wie viele Flüchtigkeits- oder Sorgfaltsfehler Ihnen dabei unterlaufen. Im Anschluss an die Testauswertung werden wir Ihnen Ihr persönliches Ergebnis sehr gern ausführlich erläutern.

5.7.3 Überblick über gängige und geeignete Testverfahren

Grundsätzlich gibt es drei mögliche Quellen für Testverfahren. Zum einen gibt es eine Reihe von sehr einfachen und kleinen Testverfahren, die mit allen Materialien in Buchform erschienen sind. Diese Tests eignen sich zumeist nicht für den Einsatz in einem Assessment Center, sondern sind eher als Verfahren zur Selbsterfahrung gedacht und können eventuell im Rahmen von Trainings oder Coachings Einsatz finden. Die zweite Bezugsquelle sind Testverlage. In Deutschland spielt hierbei die Testzentrale in Göttingen die absolut dominierende und maßgebliche Rolle. Fast alle der im Folgenden dargestellten Testverfahren sind über die Testzentrale in Göttingen (www.testzentrale.de) zu beziehen. Der Grund dafür, dass in dieser Übersicht fast ausschließlich Verfahren der Testzentrale aufgeführt sind, hängt damit zusammen, dass diese Verfahren auf einer wissenschaftlichen Grundlage basieren und sich die Aufstellung auf eben diese Verfahren fokussiert. Dementsprechend nachvollziehbar sind für den Anwender die Konstruktion und die Gütekriterien des Verfahrens. Bei den Verfahren der dritten Bezugsquelle liegen diese Informationen häufig nicht vor. Es handelt sich dabei um solche Verfahren, die von privaten Vertriebsgesellschaften, vor allem aber Personal- und Unternehmensberatungen, entwickelt und verkauft werden. Die Beratungen haben ein Interesse daran, dass die Auswertung eines Tests nur über sie möglich ist, um die Exklusivität im Hinblick auf das Verfahren nicht zu verlieren. Aus diesem Grunde können bei solchen Testverfahren dem Anwender viele Hintergrundinformationen nicht überlassen werden, da dieser sonst selbstständig zu einer Auswertung und Interpretation in der Lage wäre. Dementsprechend sind oft auch bei diesen Verfahren Qualität und Konstruktionshintergrund für den Außenstehenden nicht so leicht beurteilbar. Es gibt einzelne Ausnahmen, auf die in den späteren Tabellen verwiesen wird. Die folgenden Tabellen haben keinen Anspruch auf Vollständigkeit. Allein die oben erwähnte Testzentrale hat mehrere Hundert Testverfahren im Angebot. Die Tabellen sollen lediglich beispielhaft einzelne Verfahren darstellen, die zu den oben beschriebenen unterschiedlichen Testtypen und Testarten gehören (siehe Tool 10–12).

Tool 10: Überblick über gängige Persönlichkeitstests

Testverfahren (Bezugsquelle in Klammern)	Hintergründe zur Konstruktion des Verfahrens	Erfasste Persönlichkeits-dimensionen	Bewertung des Tests vor dem Hintergrund des Einsatzes im Assessment Center
16-Persönlichkeits-Faktoren-Test Revidierte Fassung (16 PF-R) Schneewind, K. A. & Graf, J. (1998). (Bezug über OPP, www.opp.eu.com/de/)	Der 16 PF gehört zu den ältesten und am meisten beforschten Persönlichkeitstests überhaupt. Ursprünglich hatte der Testautor Cattell zunächst persönlichkeitsbeschreibende Begriffe in der Sprache untersucht und schrittweise die häufigsten und differenziertesten Begriffe zur Persönlichkeitscharakterisierung extrahiert. Im Laufe vieler Jahre Forschung blieben schließlich 16 Persönlichkeitsfacetten übrig, die nach Cattell diejenigen Persönlichkeitseigenschaften repräsentieren, die im Wesentlichen für Unterschiede zwischen Menschen verantwortlich sind.	Die Persönlichkeitsdimensionen des 16 PF werden in Gegensatzpaaren dargestellt: – Sachorientierung vs. Kontaktorientierung – Konkretes Denken vs. Abstraktes Denken – Emotionale Störbarkeit vs. Emotionale Widerstandsfähigkeit – Soziale Anpassung vs. Selbstbehauptung – Besonnenheit vs. Begeisterungsfähigkeit – Flexibilität vs. Pflichtbewusstsein – Zurückhaltung vs. Selbstsicherheit – Robustheit vs. Sensibilität – Vertrauensbereitschaft vs. Skeptische Haltung – Pragmatismus vs. Unkonventionalität – Unbefangenheit vs. Überlegtheit – Selbstvertrauen vs. Besorgtheit – Sicherheitsinteresse vs. Veränderungsbereitschaft – Gruppenverbundenheit vs. Eigenständigkeit – Spontaneität vs. Selbstkontrolle – Innere Ruhe vs. Innere Gespanntheit	Der 16 PF ist im Prinzip ein gut kommunizierbares, akzeptables und wissenschaftlich fundiertes Instrument. Ein Einsatz im Assessment Center ist vor diesem Hintergrund möglich. Ein Problem ist, dass sich die Begrifflichkeiten des 16 PF normalerweise nicht direkt in die Sprache übersetzen lassen, in der im Allgemeinen berufliche Anforderungen beschrieben werden. Einige Dimensionen („Innere Gespanntheit") sind sehr erklärungsbedürftig. Der 16 PF eignet sich damit sicherlich mehr für ein Orientierungscenter oder Personalentwicklungs-Assessment Center als für ein echtes Auswahl- und Selektionsverfahren.

Testverfahren (Bezugsquelle in Klammern)	Hintergründe zur Konstruktion des Verfahrens	Erfasste Persönlichkeitsdimensionen	Bewertung des Tests vor dem Hintergrund des Einsatzes im Assessment Center
Bochumer Inventar zur berufsbezogenen Persönlichkeitsbeschreibung (BIP) Hossiep, R. & Paschen, M. (2003). 2., vollst. überarb. Aufl. Göttingen: Hogrefe. (Bezug über die Testzentrale, www.testzentrale.de) (Testsieger Online-Tests, FINANZtest 11/2004, Online-Durchführung: www.hogrefe.de/bip-online/)	Dem BIP liegt kein wissenschaftliches Persönlichkeitsmodell zugrunde, sondern das Verfahren wurde explizit entlang den Bedürfnissen der praktischen Anwendung konzipiert. Hierbei wurden in einer Expertenbefragung die wesentlichen im Berufsleben relevanten Anforderungsbereiche zusammengefasst und darauf aufbauend der Test erstellt.	– Leistungsmotivation – Gestaltungsmotivation – Führungsmotivation – Gewissenhaftigkeit – Flexibilität – Handlungsorientierung – Sensitivität – Kontaktfähigkeit – Soziabilität – Teamorientierung – Durchsetzungsstärke – Emotionale Stabilität – Belastbarkeit – Selbstbewusstsein	Durch die hohe begriffliche Parallelität der im BIP erfassten Anforderungsbereiche ist zumeist eine sehr hohe Anbindung der Ergebnisse an Assessment Center-Ergebnisse möglich. Das Verfahren ist für die Teilnehmer sehr transparent und durch den klaren Berufsbezug in hohem Maße akzeptabel. Begründet liegt dies darin, dass das BIP zu den wenigen wissenschaftlichen psychologischen Testverfahren gehört, die explizit für den Einsatz in der Personalbeurteilung entwickelt worden sind. Die Bearbeitungsdauer liegt bei ca. 45 Minuten.
California Psychological Inventory (CPI) Gough, H. G. (1975). Palo Alto, CA: Consulting Psychologists Press.	Der CPI ist ein sehr altes und viel beforschtes Instrument. Die Testautoren erklären, dass das Verfahren „kulturübergreifende Alltagskonzepte“ misst (eine Behauptung, die sich beim Blick auf die erfassten Persönlichkeitsdimensionen nur schwer nachvollziehen lässt).	– Dominanz – Erfolgspotenzial – Geselligkeit – Soziales Auftreten – Selbstbejahung – Eigenständigkeit – Mitgefühl – Verantwortlichkeit – Soziale Anpassung – Selbstanpassung – Guter Eindruck	Das Verfahren wird an dieser Stelle nur aufgeführt, weil die Testautoren es nachhaltig für den Einsatz in der Führungskräfteauswahl empfehlen. Die teilweise sehr skurril wirkenden Items („Meine Mutter war eine gute Frau“) lassen eine große Skepsis angeraten erscheinen, ob man diesen Fragenbogen wirklich Führungskräften vorlegen will. Der Test basiert im Wesentlichen auf solchen Fragen, die in den 30er und 40er

Testverfahren (Bezugsquelle in Klammern)	Hintergründe zur Konstruktion des Verfahrens	Erfasste Persönlichkeits-dimensionen	Bewertung des Tests vor dem Hintergrund des Einsatzes im Assessment Center
(Bezug über CPP, www.cpp.com)		– Konventionalität – Wohlbefinden – Toleranz – Leistung durch Anpassung – Leistung durch Unabhängigkeit – Einsatz von Intelligenz – Psychologisches Feingefühl – Flexibilität – Rationalität/Intuition – Managementpotenzial – Arbeitsorientierung	Jahren in den Vereinigten Staaten entwickelt wurden, und die mit der heutigen Lebens- und Erfahrungswirklichkeit in der Wirtschaft kaum mehr etwas zu tun haben („Eine Dusche ist mir lieber als eine Badewanne"). Die Durchführungsdauer wird mit 35 Minuten angegeben (Kurzversion 10 Minuten)
Leistungsmotivationsinventar (LMI) Dimensionen berufsbezogener Leistungsorientierung Schuler, H. & Prochaska, M. (2001). Göttingen: Hogrefe. (Bezug über die Testzentrale, www.testzentrale.de)	Das LMI basiert auf verschiedenen psychologischen Untersuchungen und Theorien zur Leistungsmotivation und bezieht sich explizit auf den beruflichen Kontext.	– Beharrlichkeit – Dominanz – Engagement – Erfolgszuversicht – Flexibiliät – Flow – Furchtlosigkeit – Internalität – Kompensatorische Anstrengung – Leistungsstolz – Lernbereitschaft – Schwierigkeitspräferenz – Selbstständigkeit – Selbstkontrolle – Statusorientierung – Wettbewerbsorientierung – Zielsetzung	Das LMI eignet sich sehr gut als ergänzendes Testverfahren im Assessment Center. Gerade auf Grund der Tatsache, dass das LMI ausschließlich auf Motivation und Antriebe fokussiert, bietet es eine sehr gelungene Ergänzung zu den oftmals eher verhaltensnahen Assessment Center-Anforderungdimensionen. Das LMI eignet sich sehr gut dazu, berufliche Interessen und Zielsetzungen der Teilnehmer diskutierbar zu machen. Die Durchführung des Gesamttests dauert ca. 35 Minuten, eine zehnminütige Kurzform ist ebenfalls verfügbar.

Testverfahren (Bezugsquelle in Klammern)	Hintergründe zur Konstruktion des Verfahrens	Erfasste Persönlichkeitsdimensionen	Bewertung des Tests vor dem Hintergrund des Einsatzes im Assessment Center
NEO-Fünf-Faktoren Inventar nach Costa u. McCrae (NEO-FFI) Borkenau, P. & Ostendorf, F. (2008). 2., neu norm. u. vollst. überarb. Aufl. Göttingen: Hogrefe. (Bezug über die Testzentrale, www.testzentrale.de)	Der NEO-FFI erfasst nur fünf Persönlichkeitsfacetten. Diese haben sich aber in einer Vielzahl von Studien als geeignet erwiesen, wesentliche Teile der Unterschiede zwischen Menschen zu beschreiben. Seit 2008 liegt eine neu normierte, überarbeitete Fassung des Tests vor.	– Neurotizismus – Extraversion – Offenheit für Erfahrung – Verträglichkeit – Gewissenhaftigkeit	Auf Grund der wenigen Dimensionen bietet der NEO-FFI nur einen ersten Eindruck. Der Test ist aber sehr kurz (10 Minuten Durchführungszeit), in hohem Maße akzeptabel und kann problemlos in ein Assessment Center integriert werden, wenn eine eher grobe Beschreibungsebene ausreichend erscheint.
NEO-Persönlichkeitsinventar nach Costa u. McCrae, rev. Form (NEO-PI-R) Ostendorf, F. & Angleitner, A. (2004). Göttingen: Hogrefe. (Bezug über die Testzentrale, www.testzentrale.de)	Das revidierte NEO-PI-R erfasst mit 240 Items die Hauptbereiche interindividueller Persönlichkeitsunterschiede. Darüber hinaus besteht die Möglichkeit einer differenzierten Messung der Hauptskalen durch insgesamt 30 Facetten.	30 Facetten der Hauptskalen aus dem NEO-PI-R (s. o.)	Das NEO-PI-R ermöglicht eine vollständige Erfassung des Fünf-Faktoren-Modells. Die Bearbeitungsdauer beträgt ca. 35 bis 45 Minuten.
Occupational Personality Questionnaire (OPQ) SHL Group. (Bezug über die Beratungsgesellschaft SHL, www.shl.com)	Der OPQ ist eines der wenigen Testverfahren, das trotz der Tatsache, dass es über eine Beratungsgesellschaft vertrieben wird, in hohem Maße wissenschaftlich fundiert ist und auch Aufmerksamkeit in vielen wissenschaftlichen Fachpublikationen erhalten hat. Ähnlich wie das BIP basiert das Verfahren allerdings weniger auf einem wissenschaftlichen Persönlichkeitsmodell als auf den Anforderungen der Praxis.	Der OPQ erfasst insgesamt 30 berufsbezogene Eigenschaften und liefert damit ein recht facettenreiches Bild. Die 30 Eigenschaften sind den folgenden Anforderungsbereichen zugeordnet: – Zwischenmenschliches Verhalten – Denkstil – Motivation.	Der OPQ kann ohne Probleme in viele Assessment Center integriert werden. Die Bearbeitungsdauer liegt bei etwa 30 Minuten.

Testverfahren (Bezugsquelle in Klammern)	Hintergründe zur Konstruktion des Verfahrens	Erfasste Persönlichkeitsdimensionen	Bewertung des Tests vor dem Hintergrund des Einsatzes im Assessment Center
Benchmarks Lombardo, M. et al. (1997). Dt. Bearb. (Nähere Informationen: www.cc.org)	Benchmarks ist aus Forschungsarbeiten am Center for Creative Leadership, Greensboro, North Carolina, USA entstanden. Wissenschaftler und Praktiker gingen der Frage nach, wie sich erfolgreiche Führungskräfte verhaltensbezogen entwickeln und welche Persönlichkeitsmerkmale sie besitzen sollten, um erfolgreich zu sein.	Der Fragebogen besteht aus drei Teilen. In ihnen werden Verhaltensbereiche erfasst, die sich auf Erfolgsfaktoren in der Führungsarbeit beziehen und dabei Konfliktlösungspotenzial oder Kooperationsbereitschaft erfassen. Auch Fragen zur Selbstorganisation und dem Umgang mit neuen, herausfordernden Aufgaben sind enthalten.	Das Testverfahren Benchmarks erfasst neben einer Selbstbeschreibung Fremdeinschätzungen aus drei verschiedenen Perspektiven. Die Fremdsicht kommt dabei auf der Grundlage von Kollegen-, Mitarbeiter- und Führungskräfte-Rückmeldungen zu Stande und stellt somit eine sinnvolle Erweiterung der Beurteilerperspektive des Assessment Centers dar, vor allem zu Entwicklungszwecken.
professional assessment by computer for training and selection (pro facts) Etzel, S. & Küppers, A. (2000). (Bezug über das Apparatezentrum, www.apparatezentrum.de)	pro facts möchte wesentliche Vorteile von Assessment Centern (AC) und psychologischen Testverfahren in einem einzigen Instrument vereinen: Einerseits werden wie im AC realistische Situationen aus dem Berufsalltag vorgegeben, andererseits sind die Verfahren ökonomisch durchzuführen und objektiv auszuwerten. Das Testsystem besteht aus zwei verschiedenen Teilen mit unterschiedlichem Szenario: Fit fürs Management und Fit for Sales. Erfasst werden wesentliche Fähigkeiten, die bei unternehmerischen, organisatorischen und verkäuferischen Aufgabenstellungen relevant sind.	1. Persönliche Kompetenzen 2. Soziale Kompetenzen 3. Berufliche Kompetenzen	Als selbstständig durchführbares Verfahren eignet sich pro facts im Rahmen von Assessment Center zur Selbstbeschreibung auf einer Vielzahl von Dimensionen. Der allgemein gehaltene Aufgabencharakter erlaubt zudem die Anwendungsmöglichkeit in vielen Branchen und Berufsfeldern. Die Dauer variiert zwischen 30 und 75 Minuten.

Tool 11: Überblick über gängige Intelligenz- und Fähigkeitstests

Testverfahren (Bezugsquelle in Klammern)	Hintergründe zur Konstruktion des Verfahrens	Erfasste Anforderungsbereiche	Bewertung des Tests vor dem Hintergrund des Einsatzes im Assessment Center
Bochumer Matrizentest (BOMAT – advanced –) Hossiep, R, Turck, D. & Hasella, M. (1999). Göttingen: Hogrefe. (Bezug über die Testzentrale, www.testzentrale.de)	Der BOMAT ist ein sprachfreier Intelligenztest, der ausschließlich mit grafischen Matrizen arbeitet. Der BOMAT ist explizit für den gehobenen Leistungs- und Fähigkeitsbereich entwickelt worden. Der BOMAT hat nachweislich in dieser Zielgruppe eine sehr hohe Differenzierungskraft. Im Gegensatz zu Intelligenzstrukturtests wird über den BOMAT allerdings lediglich eine Kenngröße für die Allgemeinintelligenz ermittelt. Der BOMAT – advanced – liegt auch als short version vor, dessen Bearbeitungszeit gegenüber dem Vorgänger um eine halbe Stunde gesenkt wurde.	Allgemeinintelligenz im hohen kognitiven Leistungsbereich	Der BOMAT eignet sich dann für den Einsatz im Assessment Center, wenn analytische und intellektuelle Anforderungen einen zentralen Bereich des Anforderungsprofils ausmachen. Hier ist er beispielsweise bei Hochschulabsolventen gut einsetzbar. Für andere Zielgruppen (z. B. Azubis) ist der Test zu schwer. Die Langversion nimmt einschließlich Übungsitems mehr als anderthalb Stunden in Anspruch.
Drahtbiegeprobe (DBP) Lienert, G. A. (1967). 2., verb. Aufl. Göttingen: Hogrefe. (Bezug über die Testzentrale, www.testzentrale.de)	Die Drahtbiegeprobe sei hier als Beispiel für einen sehr spezifischen Fähigkeitstest aufgeführt. Sie ist seit mehr als 40 Jahren im Einsatz und hat für die Teilnehmer eine sehr hohe wahrnehmbare Parallelität zu Anforderungen, die manuelles Geschick erfordern. Die Teilnehmer sind aufgefordert, einen Draht (unter Beachtung von Formrichtigkeit und Sauberkeit) nach einer Vorlage zu biegen.	Manuelle Geschicklichkeit	Die Drahtbiegeprobe eignet sich sehr gut für Auswahlverfahren, in denen auch manuelle Fähigkeiten getestet werden müssen, was sich durch klassische Assessment Center-Übungen üblicherweise nicht abbilden lässt. Die Zielgruppen sind hierbei natürlich in erster Linie gewerbliche Auszubildende.

Testverfahren (Bezugsquelle in Klammern)	Hintergründe zur Konstruktion des Verfahrens	Erfasste Anforderungsbereiche	Bewertung des Tests vor dem Hintergrund des Einsatzes im Assessment Center
Intelligenz-Struktur-Test 2000 R (I-S-T 2000 R) Liepmann, D., Beauducel, A., Brocke, B. & Amthauer, R. (2007). 2., erw. u. überarb. Aufl. Göttingen: Hogrefe. (Bezug über die Testzentrale, www.testzentrale.de)	Der I-S-T 2000 R ist ein umfassender Intelligenzstrukturtest, der auf viele verschiedene Anforderungsbereiche fokussiert. Hiermit bildet der I-S-T 2000 R einen umfassenden Überblick über die zentralen Facetten der intellektuellen Leistungsfähigkeit.	– Verbale Intelligenz – Figural-räumliche Intelligenz – Rechnerische Intelligenz – Verbale Merkfähigkeit – Figurale Merkfähigkeit – Schlussfolgerndes Denken – Verbales Wissen – Figural-bildhaftes Wissen – Numerisches Wissen – Fluide Intelligenz – Kristallisierte Intelligenz	Der I-S-T 2000 R dauert – in Abhängigkeit von den eingesetzten Testmodulen – zwischen 77 und 130 Minuten und erfordert eine sehr genaue Testleitung in der Durchführung. In vielen Assessment Centern wird es darum aus rein organisatorischen Gründen nicht so einfach sein, das Verfahren zu integrieren. Wenn aber eine umfassende Intelligenzbeurteilung gewünscht ist, liefert der I-S-T 2000 R ohne Zweifel sehr fundierte Ergebnisse.
Arbeitsprobe zur berufsbezogenen Intelligenz, Büro- und kaufmännische Tätigkeiten (AZUBI-BK) Görlich, Y. & Schuler, H. (2010). 2., überarb. u. erw. Aufl. mit Schablonenauswertung. Göttingen: Hogrefe. (Bezug über die Testzentrale, www.testzentrale.de)	Die AZUBI-BK stellt eine Mischform aus Intelligenztest und Arbeitsprobe dar. Beruflich relevante Fähigkeitsbereiche werden in verschiedenen Arbeitsproben, die jeweils im Büroumfeld (z. B. E-Mail-Posteingang, Verkaufszahlen, Protokolle) angesiedelt sind, getestet. Es gibt ein Grundmodule und ein Kurzmodul. Die erzielten Werte in Bezug auf gängige Gütekriterien qualifizieren die AZUBI-BK als vollwertigen Intelligenztest.	– Sprachliche Fähigkeiten – Rechnerische Fähigkeiten – Gedächtnis – Bearbeitungsgeschwindigkeit – Bearbeitungsgenauigkeit – Konzentration – Gewissenhaftigkeit	Das Verfahren erzielt hohe Werte bei Teilnehmern hinsichtlich Fairness und Akzeptanz und kann für eine Zielgruppe von Auszubildenden sehr gut eingesetzt werden. Das Grundmodul dauert 65 Minuten, das Postmodul 27 Minuten, das Kurzmodul alternativ 30 Minuten.
Der Zahlen-Verbindungs-Test (ZVT) Oswald, W. D. & Roth, E. (1987). 2., überarb. u. erw. Aufl. Göttingen: Hogrefe. (Bezug über die Testzentrale, www.testzentrale.de)	Der ZVT erfasst die basale, allen Intelligenzleistungen zugrunde liegende, kognitive Leistungsgeschwindigkeit und wird von den Autoren als weitestgehend unabhängig von anderen Einflüssen charakterisiert. Die extrem kurze Durchführungszeit ermöglicht es, mit diesem Test eine pragmatische Abschätzung der Grundintelligenz vorzunehmen.	Kognitive Leistungsgeschwindigkeit	Da dieser Test in 5 bis 10 Minuten durchführbar ist und auch für den unteren kognitiven Fähigkeitsbereich geeignet ist, kann der ZVT ohne weiteres in Assessment Centern mit etwas weniger anspruchsvollen Profilen integriert werden.

Testverfahren (Bezugsquelle in Klammern)	Hintergründe zur Konstruktion des Verfahrens	Erfasste Anforderungsbereiche	Bewertung des Tests vor dem Hintergrund des Einsatzes im Assessment Center
Bonner Postkorb-Module (BPM) Musch, J., Rahn, B. & Lieberei, W. (2001). Göttingen: Hogrefe. (Bezug über die Testzentrale, www.testzentrale.de)	Bei den „Bonner Postkorb-Modulen (BPM)“ handelt es sich um die vier Postkörbe „CaterTrans“, „Chronos“, „Minos“ und „AeroWings“. Sämtliche Materialien sowie der Auswertungsschlüssel wurden offen gelegt. Als Schwachpunkt erweist sich die bestehende empirische Befundlage: Sie ist unzureichend und fällt teilweise nachteilig für die Verfahren aus.	– Analyseverhalten – Organisation & Planung – Entscheidungsverhalten	Die Bonner Postkorb-Module lassen sich in bestehende Assessment Center-Verfahren einfach integrieren und sind auf Grund transparenter Auswertungs-Checklisten gut nachvollziehbar. Anwender, die großen Wert auf wissenschaftliche Gütekriterien legen, dürften jedoch mit den vorliegenden Befunden zur Validierung und Normierung der vier Verfahren noch nicht zufrieden sein.
scales cut-e (Bezug über cut-e, www.cut-e.de)	cut-e ist ein Anbieter psychometrischer Instrumente, der diese kreativ gestaltet und gleichzeitig wissenschaftlich fundiert. Die Durchführung erfolgt webbasiert.	Diverse, z. B. – Induktiv-logisches Denken – Informationskompetenz – Numerische Kompetenz – Mechanisch-Technisches Verständnis – Bildliches Denken – Sprachlogisches Denken.	Die Tests sind, solange die technischen Voraussetzungen geschaffen werden können, sehr gut und flexibel in Assessment Center integrierbar. Sie können nach Bedarf zusammengestellt werden, demnach variiert die Dauer erheblich.

Tool 12: Überblick über gängige Konzentrations- und Leistungstests

Testverfahren (Bezugsquelle in Klammern)	Hintergründe zur Konstruktion des Verfahrens	Erfasste Anforderungsbereiche	Bewertung des Tests vor dem Hintergrund des Einsatzes im Assessment Center
Test d2-Revision (d2-R) Aufmerksamkeits-Belastungs-Test Brickenkamp, R., Schmidt-Atzert, L. & Liepmann, D. (2010). Göttingen: Hogrefe. (Bezug über die Testzentrale, www.testzentrale.de)	Der d2 ist ein bewährter und über viele Jahre erforschter Aufmerksamkeitstest. Die Teilnehmer haben die Aufgabe, auf einer vollen Seite mit vielen d, p, b, die jeweils von mehreren Strichen umgeben sind, alle d mit zwei Strichen anzustreichen (daher der Name d2). Seit 2010 liegt diese revidierte Fassung mit bewährten Items, aber veränderter Instruktion und Auswertung vor.	– Tempo und Sorgfalt des Arbeitsverhaltens – Individuelle Aufmerksamkeits- und Konzentrationsleistung	Der d2 ist wegen seiner kurzen Durchführungszeit (inkl. Auswertung werden nur wenige Minuten benötigt) problemlos in Assessment Centern mit entsprechenden Anforderungsbereichen integrierbar.
Frankfurter Aufmerksamkeits-Inventar 2 (FAIR-2) Moosbrugger, H., Oehlschlägel, J. & Steinwascher, M. (2011). 2., überarb., erg. u. normenaktual. Aufl. Bern: Huber. (Bezug über die Testzentrale, www.testzentrale.de)	Vom Grundgedanken her ähnelt das FAIR dem Aufmerksamkeits-Belastungs-Test d2. Hier gilt es, aus verschiedenen visuellen Reizen bestimmte Dinge zu markieren. Seit 2011 liegt eine Neuauflage mit erweiterten und aktualisierten Normen vor.	Aufmerksamkeit und Konzentration	Ähnlich wie beim Aufmerksamkeits-Belastungs-Test d2 zeichnet sich das FAIR durch eine schnelle Durchführung (10 Minuten) und gute Integrierbarkeit in ein Assessment Center aus.
Konzentrations-Leistungs-Test – Revidierte Fassung – (KLT-R) Düker, H. & Lienert, G. A. Neubearbeitung durch: Lukesch, H. & Mayrhofer, S. (2001). Göttingen: Hogrefe. (Bezug über die Testzentrale, www.testzentrale.de)	Der KLT-R ist ein bewährtes und oftmals eingesetztes Verfahren zur Messung von Leistungsquantität und -qualität bei Dauerbeanspruchung. Der Test besteht im Wesentlichen aus einfachen Kopfrechenaufgaben, wobei sowohl die Menge der in der vorgegebenen Zeit bearbeiteten Aufgaben als auch die Fehlerquote Berücksichtigung finden.	Quantität und Qualität der Leistung bei Dauerbeanspruchung	Wie die beiden anderen hier dargestellten Tests kann auch der KLT-R relativ problemlos in ein Assessment Center integriert werden und liefert im Gegensatz zu den obigen beiden Verfahren noch etwas mehr Hinweise auf den Leistungsverlauf eines Teilnehmers über die Zeit hinweg. Aus diesem Grunde benötigt der Test auch eine Durchführungszeit von ca. 20 Minuten.

Literaturhinweise zu diesem Kapitel

Anderson, N. & Witvliet, C. (2008). Fairness Reactions to Personnel Selection Methods: An international comparison between the Netherlands, the United States, France, Spain, Portugal, and Singapore. *International Journal of Selection and Assessment, 16,* 1–13.

Arthur, W. Jr. & Day, E.A. (2011). Assessment Centers. In S. Zedeck (Ed.), *APA Handbook of Industrial and Organizational Psychology* (Volume 2: Selecting and Developing Members for the Organization, pp. 205–235). Washington: APA.

Converse, P.D., Oswald, F.L., Imus, A., Hedricks, C., Roy, R. & Butera, H. (2008). Comparing Personality Test Formats and Warnings: Effects on Criterion-related Validity and Test-taker Reactions. *International Journal of Selection and Assessment, 16,* 155–169.

Engel, R.R. (Hrsg.) (2000). *Minnesota Multiphasic Personality Inventory 2 (MMPI-2).* Bern: Huber.

Faerber, Y. & Stöwe, C. (2004). Wie Sie im Interview die richtigen Mitarbeiter auswählen. In Y. Faerber & C. Stöwe (Hrsg.), *Karrierefaktor Mitarbeiter führen* (S. 13–50). Planegg: Haufe.

Huffcutt, A.I. & Culbertson, S.S. (2011). Interviews. In S. Zedeck (Ed.), *APA Handbook of Industrial and Organizational Psychology* (Volume 2: Selecting and Developing Members for the Organization, S. 185–203). Washington: APA.

Kanning, U.P., Pöttker, J. & Gelléri, P. (2007). Assessment Center-Praxis in deutschen Großunternehmen. Ein Vergleich zwischen wissenschaftlichem Anspruch und Realität. *Zeitschrift für Arbeits- und Organisationspsychologie, 51* (4), 155–167.

Krause, D.E. & Kersting, M. (2008). „Is it all about intelligence?" Kognitiver Fähigkeitstest und Assessment Center: Ein neuer Blick auf eine kontrovers diskutierte Befundlage. In W. Sarges & D. Scheffer (Hrsg.), *Innovative Ansätze für die Eignungsdiagnostik* (S. 343–353). Göttingen: Hogrefe.

Lienert, G.A. & Schuler, H. (1994). *Revidierter Allgemeiner Büroarbeitstest (ABAT-R).* Göttingen: Hogrefe.

Melchers, K.G., Kleinmann, M. & Prinz, M. (2010). Do assessors have too much on their plates? Rating quality and the number of simultaneously observed candidates in assessment center group discussions. *International Journal of Selection and Assessment, 18,* 329–341.

Oswald, F.L. & Hough, L.M. (2011). Personality and Its Assessment in Organizations: Theoretical and Empirical Developments. In S. Zedeck (Ed.), *APA Handbook of Industrial and Organizational Psychology* (Volume 2: Selecting and Developing Members for the Organization, pp. 153–184). Washington: APA.

Schmidt, F.L. & Hunter, J.E. (1998). The validity and utility of selection methods in personnel psychology: Practical and theoretical implications of 85 years of research findings. *Psychological Bulletin, 124* (2), 262–274.

Schuler, H., Hell, B., Trapmann, S., Schaar, H. & Boramir, I. (2007). Der Nutzen psychologischer Verfahren der externen Personalauswahl in deutschen Unternehmen. *Zeitschrift für Personalpsychologie, 6,* 60–70.

Stöwe, C. & Paschen, M. (in Druck). Gruppendiskussionen. In W. Sarges (Hrsg.), Management-Diagnostik (4. Auflage). Göttingen: Hogrefe.

Thornton III, G.C. & Krause, D.E. (2009). Selection versus development assessment centers: An international survey of design, execution and evaluation. *International Journal of Human Resource Management, 20,* 478–498.

6 Beobachten und Bewerten

Wie in allen Situationen, in denen Menschen Urteile über andere Menschen abgeben sollen, ist auch im Assessment Center die absolute Objektivität ein utopisches Ideal. Dennoch ist es anzustreben, dass die über individuelle Kandidaten gesammelten Informationen so wenig wie möglich von willkürlichen Meinungen, Wertungen und auch Definitionen einzelner Beobachter abhängen. Ziel eines Assessment Centers ist es, die Kompetenzen und Potenziale der Teilnehmer im Hinblick auf die gestellten Anforderungen einzuschätzen. Daher nimmt der anspruchsvolle Prozess der Beobachtung und Bewertung im Gesamtprozess AC eine Schlüsselrolle ein. Nach Abschluss des Assessment Centers ist für Teilnehmer und Unternehmen das einzig Greifbare, was bleibt, die Beurteilung und Einschätzung mit ihren Konsequenzen.

Dieses Kapitel befasst sich damit, wie der Vorgang des Beobachtens und Bewertens im Assessment Center systematisiert und professionalisiert werden kann. Es beschreibt, wie man sowohl bei dimensions- als auch bei aufgabenorientierten Profilen mittels konkreter Bewertungskriterien und Operationalisierungen zu geeigneten Beurteilungsinstrumenten kommt, um einigen willkürlichen Tendenzen entgegen zu wirken und möglichst viele wertvolle Informationen des sehr komplexen Wahrnehmungs- und Beobachtungsvorgangs zu systematisieren, um diese in ein möglichst aussagekräftiges Gesamtergebnis zu integrieren. Das Kapitel wird durch umfangreiches Praxismaterial und Beispiele für Bewertungskriterien zu dimensions- und aufgabenbezogenen Anforderungsprofilen abgerundet. Nach der Auseinandersetzung mit den Bewertungskriterien wird auf die Frage nach der passenden Skala eingegangen, aufgrund derer die Beurteiler Einschätzungen und Differenzierungen vornehmen sollen. Es werden anschließend klare Empfehlungen gegeben, wie sich ein Beobachterteam zusammensetzen sollte und wie dieses geschult werden kann. Da es beim Prozess von Wahrnehmung und Beurteilung aufgrund psychologischer Phänomene zu bestimmten Verzerrungen kommt, wird auf psychologische Einflussgrößen im Beurteilungsprozess eingegangen.

Tools in diesem Kapitel:

- Ablaufplan eines Beobachtertrainings (S. 198)
- Folien für ein Beobachtertraining (CD-ROM)

6.1 Standardisierung der Beobachtung durch Beobachtungs- und Bewertungsbögen

Einfluss auf die Qualität der Beobachtung und Bewertung haben drei wesentliche Faktoren: erstens die Einflussgröße „Beobachter", auf deren Auswahl, Aufgaben und Schulung in den Abschnitten 6.3.4 und 6.5 eingegangen wird; zweitens die Einflussgröße „Beobachtungsbögen", die eine Standardisierung der Beobachtungen erlauben und drittens die Einflussgröße „Beobachtungsprozess", der den Beobachtungsrahmen vorgibt und ebenfalls für Standardisierung sorgt. In diesem Abschnitt geht es um die Nutzung und Konzeption von standardisierten Beobachtungs- und Bewertungsbögen, bevor in Abschnitt 6.3. der Beobachtungsprozess beleuchtet wird.

Ausgangssituation für die Konzeption eines Assessment Centers ist das Anforderungsprofil (vgl. Kapitel 4), mit dem die erfolgsrelevanten Anforderungen erfasst werden. Die Grundüberlegung ist, dass diejenigen Personen voraussichtlich erfolgreich in einer Position agieren werden, die diese Anforderungen erfüllen. Voraussetzung dafür, dass ein Assessment Center ein sinnvolles Instrument zur Personalauswahl und -entwicklung darstellt, ist es daher, dass innerhalb des Assessment Centers die angestrebten Anforderungen möglichst genau beobachtet werden können. Beobachtungs- und Bewertungsbögen sollen es den Beobachtern ermöglichen, ihre Bewertungen in allen Assessment Center-Situationen auf konkrete Verhaltensbeobachtungen zu stützen, anhand derer sie ihre Bewertungen begründen können. Zudem helfen systematische Beobachtungsinstrumente dabei, die Aufmerksamkeit der Beobachter auf die für die Bewertung relevanten Facetten und Themenfelder zu lenken. Mittels konkreter Bewertungskriterien und deren Operationalisierung wird sichergestellt, dass die einzelnen geforderten Anforderungen differenziert bewertet werden können. Eine Anforderung wird also messbar gemacht oder operationalisiert. Beispiel 19 beschreibt, wie eine solche Operationalisierung für die Anforderung „Teamfähigkeit" aussehen kann.

Beispiel 19: Operationalisierung der Dimension Teamfähigkeit

Übung: Gruppendiskussion
Anforderung: Teamfähigkeit

Operationalisierung:

- Bringt sich mit Redebeiträgen aktiv in das Team ein.
- Befragt alle Teammitglieder nach deren Meinung.
- Lässt Kollegen ausreichend Redeanteile und unterbricht nicht.
- Zeigt Interesse darin, Kollegen zu unterstützen.
- Wird bei sachlich unterschiedlicher Meinung nicht persönlich angreifend oder verletzend.
- Zeigt bei guten Argumenten Kompromissbereitschaft.
- Möchte für die Gruppe ein gutes Ergebnis erzielen.

Bei der Operationalisierung ist nicht nur eine strukturierende, sondern auch eine inhaltliche Aufgabe zu leisten. Hier soll noch einmal darauf hingewiesen werden, wie wichtig es ist, bei der Anforderungsanalyse so konkret wie möglich zu werden.

Zugegebenermaßen ist bei einer solchen Operationalisierung ein gewisser normativer Anspruch systemimmanent: Es wird recht genau definiert, wie ein Teilnehmer sich zu verhalten hat, damit er beispielsweise als teamorientiert gilt. Jedoch gibt es praktisch keine Alternativen zu dieser Vorgehensweise, denn die Aussagekraft von Pauschalurteilen hat sich nicht bewährt und wird von den Teilnehmern aufgrund der hohen Willkür zu recht als unakzeptabel empfunden. Die Kunst des Arbeitens mit standardisierten Bewertungssystemen ist es also zunächst einmal, intelligente und aussagekräftige Operationalisierungen und Verhaltensanker zu finden, die auch dem Anforderungsprofil und dem Kompetenzmodell gerecht werden (s. a. nächster Abschnitt). Wie standardisiert im Verlauf des Beurteilungsprozesses mit den Ankern umgegangen wird und welchem Stellenwert auch eine qualitative Einschätzung und Interpretation der Ergebnisse zukommt, ist teilweise sehr unterschiedlich und wird im nächsten Abschnitt (6.2) behandelt.

Die systematische Beurteilung anhand von standardisierten Beobachtungsbögen bietet einige wesentliche Vorteile für die Praxis:

Zunächst einmal wird sichergestellt, dass die Ergebnisse unterschiedlicher Teilnehmer vergleichbar werden, da ein Beobachter in unterschiedlichen Beobachtungen stets die gleichen Kriterien und Operationalisierungen zugrunde legen kann. Sie haben damit nicht nur die Funktion von Messinstrumenten, sondern dienen auch als Checkliste. Außerdem wird sichergestellt, dass eine Einschätzung anhand des Anforderungsprofils getroffen wird. Neben den positiven Auswirkungen, die dadurch für Entscheidungsträger entstehen, fördert dieser Effekt die durch die Teilnehmer wahrgenommene Fairness und beeinflusst somit positiv die Akzeptanz des Verfahrens.

Ein weiterer Vorteil besteht darin, dass unterschiedliche Beobachter einheitliche Messkriterien zur Bewertung der Leistungen der Teilnehmer zugrunde legen, die auch konform mit dem Anforderungsprofil sind. Wenn Bewertungskriterien im Vorfeld festgelegt werden, wird implizit bereits eine genaue Definition der Anforderung vorgenommen. Dass dieses nicht selbstverständlich ist, soll das Beispiel 20 verdeutlichen. Eine einheitliche Definition ist auch unter Effizienzgesichtspunkten für die Auswertung ein echter Vorteil von standardisierten Beobachtungen.

Beispiel 20: Kontroverse Einschätzung einer Dimension bei fehlender Definition

> Es geht darum, einen Gruppenleiter für ein Unternehmen auszuwählen. Dazu wird ein Assessment Center durchgeführt. A hat sich beworben und wird von B und C eingeschätzt. Eine wichtige Anforderung betrifft das Führungsverhalten, und dieses Thema wurde auch im Interview besprochen. Nach dem Interview ist B der Meinung, das Führungsverhalten von A sei brillant, da A erläuterte, dass er stets versucht, partnerschaftlich mit seinen Leuten umzugehen. A ist immer zur Stelle, wenn man ihn braucht, und er tut alles für seine Leute. A kann sogar einige konkrete Verhaltensbeispiele benennen. C ist da ganz anderer Meinung. Er vertritt die Einstellung, dass A deutliche Schwächen in seinem Führungsverhalten aufweist, da er zu viel für seine Mitarbeiter tut und nicht in der Lage ist, „Nein" zu sagen. B und C brauchen also zunächst einmal ein gemeinsames Verständnis von Führungsverhalten, bevor sie A sinnvoll einschätzen können. Zwar ist die Anforderung „Führungsverhalten" festgelegt, aber in keiner Weise definiert.

Einen weiteren wesentlichen Beitrag im Assessment Center leisten standardisierte Bögen zur Verhaltensbeobachtung letztendlich auch im Hinblick auf die Transparenz und Rückmeldbarkeit, denn der Beurteiler hat eine gute Grundlage, um Rückmeldung zu geben und Ergebnisberichte zu formulieren.

Mit einer Systematisierung der Beobachtung im Assessment Center durch den Einsatz von Bewertungskriterien sind also folgende Vorteile verbunden:

- *Verbesserung der Objektivität:* Verschiedene Beurteiler legen dieselben Messkriterien zur Erfassung einer Anforderung zugrunde.
- *Erhöhung der Vergleichbarkeit:* Die über unterschiedliche Teilnehmer gewonnenen Informationen werden vergleichbar.
- *Verbesserung der Konstruktvalidität* (vgl. Abschnitt 5.7.2.1)*:* Die Konkretisierung der erwünschten Anforderungen stellt die Grundlage dafür dar, dass mit dem Assessment Center auch tatsächlich die intendierten Anforderungen erfasst werden.
- *Erhöhung der Akzeptanz der Ergebnisse:* Die Schaffung einer einheitlichen Definition und Operationalisierung derselben für Beobachter und Teilnehmer bietet die Grundlage für die Verständigung über Ergebnisse.
- *Erhöhung der Transparenz:* Die Bewertungskriterien stellen eine gute Grundlage für den mündlichen und schriftlichen Rückmeldeprozess dar. Sie bilden die Anforderungen sehr genau ab.
- *Optimierung der Effizienz:* Beurteilungsprozesse werden kürzer, da keine Diskussion über Definitionen erfolgen muss.

6.1.1 Nutzung von übungsspezifischen Beobachtungsbögen

Ein intelligentes Beurteilungsinstrument bietet eine gute Grundlage, um eine Feindefinition der Anforderung zu schaffen und Eindrücke am beobachteten Verhalten oder an getätigten Aussagen zu verankern. Es verbessert in der Praxis die Beobachtungen und erhöht die Qualität der Rückmeldungen. Die dargestellten Vorteile von systematischen Beurteilungsinstrumenten können jedoch nur ausgeschöpft werden, wenn der Konzeption derselben die nötige Aufmerksamkeit gewidmet wird. Das impliziert, dass zwischen den Operationalisierungen und der Anforderung ein klarer Bezug herrscht und die Kriterien in der angestrebten Übung konkret beobachtbar sind. So ist zum Beispiel davon auszugehen, dass eine Bewertungsdimension, zum Beispiel Führungsverhalten, im Interview ganz anders sichtbar und damit messbar wird als in einem Mitarbeitergespräch. Im Interview kann ein Teilnehmer Auskunft zu seinem Selbstverständnis als Führungskraft geben, er kann an Beispielen erläutern, wie er in schwierigen Mitarbeitersituationen agiert hat usw. Das heißt im Großen und Ganzen, dass er seine Vorstellungen erläutert, wie er meint vorzugehen und was er zu tun intendiert. Der Teilnehmer kann an dieser Stelle Konzepte und theoretische Überlegungen zum Thema Führung vermitteln. Seine Intentionen, Motivationen und Konzepte sind letztendlich erheblich, wenn eingeschätzt werden soll, wie reflektiert Führung stattfindet. In der Gesprächssimulation geht es dann um das „Zeigen". Es kann beobachtet werden, ob im Gespräch Ziele gesetzt werden, ob ein Teilnehmer als Führungskraft eher partizipierend oder durchsetzend agiert etc. Diesen Unterschieden müssen die Bewertungskriterien der unterschiedlichen Übungen Rechnung tragen, da sie die Beurteilung am konkreten Verhalten verankern. Daraus ist zu schlussfolgern, dass für unterschiedliche Übungen im Assessment Center jeweils ein entsprechender individueller Beobachtungsbogen zu erstellen ist.

6.1.2 Bewertungskriterien bei Verwendung von dimensionsorientierten Anforderungsprofilen

Grundlage zur Erstellung der Beobachtungsbögen sind das Anforderungsprofil (vgl. Kapitel 4) und die Anforderungsmatrix (vgl. Abschnitt 5.1), denn in Letzterer wurde definiert, welche Dimension in welcher Übung beobachtet werden soll.

Es empfiehlt sich bei der Erstellung der Beobachtungsbögen für dimensionsorientierte Profile folgende Vorgehensweise:

1. Genaue Betrachtung der Dimension unter Berücksichtigung der Facetten: Welche Facetten müssen operationalisiert werden?
2. Erstellung eines Katalogs mit Bewertungskriterien für jede Dimension bzw. Facette. Folgende Fragen sind hilfreich:
   - In welchem Verhalten äußert sich diese Anforderung genau?
   - Was tut jemand genau, der diese Anforderung erfüllt? Was tut jemand genau, der diese Dimension nicht erfüllt?

Beispiel 21: Entwicklung von Operationalisierungen

1. Die Dimension „Unternehmerisches Selbstverständnis“ ist beispielhaft durch folgende Facetten definiert:

- Kostenorientierung
- Bereichsübergreifendes Denken
- Identifikation mit dem Unternehmen
- Strategisches Denken
- Unternehmenswissen
- Schnittstellenmanagement

2. Woran kann ich diese Facetten im Verhalten oder in den Aussagen beobachten?

- Kann Beispiele benennen, aktiv Kosteneinsparungen initiiert zu haben.
- Hat sich mit den Kostenaufstellungen intensiv auseinandergesetzt.
- Kann differenzierte Aussagen zu Kostentreibern im Verantwortungsbereich machen.
- Betrachtet Lösungen unter Kosten/Nutzen-Gesichtspunkten.
- Sieht sich selber verantwortlich für die Lösung auftretender Probleme.
- Ist sich der Schnittstellen bewusst und bewältigt diese.
- Sorgt für einen bereichsübergreifenden Informationsaustausch.
- Verfügt über ein gutes Unternehmenswissen und aktualisiert dieses aus unterschiedlichen Quellen.
- Kennt die aktuellen öffentlichen Zahlen und Ergebnisse (des Bereichs, des Unternehmens, des Wettbewerbs …)
- Hat viele Ansprechpartner im Unternehmen.
- Stellt in der Diskussion betriebswirtschaftliche Belange in den Vordergrund.
- Stellt egoistische Motive zu Gunsten des Unternehmens zurück.
- Ist über Marktentwicklungen und Trends gut informiert.

- Trifft Entscheidungen vor dem Hintergrund übergeordneter Überlegungen.
- Zeigt Verantwortung, Probleme zu beheben.
- Diskutiert Marktentwicklungen und leitet korrekte Schlussfolgerungen ab.
- Argumentiert aus übergeordneter Sicht.
- Will offensichtlich für das Unternehmen die beste Lösung.
- Kann eine differenzierte Bewertung der aktuellen Situation vornehmen und Veränderungsnotwendigkeiten aufzeigen.
- Erkennt strategische Vor- und Nachteile und trifft entsprechende Entscheidungen.
- Kommuniziert offen mit den Kollegen.
- Arbeitet intensiv mit kurz- und mittelfristiger Planung.
- Kennt die Bedeutung wichtiger Kennziffern.

3. *Welche dieser 5 bis 7 Bewertungskriterien kann ich besonders gut im* ***Kollegengespräch*** *beurteilen?*

- Will offensichtlich für das Unternehmen die beste Lösung.
- Kommuniziert offen mit den Kollegen.
- Zeigt Verantwortung, Probleme zu beheben.
- Argumentiert aus übergeordneter Sicht.
- Stellt in der Diskussion betriebswirtschaftliche Belange in den Vordergrund.
- Stellt egoistische Motive zu Gunsten des Unternehmens zurück.

4. *Welche Facetten sind erfasst?*

- Bereichsübergreifendes Denken,
- Kostenorientierung,
- Identifikation.

Es ist also darauf zu achten, die übrigen Facetten durch andere Übungen mit abzubilden, da z. B. Unternehmenswissen in einer Rollensimulation schwierig zu erfassen ist.

5. *Und welche dieser 5 bis 7 Bewertungskriterien kann ich besonders gut im* ***Interview*** *beurteilen?*

- Ist sich der Schnittstellen bewusst und bewältigt diese.
- Sorgt für einen bereichsübergreifenden Informationsaustausch.
- Verfügt über ein gutes Unternehmenswissen und aktualisiert dieses aus unterschiedlichen Quellen.
- Hat viele Ansprechpartner im Unternehmen.
- Ist über Marktentwicklungen und Trends gut informiert.

6. *Welche Facetten sind erfasst?*

- Unternehmenswissen,
- Schnittstellenmanagement,
- Strategisches Denken.

- Was ist jemandem wichtig, der diese Anforderung erfüllt?
- Was motiviert jemanden, der die Anforderung erfüllt?
- Wie denkt jemand, der diese Anforderung erfüllt?
- Was weiß/kann jemand, der diese Anforderung erfüllt?
- Was thematisiert jemand, der diese Anforderung erfüllt? (Diese Frage ist auch für das Nachgespräch und das Interview interessant).
- Worin unterscheidet sich das Verhalten der Zielperson von jemandem, der diese Anforderung nicht erfüllt?

3. Übungsspezifische Zuordnung der Bewertungskriterien zu den Dimensionen: Welches Kriterium ist in der geplanten Übung beobachtbar?
4. Reduktion der Bewertungskriterien, so dass pro Übung für jede Dimension ca. 5 bis 7 aussagekräftige Verhaltensbeschreibungen aufgeführt bleiben.
5. Überprüfung, ob die Anforderungsdimension gemäß der Facetten komplett abgebildet ist durch die Bewertungskriterien.

Am Ende dieses Prozesses liegt für jede Übung ein spezifischer Beurteilungsbogen vor. Dieser enthält die zu beobachtenden Dimensionen mit den jeweiligen Operationalisierungen. In Beispiel 21 ist dieser Prozess für die Kompetenz „Unternehmerisches Selbstverständnis" exemplarisch beschrieben.

6.1.3 Beobachtungsbögen bei aufgabenorientierten Anforderungsprofilen

Die Ableitung von Bewertungskriterien verläuft beim aufgabenorientierten Ansatz nach ganz ähnlichen Prinzipien wie bei dem dimensionierten (siehe auch Abbildung 6). Sie gestaltet sich aber letztlich für die „Kann-Anforderungen" noch einfacher, da diese schon

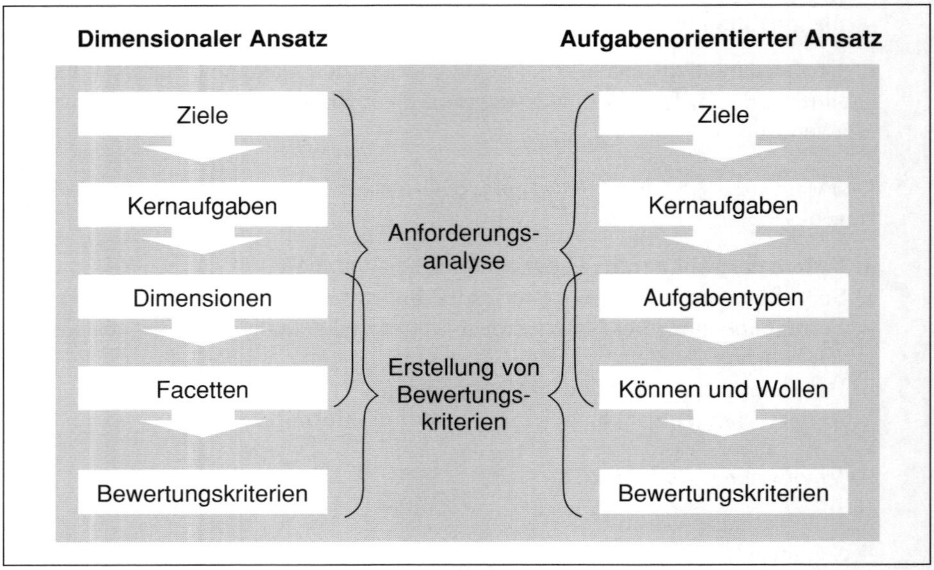

Abbildung 6: Schematische Vorgehensweise bei der Definition von Bewertungskriterien

direkt beobachtbar sind. Bei den „Kann-Anforderungen" kann es dennoch sinnvoll sein, Bewertungskriterien zu formulieren, denn dadurch lassen sich auch Teilaspekte einer Anforderung beobachten und vor allen Dingen zurückmelden. Bei der Operationalisierung von „Will"-Formulierungen ist das „Wollen" im beobachtbaren Verhalten und in den Aussagen des Teilnehmers zu verankern.

Hiermit sind im Prinzip ähnliche Schwierigkeiten zu überbrücken wie beim dimensionsorientierten Ansatz. Bei der Entwicklung von Bewertungskriterien zu den Einstellungen und Motiven, also bei den „Will-Anforderungen" muss ein Weg gefunden werden, das nicht direkt beobachtbare Wollen des Teilnehmers anhand des gezeigten Verhaltens objektiv messbar und einschätzbar zu machen. Folgende Vorgehensweise hat sich zur Definition der Verhaltensanker bewährt:

1. *Formulierung der Fragestellungen:* Was muss ein Teilnehmer zur Erledigung eines Aufgabentypen genau können, und was muss er wollen?
2. *Erstellung von Bewertungskriterien für die „Kann-Anforderungen":* Welche Einzelaspekte muss jemand beherrschen, damit er diese Anforderung erledigen kann?
3. *Formulierung von Bewertungskriterien für „Will-Anforderungen":* Folgende Fragen sind dabei hilfreich: Was zeigt ein Teilnehmer, bei dem die zu messende Einstellung ausgeprägt ist? Was zeigt dieser Teilnehmer nicht? Was äußert dieser Teilnehmer, bei dem die zu messende Einstellung ausgeprägt ist?
4. *Übungsspezifische Zuordnung der Verhaltensanker zu den Aufgabentypen:* Welches Bewertungskriterium ist in der beabsichtigten Übung beobachtbar?
5. *Reduktion der Anker,* so dass pro Übung für jeden Aufgabentyp ca. 4 bis 7 aussagekräftige Verhaltensbeschreibungen stehen bleiben.
6. *Überprüfung,* ob der Aufgabentyp gemäß der „Kann- und Will-Anforderungen" komplett abgebildet ist durch die Operationalisierung.

Beispiel 22: Operationalisierung einer „Kann-Anforderung" zu einem aufgabenorientiertem Profil

Anforderung:

Kann Verkaufsgespräche strukturiert und abschlussorientiert führen.

Operationalisierung:

- Steuert das Gespräch durch Fragen.
- Kann die Produkte angemessen erklären.
- Weckt durch gezielte Nutzenargumente Interesse beim Kunden.
- Setzt Abschlusstechniken gezielt ein.
- Baut zum Kunden durch Thematisierung persönlicher Aspekte eine vertrauensvolle Beziehung auf.

Auch wenn die Erstellung eines solchen Profils in der Vorbereitung spezifisch und aufwändig ist, so liegt der Vorteil dieser Vorgehensweise zum Zwecke der Personalentwicklung auf der Hand: Es kann genau definiert werden, welche Einzelfacette trainiert und gelernt werden muss, um insgesamt die Kernaufgaben erfolgreicher zu bewältigen. Bei der Personalauswahl kann der Auftraggeber recht genau abschätzen, wie viel Aufwand bei der Einarbeitung investiert werden muss.

Beispiel 23: Operationalisierung einer „Will-Anforderung" zu einem aufgabenorientierten Profil

Anforderung:

Will sich mit Kunden auseinandersetzen

Operationalisierung:

- Äußert, dass ihm die Arbeit mit Kunden Freude bereitet.
- Betrachtet es als positive Herausforderung, für Kunden auch außergewöhnliche Probleme zu lösen.
- Zeigt im Gespräch ein aktives Zugehen auf den Kunden (Blickkontakt, aktives Zuhören).
- Zeigt im Gespräch auch Interesse an persönlichen Bereichen des Kunden.
- Zeigt Bereitschaft, sich mit dem individuellen Kundenwünschen auseinanderzusetzen und erfragt diese aktiv.

6.2 Die Auswahl der richtigen Skala

Die Definition von Bewertungskriterien und ihren Operationalisierungen ermöglicht es, Verhalten qualitativ zu beschreiben und einzuschätzen. Meist besteht nun aber der Wunsch, diese qualitativen Beschreibungen quantitativ, also numerisch zu erfassen und so Informationen über die Ausprägungshöhe zu erhalten. Dieser Wunsch ist auch durchaus legitim, da es häufig Zielsetzung ist, eine begründbare Entscheidung zu treffen. Es muss eine Möglichkeit gefunden werden, qualitative Beobachtungen quantitativ zu erfassen. In der Regel erfolgt dies durch Einführung einer Skala.

Bei der Auswahl der Skalenart sind bereits erste Entscheidungen zu treffen. Eine sehr aufwändige, aber auch bewährte Methode ist die Konzeption von Beurteilungsinstrumenten anhand des semantischen Differentials. Das bedeutet, dass eine qualitative Definition der einzelnen Ausprägungsgrade vorgenommen wird. Dieses sei an einem Beispiel der Dimension Kontaktstärke auf einer 5-stufigen Skala verdeutlicht:

Beispiel 24: Semantisches Differential der Dimension Kontaktstärke

Stufe 1	**Stufe 2**	**Stufe 3**	**Stufe 4**	**Stufe 5**
kontaktvermeidend	distanziert, förmlich	kontaktfähig	kontakt-orientiert	kontakt-freudig

Gerade, wenn nach einem Assessment Center-Verfahren Berichte zu formulieren sind, ist diese Skala hilfreich, da viele Formulierungen bereits feststehen. Zu beachten dabei ist jedoch, dass die Konzeption ausgesprochen aufwändig ist und die Gefahr unsauber definierter Ausprägungen dementsprechend groß ist.

Eine zweite Möglichkeit besteht darin, eine bipolare Skala zu wählen. Das bedeutet, dass Gegensatzpaare gesucht werden. Dieses sei an folgendem Beispiel veranschaulicht:

Beispiel 25: Bipolare Skala mit Gegensatzpaaren

Pol 1	+++	++	+	+	++	+++	Pol 2
intuitiv							reflektiert
handlungsorientiert							lageorientiert

Die Absicht, die sich hinter der Auswahl dieser Skalenform verbirgt, ist häufig der Wunsch nach Vermeidung einer „Verliererproblematik". Ein Profil, bei dem es eigentlich keine „Negativausprägung" gibt, ermöglicht in jedem Falle wertschätzende Rückmeldungen. Die Schwierigkeiten dieser Skala für den Einsatz im AC liegen aber auf der Hand: zunächst einmal sind mittlere Ausprägungen nicht zu verstehen, da sie sowohl bedeuten können, dass beide Pole recht stark, oder aber überhaupt nicht ausgeprägt sind. Die Skala sagt ja nur etwas über das Verhältnis der Pole und nichts über die absolute Ausprägung aus. Für Personalentscheidungen ist sie damit als alleinige Aussage unbrauchbar. Eine weitere Schwierigkeit liegt auch in der Konzeption, denn so ohne weiteres lassen sich nicht immer zwei echte Gegensatzpaare finden. Sobald die Gegensatzpaare aber „Hilfsbereitschaft" und „Egoismus" heißen, und eine Skalenausprägung negativer klingt als die andere, sind die Vorteile dieser Skala in der Rückmeldbarkeit aufgehoben.

Die dritte Möglichkeit, die an dieser Stelle vorgestellt wird, ist die Nutzung einer einfachen mehrstufigen Skala (siehe Abbildung 7). Diese Skalenart hat sich in der AC-Durchführung vielfach bewährt, da sie nicht so fehleranfällig in der Konzeption ist. Durch die Verhaltensanker lassen sich die Rückmeldungen gut begründen. In der Tat ist es aber so, dass man bei dieser Skalenart auch – im Gegensatz zur bipolaren Skala – Teilnehmer hat, die „schlecht" abschneiden.

Nachdem eine Entscheidung für die Skalenart getroffen wurde, muss definiert werden, auf wie vielen Stufen gemessen wird. Dabei sollten folgende Überlegungen berücksichtigt werden:

- Eine der wesentlichen Voraussetzungen ist es, dass die einzelnen numerischen Werte sinnvoll voneinander zu trennen sind. Wird eine schmale Skala, beispielsweise eine 5er Skala, zugrunde gelegt, so ist es in der Regel gut begründbar, worin der Unterschied zwischen einem Ergebniswert von 3 und 4 liegt. Wird jedoch eine breitere Skala, beispielsweise eine 12er Skala gewählt, so kann es recht schwierig sein, den genauen Unterschied zwischen einem Punktwert von 6 und 7 objektiv und schlüssig zu erklären.
- Darüber hinaus ist die Wiederholbarkeit von Ergebnissen wesentlich besser, wenn eine schmale Skala genutzt wird. So ist es bei einer Skala mit weniger Ausprägungen wahrscheinlicher, dass zwei unterschiedliche Beobachter zum gleichen numerischen Ergebnis kommen, als bei einer Skala mit vielen Ausprägungen.

Anforderung: Kann Verkaufsgespräche strukturiert und abschlussorientiert führen	deutlich unterdurchschnittliche Ausprägung	leicht unterdurchschnittliche Ausprägung	durchschnittliche Ausprägung	überdurchschnittliche Ausprägung	deutlich überdurchschnittliche Ausprägung
	1	2	3	4	5
Steuert das Gespräch			X		
Erklärt die Produkte angemessen		X			
Weckt durch Nutzenargumentation Interesse beim Kunden		X			
Setzt Abschlusstechniken gezielt ein			X		
Baut zum Kunden eine vertrauensvolle Beziehung auf				X	
Erfragt die Bedürfnisse des Kunden				X	
Gesamtbewertung			3		

Abbildung 7: Beispiel für eine fünfstufige Skala für die aufgabenorientierte Anforderung „Kann Verkaufsgespräche strukturiert und abschlussorientiert führen"

– Dieses gilt auch für ein und denselben Beobachter, der dieselbe Beobachtung zu zwei unterschiedlichen Zeitpunkten macht. Die Wahrscheinlichkeit, dass ein Beobachter zu zwei unterschiedlichen Zeitpunkten zu genau der gleichen Einschätzung kommt, ist bei einer schmaleren Skala deutlich höher.

Erfahrungsgemäß glauben viele unerfahrene Anwender, dass der Rückgriff auf eine breite Skala mehr Möglichkeiten zur Differenzierung bietet. Prinzipiell klingt diese Möglichkeit zunächst auch verlockend, jedoch läuft ein zu differenziertes Beurteilungssystem Gefahr, eine Messgenauigkeit vorzutäuschen, die letztendlich nicht einzuhalten ist. Es gilt in der Praxis also, die Gratwanderung zwischen Differenzierung und Messgenauigkeit zu leisten. Bewährt haben sich Skalen, die zwischen 5 und 7 Ausprägungen liegen. Dabei bevorzugen einige Anwender die 5er- und 7er-Skala, da diese mittlere Ausprägungen zulassen. Andere bevorzugen die 6er-Skala, da diese den Beobachter zwingt, in der Bewertung Stellung zu beziehen. In der Praxis hat sich die Wahl einer 5er-Skala sehr bewährt, da diese in der Regel als Entscheidungsgrundlage und zur Ableitung von Maßnahmen ausreichend differenziert. Uns erscheint der Zwang, Dinge als eher „positiv" oder eher „negativ" einzuschätzen, auch als etwas künstlich. Wir nutzen gerne die Möglichkeit, ein Verhalten als angemessen adäquat einzuschätzen und mittlere Werte zu vergeben, wenn die Realität diese Einschätzung rechtfertigt. Voraussetzung bei Verwendung einer 5er-Skala ist es jedoch, dass die Beobachter die gesamte Bandbreite der Skala auch tatsächlich ausnutzen und die „Tendenz zur Mitte" (vgl. Abschnitt 6.4) vermeiden. In Abbildung 7 ist ein Beispiel für eine fünfstufige Skala gegeben.

Die hier geschilderten Instrumente zur Standardisierung des Beurteilungsprozesses für das Assessment Center haben, unabhängig davon, ob ein dimensions- oder aufgabenorientiertes Profil zugrunde liegt, den Vorteil, dass der Beobachter als Grundlage zur Urteilsfindung auf konkrete Verhaltensbeobachtungen zurückgreifen kann. Darüber hinaus werden Rückmeldeprozess und Erstellung von Ergebnisberichten erheblich vereinfacht. Dass es jedoch auf die Frage, wie genau die Bewertungsskala aussieht, die in einem bestimmten Assessment Center zum Einsatz kommt, keine einfache richtig-oder-falsch-Antwort gibt, ist im obigen Abschnitt sicherlich deutlich geworden. Vielmehr ist die Wahl der Skala eine Entscheidung, die nach sorgfältiger Abwägung der geschilderten Vor- und Nachteile getroffen werden sollte. Dabei sollte auch ein Aspekt nicht vernachlässigt werden: Achten Sie darauf, dass das gewählte Skalenformat zu anderen Beurteilungs- und Einschätzungsinstrumenten in Ihrem Unternehmen passt (z. B. 360°-Feedbacks, Mitarbeitergespräche …). Das erleichtert Beobachtern die Handhabung der Skala, Teilnehmern das Verständnis und hilft, Missverständnisse zu vermeiden.

6.3 Der Prozess des Beobachtens und Bewertens

Das Prinzip der Mehrfachbeobachtung wurde bereits in Kapitel 1.4.3 thematisiert und wird durch die sachgerechte Durchführung des Assessment Centers gewährleistet. Im Beobachtungsprozess selber ist es die zentrale Aufgabe der Beobachter, die Teilnehmer im Assessment Center zu beobachten und zu beurteilen. Dieses klingt äußerst trivial, da Menschen ununterbrochen damit beschäftigt sind, ihre Umwelt wahrzunehmen, einzuschätzen und auf ihre Interpretationen zu reagieren. Mehr noch, der Prozess von Wahrnehmung und Interpretation läuft automatisch ab, wir trennen nicht mehr bewusst zwischen dem, was wahrgenommen wurde und dem, was wir interpretieren. Eben darin liegt aber auch eine Gefahr für die Einschätzung der Teilnehmer im Assessment Center. Es laufen automatische Mechanismen ab und Informationen werden höchst subjektiv und individuell gefiltert. Dieser Mechanismus ist niemals ganz auszuschalten, aber die Beobachter können dies reflektieren und ein paar Grundregeln beachten:

Um die Verwässerung von Beobachtung und Bewertung zu vermeiden, heißt die grundsätzliche Faustregel: Trennung von Beobachtung und Bewertung. Diese Vorgehensweise ist in Abbildung 8 skizziert.

Die Grundidee dieser Faustregel ist es, den Teilnehmer des Assessment Centers bei der Durchführung von Übungen und im Interview zunächst einmal nur zu beobachten ohne zu interpretieren oder zu bewerten. Schon die Aussage „der Teilnehmer reagierte aggressiv" ist streng genommen eine Interpretation. Beobachtbar ist in der Regel die Lautstärke und Sprechgeschwindigkeit, die Benutzung von Sprache etc. Die Beobachter haben die Aufgabe, das Verhalten und die Aussagen des Teilnehmers aufzunehmen und möglichst

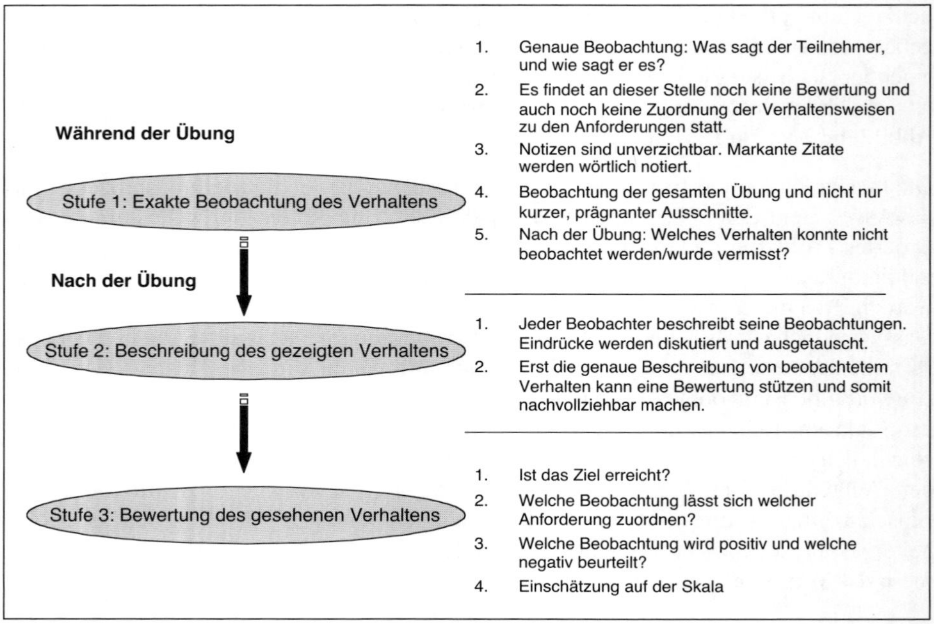

Abbildung 8: Der Prozess von Beobachtung und Beurteilung

genau zu protokollieren. Dabei hat es sich bewährt, die Notizen folgendermaßen zu strukturieren:

Beispiel 26: Protokollierung des Verhaltens und der Aussagen des Teilnehmers

Zitat/Stichworte/Inhalt:	**Eindruck:**
– Beobachter begrüßt, bietet Getränk an. – Small-talk, Wetter, Urlaub. – Nennt Thema: „Weswegen wir heute zusammen sind …“ – „Ihre Arbeitsweise hat stark nachgelassen …“ – „Ich schlage Folgendes vor …“ – „Versuchen Sie …“ – „Meiden Sie …“	– Blickkontakt, lächelt, höflich. – Steuert Gespräch, leitet zum Thema über. – Redet 3 Minuten ununterbrochen. – Appelliert. – Spricht Kritisches direkt an.

Erst nach Abschluss der Übungen startet der Prozess des Bewertens und Austauschens. Ziel der Trennung von Beobachtung und Beurteilung ist es, die unter Abschnitt 6.4 beschriebenen Beobachtungsfehler zu reduzieren. Darüber hinaus ist es für den sauberen

Feedbackprozess (vgl. Kapitel 8) unverzichtbar, auf konkrete Verhaltensbeschreibungen Rückgriff nehmen zu können.

Der Prozess der Integration der Einzelbeobachtungen zu einem Ergebnis in einem Beobachterteam kann nun ganz unterschiedlich aussehen. Drei Parameter können dabei variiert werden: Inhaltliche Qualität der Bewertung, Meinungsbildung im Beobachterteam und Reihenfolge in der Vorgehensweise. Für alle drei Parameter werden im Folgenden verschiedene Gestaltungsoptionen vorgestellt und mit ihren Vor- und Nachteilen diskutiert.

6.3.1 Inhaltliche Qualität der Bewertung

Manchen Assessment Centern liegt der Wunsch zugrunde, sich ausschließlich an dem Kompetenzmodell, den Anforderungen und den Operationalisierungen zu orientieren und dementsprechend Einschätzungen zu den Teilnehmern rein quantitativ und deskriptiv am gezeigten Verhalten vorzunehmen. In anderen Verfahren steht nicht die deskriptive Einschätzung des Verhaltens, sondern (auch) die qualitative Beurteilung der Leistung und Persönlichkeit im Vordergrund. Die Begutachtung eines Teilnehmers erfolgt dann nicht nur auf der Ebene des Verhaltens und der Verhaltensanker, sondern tiefgründiger und zumeist auch psychologischer. Häufig sind Interpretationen und Schlussfolgerungen jenseits der Deskription gefordert. Sind qualitative Einschätzungen durch das Beobachterteam gewünscht, so sollten diese explizit eingeholt werden. In der Regel erfolgt dies durch die einfache Frage des Moderators an das Beobachterteam „Was sind Ihre Gesamteindrücke? Welche Stärken und Lernfelder haben Sie insgesamt feststellen können?“. Auch diese Eindrücke gehören protokolliert, wozu nicht mehr als eine Seite im Beobachtungsbogen nötig ist, die Platz dafür lässt. Das untenstehende Beispiel zeigt ein solches Format mit einigen beispielhaften Stichpunkten, die ein Moderator als Antworten gesammelt haben könnte:

Beispiel 27: Qualitative Einschätzungen des Beobachterteams

Stärken	Lernfelder
– Gestaltet einen offenen, wertschätzenden Einstieg – Stellt offene Fragen, mit denen er die Sichtweise des Gegenübers erfasst – Setzt sich mit den Antworten des Gesprächspartners auseinander – Hört aktiv zu – Formuliert diplomatisch	– Sollte seine Erwartungen klarer formulieren – Sollte die kritischen Themen offen ansprechen – Sollte zum Abschluss des Gesprächs verbindliche Maßnahmen festhalten

Die qualitativen Einschätzungen müssen natürlich zum einen mit den quantitativen Einschätzungen übereinstimmen, sollten aber zum anderen diese auch begründen und legitimieren können.

Einen Vergleich zwischen den beiden Schwerpunkten im Vorgehen zur Beurteilung eines Teilnehmers zeigt die Tabelle 7.

Tabelle 7: Qualitative und quantitative Beurteilung im Vergleich

	Qualitative Beurteilung und Interpretation	Quantitative Bewertung und Deskription
Vorteile	– Umfassende Persönlichkeitsbeurteilung ermöglicht Aussagen jenseits der Oberfläche. – Die Qualität der Beurteilung ist weniger abhängig von der Güte des Anforderungsprofils und des Kompetenzmodells. – Es entstehen während eines Assessment Centers immer wieder Eindrücke, die am reinen Verhalten schlecht beschrieben werden können, aber dennoch von großer Bedeutung sind. Über qualitative Beurteilungen lässt sich ein ganzheitliches Bild des Teilnehmers erzeugen. – Bewertungsprozesse jenseits der Skala finden bei jedem Beobachter stets statt. Für den Feedbackprozess, aber auch für den Beobachter, kann es sehr hilfreich sein, sich über diese Eindrücke auch auszutauschen.	– Die Bewertung ist weniger abhängig von der psychologischen Vorbildung der Beobachter. – Die Teilnehmer können sich sicher sein, nur bezüglich der definierten Anforderungen schriftlich bewertet zu werden. – Die Beobachtungen sind in der Regel recht leicht zurückzumelden.
Nachteile	– Die Beobachter müssen wirklich erfahren und psychologisch geschult sein. – Die Interpretationen müssen zur Nachvollziehbarkeit gut begründet werden.	– Die erzielten Aussagen sind weniger allgemeingültig und beziehen sich stark auf das im AC Gesehene. – Möglicherweise bleibt das Bild des Teilnehmers unvollständig, wenn markante Eindrücke nicht in das Ergebnis integriert werden können, weil sie nicht in den Verhaltensankern abzubilden sind. – Für Entscheidungsträger, die nicht Assessoren eines Verfahrens waren, ist die Deskription von Verhalten wenig aussagekräftig und interessant.

Wenn erfahrene, psychologisch geschulte Beobachter zur Verfügung stehen, empfehlen wir, den Mehrwert der ganzheitlichen, qualitativen Beurteilung zu nutzen. Dies gilt insbesondere dann, wenn die persönliche Beratung an den Teilnehmer bezüglich Entwicklungsmöglichkeiten etc. im Vordergrund steht. Wenn jedoch großer Aufwand in die differenzierte Erstellung eines stimmigen Kompetenz- und Anforderungsprofils sowie entsprechend ausgefeilter Beurteilungsinstrumente investiert wird, kann auch das quantitativ orientierte Vorgehen gut funktionieren. Letztlich muss auch hier wieder ein Abwägungsprozess erfolgen, der die Besonderheiten des individuellen Unternehmens berücksichtigt.

6.3.2 Meinungsbildung im Beobachterteam

Auch hier gibt es zwei gängige Vorgehensweisen: Die Konsensbildung im Beobachterteam oder die Individualeinschätzung einzelner Beobachter. Bei der Konsensbildung gibt das Beobachterteam eine einheitliche Einschätzung der Leistung des Teilnehmers nach der Simulation ab. Man einigt sich unter Leitung des Moderators auf ein gemeinsames Feedback über Stärken und Lernfelder und über gemeinsame numerische Ergebniswerte. Dem Moderator kommt bei dieser Vorgehensweise eine nicht unerhebliche Aufgabe zu, hat er neben der inhaltlichen Steuerung auch dafür Sorge zu tragen, dass die Eindrücke aller Beobachter Berücksichtigung finden. Dieses Vorgehen ist insofern vorteilhaft, da das Team schon zu einem vereinheitlichten, abgestimmten und verdichteten Feedback gekommen ist, welches für den Teilnehmer einen echten Mehrwert darstellt, wenn die Alternative ist, dass er unterschiedliche und zum Teil auch widersprüchliche Feedbacks bekommt. Ein Austausch der Beobachter über die Eindrücke ist insofern auch gewinnbringend, als dass die Eindrücke vertieft werden können. Weniger erfahrene Beobachter können von Erfahrenen lernen. Außerdem findet keine weniger aussagekräftige Mittelwertsbildung, sondern eine Konsensbildung statt. Es gibt noch einen ganz praktischen Grund, warum wir in der Praxis diese Vorgehensweise der Datenaggregation bevorzugen: die abschließende Meinungsbildung und Entscheidungsfindung über einen Teilnehmer und dessen Fähigkeiten ist weniger zeitaufwändig. Dieses spielt vor allen Dingen in Gruppenverfahren eine große Rolle.

Bei der Individualeinschätzung nimmt jeder Beobachter seine Einschätzung individuell in Stillarbeit vor. Im Extremfall werden unterschiedliche Eindrücke auch nicht diskutiert. In der Regel werden die numerischen Einschätzungen der individuellen Beobachter dann gemittelt. Bei dieser Vorgehensweise wird die Unterschiedlichkeit der Eindrücke unterstrichen. Der Vorteil ist, dass der Teilnehmer ein ungefärbtes Feedback unterschiedlicher Beobachter erhalten kann. Außerdem soll vermieden werden, dass dominantere Beobachter mehr Einfluss auf die Bewertung haben, als weniger dominante oder unsichere Assessoren.

Beide Vorgehensweisen haben sicherlich ihre Berechtigung. Betrachtet man aber die Qualität der abschließenden Feedbacks sowie den zeitlichen Aufwand in der Vorgehensweise, so hat sich die erste Variante in diversen Assessment Centern praktisch enorm bewährt.

6.3.3 Reihenfolge in der Vorgehensweise

Bis die Beobachter eines Beobachterteams aus ihren unterschiedlichen Eindrücken zu einem einheitlichen, potenziell an den Teilnehmer kommunizierbaren Ergebnis gelangen, finden mehrere Tätigkeiten statt:

– Schilderung der Vorgehensweise des Teilnehmers
– Diskussion über Gesamteindrücke
– Zuordnung der Verhaltensbeobachtung zu den Dimensionen oder Kompetenzen („Transkribieren“) (siehe Beispiel 28)
– Numerische Bewertung der Dimensionen oder Kompetenzen
– Begründung der Einschätzung der Kompetenzen oder Dimensionen
– Zusammenfassung der Ergebnisse.

Beispiel 28: Zuordnung der Verhaltensbeobachtungen zu den Dimensionen („transkribieren“)

Beobachtetes Verhalten	Überzeugungskraft	Kreativität	Durchsetzungs-vermögen	Partnerschaftlichkeit
— Macht mehrere Lösungsvorschläge (gemeinsames Meeting, Telefonkonferenz, neuer Projektplan)		X		
— Stellt Fragen				X
— Nickt, bestätigt, hört aufmerksam zu				X
— Erklärt den Hintergrund der anstehenden Veränderung	X			
— . . .				

Je nachdem, welche Bewertungsqualität im Vordergrund steht, ist die Reihenfolge der Urteilsfindung eher deduktiv oder induktiv. Steht eine qualitative Einschätzung mit Konsensbildung der Beobachter im Vordergrund, so hat sich folgende Vorgehensweise bewährt:

1. Schilderung der Vorgehensweise des Teilnehmers und Wiedergabe der Gesamteindrücke durch einen Beobachter
2. Ergänzung oder Widerspruch durch die anderen Beobachter
3. Konsens über Stärken und Lernfelder in der Übung
4. Gemeinsame Bewertung der Verhaltensanker und der Anforderungen
5. Begründung der Bewertung anhand von Verhaltensbeispielen
6. Zusammenfassung der Ergebnisse durch den Moderator.

Steht eine Konsensbildung im Vordergrund, wobei die Einzelbeobachtungen aber auch eine wichtige Rolle spielen, dann kann auch so vorgegangen werden, dass die Beobachter

1. Die Einschätzungen anhand der Dimensionen in Stillarbeit vornehmen
2. Ihre Einschätzungen durch Verhaltensbeobachtungen begründen
3. Sich über ihre Beobachtungen austauschen und einen Konsens finden
4. Als Resümee Gesamteindrücke austauschen
5. Alles zusammenfassen.

Sollte eine Einschätzung gewünscht sein, die vorwiegend quantitativ und stark deskriptiv ist, dann ist das Vorgehen induktiv und folgende Reihenfolge in der Beobachterkonferenz sinnvoll:

1. Zuordnung der Verhaltensbeobachtung zu den einzelnen Dimensionen oder Kompetenzen
2. Bewertung der Verhaltensanker und Anforderungen
3. Möglicherweise erfolgt dann der Austausch über die Ergebnisse, wenn eine Konsensbildung gewünscht ist
4. Der Austausch von qualitativen Eindrücken findet nicht statt.

Es gibt beim Prozess der Beurteilung verschiedene Möglichkeiten. Es gibt ganz sicher auch Varianten, die schlichtweg falsch sind. Bei den aufgezeigten Varianten gibt es jedoch kein richtig oder falsch. Wichtig ist, dass das Vorgehen optimal zur gewünschten Beobachtungsqualität führt und zur Kultur des Unternehmens passt. Außerdem sollte – insbesondere in Gruppenverfahren – der Prozess im Vorfeld definiert sein, damit alle Beobachterteams einheitlich vorgehen und die Moderatoren den Prozess sauber steuern können.

6.3.4 Die Auswahl der Beobachter

Werden unterschiedliche Personen zu ihren Beobachtungen zu ein und demselben Ereignis befragt, so wird die Rekonstruktion des Wahrgenommen sehr unterschiedlich ausfallen. Es ist davon auszugehen, dass das gesamte Spektrum der Wirklichkeit, abhängig von physischer Konstitution, emotionaler Befindlichkeit und Erfahrungen eines Individuums selektiv wahrgenommen wird. Es hat sich vielfach gezeigt, dass eine Kombination mehrerer Urteile effektiver ist als jedes einzelne Urteil. Die sorgfältige Auswahl und Zusammensetzung von Beobachterteams ist daher für die Qualität der Beurteilung ausschlaggebend.

Die grundsätzliche Empfehlung aus der Praxis lautet, das Beobachterteam aus einer Kombination von drei unterschiedlichen Gruppen zusammenzusetzen:

- Erfahrene und akzeptierte Führungskräfte des Unternehmens,
- Mitarbeiter der Personalabteilung des Unternehmens und optional
- unabhängige externe Beobachter.

Eine heterogene Zusammensetzung sorgt für eine unterschiedliche perspektivische Betrachtungsweise des gezeigten Verhaltens, da Personen vor dem Hintergrund eigener Sichtweisen, Erfahrungen und Maßstäbe beobachten und beurteilen.

Jedoch sollte bei der Einbeziehung der Führungskräfte zwischen internen Potenzial-ACs und Auswahl-ACs unterschieden werden: Bei Auswahlverfahren ist die Einbeziehung der direkten Vorgesetzten stets vorteilhaft, denn die Passung zum späteren Vorgesetzten und dessen Meinung zu einem potenziellen Mitarbeiter spielen eine maßgebliche Rolle im Hinblick auf den späteren Erfolg. Handelt es sich um Assessment Center mit dem Ziel der Potenzialanalyse und sind interne Teilnehmer an dem Verfahren beteiligt, so wird in der einschlägigen Literatur vielfach von einer Teilnahme des direkten Vorgesetzten abgeraten, da sich ein Mitarbeiter, den man aus der Zusammenarbeit kennt, nur sehr schwer unabhängig von tagtäglichen Eindrücken beurteilen lässt, und auch der Teilnehmer gegebenenfalls vorbelastet sein könnte (vgl. Abschnitt 7.1.1.3). Stattdessen wird die Teilnahme des nächsthöheren Vorgesetzten vorgeschlagen. Aus der Praxis lassen sich diese Vorbehalte jedoch nicht uneingeschränkt teilen. Im Gegenteil, die Einbeziehung der direkten Vorgesetzten kann sich äußerst positiv auswirken, zumal sich manch ein Vorgesetzter wirklich als Personalentwickler und Coach seiner Mitarbeiter sieht und diese Rolle sehr ernst nimmt. Es hat sich bewährt, Beobachter eher nach Persönlichkeit, Interesse und Wertehaltung auszusuchen als nach Hierarchiestufe. Die grundsätzliche Einstellung eines Beobachters im AC sollte eine positive, wertschätzende und unterstützende Haltung gegenüber dem Teilnehmer sein. Darüber hinaus sollte man Klima und Gesamtkontext einer Abteilung/eines Unternehmens berücksichtigen, wenn man diese Entscheidung diskutiert.

Tabelle 8: Vor- und Nachteile verschiedener Beobachtergruppen

obere Führungskräfte	**Vorteile**
	Die Teilnahme dieser Gruppe als Beobachter erhöht die interne Glaubwürdigkeit und Akzeptanz des Assessment Centers. Das Assessment Center dient der Entscheidungsfindung. Die Entscheidungshilfe ist umso wirkungsvoller, je enger die Entscheider in den Gesamtprozess eingebunden sind. Führungskräfte liefern dahin gehend wertvolle Informationen für die Interpretation und Bewertung von Ergebnissen, da sie Verhaltensweisen vor unternehmensspezifischen Hintergründen bewerten können. Sie sind Transporteur von Kultur und Vorstellungen des Unternehmens.
	mögliche Störfaktoren
	Bewertungen werden nicht nur aufgrund der Beobachtungen des Assessment Centers vorgenommen, sondern bei internen Teilnehmern spielen auch Vorerfahrungen mit dem Teilnehmer eine Rolle. Untersuchungen belegen, dass Führungskräfte die Anforderungen nicht immer differenziert betrachten, sondern ganzheitlich beurteilen. Gerade bei internen Assessment Centern erleben die Teilnehmer es unter Umständen als Vorteil, von unabhängigen Beobachtern eingeschätzt zu werden.

Tabelle 8: Vor- und Nachteile verschiedener Beobachtergruppen (Fortsetzung)

Mitarbeiter der Personalabteilung	**Vorteile**
	Die Personalabteilung hat bei der Implementierung von Assessement Centern in das Unternehmen häufig die Rolle von internen Promotoren, Informationsgebern, Organisatoren und Prozesstreibern. Als maßgeblich Verantwortliche für den internen Gesamtprozess sind die Mitarbeiter auch an der Beobachtung zu beteiligen. Gerade nach der Durchführung von internen Assessment Centern haben die Mitarbeiter der Personalabteilung die Aufgabe der Nachbetreuung der Teilnehmer in jeder Form, letztendlich auch bei der Unterstützung in der Personalentwicklung. Ebenso wie die Vorgesetzten können die Mitarbeiter der Personalabteilung im Assessment Center dazu beitragen, gezeigte Leistungen der Teilnehmer vor dem Hintergrund der Unternehmenskultur zu interpretieren. Die Mitarbeiter der Personalabteilung haben darüber hinaus einen übergeordneten Blickwinkel auf verschiedene Unternehmensbereiche.
	mögliche Störfaktoren
	siehe Führungskräfte
unabhängige Beobachter	**Vorteile**
	Die Hinzunahme von unabhängigen Psychologen erhöht die Genauigkeit der Ergebnisse des Assessment Centers. Die Teilnehmer erleben eine Erhöhung der Fairness, da sie von unabhängigen Dritten beobachtet werden. Es können Vergleichsmöglichkeiten mit anderen Unternehmen und zusätzliche Erfahrungen eingebracht werden. Professionalisierung des Feedbacks. In der Regel besteht Erfahrung darin, kritisches Feedback konkret aber konstruktiv zu vermitteln. Erhöhung der Professionalität in der Durchführung durch Erfahrung. Unabhängige Beobachter haben bei unliebsamen Entscheidungen Pufferfunktion. Die Investition in externe Beobachter wird von Teilnehmern als sehr wertschätzend erlebt und kann daher zum Personalmarketing genutzt werden.
	mögliche Störfaktoren
	Unternehmenskultur und Hintergründe sind nicht genau bekannt.

Neben den genannten Gruppen hat es sich in der Praxis bestätigt, dass sich die Integration der Arbeitnehmervertretung in den Prozess auf das Assessment Center und dessen Akzeptanz positiv auswirken kann. Häufig wird die Beteiligung des Betriebsrates auch über Betriebsvereinbarungen geregelt. Da das gewissenhaft durchgeführte Assessment Center dazu dient, Beurteilungsprozesse zu objektivieren, ist es letztendlich nicht nur für das Unternehmen ein effektives Instrument, sondern kommt – durch Erhöhung von Fairness und Transparenz – auch den Teilnehmern zugute. Mit der Einführung von qualitativ hochwertigen Verfahren ist es daher nicht nötig, in irgendeiner Form Geheimniskrämerei zu betreiben. Die Einbindung der Arbeitnehmervertreter ist dann besonders wertschöpfend, wenn diese den Kommunikationsprozess im Unternehmen positiv mitbegleiten.

6.4 Einflussgrößen auf den Beurteilungsprozess

„Das Glas ist halb voll oder auch halb leer." Wer kennt nicht diesen typischen Spruch, der darauf verweist, dass menschliche Urteile letztendlich eine Frage der Sichtweise sind?

Letztendlich sind vier Instanzen an der Bildung eines Urteils beteiligt. Diese Instanzen sind in Abbildung 9 ersichtlich. In allen Instanzen werden Informationen subjektiv verarbeitet, und es werden so genannte Beurteilungstendenzen, Wahrnehmungsfilter, Gedächtnis- und Stimmungseffekte erzeugt.

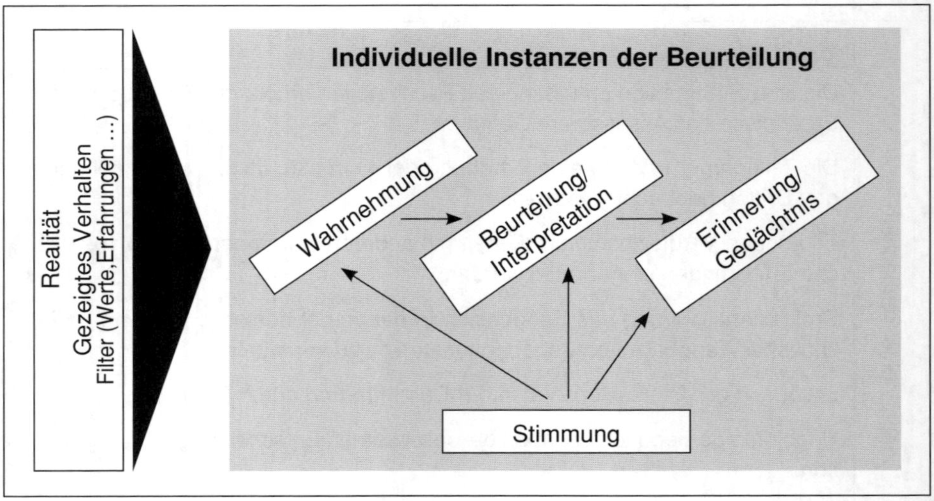

Abbildung 9: Die Instanzen der Beurteilung

Wahrnehmungsfilter

Wahrnehmungsfilter beziehen sich darauf, dass Informationen gefiltert wahrgenommen werden, da die menschliche Verarbeitungskapazität es nicht zulässt, dass die Informationen aus der Realität eins zu eins abgebildet werden. Die Filter erlauben es erst, die komplexe Realität zu reduzieren, und durch die Datenreduktion treten Informationsverluste und Verzerrungen auf:

Haloeffekt/Überstrahlung: Der Gesamteindruck, den sich ein Beobachter von einem Teilnehmer macht, hat großen Einfluss darauf, welche weiteren Eigenschaften dem Teilnehmer zugeschrieben werden. Ist der anfängliche Eindruck positiv, so tendiert der Beobachter dazu, Wahrnehmungen zu selektieren, die es ihm erlauben, dem Teilnehmer weitere gute Eigenschaften zuzuschreiben.

Implizite Persönlichkeitstheorien: Wir unterstellen, dass manche Persönlichkeitsmerkmale gemeinsam auftreten, andere sich jedoch gegenseitig ausschließen. Solche Annahmen könnten lauten: Ruhige Menschen sind besonders tiefgründig und reflektiert; Menschen mit einem schwachen Händedruck sind nicht durchsetzungsstark. Persönliche Überzeugungen leiten insofern die Wahrnehmung, als die Tendenz besteht, von einem beobachteten Merkmal auf ein weiteres, nicht beobachtbares zu schließen.

Stereotype: Der typische Verkäufer ist pragmatisch, durchsetzungsstark, extrovertiert, zielorientiert ... Stereotype befassen sich mit Eigenschaften, die bestimmten Gruppen zugeschrieben werden.

Wahrgenommene Ähnlichkeit: Sympathisch empfundene Menschen werden oft positiv beurteilt. Sympathiepunkte können zu Stande kommen durch Ähnlichkeiten zwischen Beobachter und Teilnehmer, sei es durch gleiche Geburtsorte, ähnliche Charaktereigenschaften, ähnliche Erfahrungen, gemeinsame Freunde, gemeinsame Einstellungen etc.

Beurteilungstendenzen

Tendenz zur Mitte: Der Beobachter tendiert dazu, Teilnehmer auf einem mittleren Niveau einzuschätzen. Bei einer 7-stufigen Skala lässt sich beobachten, dass Einschätzungen vorwiegend zwischen den Werten 3 bis 5 vorgenommen werden. Letztendlich ermöglicht die numerische Bewertung dann keine Trennschärfe mehr zwischen den Teilnehmern, die Ergebnisse verwässern und verlieren an Aussagekraft.

Tendenz zur Milde/zur Strenge: Beobachter legen in ihren Einschätzungen unterschiedliche Maßstäbe zugrunde. Bei Anlegen von hohen Leistungsstandards kommt es zu einer Verschiebung der Skalenwerte nach unten und umgekehrt. Die Tendenz zur Milde kann auch dann auftreten, wenn Beobachter dem kritischen und als unangenehm empfundenen Feedback aus dem Wege gehen möchten.

Kontrasteffekt: Ein Teilnehmer wird vom Beobachter oftmals in Relation zu anderen Teilnehmern eingeschätzt. Die Gefahr dabei ist, dass z. B. ein Teilnehmer mit mittlerer Leistungsstärke bessere AC-Ergebnisse erzielt, wenn die Referenzgruppe eher leistungsschwach ist, als wenn die anderen Teilnehmer sehr stark sind.

Gedächtniseffekte

Primacy- und Recency-Effekte: Normalerweise wird am besten erinnert, was zuerst und zuletzt wahrgenommen wurde. Lauscht man beispielsweise einer Rede, so kann der Zuhörer in der Regel den Inhalt der ersten und der letzten Minuten besser wiedergeben, als das in der Mitte Gesagte. Für das Assessment Center mit mehreren Teilnehmern bedeutet dies, dass man sich unterschiedlich gut an sie erinnert, je nachdem, in welcher Reihenfolge sie sich präsentiert haben. Darüber hinaus heißt es auch, dass Beobachter die erste und die letzte Übung gut erinnern können.

Stimmungseffekte

Die Stimmung der Beurteiler beeinflusst alle anderen Instanzen wesentlich. So ist es leicht nachvollziehbar, dass man bei gehobener Stimmung eher zur Milde neigt und umgekehrt. Die Stimmung beeinflusst jedoch auch erheblich die Erinnerung. Eine wichtige Facette der Stimmungseffekte sind die Umgebungseffekte, weil die Umgebung, innerhalb der das Assessment Center stattfindet, sich auf die Stimmung auswirken kann.

Solche Beobachtungsfehler sind nicht komplett eliminierbar, denn letztendlich bleibt der Beobachter Mensch. Sie lassen sich aber dennoch reduzieren. In diesem Kapitel wurde bereits auf einige Aspekte eingegangen, die nicht zuletzt der Minimierung der Subjektivität dienen. Die Nutzung eines differenzierten Beobachtungssystems trägt dazu bei, die meisten der genannten Einflussgrößen positiv zu beeinflussen. An dieser Stelle ist auch noch einmal die Wichtigkeit der Trennung von Beobachtung und Bewertung zu betonen. Darüber hinaus wird die Bedeutung ausführlicher Notizen klar. Die Beobachtung eines Teilnehmers durch mehrere Beobachter verringert ebenfalls einseitige Beobachtungsfehler, und es wird verständlich, warum Rotation und Mehrfachbeobachtung (vgl. Abschnitt 7.2) im Assesment Center gefordert werden. Die wichtigste Gegenstrategie ist jedoch die Aufklärung und Schulung der Beobachter.

6.5 Schulung der Beobachter

Dem Beobachter kommen bei der Durchführung eines Assessment Centers mehrere Rollen zu. Zum einen ist er Ansprechpartner für die Teilnehmer und zum anderen ist es seine Aufgabe, möglichst genau zu beobachten und zu bewerten. Erfahrung und Schulung der Beobachter verbessern die Qualität der Ergebnisse deutlich. Ziel des Beobachtertrainings ist es, alle beteiligten Beobachter, egal ob intern oder extern, auf einen einheitlichen Stand hinsichtlich der Zielsetzung und des angewandten Verfahrens zu bringen. Die Beobachter sollen dazu befähigt werden, trotz der nicht auszuschaltenden Subjektivität zu möglichst fundierten und begründbaren Urteilen zu kommen. Das Beobachtertraining sollte auch in seiner kommunikativen Funktion nicht unterschätzt werden. Gerade bei der Einbindung von mehreren Führungskräften in das Verfahren ist nicht davon auszugehen, dass alle eine positive Meinung vom Assessment Center vertreten. Der eine oder andere mag sogar selber schon negative Erfahrungen gemacht haben. Das Training sollte Diskussionsspielräume bieten, um solche Bedenken durch ausführliche Information zu reduzieren.

Folgende Inhalte sollten innerhalb des Beobachtertrainings thematisiert werden (einen genauen Ablaufplan stellt Tool 13 dar):

- Auseinandersetzung mit dem Instrument des Assessment Centers und Klärung der unternehmensinternen Zielsetzung
- Rollenklärung als Beobachter

- Auseinandersetzung mit dem Profil und mit den Übungen
- Auseinandersetzung mit den Beurteilungsinstrumenten, insbesondere auch der Skala
- Erläuterung des Beurteilungsprozesses
- Erläuterung der Beobachterfehler
- Darstellung des Feedback-Prozesses
- Erklärung des gesamten Ablaufs (Zeitpläne, Räumlichkeiten, Beobachterkonferenz ...)

Es hat sich bewährt, die Beobachterschulung als eintägige Veranstaltung durchzuführen.

Eine besondere Bedeutung kommt beim Beobachtertraining der Analyse der Beobachter im Vorfeld des Trainings zu. Das Beobachtertraining liegt – je nach Kenntnis- und Wissensstand der Beobachter – auf unterschiedlichen Schwerpunkten. Folgende Fragen können zur Analyse im Vorfeld hilfreich sein:

- Wer sind die Beobachter?
- Welche Position bekleiden sie?
- Gibt es für sie einen Leidensdruck ACs durchzuführen (bspw. Fehleinstellungen)?
- Welche Erfahrungen haben sie mit ACs?
- Haben sie schon selber an irgendeinem AC teilgenommen?
- Haben sie an genau diesem teilgenommen?
- Waren sie schon einmal Beobachter in einem AC?
- Haben bereits ihre Mitarbeiter teilgenommen?
- Wie waren die Feedbacks zur Verfahrensweise/zu den Ergebnissen?
- Gab es Konflikte?
- Kennen die Beobachter Beurteilungsprozesse (z. B. Mitarbeiterbeurteilungssysteme)?
- Sind sie dadurch mit der Skala vertraut?
- Gibt es im Unternehmen Tendenzen zur Mitte, Milde oder Strenge?
- Wie wurde im Unternehmen bislang mit ACs und deren Ergebnissen umgegangen?
- Wurden zuvor gegebene Versprechen eingehalten?
- Wurden die Führungskräfte in die Nachbetreuung integriert?
- Haben sie sich ihrer Verantwortung gestellt?

Je nach Erfahrung kann die Beobachterschulung unterschiedlich viel Zeit in Anspruch nehmen. Wir empfehlen aber, sich an den unerfahrensten Beobachtern zu orientieren. Die folgenden Vorschläge zur Vorgehensweise gehen von unerfahrenen Beobachtern aus. Tool 13 fasst den Ablaufplan zusammen:

1. *Erwartungsanalyse/Vorerfahrungen:* Mittels Karten- oder Zurufabfrage erforschen Sie die Erfahrungen der Beobachter und die Erwartungen an das Beobachtertraining. Falls Beobachter negative Einstellungen gegenüber der AC-Methodik haben, äußern sie dieses vermutlich bereits zu diesem Zeitpunkt. Erste Vorbehalte und vor allen Dingen Missverständnisse können Sie sofort diskutieren.
2. Ein guter Einstieg ist es, ein *Rollenspiel mittels Video* zu präsentieren. Die Teilnehmer bekommen ohne weitere Vorbereitung die Aufgabe, gezeigtes Verhalten zu beurteilen. Erfahrungsgemäß ist in der Auswertung das Erstaunen und auch die Diskussion groß, wenn höchst unterschiedliche Einschätzungen getroffen wurden.
3. Mittels Folienvortrag wird die *AC-Methode* dargestellt. Erzählen Sie hier zunächst grundsätzlich, was ein AC ist, gehen Sie aber auch bereits auf das Setting Ihres ACs und die Bausteine kurz ein. Beispielfolien dazu finden Sie auf der CD-ROM.

Tool 13: Ablaufplan eines Beobachtertrainings

Inhalt	Methode	Dauer
1. Erwartungsanalyse/ Vorerfahrungen	Kartenabfrage	30 min
2. Beobachtung eines ersten Rollenspiels: Teilnehmer erkennen die Schwierigkeit, objektiv zu beurteilen	Rollenspiel über Video, Jeder beurteilt für sich, Diskussion der Ergebnisse	60 min
3. Darstellung der Assessment Center-Methode	Trainerinput, Folienvortrag	30 min
4. Zielsetzung des speziellen Assessment Centers	Input eines internen Entscheidungsträgers	15 min
5. Erläuterung der Dimensionen und der Matrix	Trainerinput, Folienvortrag	15 min
6. Auseinandersetzung mit den konkreten Übungen	Kleingruppenarbeit	60 min
7. Erläuterung des Beurteilungsvorgangs	Trainerinput	30 min
8. Durchführung einer Übung	Rollenspiel	30 min
9. Bewertung der Rollenspieler	Im Plenum wird die Einschätzung der Anforderungen diskutiert	30 min
10. Vorstellung typischer Wahrnehmungsfehler und Darstellung der Gegenstrategien	Trainerinput, Folienvortrag	15 min
11. Üben anhand der AC-Bausteine	Gesprächssimulation in Kleingruppen und Beobachtung durch mindestens 3 Teilnehmer	60 min
12. Feedbackprozesse	Trainerinput	15 min
13. Aufklärung über Organisation: Zeitpläne, Aufteilung der Beobachterteams etc.	Trainerinput	30 min
14. Abschlussdiskussion		15 min

4. Die *Zielsetzung* des bevorstehenden Assessment Centers kann – auch wenn die übrige Beobachterschulung oftmals durch externe Berater durchgeführt wird – sehr gut von einem internen Entscheidungsträger aus der Personalabteilung vermittelt werden. Zum

einen kann dieser die Intention des Unternehmens häufig besonders herausstellen und zum anderen kann dieses auch eine Plattform sein, sich als Personalabteilung zu positionieren. Die Beobachter sollten zum Abschluss dieser Sequenz genau wissen:

- Worum geht es? (Selektion, individuelle Förderung, Beratung, Orientierung ...)
- Steht unmittelbar eine direkte Entscheidung an?
- Was wird noch in die Entscheidung einbezogen?
- Wer vermittelt die Entscheidung?

Gehen Sie hier auch darauf ein, wie es nach dem AC weitergeht:

- Wer bekommt die Ergebnisse?
- In welcher Form werden die Ergebnisse erstellt?
- Wer teilt Entscheidungen mit?
- Wo werden die Ergebnisse aufbewahrt und in welcher Form?

5. Im nächsten Schritt wird auf das *Anforderungsprofil* und die Matrix des ACs eingegangen. Beides sollte als Folie vorbereitet sein. Anhand der Folien wird jede Anforderung genau erklärt und definiert. Erfahrungsgemäß ist für die Beobachter die Historie der Anforderungen von Bedeutung. Vielfach wollen gerade die Führungskräfte wissen, wer an der Erstellung des Profils beteiligt war. An dieser Stelle ist es von besonderer Bedeutung, die Skala und ihre Ausprägungen zu erklären.
6. Die Beobachter erhalten alle Übungen und lesen sich ein.
7. Die Beobachter werden mit der *Beobachtungssystematik* vertraut gemacht. Sie werden an die Nutzung der Beobachtungsbögen herangeführt und lernen den in diesem Kapitel beschriebenen Prozess der Beobachtung – Beobachtung, Beschreibung und Bewertung – kennen (Abbildung 8).
8. Im Plenum wird dann ein *Rollenspiel* durchgeführt. Geben Sie demjenigen, der sich als Rollenspieler bereit erklärt, die Instruktion, absichtlich einige Fehler einzubauen und das Rollenspiel nicht perfekt zu machen. Sie nehmen somit den Beobachtern die mögliche Sorge, sich vor Kollegen zu blamieren. Als sinnvoll hat sich die Vorgehensweise erwiesen, das Training zu nutzen, um die Rollenspiele durch die Beobachter selber durchführen zu lassen. Die Effekte sind zum einen, dass die Beobachter sich mit den Übungen auseinandersetzen, zum anderen bekommen sie ein Gefühl für den Schwierigkeitsgrad der Aufgaben und erste Vergleichsmaßstäbe für die Beurteilung. Nicht zuletzt ist es auch durchaus positiv, wenn ein Beobachter die Situation eines Teilnehmers im AC durch eigene Erfahrungen kennenlernt.
9. Der Trainer der Beobachterschulung moderiert die *Bewertung des Rollenspiels*. Zunächst befragt er die Beobachter nach ihren Beobachtungen und Gesamteindrücken. Dann werden die Anforderungen diskutiert und auf dem Beobachtungsbogen festgehalten.
10. Um *Beobachtungsfehler* zu vermeiden, ist eine Sensibilisierung für Beobachtungstendenzen ein Herzstück einer Beobachterschulung. Der Trainer kann das Material aus diesem Kapitel nutzen, um die Beobachtungsfehler darzustellen (s. CD-ROM).
11. Geben Sie dann den Beobachtern die Möglichkeit, den *Beobachtungsprozess* zu üben und sich gleichzeitig weiterhin mit den Aufgaben zu befassen. In Kleingruppen mit mindestens vier Personen werden Rollenspiele durchgeführt. Die Personen, die nicht am Rollenspiel beteiligt sind, beobachten und bewerten. Günstig ist es, wenn mindestens zwei Personen pro Kleingruppe bewerten, damit diese sich austauschen und

über einen einheitlichen Standard diskutieren. Am Ende dieser Sequenz diskutieren die Teilnehmer ihre Erfahrungen.

12. Die Beobachter werden dann darin geschult, *Feedback* zu geben. Gestalten Sie den Input anhand der Vorschläge aus Kapitel 8. Wenn es Aufgabe der Führungskräfte ist, selber Feedback zu geben, so sollte dieses in Rollenspielen vertiefend geübt werden.
13. Damit die Beobachter bei der realen AC-Durchführung einen Überblick über alle Aktivitäten und den Ablauf haben, erklären Sie am Ende der Schulung den Gesamtablauf und die *Organisation*. Hilfreich ist es dazu, den Gesamtzeitplan zu präsentieren. Dabei lernen die Beobachter das Prinzip der Rotation, der verschiedenen Teams, verschiedener Räume etc. kennen. Weisen Sie bei Gruppen-ACs darauf hin, dass die Zeiten unbedingt einzuhalten sind, da sonst exponentielle Verschiebungen im Gesamtzeitplan auftreten.
14. Am Ende der Beobachterschulung steht die *Abschlussdiskussion*. Klären Sie in diesem Zusammenhang offene Fragen.

Erfahrungsgemäß ist es sinnvoll, die Beobachterschulung kurz vor der AC-Durchführung stattfinden zu lassen. Optimal ist der Vortag.

Literaturhinweise zu diesem Kapitel

Arthur, W. Jr. & Day, E. A. (2011). Assessment Centers. In S. Zedeck (Ed.), *APA Handbook of Industrial and Organizational Psychology* (Volume 2: Selecting and Developing Members for the Organization, pp. 205–235). Washington: APA.

Eck, C. D., Jöri, H. & Vogt, M. (2007). *Assessment-Center*. Heidelberg: Springer. [insbesondere S. 24–34, 54–56, 162–169]

Jackson, D. R., Stillmann, J. A. & Atkins, S. G. (2005). Rating Tasks versus Dimensions in Assessment Centers: A Psychometric Comparison. *Human Performance, 18,* 213–241.

Kanning, U. P., Pöttker, J. & Gelléri, P. (2007). Assessment Center-Praxis in deutschen Großunternehmen. Ein Vergleich zwischen wissenschaftlichem Anspruch und Realität. *Zeitschrift für Arbeits- und Organisationspsychologie, 51* (4), 155–167.

Lance, C. E. (2008). Why Assessment Centers Do Not Work the Way They Are Supposed To. Industrial and Organizational Psychology. *Perspectives on Science and Practice, 1* (1), 84–97. [sowie alle Kommentare zu diesem Artikel, S. 98–146]

Obermann, C. (2009). *Assessment Center. Entwicklungen, Durchführung, Trends* (4. Auflage). Wiesbaden: Gabler. [insbesondere Kapitel 2.6 „Erstellung eines Beobachtungs- und Bewertungssystems“, S. 169–187].

7 Organisation und praktische Gestaltung

Die Rolle der organisatorischen Rahmenbedingungen eines Assessment Centers wird leicht unterschätzt. Schließlich geht es dabei ja „nur“ um Zeitpläne, Ressourcenplanung, Rahmenprogramm usw. Auf den zweiten Blick wird jedoch deutlich, dass es sich hierbei um ganz maßgebliche Einflussfaktoren sowohl auf die Qualität der zu erzielenden Ergebnisse als auch auf die Akzeptanz bei den teilnehmenden Personen handelt. In einem gut organisierten AC können die kostbare Zeit der beteiligten Personen effizient genutzt und die Rahmenbedingungen so gestaltet werden, dass Teilnehmer die Veranstaltung als fair und akzeptabel empfinden. Hier haben Details oftmals eine große Wirkung. In diesem Kapitel ist dargestellt, wie durch die Gestaltung organisatorischer Rahmenbedingungen ein teilnehmerorientiertes Assessment Center vorbereitet und praktisch realisiert werden kann, das den Grundprinzipien der Beobachtung und Einschätzung im AC entspricht. Neben der Realisierung von Prinzipien, wie dem der Mehrfachbeobachtung, sind nicht zuletzt Überlegungen zur Gestaltung einer angenehmen Atmosphäre und zur Herstellung von Transparenz bezüglich Ziel, Gestaltung und Konsequenzen des Verfahrens von Interesse. Schließlich werden Gestaltungselemente beschrieben, die es ermöglichen, den Teilnehmern einen möglichst hohen individuellen Nutzen aus dem Assessment Center zu ziehen. Darüber hinaus werden praktische Anleitungen für die konkrete Planung und Organisation eines Assessment Center gegeben. Hierzu gehören sowohl die Planung der Personalressourcen, die Erstellung von Zeitplänen, die Raumplanung als letztlich auch die Vorbereitung der benötigten Unterlagen und Materialien. Checklisten bringen die wichtigsten Inhalte für die AC-Organisation auf den Punkt.

Tools in diesem Kapitel:

- Möglicher Ablaufplan einer Einführungsrunde (S. 206)
- Checkliste Zeitplanerstellung (S. 216)
- Checkliste interne Räumlichkeiten (S. 230)
- Checkliste Beobachterordner (S. 232)
- Checkliste Teilnehmermaterialien im Back-Office (S. 233)
- Checkliste unterstützende Materialien (im Back-Office) (S. 233)
- Beobachterzeitplan (CD-ROM)
- Teilnehmerzeitplan (CD-ROM)
- Übersichtszeitplan (CD-ROM)

7.1 Teilnehmerorientierte Gestaltung von Assessment Centern

Assessment Center stellen für alle Beteiligten zunächst einmal eine ungewohnte Situation dar und für die Teilnehmer zudem auch noch eine, in der sie beobachtet und ihre Kompetenzen eingeschätzt werden. Eine gewisse Anspannung ist dementsprechend bei jedem Teilnehmer vorhanden, und nur die wenigsten werden sich einem Assessment Center ausschließlich mit positiver Neugier und Interesse nähern. Schließlich hat die Einschätzung, die dort vorgenommen wird, immer auch etwas mit einer Bewertung ihrer Person zu tun. So verhaltensbezogen das AC und die Beobachtungsinstrumentarien auch konzipiert sind (vgl. Abschnitt 6.1), letztendlich kann eine Einschätzung der individuellen Kompetenzen nicht getrennt von der Person gesehen werden. Und wer möchte nicht von anderen positiv gesehen werden? Darüber hinaus wird in Auswahl-ACs über die berufliche Karriere von Teilnehmern entschieden. Selbst wenn in internen ACs keine Auswahlentscheidung getroffen wird, bestehen häufig Befürchtungen, denn der Großteil der Beobachter, die den Teilnehmer in den verschiedenen Situationen sehen, sind Führungskräfte und Entscheider aus dem gleichen Unternehmen, Personen also, denen der Teilnehmer auch künftig begegnen wird. Es ist nur zu gut zu verstehen, dass er oder sie sich vor diesen Personen positiv präsentieren und ein gutes Bild hinterlassen möchte (vgl. Abschnitt 8.4.3).

Das Assessment Center bringt daher von Natur aus viele Eigenschaften mit, die bei Teilnehmern Anspannung, Nervosität und auch Stress verursachen können. Entgegen mancher Meinung ist es jedoch keinesfalls Ziel der Gestaltung von Assessment Centern, allein die Reaktion von Teilnehmern auf stressende Situationen zu erheben. Mit realitätsnahen Assessment Centern wird versucht, eine möglichst „echte“ Situation zu schaffen, mit der die Teilnehmer sich zum einen gut identifizieren können und die zum anderen zu möglichst guten Eignungs- oder Potenzialaussagen führt. Stress führt jedoch dazu, dass Teilnehmer eben nicht die Verhaltensweisen zeigen, die typisch für sie und ihre Herangehensweise in realen Arbeitssituationen sind, sondern eben solche, die typisch für sie und ihr Verhalten in Stresssituationen sind. Selbstverständlich kann auch der Arbeitsalltag zuweilen stressend sein. Dabei handelt es sich jedoch zumeist um eine andere Art von Stress. Hier steht z. B. Zeitdruck im Vordergrund, weniger jedoch Stress im Sinne von „Prüfungsangst“. Auch wenn ein AC immer eine Art Prüfungssituation darstellt, muss schon allein aus Gründen der Gültigkeit der AC-Ergebnisse ein zentrales Ziel in der Realisierung von ACs sein, dass Teilnehmer nicht primär Stresssymptome, sondern möglichst realistische Leistungen zeigen können.

Darüber hinaus spielt auch die jeweilige Unternehmenskultur eine bedeutende Rolle. Viele Unternehmen werden auf bewusste Stressprovokation oder störende Rahmenbedingungen auch aufgrund ihrer eigenen Philosophie des Umgangs mit Mitarbeitern und Bewerbern verzichten. Dieser Aspekt ist auch für Verfahren mit externen Bewerbern zu berücksichtigen, die das Unternehmen noch nicht intensiv haben kennenlernen können, denn für sie stellt das Auswahlverfahren einen entscheidenden Indikator für die Kultur des Unternehmens dar. Somit hat auch ein Assessment Center eine wichtige Personalmarketing-Funktion und beinhaltet die Chance, das Unternehmen positiv darzustellen (vgl. Abschnitt 10.2, Traineeauswahl bei der ThyssenKrupp AG).

Teilnehmerorientierte Gestaltung von Assessment Centern bedeutet jedoch keineswegs, die Ansprüche zu senken. Übungen im AC können durchaus als herausfordernd erlebt werden, und am Ende eines AC-Tages werden viele Teilnehmer berichten, es sei anstrengend gewesen und sie seien an ihre Grenzen gekommen. Teilnehmerorientierte Gestaltung bedeutet vielmehr, dass anspruchsvolle Inhalte mit klarer Leistungsorientierung so wertschätzend und fair realisiert werden, dass Teilnehmer sich möglichst schnell in der Lage fühlen, ihre realen Stärken zu zeigen und ihre Leistungsfähigkeit unter Beweis zu stellen.

Welche Stellgrößen existieren nun, um eine teilnehmerorientierte Realisierung zu erzielen?

7.1.1 Gestaltung einer angenehmen Atmosphäre

Zur Gestaltung einer angenehmen Atmosphäre gibt es verschiedene Möglichkeiten. Diese beziehen sich zum einen auf den persönlichen Kontakt mit den anwesenden Beobachtern und Organisatoren, zum anderen auf die Gestaltung des zeitlichen Ablaufs sowie der Übungsinhalte.

7.1.1.1 Die Einführungsrunde

Ein Assessment Center sollte mit einer Einführungsrunde starten, in der die Teilnehmer die Gelegenheit haben, die Beobachter und alle anderen an dem Verfahren beteiligten Person kennenzulernen. Für diese erste gemeinsame Runde sollte je nach Verfahren und Möglichkeiten bis zu einer Stunde Zeit eingeplant werden. Vor allem aber sollte der Moderator bereits hier bemüht sein, eine persönliche und wertschätzende Atmosphäre zu schaffen (vgl. Abschnitt 7.1.2.2).

7.1.1.2 Der Umgang der Beteiligten untereinander

Manche Richtlinien zur AC-Gestaltung sehen eine strikte Trennung der Gruppe der Teilnehmer von der der Beobachter außerhalb der Übungen vor. Im Sinne einer Laborsituation sollen Einflüsse und Beobachtungen neben den eigentlichen systematischen Beobachtungen während der Übungen vermieden werden. Dies führt tatsächlich häufig zu einer Atmosphäre, die der eines Labors ähnlich ist. Der Nutzen der methodisch „sauberen“ Beobachtung wiegt dabei jedoch kaum den Nachteil der sterilen Atmosphäre auf. Vielmehr sollte im Rahmen der Beobachterschulung die Problematik der Beobachtungen in den Pausen, am Abend etc. thematisiert werden, um für diese Gefahr zu sensibilisieren. Die Beziehung zwischen Beobachtern und Teilnehmern muss keinesfalls unterkühlt, sondern kann durchaus persönlich geprägt sein. Gemeinsame Programmpunkte, wie zum Beispiel ein gemeinsames Abendessen am Vorabend, stellen eine gute Möglichkeit zum frühzeitigen Abbau von Anspannung und Nervosität dar.

7.1.1.3 Der eigene Vorgesetzte als Beobachter

Im Rahmen von internen Assessment Centern kann es dazu kommen, dass der Teilnehmer auf den eigenen Vorgesetzten in der Rolle des Beobachters trifft. Eine solche Konstellation bringt Vor- und Nachteile mit sich, die in der jeweiligen Situation sorgfältig gegeneinander abgewogen werden sollten. Der Nachteil besteht darin, dass sich für diejenigen Teilnehmer, deren Vorgesetzter anwesend ist, eine besondere Beobachtungssituation ergibt. Einige erleben diese Situation als sehr angenehm und sind froh darüber, dass ihre Führungskraft anwesend ist, die eventuell gegenüber den anderen Beobachtern auch einmal das ein oder andere Ergebnis „geraderücken“ oder eine Verhaltensweise durch Erklärungen aus dem Arbeitsalltag erläutern könnte. Andere Teilnehmer reagieren zuweilen befangen, vor einer nicht neutralen Person zu agieren. Es besteht somit die Gefahr, dass die Beobachtungssituation – egal in welche Richtung – durch diese Konstellation beeinflusst wird. Darüber hinaus wird in vielen Verfahren bewusst auf Vorgesetzte in der Beobachterrolle verzichtet, da das AC eine – neben der Selbst- und der Vorgesetztenentscheidung – dritte unabhängige Einschätzung liefern soll, um so letztlich das Bild von den Kompetenzen und dem Potenzial des Teilnehmers abzurunden.

Auf der anderen Seite besteht der Vorteil des Vorgesetzten in der Beobachterrolle darin, dass der Vorgesetzte selbst die Ergebnisse des ACs besser nachvollziehen kann und somit auch die daraus abzuleitenden Konsequenzen und Folgemaßnahmen überzeugter mitträgt. In den meisten Fällen überwiegen jedoch die genannten Contra-Argumente und auf Vorgesetzte in der Beobachterrolle wird verzichtet.

In internen wie externen Auswahl-ACs sollte der zukünftige Vorgesetzte jedoch immer mit anwesend sein, damit er sich persönlich ein Bild von der Passung des Bewerbers auf die Position machen kann.

7.1.1.4 Betreuung der Teilnehmer

Im Einzel-AC konzentrieren sich die Beobachter einen ganzen Tag lang auf einen Teilnehmer, stehen in ständigem Kontakt mit ihm und können sich um dessen Fragen oder Probleme kümmern, Übungen erläutern etc. Im Gruppen-AC ist eine derartige Betreuung der Teilnehmer durch die Beobachterteams nicht möglich. Daher sollte während des gesamten Assessment Centers mindestens eine zusätzliche Person zur Verfügung stehen, die Übungen an die Teilnehmer ausgibt, organisatorische und inhaltliche Fragen beantwortet, Materialien zur Verfügung stellt und sich auch darüber hinaus bei Problemen um die Teilnehmer kümmern kann. Diese Person im sogenannten Back-Office kann gleichzeitig für die Zusammenführung der Ergebnisse und die Vorbereitung der Beobachterkonferenz zuständig sein. Sie kann sich darüber hinaus auch um alle organisatorischen Details im Verlauf des ACs kümmern, für die die Beobachter aufgrund des häufig sehr straff geplanten Zeitablaufes keine Gelegenheit haben.

7.1.1.5 Die Planung von Vorbereitungszeiten

Einer der vermeidbaren Stressfaktoren im Assessment Center besteht in der zu kurzen Vorbereitungszeit für die verschiedenen Übungen. Die Teilnehmer sehen sich dann in der Situation, Stegreifpräsentationen zu halten, eine Gesprächssimulation nach fünfminütiger Einarbeitung durchzuführen etc. Für diesen hohen Zeitdruck besteht jedoch zumeist keine Veranlassung. Zuweilen erweckt es den Eindruck, als wollten die Organisatoren von Assessment Centers mit Hilfe von kurzen Vorbereitungszeiten spontanes und damit möglichst echtes, unverfälschtes Verhalten beobachten. Das Gegenteil ist jedoch der Fall. Die Ergebnisse, die so beobachtet werden können, sind genau die, die der Teilnehmer erzielt, wenn er eben schlecht vorbereitet ist. Um zu erkennen, welche Leistung ein Teilnehmer tatsächlich erbringen kann, sollte er daher auch die Möglichkeit haben, sich annähernd so vorzubereiten, wie er es im echten Arbeitsleben auch tun würde, damit er seine maximale Leistungsfähigkeit tatsächlich unter Beweis stellen kann. In nur wenigen Fällen bestehen die realen Anforderungen im Arbeitsalltag darin, aus dem Stegreif Präsentationen halten und wichtige Gespräche führen zu müssen. Gehört dies jedoch zu den erfolgskritischen Kernaufgaben, dann kann auch eine sehr kurze Vorbereitungszeit sinnvoll sein – aber eben nur dann.

Daneben ist die Vorbereitungszeit in analytisch-konzeptionellen Übungen, wie z. B. Postkorbübungen oder handlungsorientierten Fallstudien, oft knapp bemessen (vgl. Abschnitt 5.3). Hier sollen analytische Kompetenzen im Sinne einer möglichst schnellen Auffassungsgabe erfasst werden. Stehen solche Anforderungskriterien im Vordergrund, kann es ebenfalls in einzelnen Übungen sinnvoll sein, nur wenig Zeit für die Bearbeitung zur Verfügung zu stellen.

7.1.1.6 Die Planung von Pausen

Vor allem in Gruppen-ACs besteht die Herausforderung bei der Erstellung von Zeitplänen (vgl. Abschnitt 7.2.2) weniger darin, dass zu wenig Zeit für die Vorbereitung der Teilnehmer zur Verfügung steht. Vielmehr besteht die knappe Ressource zumeist in der Zeit der Beobachterteams. Daher entstehen häufig längere Pausen für die Teilnehmer. Grundsätzlich sind Pausen für die Teilnehmer natürlich begrüßenswert, um zwischendurch auch Erholung zu ermöglichen. Längere Wartezeiten werden von Teilnehmern jedoch zumeist als unangenehmer erlebt als Zeitdruck, da sie zwischenzeitlich immer wieder neue Nervosität aufbauen oder „gerade so richtig drin waren" und weiterarbeiten wollen, jedoch aufgrund ihres Zeitplans gebremst werden. Nachdem also angemessene Pausen für Erholung und Essen eingeplant worden sind, sollten verbleibende Pausenzeiten sinnvoll gefüllt werden. Hierzu besteht zum einen die Möglichkeit, komplexe Analyse- und Konzeptionsübungen einzuplanen, für deren Vorbereitung bis zu mehrere Stunden benötigt werden, wobei die Bearbeitung durch andere Übungen unterbrochen werden und z. B. über einen ganzen Tag verteilt werden kann. Zum anderen kann im Gruppen-AC auch eine gemeinsame Aufgabe für die gesamte Teilnehmergruppe, die nicht unbedingt beobachtet oder bewertet werden muss, ein attraktiver Pausenfüller sein. Mögliche Aufgaben dieser Art wären z. B. innerhalb eines ACs, in dem die Übungen in ein gemeinsames Marketing-Szenario integriert sind, das gemeinsame Entwerfen eines Produktlogos oder die Vorbereitung und Durchführung einer Kundenveranstaltung. Diese Kundenveranstaltung kann dann ein attraktives Abendprogramm bei einer mehrtägigen Veranstaltung darstellen.

Sollen die Teilnehmer eines Gruppen-ACs noch am gleichen Tag nach der Beobachterkonferenz Feedback erhalten, so entsteht eine weitere lange Pause während der Beobachterkonferenz, in der sich einige Teilnehmer oft in die Schulzeit zurückversetzt fühlen, als sie auf die Zeugnisvergabe warteten. Auch solche Assoziationen sollten vermieden und die Wartezeit mit entsprechendem Programm gefüllt werden. Je nach Zielgruppe, Durchführungsort und Budget kommen vielfältige Möglichkeiten in Frage: Informationen über das Unternehmen (für externe Bewerber), Ehemalige berichten über ihre Erfahrungen aus dem Förderprogramm (für ACs im Rahmen von Förderprogrammen), aber auch Vorträge, eine Führung durch das nahe gelegene Schloss oder ein Golf-Schnupperkurs bilden eine Auswahl sinnvoller Angebote für Teilnehmer. Eine besondere Form der sinnvollen Freizeitgestaltung während einer Beobachterkonferenz ist z. B. im Praxisbeispiel E.ON – Erzeugung Deutschland (Abschnitt 10.4) dargestellt. Hier arbeiten die Teilnehmer in einer nahe gelegenen Werkstatteinrichtung mit behinderten Menschen zusammen. Des Weiteren stellt auch die individuelle Betrachtung und Auswertung von Videoaufnahmen (vgl. Abschnitt 7.1.3.2) aus den verschiedenen Übungen durch die Teilnehmer einen Pausenfüller mit echtem Mehrwert dar.

7.1.2 Gewährleistung von Transparenz

Assessment Center mit Beobachtern, die ihre geheimnisvollen Bögen ausfüllen und sich zu einer Beobachterkonferenz hinter verschlossenen Türen treffen, haben häufig etwas Mysteriöses. Im Sinne der Teilnehmerorientierung sollte es oberstes Ziel sein, möglichst viel von diesem Mysterium aufzudecken. Nur so kann den Teilnehmern das Gefühl gegeben werden, sich in einer berechenbaren Situation zu befinden und nicht einfach einem undurchschaubaren Prozedere ausgeliefert zu sein. Transparenz ist daher ein zentrales Kriterium der teilnehmerorientierten Vorgehensweise und maßgeblich entscheidend für die Akzeptanz und Qualität des Verfahrens.

7.1.2.1 Frühzeitige Information der Teilnehmer

Transparenz beginnt mit der frühzeitigen Kommunikation der Ziele und Vorgehensweisen im Assessment Center sowie der resultierenden Konsequenzen und Folgemaßnahmen (vgl. Kapitel 3). Idealerweise sollte dies auch in schriftlicher Form, z. B. mit einem ausführlichen Informationsbrief, erfolgen. Dies gilt keinesfalls nur für interne Teilnehmer. Auch externe Bewerber sollten immer mit Informationen zum Auswahlverfahren versorgt werden. Viele Unternehmen ergänzen die schriftliche Information bei internen Teilnehmern auch durch ein Vortreffen oder eine vorgeschaltete Videokonferenz, in der das Verfahren vorgestellt und Fragen beantwortet werden.

7.1.2.2 Nähere Informationen in der Einführungsrunde

Zu Beginn eines Assessment Centers bietet sich eine Einführungsrunde nicht nur zur persönlichen Vorstellung der beteiligten Personen an, sondern auch zur Erläuterung der Übungstypen und Klärung von Fragen (beispielhafter Ablaufplan siehe Tool 14). Des Weiteren wird durch Darlegung und Erläuterung der Anforderungsdimensionen Trans-

Tool 14: Möglicher Ablauf einer Einführungsrunde zu Beginn eines AC

1. Allgemeine Begrüßung und Vorstellung des Moderators
2. Vorstellungsrunde aller beteiligten Personen inklusive der im AC eingenommenen Rollen (Teilnehmer, Beobachter, Rollenspieler, im Gruppen-AC Betreuer im Back-Office); evtl. Abfrage bisheriger AC-Vorerfahrung
3. Zielsetzung des Verfahrens im Rahmen des Gesamtkonzepts der Personalauswahl bzw. Personalentwicklung
4. Grundidee der Assessment Center-Methodik
5. Erläuterung der teilnehmerorientierten Vorgehensweise
6. Darstellung der organisatorischen Rahmenbedingungen
7. Vorstellung und Erläuterung der einzelnen Übungstypen anhand eines beispielhaften Teilnehmerzeitplans
8. Vorstellung und Erläuterung des Anforderungsprofils
9. Darstellung des weiteren Vorgehens nach dem AC (Ergebnisbericht, Personalentwicklungsmaßnahmen etc.)
10. Klärung offener Fragen seitens der Teilnehmer

parenz bezüglich der relevanten Entscheidungskriterien erzeugt (was nicht nur positiv von den Teilnehmern wahrgenommen wird, sondern in wissenschaftlichen Untersuchungen positive Auswirkungen auf die Validität des Verfahrens hatte, für einen Überblick siehe Lievens, 1998).

7.1.2.3 Zwischenfeedback

Auch Zwischenergebnisse im Sinne einzelner Beobachtungen direkt nach Übungen müssen kein Geheimnis sein. Es kann durchaus jeweils nach einer Simulation bzw. Übung ein kurzes Feedbackgespräch angeschlossen werden, in dem der Teilnehmer bereits prägnante Eindrücke geschildert bekommt und erste Tipps erhält. Diese Vorgehensweise wird von Teilnehmern sehr geschätzt und kann insofern interessant sein, als dass die Verhaltensbandbreite des Teilnehmers sowie seine kurzfristige Flexibilität überprüft werden können, indem der Teilnehmer in einer nächsten ähnlichen Situation versucht, die Tipps umzusetzen. Bedingung ist hierbei, dass das gleiche Beobachterteam die veränderte Vorgehensweise beobachtet oder die Gelegenheit hat, das Beobachterteam, das den Teilnehmer in der zweiten, ähnlichen Übung beobachtet, umfassend über das gegebene Feedback zu informieren. Gehören die Verhaltensflexibilität bzw. die Fähigkeit, Erlerntes schnell in verändertes Verhalten umzusetzen, zu den zentralen Anforderungskriterien, so ist dies vor allem in ACs, die rein zur Personalentwicklung genutzt werden, ein guter Weg. Es sollte jedoch zunächst die Gelegenheit bestehen, dass sich die Beobachter kurz über ihre Eindrücke austauschen, damit dem Teilnehmer direkt nach der Übung keine gegensätzlichen Empfehlungen vermittelt werden.

Die Grenzen dieser Vorgehensweise liegen jedoch darin, dass vor allem beobachtet wird, ob ein Teilnehmer das von einem Beobachterteam gewünschte Verhalten den Erwartungen gemäß umsetzen kann. Echte Lernfähigkeit in dem Sinne, dass ein Teilnehmer von gemachten Erfahrungen profitiert und Schlussfolgerungen für die Zukunft zieht, lässt sich in diesem Setting nur schwer erfassen.

Eine realitätsnahe Möglichkeit, die Lernfähigkeit der Teilnehmer in einem Assessment Center abzubilden, besteht darin, ihnen im Anschluss an eine Übung eine Videoaufzeichnung dieser Übung zur Verfügung zu stellen, die sie sich vor der nächsten Durchführung einer ähnlichen Übungen anschauen können. So haben die Teilnehmer die Möglichkeit, aus ihrem Verhalten und dem beobachteten Erfolg eigene Schlüsse zu ziehen für zukünftige Herausforderungen – eine Lernerfahrung, wie sie auch in der Praxis häufig auftritt. In einem abschließenden Gespräch können dann die Erfahrungen aus beiden Übungen und der Betrachtung des Videos mit dem Teilnehmer reflektiert werden, ohne dass die Beobachter dem Teilnehmer konkretes Feedback geben. Erfahrungsgemäß bietet dieses Vorgehen tiefere Einblicke in die Lern- und Reflexionsfähigkeit eines Teilnehmers als ein einfaches Zwischenfeedback, anhand dessen sich letztlich nur messen lässt, ob der Teilnehmer bereit und in der Lage ist, dieses Feedback umzusetzen. Das praktische Vorgehen zur Erfassung der Fähigkeit zur Selbstreflexion und Lernfähigkeit ist im Praxisbeispiel E.ON – Erzeugung Deutschland (Abschnitt 10.4) dargestellt.

In Auswahlverfahren sowie in allen Situationen, in denen die Feststellung des Status quo im Vordergrund steht, sollte von Zwischenfeedback Abstand genommen werden, da es zu einem eher experimentellen Umgang mit Folgesituationen führt und bei manchen Teilnehmern zum „Kippen“ des erwünschten Effektes in ein entgegengesetztes Extrem führt, denn das Gefühl für das richtige Maß fehlt häufig noch. So kann es passieren, dass einem Teilnehmer nach seinem ersten Mitarbeitergespräch zurückgemeldet worden ist, dass er seine Erwartungshaltungen und auch seine Kritik im Gespräch deutlicher formulieren sollte und er dann in seinem zweiten Mitarbeitergespräch unverhältnismäßig dominant agiert, indem er nicht nur klar in seinen Aussagen ist, sondern in seiner Klarheit auch verletzend formuliert, den Mitarbeiter unterbricht, die Lautstärke steigert etc. Ein Bewerber würde in einer solchen Situationen leicht reklamieren, man habe ihm doch gesagt, er solle sich deutlicher positionieren, was wiederum die Akzeptanz der Auswahlentscheidung in Frage stellt. In internen Potenzialanalyse-Verfahren jedoch, in denen auch solche „Ausrutscher" keine negative Relevanz für den Teilnehmer haben, ist der experimentelle Umgang mit Übungen, Video- oder Zwischenfeedback und erneutem Versuch eine Vorgehensweise, die für Teilnehmer und Beobachter sehr interessant ist und von Teilnehmern sehr geschätzt wird. Das AC gewinnt auf diese Art und Weise bereits einen Coaching- und Trainings-Charakter. Allerdings muss man sich jederzeit darüber im Klaren sein, dass diese Vorgehensweise, sieht man einmal von den Anforderungen Lern- und Reflexionsfähigkeit sowie Verhaltensflexibilität ab, die Aussagekraft der Ergebnisse vermindern kann, denn es handelt sich in der Folgesituation häufig nicht mehr um das bisherige alltägliche Verhalten eines Teilnehmers.

Unabhängig davon, ob die Entscheidung für oder gegen ein Zwischenfeedback getroffen wird, wichtig ist in jedem Fall, dass eine eindeutige Regelung geschaffen wird, nach der im Gruppen-AC jedes Beobachterteam gleichermaßen vorgeht, d. h. nach den gleichen Übungen Feedback gibt oder nicht.

7.1.2.4 Die Aufforderung, Fragen zu stellen

Durch die wiederholte Aufforderung zum Fragen wird es den Teilnehmern bei Verständnisschwierigkeiten ermöglicht, diese schnellstmöglich zu beseitigen und somit auch zu vermeiden, dass AC-Ergebnisse an Aussagekraft verlieren, da z. B. die Zielsetzung einer Übung missinterpretiert wurde. Fragen können sowohl inhaltlicher als auch organisatorischer Natur sein. Die Vermeidung unnötiger Missverständnisse und des Gefühls, mit den Übungen allein gelassen zu sein, sollte hier an erster Stelle stehen. Dies gilt auch für den Start einer jeden Übung im Beobachterteam. Es sollte immer zuerst geklärt werden, ob Verständnisschwierigkeiten aufgetreten sind.

7.1.3 Schaffen von Teilnehmernutzen

Die Durchführung von Assessment Center mit internen und externen Bewerbern ermöglicht es dem Unternehmen, personalrelevante Entscheidungen auf der Basis vielfältiger Informationen über die einzelnen Bewerber oder Teilnehmer zu treffen. Dies ist der primäre Nutzen eines ACs. Das Unternehmen ist jedoch nicht die einzige Partei, die in diesen Prozess investiert. Auch die Teilnehmer investieren ihre Zeit und ihr Engagement und setzen sich einer meist unbekannten Situation aus. Insofern sollten auch die Teilnehmer, seien es interne oder externe, unmittelbar von ihrer Teilnahme profitieren. Dies ist nicht nur eine Frage der Fairness, sondern auch wiederum ein entscheidender Erfolgsfaktor im Sinne der Akzeptanz des Verfahrens. Um für Teilnehmer einen individuellen Nutzen zu schaffen, bieten sich die im Folgenden dargestellten Möglichkeiten an.

7.1.3.1 Individuelles Feedback

Im Anschluss an ein Assessment Center sollte mit jedem Teilnehmer ein individuelles Feedbackgespräch geführt werden (vgl. Abschnitt 8.1), in dessen Verlauf dem Teilnehmer die Eindrücke und Bewertungen seitens der Beobachter mitgeteilt werden und er die Möglichkeit erhält, den Beobachtern seine eigenen Eindrücke und Erfahrungen mitzuteilen. Gemeinsam werden die Ergebnisse reflektiert und Ideen für die weitere Entwicklung sowie Unterstützungsmöglichkeiten gesammelt. Auch bei abgelehnten externen Bewerbern führt ein unterstützendes Feedback mit wertvollen Tipps dazu, dass die Entscheidung leichter akzeptiert wird, die Bewerber die Zeit dennoch als nutzbringend investiert empfinden und letztendlich das Unternehmen in guter Erinnerung behalten.

In Gruppen-ACs wird häufig aufgrund der durch die Beobachterkonferenz entstehenden Wartezeit auf ein unmittelbar anschließendes Feedbackgespräch verzichtet, so dass das Gespräch erst einige Tage oder Wochen später erfolgt. Hier gilt es abzuwägen, welche negativen Konsequenzen überwiegen. Bei direkt anschließendem Feedback wird die vorhergehende lange Pause während der Beobachterkonferenz von den Teilnehmern häufig als unangenehm erlebt. Bei späterem Feedback sind gewöhnlich die Eindrücke der Beobachter und Teilnehmer nicht mehr gleichermaßen präsent wie am letzten AC-Tag. Darüber hinaus beklagen Teilnehmer zuweilen, aus einem ein- oder mehrtägigen AC mit einem diffusen Bauchgefühl bezüglich ihrer erzielten Ergebnisse entlassen zu werden. Eine gute Möglichkeit, dieses Dilemma aufzulösen, besteht darin, die Pausenzeit während der Beobachterkonferenz sinnvoll zu füllen (vgl. Abschnitt 7.1.1.6).

7.1.3.2 Videoaufnahmen

Eine weitere Möglichkeit zum Schaffen zusätzlichen Teilnehmernutzens besteht in der Erstellung von Videoaufnahmen von den verschiedenen Übungen. Der Teilnehmer kann auf eigenen Wunsch über eine Videokamera das Verhalten in einer Übung (z. B. Gespräch mit einem Kunden) aufnehmen lassen und später betrachten. Die Auseinandersetzung mit den eigenen Videoaufzeichnungen bietet den Teilnehmern eine gute Vorbereitung auf das Feedbackgespräch und erhöht die Nachvollziehbarkeit der Beurteilungen der Beobachter. Wenn möglich, erhält er dadurch die Möglichkeit, auch nach Beendigung des Assessment Centers mit zeitlichem Abstand das eigene Verhalten noch einmal zu reflektieren und die Tipps aus dem Feedback nachzuvollziehen. Die Aufnahmen sollten jedoch stets ein optionales Angebot darstellen, da manche Teilnehmer sich durch eine Videokamera zusätzlich verunsichert fühlen.

Darüber hinaus können die Aufnahmen auch nur dann den Teilnehmern nach dem Assessment zur Verfügung gestellt werden, wenn die Übungen nicht vertraulich sind. Da vor allem bei internen ACs jedoch die genaueren Übungsdetails nicht kommuniziert werden sollen, um die Übungen mehrfach durchführen zu können, ist es in vielen Fällen nicht möglich, den Teilnehmern ihre Aufnahmen zu überlassen. Allerdings besteht alternativ auch die Möglichkeit, dass die Teilnehmer ihre Aufnahmen bereits im Rahmen des ACs (z. B. parallel zur Beobachterkonferenz) betrachten. Besonders hoch ist der Lerneffekt in diesem Falle, wenn den Teilnehmern zur Auswertung ein erfahrener Coach oder Trainer zur Seite gestellt wird.

Nicht zu unterschätzen ist jedoch, dass die Realisierung von Videoaufnahmen mit einem erhöhten technischen Aufwand für die Organisation des Assessment Centers einhergeht. Für jeden Beobachterraum muss Technik zur Videoaufzeichnung zur Verfügung stehen und die Teilnehmer müssen mit den entsprechenden Abspielgeräten ausgestattet werden. Auch wenn die entsprechenden Geräte heute häufig klein, leicht und intuitiv bedienbar sind, ist der höhere Aufwand durch Aufbau und Verwaltung der Technik sowie die technische Betreuung der Teilnehmer (z. B. Ausgabe der Aufzeichnung, Unterstützung bei technischen Problemen) bei der personellen Ausstattung des Assessment Centers (vgl. Abschnitt 7.2.1.4) unbedingt einzuplanen.

7.1.3.3 Schriftliche Ergebnisberichte

Schriftliche Ergebnisberichte (vgl. Abschnitt 8.2), die den Teilnehmern nach dem AC zur Verfügung gestellt werden, ermöglichen eine vertiefte Reflexion der individuellen Stärken und Verbesserungsfelder. In einem solchen Bericht sollten auch bereits Vorschläge für Personalentwicklungsmaßnahmen enthalten sein, so dass der Teilnehmer klare Handlungsempfehlungen aus dem AC erhält. Die Anfertigung von Ergebnisberichten sollte bei allen internen AC-Verfahren zumindest in Form von prägnanten Ergebniszusammenfassungen erfolgen. Im Falle externer Teilnehmer stellt sich die Frage nach der Kosten-Nutzen-Relation. Auf der einen Seite entstehen je nach Detailliertheit des Berichtes im Falle abgelehnter Bewerber zusätzliche Aufwendungen für Personen, die nicht im Unternehmen beschäftigt werden. Auf der anderen Seite besteht hier im Sinne des Personalmarketings die Möglichkeit, sich auf dem Arbeitsmarkt positiv von anderen Unternehmen abzuheben, denn nur wenige Unternehmen lassen abgelehnten externen Bewerbern bisher diese Leistung zukommen.

7.2 Organisation und Vorbereitung von Assessment Centern

Der Albtraum eines AC-Verantwortlichen besteht wohl in folgender Situation: Zwei der zwölf Teilnehmer stehen vor dem gleichen Beobachterraum und behaupten, nach ihrem Zeitplan hätten sie beide eine Präsentation vor diesem Team. Gleichzeitig informiert das Hotel darüber, dass entgegen der Absprachen kein Buffet zur Verfügung steht, sondern ein 3-Gänge-Menü, und der Moderator eines Beobachterteams reklamiert, dass in seinem Raum keine Videokamera steht. Die Beobachterkonferenz dauert zwei Stunden länger als geplant, und das für die Teilnehmer vorgesehene Programm ist schon lange beendet. Vor allem Gruppen-ACs sind sehr aufwändig in der Organisation und Durchführung und müssen detailliert geplant werden, um einen reibungslosen Ablauf sicherzustellen sowie die Zeit der beteiligten Personen möglichst effizient zu nutzen. In den folgenden Abschnitten ist dargestellt, wie der erforderliche Bedarf an Personen geplant wird, nach welcher Systematik vernetzte Zeitpläne erstellt werden, welche Räumlichkeiten benötigt werden und letztlich, welche Materialien für Teilnehmer und Beobachter vorhanden sein sollten. Dabei wird zunächst auf die komplexere Organisation von Gruppen-ACs eingegangen. Hinweise zur Planung und Durchführung von Einzelverfahren befinden sich jeweils am Ende der einzelnen Unterkapitel.

7.2.1 Personenbedarf

Für die Planung eines Assessment Centers gibt es bezüglich des Bedarfs an beteiligten Personen Richtwerte, deren Einhaltung den größtmöglichen Nutzen und Effizienz bei gleichzeitig teilnehmerorientierter Vorgehensweise ermöglicht. Sicherlich können in speziellen Situationen auch Abweichungen von den hier vorgeschlagenen Werten erfolgreich sein, dabei sollten im konkreten Fall jedoch Vor- und Nachteile abgewogen werden.

Gemäß dem Prinzip der Mehrfachbeobachtung (vgl. Abschnitt 1.4.3) sollen die Teilnehmer in den verschiedenen Übungen stets von mehreren Personen beobachtet werden. Zuweilen wird dieses Prinzip so realisiert, dass die Teilnehmer von allen beteiligten Beobachtern gleichzeitig beobachtet werden. Dies ist jedoch in Hinblick auf die Nutzung der zur Verfügung stehenden knappen Zeitressourcen ineffizient. Daher werden für die Beobachtung so genannte Beobachterteams gebildet, die parallel agieren und zumeist hinsichtlich ihrer personellen Zusammensetzung im Laufe des ACs konstant bleiben. Auf diese Art und Weise ist es möglich, mit mehreren Teilnehmern zur gleichen Zeit Übungen in verschiedenen Räumen durchzuführen. Die Aufteilung der Beobachter in Beobachterteams bedingt, dass vernetzte Zeitpläne erstellt werden, so dass sowohl Beobachter als auch Teilnehmer zu jeder Zeit ersehen können, was für sie der nächste Programmpunkt im Rahmen des ACs sein wird. In Abschnitt 7.2.2 wird detailliert erläutert, wie diese, häufig komplexen, Zeitpläne erstellt werden. Vollständige Beispiele für die jeweiligen Zeitplanvarianten sind auf der CD-ROM zu finden. Eine weitere Konsequenz aus der parallelen Durchführung von Übungen in mehreren Beobachterteams besteht darin, dass auch die Raumplanung etwas komplexer wird. Dabei ist es für alle Beteiligten am einfachsten, wenn jedes Beobachterteam einen eigenen Raum erhält, in dem es sich während der Übungsdurchführungen durchgängig aufhält. Die Teilnehmer können sich in einem weiteren speziellen Raum auf die verschiedenen Übungen vorbereiten und gehen von hier aus zu den einzelnen Teams in den jeweiligen Raum.

7.2.1.1 Anzahl der Teilnehmer

Bezüglich der Anzahl der Teilnehmer an einem Gruppen-AC sollte als Richtwert eine maximale Gruppengröße von 12 Teilnehmern eingehalten werden. Sind aus Gründen der Praktikabilität größere Gruppen notwendig, so ist eine Erweiterung der Teilnehmerzahl prinzipiell realisierbar. Dies führt allerdings häufig zu einer negativen Beeinflussung der Atmosphäre, und die Teilnehmer erhalten leicht den Eindruck einer „Massenabfertigung“. Darüber hinaus müssen im Falle einer größeren Teilnehmergruppe sehr viele Teilnehmer in einer Beobachterkonferenz besprochen werden, was zum einen zu einer weiteren Verlängerung der Beobachterkonferenz führt. Zum anderen kann, je nach Anzahl der Übungen, die Situation entstehen, dass Teilnehmer von einigen Beobachterteams im Laufe des ACs gar nicht beobachten wurden. Die Beobachter befinden sich dann in einer sehr langen Beobachterkonferenz, zu der sie nur in Teilen etwas beitragen können. Eine gute Möglichkeit zur Lösung dieser Problematik besteht in der parallelen Durchführung mehrerer kleiner ACs mit eigenen Beobachterkonferenzen. So werden aus einem AC mit 18 Teilnehmern zwei parallele Veranstaltungen mit je neun Teilnehmern. Nur Einführungs- und Abschlussrunde finden dann gemeinsam statt. Eine weitere spezielle Variante, wie auch ein AC mit 25 Teilnehmern erfolgreich funktionieren kann, zeigt Kapitel 10.2.

7.2.1.2 Anzahl der Beobachter

Bezüglich der Zusammensetzung eines Beobachterteams empfiehlt sich eine Kombination aus einem erfahrenen AC-Durchführer, einem Experten aus dem Personalbereich (häufig in Personalunion mit dem erfahrenen AC-Durchführer) und einer Führungskraft, die idealerweise über gute Kenntnisse über eine etwaige Zielposition verfügt. Dabei übernimmt der erfahrene AC-Durchführer in der Rolle des Moderators die Verantwortung für die Erläuterung der Übungen, die Leitung der kurzen Beobachterabstimmungen im Beobachterteam, die Einhaltung des Zeitplans und häufig auch die Funktion des Rollenspielers in Rollenübungen.

Bezüglich der Anzahl der Beobachterteams hat sich folgende 3er-Regel bewährt: Für jeweils drei Teilnehmer wird ein Beobachterteam gebildet. So werden beispielsweise für neun Teilnehmer drei Beobachterteams benötigt. Bei zehn Teilnehmern empfiehlt sich bereits die Bildung eines vierten Beobachterteams. Die effizientesten Lösungen werden somit dann erzielt, wenn eine durch drei dividierbare Teilnehmeranzahl vorhanden ist. Die Relation von einem Beobachterteam für eine Gruppe von maximal drei Teilnehmern ermöglicht einen effizienten Zeitablauf ohne allzu große Wartezeiten für die Teilnehmer.

Viele Unternehmen realisieren auch ein Verhältnis von mehr als drei Teilnehmern pro Beobachterteam, müssen dabei jedoch häufig Nachteile in Kauf nehmen. So werden aus zeitökonomischen Gründen z. B. sehr viele Gruppenübungen durchgeführt, in denen viele Teilnehmer zur gleichen Zeit beobachtet werden können. Gruppenübungen allein können jedoch selten alle relevanten Anforderungen oder Kernaufgaben einer Zielposition abdecken und bergen diverse methodische Herausforderungen (vgl. Abschnitt 5.5), so dass die Aussagefähigkeit der AC-Ergebnisse in Frage gestellt werden kann. Zuweilen wird die Wartezeit der Teilnehmer auch dadurch überbrückt, dass diese als zusätzliche Beobachter den Übungen der anderen Teilnehmer (z. B. Präsentationen) beiwohnen. Sowohl aus Gründen der Ergebnisverzerrung als auch der Wahrung einer vertraulichen Atmosphäre innerhalb der Übungen sollte hiervon jedoch in der Regel Abstand genommen werden. Ausnahmen bieten so genannte Orientierungscenter (vgl. Abschnitt 2.1), in denen die Selbst- und Lernerfahrung der Teilnehmer im Vordergrund steht und auch das Lernen voneinander ein wichtiges Element darstellt. In solchen explizit lern- und entwicklungsorientierten Verfahren kann es durchaus sinnvoll sein, auch Feedback durch anwesende Kollegen als Quelle für die eigene Entwicklung zu nutzen. Diese Verfahren stellen jedoch einen speziellen Anwendungsfall der Assessment Center-Methodik dar.

7.2.1.3 Beteiligung der Arbeitnehmervertretung

Zur Wahrung der Mitarbeiterinteressen und zur Überwachung des Verfahrens nehmen oftmals auch Mitglieder der Arbeitnehmervertretung an den AC-Veranstaltungen teil. Hier hat sich die Rolle des Prozessbeobachters bewährt, d. h. Mitglieder der Arbeitnehmervertretung konzentrieren sich auf die Beobachtung und Bewertung des AC-Verfahrens selbst und nehmen, vor allem in ACs mit internen Teilnehmern, nicht an der Einschätzung der Teilnehmer teil. Aus dieser Position heraus ist es den Mitgliedern der Arbeitnehmervertretung möglich, ein angemessenes Urteil über das eingesetzte Verfahren abzugeben, ohne dass Irritationen auf Seiten der Teilnehmer darüber aufkommen, dass sie „von dem Kollegen aus dem Betriebsrat" eingeschätzt werden. Darüber hinaus kann es auch – je nach Einschätzung der unternehmensspezifischen Brisanz dieser Problematik – sinnvoll sein, von den Teilnehmern individuell eine explizite Einwilligung einzuholen, dass sie damit einverstanden sind, wenn Mitglieder der Mitarbeitervertretung als sogenannte „stille Beobachter" an den Übungen teilnehmen.

7.2.1.4 Back-Office-Unterstützung

Zur organisatorischen und administrativen Unterstützung bezüglich des Gesamtverfahrens und zur Sicherstellung der Beantwortung von Teilnehmerfragen ist im Gruppen-AC der Einsatz eines Back-Offices sinnvoll. Das Back-Office besteht dabei aus ein bis zwei Personen, die sowohl die Einhaltung des Zeitplans durch die einzelnen Beobachtergruppen als auch die Vorbereitungszeiten für die Teilnehmer steuern und gegebenenfalls korrigierend eingreifen können. Gleichzeitig händigt das Back-Office den Teilnehmern die benötigten Unterlagen aus und steht für inhaltliche und organisatorische Fragen zur Verfügung. Auch die Zusammenführung der Beobachtungsergebnisse aus den einzelnen Teams für die Beobachterkonferenz wird zumeist vom Back-Office vorgenommen. Sind die Moderatoren der Beobachterteams entsprechend erfahren und routiniert in der Formulierung der Ergebnisse aus den einzelnen Übungen, kann im Back-Office bereits im Laufe des Verfahrens ein Ergebnisbericht für jeden Teilnehmer erstellt werden, in dem die meist handschriftlichen Mitschriften der Moderatoren abgeschrieben und zusammengefügt werden (vgl. Abschnitt 8.2.1). Neben diesen qualitativen Zusammenfassungen können im Back-Office auch numerische Auswertungen gesammelt und statistisch verdichtet werden.

Zunehmend werden auch technische Möglichkeiten (z. B. Tablet-PCs für Beobachter, auf denen diese alle Übungsinstruktionen finden, unmittelbar ihre Bewertung vornehmen und per WLAN oder internem Netzwerk an das Back-Office senden) genutzt, um die Vernetzung der Beobachter untereinander und mit dem Back-Office herzustellen sowie Ergebnisse festzuhalten und zu einem Ergebnisbericht zu konsolidieren. Auf den Technikbedarf im Back-Office wird im Abschnitt 7.2.4.4 noch einmal separat eingegangen. Während die Technisierung deutliche Vorteile in der Effizienz der Ergebnisberichtserstellung, der Kommunikation der Beobachter untereinander und der Prozesssteuerung des Verfahrens bietet, hat sie doch aufgrund der höheren Kosten, der Fehleranfälligkeit der Technik und der Komplexität in der technischen Bedienung (sowie der entsprechenden Unerfahrenheit potenzieller Anwender) in viele Standard-Assessment Center noch keinen Einzug erhalten.

Dem Back-Office kommt im Laufe des Assessment Centers eine generelle Schnittstellenfunktion zwischen den Teilnehmern, den Beobachten und gegebenenfalls externen Personen (z. B. Hotel-Veranstaltungsservice) zu, durch die ein reibungsloser Ablauf sichergestellt wird. Für Assessment Center bis zu neun Personen ist in der Regel eine erfahrene Back-Office-Unterstützung ausreichend. Bei größeren ACs sollten zwei Personen anwesend sein. Neben der Teilnehmeranzahl ist bei der Planung des Back-Office-Personals zu berücksichtigen, welcher technische und organisatorische Aufwand bei der Veranstaltung entsteht. So sorgen beispielsweise Notebooks, auf denen neun Teilnehmer ihre Präsentationen vorbereiten können, Videokameras und Abspielgeräte sowie Testverfahren oder Selbsteinschätzungsbögen, die ebenfalls ausgewertet werden sollen, für einen entsprechend hohen Aufwand im Back-Office. Sind Testverfahren Bestandteil des ACs (vgl. Abschnitt 5.7), die während des ACs vom Back-Office ausgewertet werden sollen, so sind nicht nur die für die Auswertung benötigten zeitlichen Kapazitäten im Back-Office zu berücksichtigen. Verantwortliche Personen im Back-Office müssen in diesem Falle auch über die entsprechenden Kenntnisse in der Auswertung standardisierter Testverfahren verfügen. Hierzu gehören psychologische Grundkenntnisse sowie auch eine gute Einarbeitung bzw. Erfahrung in der Anwendung von Testverfahren und möglicherweise der entsprechenden Online-Tools.

7.2.1.5 Rollenspieler

Falls die Moderatoren der Beobachterteams nicht über Erfahrung als Rollenspieler verfügen oder das Beobachterteam nur aus zwei Personen besteht, empfiehlt sich für Rollenübungen der Einsatz von zusätzlichen Rollenspielern. Hier greifen viele Unternehmen auf Personen mit guten schauspielerischen Fähigkeiten zurück, die über die entsprechende Zeit verfügen. Nicht selten fällt dabei die Wahl auf Trainees oder Praktikanten. Vor dem Hintergrund des insgesamt hohen Personalaufwandes im AC ist diese Wahl gut nachvollziehbar. Allerdings besteht bei Einsatz eines wenig berufserfahrenen Rollenspielers die Gefahr, dass der Rollenspieler selbst noch nicht über die notwendige Verhaltensbandbreite und das Wissen über Zusammenhänge im Unternehmen verfügt, um sich entsprechend auf die Vorgehensweise des Teilnehmers einzustellen und dessen Kompetenzen und Potenziale möglichst gut sichtbar zu machen (vgl. Abschnitt 5.4.2.3). Bei sowohl inhaltlich als auch rhetorisch wenig erfahrenen Rollenspielern besteht die Gefahr, den Argumenten eines berufserfahrenen Teilnehmers nichts entgegensetzen zu können als ein schlichtes „Nein". Dies führt zum einen zu unrealistischen Gesprächssituationen, zum anderen besteht die Gefahr einer unnötigen Gesprächseskalation, die ein erfahrener Rollenspieler zu vermeiden weiß.

7.2.1.6 Personenbedarf im Einzel-Assessment

Das Einzel-Assessment ist dadurch charakterisiert, dass sich die Beobachter im Laufe zumeist eines Tages auf einen Teilnehmer konzentrieren. Dabei ist das einzige Beobachterteam prinzipiell gleichermaßen zusammengestellt, wie dies auch im Gruppen-AC der Fall ist. Findet das Einzel-Assessment zu Auswahlzwecken statt, sind die Beobachter häufig ein Mitarbeiter des Personalbereiches und der zukünftige Vorgesetzte des Teilnehmers. Selbstverständlich ist auch im Rahmen eines Einzel-Assessments eine Form der Rotation der Beobachter möglich, falls mehrere Personen an dem Auswahlverfahren beteiligt sein sollen. Ein Teil des Beobachterteams wird in diesem Falle im Laufe eines Tages ausgewechselt. Ein solches Vorgehen ist vor allem dann zu empfehlen, wenn mehr als drei Personen an dem Auswahlverfahren beteiligt sein sollen, denn ein Beobachterteam, das mehr als drei Personen umfasst, kann sich negativ auf die Atmosphäre im Einzel-Assessment auswirken, da der Teilnehmer sich konstant vier oder gar mehr Personen gegenübergestellt sieht.

Darüber hinaus können auch mehrere Einzel-Assessments parallel durchgeführt werden. Rotieren die Beobachter zwischen den einzelnen Teilnehmern, so spricht man von vernetzten Einzel-Assessments, die sich vom Gruppenverfahren nur noch dadurch unterscheiden, dass die Teilnehmer selbst nicht aufeinandertreffen (z. B. keine Gruppenübung, keine gemeinsame Einführungs- und Abschlussrunde; vgl. Abschnitt 2.2).

Eine Back-Office-Unterstützung wird aufgrund der deutlich weniger komplexen organisatorischen Rahmenbedingungen im Einzel-Assessment somit auch nur benötigt, wenn mehrere Einzel-Assessments parallel realisiert werden.

7.2.2 Erstellung eines Zeitplans

Das organisatorisch sensibelste Arbeitsmittel in einem Gruppen-AC ist der Zeitplan, in dem minutengenau und vernetzt aufgeführt ist, welcher Teilnehmer und welches Beobachterteam wann was an welchem Ort tut. Dabei stehen zwei zentrale Gestaltungskriterien für die Entwicklung eines vernetzten Zeitplans im Vordergrund: Die Rotation und die Gleichbehandlung.

Zur Sicherstellung des Prinzips der Mehrfachbeobachtung (vgl. Abschnitt 1.4.3) bestreiten die Teilnehmer die einzelnen Simulationen und Übungen mit unterschiedlichen Beobachtergruppen. Hier gilt es, durch Rotationen sicherzustellen, dass ein Teilnehmer in den verschiedenen Übungen abwechselnd von den verschiedenen Beobachterteams beobachtet wird.

Im Sinne der Gleichbehandlung müssen alle Teilnehmer vergleichbare Voraussetzungen für die Bearbeitung der Übungen vorfinden, z. B. müssen sie sowohl die gleiche Vorbereitungszeit als auch die gleiche Durchführungsdauer für eine bestimmte Übung zur Verfügung haben. Darüber hinaus sollte möglichst auch die Abfolge der unterschiedlichen Übungen vergleichbar sein. Letzteres gelingt nicht immer. Es sollte jedoch kritisch betrachtet werden, ob hierdurch Bedingungen geschaffen werden, die als ungerecht erlebt werden könnten. So macht es beispielsweise einen großen Unterschied, ob ein Teilnehmer eine komplexe handlungsorientierte Fallstudie am Morgen, wenn er noch frisch und ausgeruht ist, bearbeiten soll, oder am Abend nach einem Interview, einer Gesprächssimulation und einer Präsentation.

7.2.2.1 Grundsätzliche Kriterien der Zeitplanerstellung

Neben den aufgeführten zwei Grundprinzipien, die generell erfüllt werden sollten, sind im Folgenden ergänzende Empfehlungen aufgeführt, die bei der Erstellung eines Zeitplans berücksichtigt werden sollten.

Platzierung des Interviews. Wenn möglich, sollte das Interview als erste Übung in einem Assessment Center stehen, denn es stellt für die meisten Teilnehmer eine vergleichsweise vertraute Situation dar, sich mit anderen Personen über sich selbst, ihre Vorstellungen und Erfahrungen zu unterhalten. Insofern dient der Start mit dem Interview auch dazu, Stress abzubauen und eine angenehme Atmosphäre zu schaffen. Zumeist wird nach den ersten 10 bis 15 Minuten deutlich bemerkbar, dass Teilnehmer an Nervosität verlieren und sich gut konzentrieren können.

Länge und Platzierung der Vorbereitungszeiten. Die Vorbereitungszeit für Übungen sollte nicht zu gering geplant werden. Idealerweise sind sie vergleichbar mit dem realen Zeitaufwand, der in eine vergleichbare Aufgabe im Arbeitsalltag investiert würde. Für die Vorbereitung von Gesprächssituationen (z. B. Mitarbeitergespräch, Akquisitionsgespräch) sind ca. 30 Minuten empfehlenswert. Zur Vorbereitung einer komplexen Fallstudie können auch bis zu drei Stunden realistisch sein, die aus organisatorischen Gründen – wie im Arbeitsleben – über einen ganzen Tag verteilt sein können.

Die jeweilige Vorbereitungszeit sollte, wenn möglich, der entsprechenden Übung unmittelbar vorgelagert sein, so dass sich der direkte Bezug zur Übung ergibt und Inhalte und Details leichter erinnert werden. Sollte dies im Zeitplan nicht realisierbar sein, so besteht eine Lösung darin, den Teilnehmern zusätzliche Zeit für das erneute Einlesen in die Übung und persönliche Notizen zu geben.

Länge und Platzierung der Auswertungszeiten. Unmittelbar nach der Durchführung einer Übung sollte genügend Zeit für die Auswertung der Übung durch das Beobachterteam zur Verfügung stehen. Nur direkt nach der Übung sind die Eindrücke der Beobachter noch frisch, und es werden konkrete Beispiele erinnert. Zu empfehlen sind je nach Anzahl der Beobachtungskriterien und Auswertungsprozedere ca. 15 Minuten Auswertungszeit. Nach Gruppenübungen muss die Auswertungszeit entsprechend verlängert werden, da hier die Einschätzung für mehrere Personen vorgenommen wird.

Pausen. Wichtig sind auch Pausen für die Teilnehmer. Dazu gehört die Planung eines Mittagessens in einer längeren Pause von ca. 60 Minuten. Längere Pausenabschnitte und Wartezeiten von über 60 Minuten sollten durch entsprechende zeitliche Verlagerung von Übungen sowie Zusatzaufgaben und Konzeptionsübungen mit umfangreicher Vorbereitungsarbeit (vgl. Abschnitt 7.1.1.6) gefüllt werden.

Gesamtdauer. Auch die Gesamtdauer des ACs sollte kritisch überprüft werden. Der Gesamtzeitplan eines Assessment Center-Tages sollte inklusive der Pausen und einer Beobachterkonferenz im Gruppen-AC nicht länger als 12 Stunden (inklusive 2 Stunden Pause) dauern, da dann sowohl unter arbeitsrechtlicher als auch arbeitswissenschaftlicher Perspektive die Grenze dessen erreicht wird, was sowohl für Teilnehmer als auch für Beobachter eine sinnvolle Belastung darstellt.

Die folgende Checkliste hilft bei der Überprüfung von Zeitplänen hinsichtlich der Realisierung der geschilderten Empfehlungen.

Tool 15: Checkliste Zeitplanerstellung

- Rotationsprinzip ist eingehalten – die Teilnehmer führen ihre Übungen mit wechselnden Beobachterteams durch.
- Gleichbehandlungsprinzip – die Vorbereitungs- und Durchführungszeiten sind bei allen Teilnehmern identisch. Die Abfolge der Übungen ist ebenfalls vergleichbar.
- Beginn des Assessment Centers mit einem Interview.
- Realistische Vorbereitungszeit für jede Übung ist eingeplant.
- Vorbereitungszeiten sind direkt vor der betreffenden Übung eingeplant.
- Auswertungszeit ist für die Beobachterteams nach jeder Übung eingeplant.
- Genügend Pausen für Teilnehmer und Mittagspause sind eingeplant.
- Längere Wartezeiten werden vermieden oder entsprechend sinnvoll gefüllt.
- Maximallänge von 12 Stunden pro Tag, inkl. 2 Stunden Pause, wird nicht überschritten.

7.2.2.2 Zeitplanerstellung Schritt für Schritt

Wie geht man nun konkret vor, um einen vernetzten Zeitplan für ein Gruppen-Assessment zu erstellen? Im folgenden Abschnitt ist das Vorgehen in aufeinanderfolgenden Schritten erläutert.

Schritt 1: Erstellung eines Beobachterzeitplans

Die effizienteste Planung erzielt man nach dem Prinzip der knappen Ressource, d. h. es wird zunächst einmal die Ressource möglichst effizient verplant, die den geringsten Spielraum bietet. Dies ist im Gruppen-AC immer die Zeit der Beobachterteams, so dass die Erstellung eines Beobachterzeitplans am Beginn der Zeitplanerstellung steht. Im Folgenden ist anhand eines internen Entwicklungs-ACs im Rahmen eines Führungsnachwuchsprogramms mit neun Teilnehmern und drei Beobachterteams die Erstellung des Beobachterzeitplans exemplarisch erläutert:

Startet das Assessment Center für die Beobachter nach einer gemeinsamen Einführungsrunde mit einem Interview und dauert dieses Interview 45 Minuten, so verlässt der erste Teilnehmer das Team „A“ nach 45 Minuten. Die Beobachter benötigen dann noch weitere 15 Minuten zur Nachbesprechung und Auswertung der Beobachtungen. In dieser Zeit kann kein weiteres Interview in dieser Beobachtungsgruppe durchgeführt werden. Inklusive der Auswertungsphase müssen daher für dieses und jedes folgende Interview 60 Minuten eingeplant werden.

Bei einer idealen Relation von drei Teilnehmern pro Beobachterteam (vgl. Abschnitt 7.2.1.2) sieht jedes Team im Normalfall drei Teilnehmer pro Übungsart. Also führt das Beobachterteam „A“ drei Interviews, für die es nacheinander insgesamt drei Stunden (inkl. Auswertungszeit) benötigt.

Vorausgesetzt die Interviews starten nach der einstündigen Einführungsrunde um 9.00 Uhr, so ergibt sich aus der Sicht der Beobachter des Teams „A“ folgende Zeitplanung für die verschiedenen von ihnen zu führenden Interviews:

Beispiel 29: Abfolge von Übungen in einem Beobachterteam

Zeit	**Übung**
09.00 – 09.45	Interview Teilnehmer 1
09.45 – 10.00	Auswertung Interview Teilnehmer 1
10.00 – 10.45	Interview Teilnehmer 2
10.45 – 11.00	Auswertung Interview Teilnehmer 2
11.00 – 11.45	Interview Teilnehmer 3
11.45 – 12.00	Auswertung Teilnehmer 3
…	

Das Beobachterteam „B“ führt nach dem gleichen Plan Interviews, allerdings mit den Teilnehmern 4, 5 und 6. Das Beobachterteam „C“ interviewt die Teilnehmer 7, 8 und 9.

Beispiel 30: Abfolge von Übungen in drei Beobachterteams

Zeit	Beobachterteam A	Beobachterteam B	Beobachterteam C
09.00 – 09.45	Interview TN 1	Interview TN 4	Interview TN 7
09.45 – 10.00	Auswertung Interview TN 1	Auswertung Interview TN 4	Auswertung Interview TN 7
10.00 – 10.45	Interview TN 2	Interview TN 5	Interview TN 8
10.45 – 11.00	Auswertung Interview TN 2	Auswertung Interview TN 5	Auswertung Interview TN 8
11.00 – 11.45	Interview TN 3	Interview TN 6	Interview TN 9
11.45 – 12.00	Auswertung Interview TN 3	Auswertung Interview TN 6	Auswertung Interview TN 9
…	…	…	…
TN = Teilnehmer			

Die Teilnehmer 1, 4 und 7, die Teilnehmer 2, 5 und 8 sowie 3, 6 und 9 bilden dabei jeweils insofern eine Gruppe, als dass sie parallel die gleiche Übung, jedoch in unterschiedlichen Beobachterteams, durchführen. Diese Gruppen sollten im Laufe des ACs generell erhalten bleiben. Das heißt, die Teilnehmer, die gleichzeitig am Interview teilnehmen, werden auch die anderen Übungen jeweils zur gleichen Zeit durchführen. Auf diese Art und Weise wird erreicht, dass die Abstände zwischen den einzelnen Übungen vergleichbar bleiben.

Die Rotation der Teilnehmer zwischen den Beobachterteams erfolgt innerhalb der definierten Gruppen. Betrachtet man allein die Gruppe der Teilnehmer 1, 4 und 7, so stellt sich die Rotation zwischen den drei Beobachterteams im Laufe eines AC-Tages mit einem Interview, einer handlungsorientierten Fallstudie und einer Gesprächssimulation „Mitarbeitergespräch“ wie in Beispiel 31 dar.

Die Teilnehmer einer Gruppe wechseln auf diese Art bei jeder Durchführung zu einer anderen Beobachtergruppe, so dass am Ende des AC-Tages mit drei Übungen jedes Beobachterteam jeden Teilnehmer einmal in einer Übung bzw. dem Interview beobachtet hat.

Nach der Durchführung der einzelnen Übungen wird die Beobachterkonferenz durchgeführt, bei der für jeden Teilnehmer bei straffer Moderation mindestens 10–15 Minuten Besprechungszeit eingeplant werden sollten. Diese konzentrierte Form der Beobachterkonferenz ist jedoch nur möglich, wenn bezüglich der Bewertung der Teilnehmerleistung in einzelnen Übungen unmittelbar nach der Übung im Beobachterteam ein abschließender Konsens gefunden wird (vgl. Abschnitt 6.3). Soll in der Beobachterkonferenz auch eine Auswahlentscheidung oder Potenzialaussage getroffen werden, so sind ca. 20 Minuten pro Teilnehmer einzuplanen.

Beispiel 31: Realisierung des Rotationsprinzips in drei Beobachterteams

Zeit	Beobachterteam A	Beobachterteam B	Beobachterteam C
09.00 – 09.45	Interview TN 1	Interview TN 4	Interview TN 7
09.45 – 10.00	Auswertung Interview TN 1	Auswertung Interview TN 4	Auswertung Interview TN 7
10.00 – …			
13.00 – 13.30	Fallstudie TN 4	Fallstudie TN 7	Fallstudie TN 1
13.30 – 13.45	Auswertung Fallstudie TN 4	Auswertung Fallstudie TN 7	Auswertung Fallstudie TN 1
13.45 – …			
15.15 – 15.45	Mitarbeitergespräch TN 7	Mitarbeitergespräch TN 1	Mitarbeitergespräch TN 4
15.45 – 16.00	Auswertung Mitarbeitergespräch TN 7	Auswertung Mitarbeitergespräch TN 1	Auswertung Mitarbeitergespräch TN 4
…	…	…	…
TN = Teilnehmer			

Nach der Beobachterkonferenz haben sich die Beobachterteams über die Beobachtungen in den einzelnen Übungen ausgetauscht und eventuell auch Auswahlentscheidungen bzw. Potenzialaussagen getroffen. Sie können nun individuelle Feedbackgespräche mit den Teilnehmern führen. Dies geschieht häufig in der Form, dass das Feedback von mehreren Beobachtern eines Beobachterteams gegeben wird. Auf diese Art und Weise können dem Teilnehmer, zumeist unter der Leitung des erfahrenen Moderators im Team, verschiedene Sichtweisen geschildert und Tipps aufgrund unterschiedlicher Erfahrungshintergründe gegeben werden.

Wird das Feedback von einem kompletten Beobachterteam vermittelt, so ist es empfehlenswert, dass es sich um das gleiche Team handelt, dass den Teilnehmer bereits im Interview kennengelernt hat, denn hier hat bereits ein intensiver Austausch über den beruflichen Hintergrund, das Umfeld und die Zielsetzungen des Teilnehmers stattgefunden. Das Team verfügt über viele Hintergrundinformationen, die im Feedbackgespräch, gerade bei der Diskussion möglicher Entwicklungsschritte und Qualifizierungsmaßnahmen, relevant sind. Alternativ kann sinnvoll sein, die Beobachterteams zur Vermittlung des Feedbacks neu zusammenzusetzen, so dass aus jedem Ursprungsteam ein Vertreter in dem Feedbackgespräch mit dem Teilnehmer anwesend ist. Der entscheidende Vorteil dieser Vorgehensweise liegt darin, dass dann in jedem Feedbackgespräch Beobachtungseindrücke aus erster Hand an den Teilnehmer vermittelt werden können. Sie empfiehlt sich daher vor allem, wenn detailliertes Feedback zu einzelnen Übungen gegeben werden soll. Für ein gutes, umfassendes Feedbackgespräch sollten etwa 30 Minuten eingeplant werden.

Will man diesen Zeitbedarf am Ende des Assessment Centers reduzieren, ist es auch möglich, mehrere Feedbackgespräche parallel zu führen. Bestehen in dem oben dargestellten Beispiel-AC die Beobachterteams aus jeweils drei Personen, so stehen für neun Teilnehmer neun Beobachter zur Verfügung, die zur gleichen Zeit Feedback geben können. Voraussetzung für diese Vorgehensweise ist jedoch zum einen, dass alle Beobachter geschulte und erfahrene Feedbackgeber sind. Zum anderen müssen zur gleichen Zeit neun Räume zur Verfügung stehen, in denen ungestört Feedback gegeben werden kann.

Genauso, wie das AC mit einer Einführungsrunde gestartet ist, sollte es auch mit einer gemeinsamen Runde enden, in der Teilnehmer und Beobachter ihre Eindrücke bezüglich des Ablaufes und der Gestaltung des ACs schildern können. Dabei liegt der Vorteil einer Abschlussrunde am Ende der Veranstaltung auf der Hand. Die Teilnehmer können hier bereits Rückmeldung dazu geben, inwieweit sie das gesamte AC inklusive des Feedbackgespräches als gewinnbringend erlebt haben. Der Nachteil dieser Vorgehensweise besteht jedoch darin, dass für die Teilnehmer, die als Erste Feedback erhalten, erneut Wartezeiten bis zur Abschlussrunde entstehen. Eine Lösung besteht darin, die Abschlussrunde nicht nach den Feedbackgesprächen, also wirklich zum Abschluss des ACs, stattfinden zu lassen, sondern schon vor den individuellen Feedbackgesprächen, damit jeder Teilnehmer nach seinem Gespräch abreisen kann. Werden alle Feedbackgespräche parallel geführt, wird die beschriebene Problematik der entstehenden Wartezeiten natürlich ebenfalls reduziert.

Sind alle verschiedenen Bausteine des AC-Tages wie geschildert definiert, so ergibt sich für das Beispiel-AC, in dem die Feedbackgespräche von einzelnen Beobachtern parallel mit allen Teilnehmern durchgeführt werden sollen, der Zeitplan in Beispiel 32, den Sie auch auf der CD-ROM finden.

Beispiel 32: Vollständiger Beobachterzeitplan

1. Tag			
Zeit	**Beobachterteam A**	**Beobachterteam B**	**Beobachterteam C**
08.00 – 09.00	Gemeinsame Einführungsrunde		
09.00 – 09.45	Interview TN 1	Interview TN 4	Interview TN 7
09.45 – 10.00	Auswertung Interview TN 1	Auswertung Interview TN 4	Auswertung Interview TN 7
10.00 – 10.45	Interview TN 2	Interview TN 5	Interview TN 8

Beispiel 32: Vollständiger Beobachterzeitplan (Fortsetzung)

1. Tag			
Zeit	**Beobachterteam A**	**Beobachterteam B**	**Beobachterteam C**
10.45 – 11.00	Auswertung Interview TN 2	Auswertung Interview TN 5	Auswertung Interview TN 8
11.00 – 11.45	Interview TN 3	Interview TN 6	Interview TN 9
11.45 – 12.00	Auswertung Interview TN 3	Auswertung Interview TN 6	Auswertung Interview TN 9
12.00 – 13.00	Mittagspause		
13.00 – 13.30	Fallstudie TN 4	Fallstudie TN 7	Fallstudie TN 1
13.30 – 13.45	Auswertung Fallstudie TN 4	Auswertung Fallstudie TN 7	Auswertung Fallstudie TN 1
13.45 – 14.15	Fallstudie TN 5	Fallstudie TN 8	Fallstudie TN 2
14.15 – 14.30	Auswertung Fallstudie TN 5	Auswertung Fallstudie TN 8	Auswertung Fallstudie TN 2
14.30 – 15.00	Fallstudie TN 6	Fallstudie TN 9	Fallstudie TN 3
15.00 – 15.15	Auswertung Fallstudie TN 6	Auswertung Fallstudie TN 9	Auswertung Fallstudie TN 3
15.15 – 15.45	Mitarbeitergespräch TN 7	Mitarbeitergespräch TN 1	Mitarbeitergespräch TN 4
15.45 – 16.00	Auswertung Mitarbeitergespräch TN 7	Auswertung Mitarbeitergespräch TN 1	Auswertung Mitarbeitergespräch TN 4
16.00 – 16.30	Mitarbeitergespräch TN 8	Mitarbeitergespräch TN 2	Mitarbeitergespräch TN 5
16.30 – 16.45	Auswertung Mitarbeitergespräch TN 8	Auswertung Mitarbeitergespräch TN 2	Auswertung Mitarbeitergespräch TN 5
16.45 – 17.15	Mitarbeitergespräch TN 9	Mitarbeitergespräch TN 3	Mitarbeitergespräch TN 6
17.15 – 17.30	Auswertung Mitarbeitergespräch TN 9	Auswertung Mitarbeitergespräch TN 3	Auswertung Mitarbeitergespräch TN 6

Beispiel 32: Vollständiger Beobachterzeitplan (Fortsetzung)

2. Tag			
Zeit	**Beobachterteam A**	**Beobachterteam B**	**Beobachterteam C**
08.30 – 09.00	Kollegengespräch TN 1	Kollegengespräch TN 4	Kollegengespräch TN 7
09.00 – 09.15	Auswertung Kollegengespräch TN 1	Auswertung Kollegengespräch TN 4	Auswertung Kollegengespräch TN 7
09.15 – 09.45	Kollegengespräch TN 2	Kollegengespräch TN 5	Kollegengespräch TN 8
09.45 – 10.00	Auswertung Kollegengespräch TN 2	Auswertung Kollegengespräch TN 5	Auswertung Kollegengespräch TN 8
10.00 – 10.30	Kollegengespräch TN 3	Kollegengespräch TN 6	Kollegengespräch TN 9
10.30 – 10.45	Auswertung Kollegengespräch TN 3	Auswertung Kollegengespräch TN 6	Auswertung Kollegengespräch TN 9
10.45 – 12.45	Beobachterkonferenz (für TN 1–6)		
12.45 – 13.45	Mittagspause		
13.45 – 14.45	Fortsetzung Beobachterkonferenz (für TN 7–9)		
14.45 – 15.15	Gemeinsame Abschlussrunde		
15.15 – 15.45	Feedbackgespräch TN 1	Feedbackgespräch TN 4	Feedbackgespräch TN 7
15.45 – 16.15	Feedbackgespräch TN 2	Feedbackgespräch TN 5	Feedbackgespräch TN 8
16.15 – 16.45	Feedbackgespräch TN 3	Feedbackgespräch TN 6	Feedbackgespräch TN 9
TN = Teilnehmer			

Schritt 2: Erstellung einer Zeitplanübersicht der Teilnehmer

Aus dem Beobachterzeitplan erhalten nun die Beobachter alle für sie relevanten Informationen darüber, wann sie im Laufe des Tages womit beschäftigt sein werden. Für einen Überblick über die Teilnehmeraktivitäten muss nun in einem nächsten Schritt ein Teilnehmerzeitplan erstellt werden, in dem auch Vorbereitungszeiten und Pausen der Teilnehmer dokumentiert sind. Hierzu werden zunächst die Informationen über die Durchführungszeiten und Beobachterteams aus dem Beobachterzeitplan in einen Übersichtszeitplan für Teilnehmer übertragen (siehe Beispiel 33).

Beispiel 33: Übertrag aus dem Beobachterzeitplan in den Teilnehmerzeitplan

Zeit	TN 1	TN 2	TN 3	TN 4	TN 5	TN 6	TN 7	TN 8	TN 9
08.00 – 09.00	Einführung	Einführung	Einführung	Einführung	Einführung	Einführung	Einführung	Einführung	Einführung
09.00 – 09.45	Interview Team A			Interview Team B			Interview Team C		
09.45 – 10.00									
10.00 – 10.45		Interview Team A			Interview Team B			Interview Team C	
…	…	…	…	…	…	…	…	…	…
TN = Teilnehmer									

Als Nächstes werden die Vorbereitungs- und Pausenzeiten ergänzt. Zuweilen werden bei diesem Schritt Verletzungen der oben erwähnten Prinzipien und Empfehlungen deutlich, so dass es nun gilt, geschickt Lücken zu füllen und eventuell noch Durchführungszeitpunkte zwischen den Teilnehmern zu tauschen, wobei idealerweise die Gruppe des Teilnehmers nicht gewechselt werden sollte, denn sonst besteht die Gefahr, dass das Rotationsprinzip nicht mehr eingehalten wird. In Beispiel 34 ist der fertige Übersichtszeitplan aus Sicht der Teilnehmer dargestellt. Ein solcher Übersichtszeitplan kann vor allem dem Back-Office als wertvolle Organisationshilfe dienen, da auf einen Blick ersichtlich ist, welcher Teilnehmer zu welchem Zeitpunkt wo welcher Aktivität nachgeht.

An dieser exemplarischen Teilnehmerzeitplan-Übersicht wird auch deutlich, dass bezüglich der zuvor formulierten Empfehlungen zuweilen Kompromisse eingegangen werden müssen. So ist in diesem Zeitplan z. B. die Vorbereitungszeit für die Fallstudie ungleich in den verschiedenen Teilnehmergruppen verteilt. Nur eine Gruppe kann sich ohne Unterbrechung direkt vor der Durchführung auf die Übung vorbereiten. Eine andere Gruppe wird in ihrer Vorbereitung durch das Mittagessen unterbrochen. Die dritte Gruppe wird zwischen Vorbereitung und Durchführung der Fallstudie zu Mittag essen. Um vergleichbare Voraussetzungen herzustellen, hat daher die Teilnehmergruppe, die eine Unterbrechung in ihrer Vorbereitungszeit in Kauf nehmen muss, für die Vorbereitung 15 Minuten mehr zur Verfügung. Darüber hinaus werden den Teilnehmern, die

Beispiel 34: Vollständiger Übersichtszeitplan aus der Sicht der Teilnehmer

Zeit	Teilnehmer 1	Teilnehmer 2	Teilnehmer 3	Teilnehmer 4
08:00	Gemeinsame Einführungsrunde	Gemeinsame Einführungsrunde	Gemeinsame Einführungsrunde	Gemeinsame Einführungsrunde
08:15				
08:30				
08:45				
09:00	Interview Team A	Pause	Bearbeitung Fragebogen bzw. Test	Interview Team B
09:15				
09:30				
09:45	Pause			Pause
10:00	Vorbereitung Fallstudie	Interview Team A	Pause	Vorbereitung Fallstudie
10:15				
10:30				
10:45		Vorbereitung Fallstudie		
11:00			Interview Team A	
11:15				
11:30				
11:45	Mittagspause	Mittagspause	Mittagspause	Mittagspause
12:00				
12:15				
12:30				
12:45	Vorb. Fallstudie	Vorbereitung Fallstudie	Vorbereitung Fallstudie	Vorb. Fallstudie
13:00	Fallstudie Team C			Fallstudie Team A
13:15				
13:30	Pause			Pause
13:45		Fallstudie Team C		
14:00				
14:15		Bearbeitung Fragebogen bzw. Test		
14:30			Fallstudie Team C	
14:45	Vorbereitung Mitarbeitergespräch			Vorbereitung Mitarbeitergespräch
15:00			Pause	
15:15	Mitarbeitergespräch Team B	Pause		Mitarbeitergespräch Team C
15:30		Vorbereitung Mitarbeitergespräch		
15:45	Bearbeitung Fragebogen bzw. Test			Bearbeitung Fragebogen bzw. Test
16:00		Mitarbeitergespräch Team B		
16:15			Vorbereitung Mitarbeitergespräch	
16:30				
16:45			Mitarbeitergespräch Team B	
17:00				
17:15				

Zeit	Teilnehmer 1	Teilnehmer 2	Teilnehmer 3	Teilnehmer 4
08:00	Vorbereitung Kollegengespräch	Pause	Pause	Vorbereitung Kollegengespräch
08:15				
08:30	Kollegengespräch Team A			Kollegengespräch Team B
08:45		Vorbereitung Kollegengespräch		
09:00	Pause			Pause
09:15		Kollegengespräch Team A		
09:30			Vorbereitung Kollegengespräch	
09:45		Pause		
10:00			Kollegengespräch Team A	
10:15				
10:30	Vortrag "Vom Kollegen zur Führungskraft"	Vortrag "Vom Kollegen zur Führungskraft"	Vortrag "Vom Kollegen zur Führungskraft"	Vortrag "Vom Kollegen zur Führungskraft"
10:45				
11:00				
11:15				
11:30				
11:45				
12:00				
12:15				
12:30				
12:45	Mittagspause	Mittagspause	Mittagspause	Mittagspause
13:00				
13:15				
13:30				
13:45	Vortrag "Vom Kollegen zur Führungskraft"	Vortrag "Vom Kollegen zur Führungskraft"	Vortrag "Vom Kollegen zur Führungskraft"	Vortrag "Vom Kollegen zur Führungskraft"
14:00				
14:15				
14:30				
14:45	Gemeinsame Abschlussrunde	Gemeinsame Abschlussrunde	Gemeinsame Abschlussrunde	Gemeinsame Abschlussrunde
15:00				
15:15	Feedbackgespräch Team A	Pause	Pause	Feedbackgespräch Team B
15:30				
15:45		Feedbackgespräch Team A		
16:00				
16:15			Feedbackgespräch Team A	
16:30				
16:45				

1. Tag

Teilnehmer 5	Teilnehmer 6	Teilnehmer 7	Teilnehmer 8	Teilnehmer 9	Zeit
Gemeinsame Einführungsrunde	Gemeinsame Einführungsrunde	Gemeinsame Einführungsrunde	Gemeinsame Einführungsrunde	Gemeinsame Einführungsrunde	08:00
					08:15
					08:30
					08:45
Pause	Bearbeitung Fragebogen bzw. Test	Interview Team C	Pause	Bearbeitung Fragebogen bzw. Test	09:00
					09:15
					09:30
		Pause			09:45
Interview Team B	Pause	Vorbereitung Fallstudie	Interview Team C	Pause	10:00
					10:15
					10:30
Vorbereitung Fallstudie			Vorbereitung Fallstudie		10:45
	Interview Team B			Interview Team C	11:00
					11:15
					11:30
Mittagspause	Mittagspause	Mittagspause	Mittagspause	Mittagspause	11:45
					12:00
					12:15
					12:30
Vorbereitung Fallstudie	Vorbereitung Fallstudie	Vorb. Fallstudie	Vorbereitung Fallstudie	Vorbereitung Fallstudie	12:45
		Fallstudie Team B			13:00
					13:15
		Pause			13:30
Fallstudie Team A			Fallstudie Team B		13:45
					14:00
Bearbeitung Fragebogen bzw. Test			Bearbeitung Fragebogen bzw. Test		14:15
	Fallstudie Team A			Fallstudie Team B	14:30
		Vorbereitung Mitarbeitergespräch			14:45
	Pause			Pause	15:00
Pause		Mitarbeitergespräch Team A	Pause		15:15
Vorbereitung Mitarbeitergespräch			Vorbereitung Mitarbeitergespräch		15:30
		Bearbeitung Fragebogen bzw. Test			15:45
Mitarbeitergespräch Team C			Mitarbeitergespräch Team A		16:00
	Vorbereitung Mitarbeitergespräch			Vorbereitung Mitarbeitergespräch	16:15
					16:30
	Mitarbeitergespräch Team C			Mitarbeitergespräch Team A	16:45
					17:00
					17:15

2. Tag

Teilnehmer 5	Teilnehmer 6	Teilnehmer 7	Teilnehmer 8	Teilnehmer 9	Zeit
Pause	Pause	Vorbereitung Kollegengespräch	Pause	Pause	08:00
					08:15
		Kollegengespräch Team C			08:30
Vorbereitung Kollegengespräch			Vorbereitung Kollegengespräch		08:45
		Pause			09:00
Kollegengespräch Team B			Kollegengespräch Team C		09:15
	Vorbereitung Kollegengespräch			Vorbereitung Kollegengespräch	09:30
Pause			Pause		09:45
	Kollegengespräch Team B			Kollegengespräch Team C	10:00
					10:15
Vortrag "Vom Kollegen zur Führungskraft"	Vortrag "Vom Kollegen zur Führungskraft"	Vortrag "Vom Kollegen zur Führungskraft"	Vortrag "Vom Kollegen zur Führungskraft"	Vortrag "Vom Kollegen zur Führungskraft"	10:30
					10:45
					11:00
					11:15
					11:30
					11:45
					12:00
					12:15
					12:30
Mittagspause	Mittagspause	Mittagspause	Mittagspause	Mittagspause	12:45
					13:00
					13:15
					13:30
Vortrag "Vom Kollegen zur Führungskraft"	Vortrag "Vom Kollegen zur Führungskraft"	Vortrag "Vom Kollegen zur Führungskraft"	Vortrag "Vom Kollegen zur Führungskraft"	Vortrag "Vom Kollegen zur Führungskraft"	13:45
					14:00
					14:15
					14:30
Gemeinsame Abschlussrunde	Gemeinsame Abschlussrunde	Gemeinsame Abschlussrunde	Gemeinsame Abschlussrunde	Gemeinsame Abschlussrunde	14:45
					15:00
Pause	Pause	Feedbackgespräch Team C	Pause	Pause	15:15
					15:30
Feedbackgespräch Team B			Feedbackgespräch Team C		15:45
					16:00
	Feedbackgespräch Team B			Feedbackgespräch Team C	16:15
					16:30
					16:45

kurz vor der Durchführung der Übung zu Mittag essen, die 15 Minuten direkt nach dem Mittagessen zur Verfügung gestellt, damit sie sich wieder in ihre Unterlagen einlesen können.

Daneben haben einige Teilnehmer eine Pause von 75 Minuten. Hier besteht die Möglichkeit, den Teilnehmern eine zusätzliche Aufgabe zu geben, die nicht bewertet wird, z. B. einen Namen für das Förderprogramm, an dem sie teilnehmen sollen, zu entwickeln. Hierzu sollen sie einen Teil ihrer Pausenzeiten nutzen.

Schritt 3: Erstellung individueller Teilnehmerzeitpläne

Für die Teilnehmer ist es am übersichtlichsten und damit am komfortabelsten, an Stelle des Gesamtübersichtszeitplans für alle Teilnehmer einen persönlichen Zeitplan für die Dauer des Assessment Centers zur Verfügung zu haben. Auch zur Vermeidung von Verwechslungen und Missverständnissen sollten daher im letzten Schritt der Zeitplanerstellung individuelle Teilnehmerzeitpläne erstellt werden, die einfach aus dem Übersichtszeitplan übertragen oder mit Hilfe eines automatisierten Tools auf Knopfdruck erstellt werden können. In dem in Beispiel 35 dargestellten Zeitplan wird an Stelle des Beobachterteams die Raumbezeichnung angegeben. Der Teilnehmer erhält so direkt die für ihn relevante Information, in welchem Raum die jeweilige Übung stattfinden wird. Raum- und Beobachterteambezeichnung sollten daher der Einfachheit halber identisch sein.

7.2.2.3 Zeitplanerstellung für Einzel-Assessment Center

Im Gegensatz zum Gruppen-AC stellt im Einzel-AC der Teilnehmer bzw. seine zur Verfügung stehende Zeit die knappe Ressource dar, nach der sich der Zeitplan richtet. Unter Berücksichtigung der oben aufgeführten Empfehlungen wird so zunächst der Teilnehmerzeitplan erstellt, indem die verschiedenen Übungen und Vorbereitungszeiten hintereinander gelegt werden. Einführungsrunde, Mittagspause und Feedbackgespräch werden entsprechend ergänzt.

Durch diese Vorgehensweise entstehen kaum zusätzliche Pausen, und der Teilnehmer kann im Laufe eines häufig eintägigen Einzel-ACs deutlich mehr Übungen realisieren. Für die Beobachter stellt das Einzel-AC eine zeitlich deutlich entspanntere Beobachtungssituation als das Gruppenverfahren dar, denn diese können jeweils die komplette Vorbereitungszeit des Teilnehmers für die folgende Übung zur Auswertung der vorhergehenden nutzen.

Im Einzel-AC ist es nicht notwendig, vor dem Feedbackgespräch eine Beobachterkonferenz im klassischen Sinne durchzuführen, denn die Beobachter haben den Teilnehmer normalerweise in allen Übungen selbst beobachtet. Allerdings wird nach der letzten Übung sicherlich noch einmal ein Resümee über die Beobachtungen des Tages gezogen und im Falle eines Auswahlverfahrens auch eventuell schon eine Entscheidung getroffen (vgl. Beispiel 37).

Beispiel 35: Individueller Teilnehmerzeitplan

Zeitplan Teilnehmer 1		
Tag 1		
Zeit	**Aktivität**	**Raum**
08.00 - 09.00	Gemeinsame Einführungsrunde	0
09.00 - 09.45	Interview	A
09.45 - 10.00	Pause	
10.00 - 11.45	Vorbereitung Fallstudie	0
11.45 - 12.45	Mittagspause	
12.45 - 13.00	Vorbereitung Fallstudie	0
13.00 - 13.30	Fallstudie	C
13.30 - 14.45	Pause	
14.45 - 15.15	Vorbereitung Mitarbeitergespräch	0
15.15 - 15.45	Mitarbeitergespräch	B
15.45 - 16.45	Bearbeitung Fragebogen bzw. Test	0
2. Tag		
Zeit	**Aktivität**	**Raum**
08.00 - 08.30	Vorbereitung Kollegengespräch	0
08.30 - 09.00	Kollegengespräch	A
09.00 - 10.30	Pause	
10.30 - 12.45	Vortrag "Vom Kollegen zur Führungskraft"	A
12.45 - 13.45	Mittagspause	
13.45 - 14.45	Vortrag "Vom Kollegen zur Führungskraft"	A
14.45 - 15.15	Gemeinsame Abschlussrunde	0
15.15 - 15.45	Feedbackgespräch	A

Beispiel 36: Teilnehmerzeitplan Einzel-Assessment Center

Zeitplan Teilnehmer X	
Zeit	**Aktivität**
09.00 – 09.30	Gemeinsame Einführungsrunde
09.30 – 10.30	Interview
10.30 – 11.30	Vorbereitung Fallstudie
11.30 – 12.00	Durchführung Fallstudie
12.00 – 12.30	Vorbereitung Mitarbeitergespräch
12.30 – 13.00	Durchführung Mitarbeitergespräch
13.00 – 14.00	Mittagspause
14.00 – 15.00	Bearbeitung „Fragebogen bzw. Test“
15.00 – 15.30	Vorbereitung Präsentation
15.30 – 16.00	Durchführung Präsentation
16.00 – 16.30	Vorbereitung Kundengespräch
16.30 – 17.00	Durchführung Kundengespräch
17.00 – 17.30	Pause
17.30 – 18.00	Feedbackgespräch und gemeinsamer Abschluss des Assessment Centers

7.2.3 Räumlichkeiten

7.2.3.1 Raumplanung für Gruppen-Assessment Center

Nach der Erstellung des Zeitplans kann nun der Raumbedarf festgelegt werden. Die Anzahl der Räume lässt sich einfach bestimmen. Ein sinnvolles Grundprinzip zur Planung der Räumlichkeiten ist, dass die Beobachterteams während der Übungsdurchführung konstant in jeweils einem Raum bleiben. Daher kann auch, wie im vorherigen Abschnitt geschildert, die Raumbezeichnung identisch mit der des jeweiligen Beobachterteams sein. Die Teilnehmer bereiten sich gemeinsam in einem Vorbereitungsraum vor, von dem aus sie in die Beobachterräume zur Durchführung der Übungen gehen. Es werden daher folgende Räume benötigt:

Beispiel 37: Beobachterzeitplan Einzel-Assessment Center

Zeitplan Beobachter	
Zeit	**Aktivität**
09.00 – 09.30	Gemeinsame Einführungsrunde
09.30 – 10.30	Interview
10.30 – 11.30	Auswertung Interview
11.30 – 12.00	Durchführung Fallstudie
12.00 – 12.30	Auswertung Fallstudie
12.30 – 13.00	Durchführung Mitarbeitergespräch
13.00 – 14.00	Mittagspause
14.00 – 15.00	Auswertung Mitarbeitergespräch
15.00 – 15.30	Pause
15.30 – 16.00	Durchführung Präsentation
16.00 – 16.30	Auswertung Präsentation
16.30 – 17.00	Durchführung Kundengespräch
17.00 – 17.30	Auswertung Kundengespräch sowie Entscheidungsfindung
17.30 – 18.00	Feedbackgespräch und gemeinsamer Abschluss des Assessment Centers

- *Ein Raum pro Beobachterteam.* Diese Räume müssen groß genug für ein Beobachterteam und einen Teilnehmer sein. Sollten auch Gruppendiskussionen geplant sein und somit in diesen Räumen stattfinden, müssen sie entsprechend der Größe der Diskussionsgruppen für mehr Personen geeignet sein.
- *Ein Plenums- und Vorbereitungsraum.* Dieser Raum dient für alle Treffen im Plenum (Einführungsrunde, Abschlussrunde) sowie als Vorbereitungsraum für die Teilnehmer, in dem sich auch das Back-Office befindet. Er muss daher die komplette Anzahl der beteiligten Personen fassen.

Die Räume sollten möglichst nahe beieinander liegen, um lange Wege und dadurch bedingte Verzögerungen zu vermeiden. Auch die Art der Räume kann viel zur Atmosphäre im AC beitragen. Ein Raum mit Tageslicht, bequemen Sitzmöglichkeiten, genügend Arbeitsfläche zur Arbeit mit den diversen Übungsmaterialien und eine ruhige Umgebung stellen eine optimale Voraussetzung für eine konzentrierte Arbeit dar.

Je nach geplanten Übungen ist darüber hinaus darauf zu achten, dass die Beobachterräume mit den entsprechenden Medien ausgestattet sind.

Schließlich ist eine Beschriftung sämtlicher genutzter Räume sinnvoll, dabei werden die Räume, in denen die Beobachterteams sitzen, entsprechend der Teambezeichnungen (A, B, C) beschriftet, und der Vorbereitungsraum erhält im oben dargestellten Beispiel die Bezeichnung „0“. Gerade wenn die Räume nicht nahe beieinander liegen, hilft die Anfertigung einer Skizze auf einem Flip-Chart im Vorbereitungsraum, auf der die Lage der einzelnen Räume dargestellt ist, Verwirrung und Verzögerungen im zeitlichen Ablauf zu vermeiden.

Eine grundsätzliche Frage, die nicht unerheblichen Einfluss auf die Kosten des ACs hat, ist die nach der Nutzung interner oder externer Räumlichkeiten. Dabei haben beide Varianten jeweils Vor- und Nachteile. Bei der Entscheidung sollten neben Kostenüberlegungen auch die Fragestellungen in Tool 16 berücksichtigt werden.

Sowohl bei der Durchführung in unternehmenseigenen Räumen als auch bei der Durchführung in einem Hotel oder einem vergleichbaren Veranstaltungsort sind die folgenden Aspekte bezüglich der Räumlichkeiten zu beachten.

- Ist für jedes Beobachterteam ein Raum vorhanden?
- Ist ein zentraler großer Raum vorhanden, der für die Einführung, Vorbereitung der Teilnehmer, Beobachterkonferenz und Abschlussrunde genutzt werden kann?
- Liegen die Räume möglichst nahe beieinander?
- Sind die Räume hell, ruhig und bieten sie genügend Arbeitsfläche?
- Sind die benötigten Präsentationsmedien in ausreichender Zahl vorhanden und funktionstüchtig?

Tool 16: Checkliste interne Räumlichkeiten

- Ist es bei der Durchführung mit internen Teilnehmern in unternehmenseigenen Räumen möglich, Störungen der Teilnehmer und Beobachter durch Kollegen, Vorgesetzte, Kunden etc. zu vermeiden?
- Entsprechen die unternehmenseigenen Räume den dargestellten Anforderungen, und sind sie mit der notwendigen Tagungstechnik ausgestattet?
- Kann eine, durch den vernetzten Zeitplan erzwungene, flexible Versorgung der Teilnehmer mit Essen und Getränken im unternehmenseigenen Gebäude realisiert werden?
- Haben die Teilnehmer (intern) und Beobachter bei der Durchführung des Assessment Centers einen besonders hohen Anspruch an die Räumlichkeiten? Ist ein besonderer Rahmen für die Veranstaltung wichtig?
- Sind die unternehmenseigenen Räume für externe Bewerber repräsentativ?
- Können sich Teilnehmer, Back-Office und Beobachter im unternehmenseigenen Gebäude trotz Sicherheitsvorschriften und Zutrittsregelungen frei zwischen den Durchführungsräumen bewegen?

7.2.3.2 Raumplanung für Einzel-Assessment Center

Für die Durchführung eines Einzel-ACs werden zwei Räume benötigt. In einem hält sich der Teilnehmer auf, in dem anderen treffen sich die Beobachter, um die Auswertung der Beobachtungen vorzunehmen. Im Gegensatz zum Gruppenverfahren besteht hier die organisatorisch einfachste Lösung darin, dass der Teilnehmer über die ganze Zeit hinweg in einem Raum bleibt, während die Beobachter zu den Übungen immer wieder ihren Raum verlassen und zu dem Teilnehmer gehen.

Bezüglich der Ausstattung und Gestaltung der Räume gelten die gleichen Empfehlungen wie auch im Gruppen-AC.

7.2.4 Materialien

Schließlich gilt es in der Vorbereitung noch, die benötigten Materialien und gegebenenfalls die entsprechende Technik für Teilnehmer, Beobachter und Back-Office zur Verfügung zu stellen. Hierbei erfolgt die Zusammenstellung der verschiedenen Instruktionen, Beobachtungsbögen, Ergebnisübersichten etc. nach Beobachtern, Back-Office und Teilnehmern getrennt.

7.2.4.1 Beobachtermaterialien

Jeder Beobachter erhält einen Beobachterordner mit dem für ihn relevanten Beobachterzeitplan, damit jederzeit ein Überblick über den Ablauf für die einzelnen Beobachterteams besteht. Des Weiteren enthält sein Ordner für jede Übung die jeweilige Teilnehmerinstruktion, Auswertungshilfen und -checklisten für Beobachter sowie ggf. eine Rollenspielerinstruktion zur Ansicht. Darüber hinaus benötigt er zur Auswertung der Übungen Beobachtungsbögen. Die Anzahl der Bögen lässt sich dabei anhand der zu beobachtenden Teilnehmer bestimmen: Wenn z. B. in der Simulation eines Kundengesprächs drei Teilnehmer hintereinander beobachtet werden, benötigt jeder Beobachter drei Beobachtungsbögen für diese Übung.

So sollte jeder Beobachter schließlich seinen persönlichen Ordner erhalten, in dem sich die Instruktionen der entsprechenden Übungen mit der jeweils benötigten Anzahl an Beobachtungsbögen befinden. Alternativ hierzu können Beobachtungsbögen und Checklisten, die pro Teilnehmer ausgefüllt werden, als „Verbrauchsmaterial" im Beobachterraum ausgelegt werden, so dass sich im Beobachterordner lediglich Informationsmaterialien befinden. Dies bietet z. B. bei mehrfacher Durchführung des Verfahrens die Möglichkeit, die einzelnen Beobachterordner mehrfach zu verwenden, ohne diese wieder mit Verbrauchsmaterial auffüllen zu müssen.

Zu Beginn des Assessment Centers sollten sich in jedem Beobachterordner demnach die folgenden Unterlagen befinden:

Tool 17: Checkliste Beobachterordner

- Beobachterzeitplan
- Evtl. Teilnehmerlebensläufe
- Anforderungsprofil und ggf. weitere Informationen zum Verfahren (z. B. das zugrunde liegende Kompetenzmodell) zur Ansicht
- Interviewleitfäden entsprechend der Anzahl der zu interviewenden Teilnehmer
- Teilnehmerinstruktion zu Übung 1
- Evtl. Rollenspielerinstruktion zu Übung 1
- Evtl. Lösungs-/Checklisten oder Zusammenfassungen für Beobachter zu Übung 1
- Beobachtungsbögen zu Übung 1 entsprechend der Anzahl der zu beobachtenden Teilnehmer
- Übungs-/Beobachtungsmaterialien für die weiteren Übungen wie Übung 1

Tatsächlich geht auf diese Weise mit einem Assessment Center ein hoher Papierverbrauch und ein hoher Aufwand in der Bereitstellung der Unterlagen einher. Insbesondere in Beobachterordnern wird viel von diesem Papier oft wenig intensiv genutzt. Eine Alternative besteht daher darin, Teilnehmern und Beobachtern die Unterlagen nicht in Papierform, sondern auf einem Notebook oder in ähnlicher elektronischer Form zur Verfügung zu stellen. In vielen Fällen schätzen Teilnehmer und Beobachter jedoch (noch) die Arbeit mit ausgedruckten, in Papierform vorliegenden Materialien, insbesondere, wenn es sich um umfangreiches Lesematerial handelt. Ein Kompromiss zur Reduzierung des Papierbedarfs besteht daher in der oben dargestellten Variante, die Beobachterordner über verschiedene Veranstaltungen hinweg weiterzuverwenden und nur die Beobachtungsbögen als Verbrauchsmaterial auszulegen.

Häufig bitten Beobachter vor Beginn einer Veranstaltung darum, sich in die Unterlagen des Assessment Centers einlesen zu dürfen. So wünschenswert dies zur differenzierten Vorbereitung der Beobachter häufig ist, so schwierig gestaltet sich jedoch der kontrollierte, vertrauliche Umgang mit den Unterlagen oft, wenn diese in Form der Beobachterordner einmal im Unternehmen kursieren. Ausgefeilte Zugriffsberechtigungen auf internen Serversystemen (z. B. Sharepoint) bieten Beobachtern die Möglichkeit, sich mit den Materialien vertraut zu machen, ohne diese jedoch für eigene Zwecke ausdrucken zu können.

7.2.4.2 Teilnehmermaterialien

Für die Teilnehmer sollten ebenfalls Sammelmappen angelegt werden, allerdings mit dem Unterschied, dass diese den Teilnehmern nicht ausgehändigt, sondern im Back-Office verwaltet werden, das den Teilnehmern die jeweils zur Vorbereitung einer Übung benötigten Materialien austeilt. Auf diese Art und Weise erlangen die Koordinatoren im Back-Office am leichtesten den Überblick darüber, welcher Teilnehmer bereits welche Übung durchgeführt und die entsprechenden Instruktionen wieder abgegeben hat.

Die Mappen der Teilnehmer verbleiben in der Hand des Back-Office. Sie sind zunächst leer. Nach und nach werden die von den Beobachterteams ausgefüllten Beobachtungsbögen und die von den Teilnehmern zurückgegebenen Übungsinstruktionen in der jeweiligen Teilnehmermappe gesammelt. Die Beobachtungsbögen befinden sich somit zunächst in der Beobachtermappe, werden zur Beschreibung der Beobachtungen und zur Bewertung der Ergebnisse genutzt, an das Back-Office weitergeleitet, wo sie schließlich in der entsprechenden Teilnehmermappe abgelegt werden. Wenn diese Weiterleitung in handschriftlicher Form und nicht elektronisch erfolgt, sollten im Back-Office die Bewertungen und qualitative Kommentare bzw. Zusammenfassungen aus den einzelnen Beobachtungsbögen in eine Ergebnisdatei übertragen werden. Auf diese Art und Weise kann in der Beobachterkonferenz sehr effizient gearbeitet werden, da zu diesem Zeitpunkt bereits alle Ergebnisse in Dateiform vorliegen. Dafür muss das Back-Office natürlich mit entsprechender Technik ausgestattet werden. Alle handschriftlich bearbeiteten Unterlagen eines Teilnehmers befinden sich am Ende des Assessment Centers in seiner Mappe.

Tool 18: Checkliste Teilnehmermaterialien (im Back-Office)

- Individuelle Teilnehmerzeitpläne
- Übersichtszeitplan Teilnehmer
- Teilnehmerinstruktionen aller Übungen, jeweils in der Anzahl der Teilnehmer
- Evtl. verwendete Tests oder Fragebögen inklusive Auswertungshilfen
- Reserveunterlagen für Teilnehmer und Beobachter

7.2.4.3 Back-Office-Materialien

Neben den Teilnehmermappen werden im Back-Office weitere Materialien benötigt. Es handelt sich dabei zum einen um sämtliche an die Teilnehmer im Laufe des ACs auszuhändigenden übungsrelevanten Materialien. Zum anderen sollten im Back-Office weitere unterstützende Materialien für die Teilnehmer zur Verfügung stehen (vgl. Tool 18 und 19).

Tool 19: Checkliste unterstützende Materialien im Back-Office

- Namensschilder für alle Beobachter und Teilnehmer
- Notizblöcke und Stifte für Teilnehmer und Beobachter
- Präsentationsmaterialien (spezielle Stifte, Moderationskarten etc.), sofern diese für die Übungen benötigt werden
- Taschenrechner für jeden Teilnehmer, sofern, z. B. in Fallstudien, komplexere Berechnungen durchzuführen sind
- Raumschilder

7.2.4.4 Technik für Back-Office und Teilnehmer

Overheadprojektoren und Folien, die lange als pragmatisch einsetzbares Präsentationsmedium in Assessment Centern galten, haben heute weitestgehend ausgedient und rufen, wenn sie noch eingesetzt werden, überraschte Gesichter bei Teilnehmern wie Beobachtern hervor. Das Notebook mit PowerPoint oder vergleichbarer Präsentationssoftware gilt in den meisten Unternehmen als Standardmedium. Gerade in aufwändigen internen Assessment Centern ist es daher üblich, die Teilnehmer mit Notebooks zur Vorbereitung von Präsentationsaufgaben (z. B. auch Fallstudien) auszustatten oder die Benutzung eigener Notebooks zu gestatten. Dabei ist jedoch zu berücksichtigen, dass der Einsatz derartiger Präsentationsmedien zwar modern und „state-of-the-art“ wirkt, inhaltlich jedoch kaum Mehrwert bringt. Der professionelle Einsatz von PowerPoint stellt in den wenigsten Assessment Centern eine relevante Beobachtungsdimension dar. Präsentationskompetenz und Überzeugungskraft lassen sich in der Regel ebenso gut mit basalen Medien wie Flipchart und Pinnwand beobachten. Den Teilnehmern erleichtert jedoch das „typische“ Arbeiten am Computer die Identifikation mit der Aufgabe.

Entscheidet man sich für den Einsatz von Notebooks für die Teilnehmer, ist das von Beginn an in der Organisation der Veranstaltung dahingehend zu berücksichtigen, dass

– die Beobachterräume mit jeweils einem Beamer und weiterem Notebook ausgestattet sind
– USB-Sticks oder andere Speichermedien zum Transport der Daten zur Verfügung stehen
– alle Notebooks mit identischen Voraussetzungen (Softwareversionen, unternehmensspezifische Schriftarten, Vorlagen, Internetzugang) ausgestattet sind
– eigene Notebooks der Teilnehmer nur gestattet werden, wenn die Übungsinhalte nicht vertraulich sind
– der höhere Zeitaufwand für die Erstellung von PowerPoint-Präsentationen in den Vorbereitungszeiten berücksichtigt wird
– ausreichende Möglichkeiten zur Stromversorgung (z. B. Mehrfachsteckdosen, ggf. auch ausreichende Anzahl unabhängiger Stromanschlüsse) bestehen
– das Back-Office mit Personen ausgestattet ist, die sich mit möglichen technischen Tücken und Hürden auskennen und zeitliche Ressourcen dafür haben, sich bei entsprechenden Fragen um die Teilnehmer zu kümmern.

Während sich bei der Frage, ob jeder Teilnehmer mit einem Notebook ausgestattet werden soll, die gründliche Abwägung von Aufwand und Nutzen lohnt, empfiehlt es sich in aller Regel zweifelsfrei, im Back-Office mindestens ein Notebook vorzuhalten, an dem die organisatorisch Verantwortlichen Ergebnisse verarbeiten und Tests auswerten können. Idealerweise verfügt dieses Notebook über Internetzugang, um im organisatorischen Notfall flexibel Informationen und Dokumente beschaffen zu können. Auch ein Drucker empfiehlt sich, um z. B. von Teilnehmern verlorene Zeitpläne nachdrucken zu können oder – wie oben beschrieben – bereits Ergebnisberichte für die Teilnehmer zu erstellen.

Zusätzlich kann eine Digitalkamera vor allem in ACs mit sehr vielen Teilnehmern gute Dienste leisten, wenn die Gefahr besteht, dass in der Beobachterkonferenz die Erinnerung an Teilnehmer allein anhand der Namen schwer fallen könnte. Bilder der Teilnehmer, mit der Digitalkamera aufgenommen und per Beamer präsentiert, ermöglichen eine Erinnerung an die jeweiligen Teilnehmer und ihr Verhalten in den einzelnen Übungen sehr viel leichter als nur ihre Namen.

7.2.4.5 Materialien für Einzel-Assessment Center

Für ein Einzel-AC werden prinzipiell die gleichen Materialien benötigt wie auch im Gruppenverfahren – von einer Digitalkamera einmal abgesehen! Da es jedoch keine Person im Back-Office gibt, die für die Ausgabe der Übungen sowie das Einsammeln der Unterlagen im Anschluss verantwortlich ist, übernimmt dies der Moderator des Beobachterteams. Die praktikabelste Lösung besteht daher darin, zunächst, wie im Falle des Gruppenverfahrens erläutert, jedem Beobachter einen Beobachterordner mit den entsprechenden Materialien zur Verfügung zu stellen. Der Moderator erhält darüber hinaus auch die Teilnehmermappe, die bereits alle in der Checkliste „Teilnehmermaterialien (im Back-Office)" (Tool 18) aufgeführten Dokumente beinhaltet. Darüber hinaus sollten selbstverständlich auch die Utensilien auf der Checkliste „unterstützende Materialien im Back-Office" (Tool 19) vorhanden sein.

Literaturhinweise zu diesem Kapitel

Arbeitskreis Assessment Center e.V. (2004). *Standards der Assessment Center Technik.* Hamburg: Arbeitskreis Assessment Center e.V. [z.B. Standard 7: Vorbereitung und Durchführung]

Kleinmann, M. (2003). *Assessment Center.* Göttingen: Hogrefe.

Krause, D.E. & Gebert, D. (2003). Unterschiede in der Durchführung zwischen internen und externen Assessment Centern – Eine empirische Analyse. *Zeitschrift für Arbeits- und Organisationspsychologie, 47,* 87–94.

Lievens, F. (1998). Factors which improve the construct validity of assessment centers: A review. *International Journal of Selection and Assessment, 6,* 141–152.

Obermann, C. (2009). *Assessment-Center: Entwicklung, Durchführung, Trends.* Wiesbaden: Gabler.

8 Rückmeldung, Aufbereitung und Verwendung von AC-Ergebnissen

In diesem Kapitel wird der gesamte Prozess der Ergebnisdokumentation und Kommunikation – vom Feedbackgespräch über einen schriftlichen Ergebnisbericht und die Ableitung von Personalentwicklungsmaßnahmen, bis zum unternehmensinternen Umgang mit Ergebnissen und der oft beklagten Verliererproblematik – beschrieben.

In Bezug auf die Durchführung von Feedbackgesprächen ist zunächst zu klären, an welcher Stelle im Verfahren ein persönliches Feedbackgespräch erfolgen soll, und welchen Kriterien ein qualitativ hochwertiges Feedbackgespräch genügen sollte. In Bezug auf die Formulierung schriftlicher Ergebnisdokumentationen ist es wichtig zu berücksichtigen, zu welchem Zweck ein schriftlicher Ergebnisbericht erstellt und später eingesetzt werden soll. Es werden in diesem Kapitel verschiedene Vorschläge gemacht, wie unterschiedliche Arten einer schriftlichen Zusammenfassung aussehen können. Ebenfalls zur Erstellung von Ergebnisberichten ist es wichtig, konkrete Qualitätskriterien zu haben, denen ein schriftlicher Ergebnisbericht genügen soll.

Neben möglichen Konsequenzen aus einem Assessment Center in Richtung Personalauswahl steht oftmals auch die Frage im Vordergrund, welche Personalentwicklungsmaßnahmen aus den Ergebnissen abgeleitet werden können. Dazu soll hier ein Spektrum möglicher Personalentwicklungsmaßnahmen dargestellt werden, und es wird beschrieben, wie als Konsequenz aus Assessment Centern zielführend Weiterbildungsbedarfe abgeleitet werden können.

Neben der inhaltlichen Ausgestaltung der Rückmeldungen ist vor allem bei Verfahren mit internen Teilnehmern zu definieren, wie mit Ergebnisberichten intern umgegangen wird. Hierzu werden im Kapitel Aspekte wie Vertraulichkeit, der Ort der Aufbewahrung oder Einsichtsrechte diskutiert und Empfehlungen gegeben. Abschließend wird die Frage diskutiert, welche Konsequenzen sich eigentlich an eine bestimmte Art von Assessment Center anschließen können und sollten. Als unerwünschte Konsequenz wird auf die so genannte Verliererproblematik hingewiesen. Dabei wird Bezug genommen auf die Frage, welche Art von Verlierer man, z. B. bei internen Teilnehmern, überhaupt produzieren kann, und wie diese Problematik durch eine entsprechende Gestaltung des Verfahrens positiv beeinflusst werden kann.

8.1 Feedbackgespräche

Haben Teilnehmer eines Assessment Centers dieses, vielleicht anstrengende und persönlich intensive, Verfahren durchlaufen, so haben sie Anrecht auf ein Feedback. Sie sollen Rückmeldung erhalten über die Sichtweisen der Beobachter, wie Verhaltensweisen interpretiert und bewertet werden, und welche Konsequenzen sich nun daraus ergeben.

Leider ist es noch immer vielfach gängige Praxis, den Teilnehmern unmittelbar nach einem Assessment Center – besonders zur Auswahl – kein direktes Feedback zu geben, sondern ihnen Tage, mitunter Wochen später Standardschreiben mit z. B. einer Absage zukommen zu lassen, oder lediglich ein kurzes Telefonat zu führen. Ein Grund für diese Vorgehensweise ist sicherlich, dass anstehende Entscheidungen oft nicht unmittelbar getroffen werden können, sei es, weil die Entscheidungsträger nicht vor Ort sind, erst andere Teilnehmer im Vergleich gesehen werden müssen, oder die Beobachter die Entscheidung nicht so schnell treffen möchten. Häufig sind jedoch auch etwas weniger sachliche Gründe ausschlaggebend, denn direktes Feedback zu geben, ist nicht immer angenehm. Dennoch hat es sich in der Praxis grundsätzlich als Erfolgskriterium eines Assessment Centers erwiesen, ein ausführliches Feedbackgespräch mit den Teilnehmern zu führen. Teilnehmer erleben es als partnerschaftlich und nutzbringend, die Eindrücke der Beobachter geschildert zu bekommen, auch wenn noch keine definitive Entscheidung getroffen wurde. Die Teilnehmer engagieren sich über einen oder vielleicht mehrere Tage hinweg intensiv, und es wird von ihnen erwartet, eine Menge an Informationen über sich preiszugeben. Wenn es dann zunächst länger bei diesem sehr einseitigen Austausch von Informationen bleibt, wird dies oft als sehr unangenehm und mitunter frustrierend empfunden. Dies ist nicht nur bei internen Teilnehmern ein potenzieller Demotivationsfaktor, sondern sollte auch bei externen Teilnehmern in Verfahren zur Personalauswahl unter Personalmarketing-Gesichtspunkten gesehen werden.

Selbstverständlich muss man dabei als Unternehmen immer abwägen inwieweit die Regelungen des Allgemeinen Gleichbehandlungsgesetzes (AGG) und die daraus für Bewerber resultierenden Möglichkeiten, Klage zu erheben, einem differenzierten Feedback als Risikofaktor entgegenstehen. Allerdings sollte dabei das notwendige Augenmaß behalten werden und es scheint nicht ausreichend begründet, wegen des AGG generell keine differenzierte Begründung bei einer Ablehnung externer Bewerber mehr zu geben. Schließlich ist Ziel des Gesetzes, gemäß § 1 AGG Benachteiligungen aus Gründen der Rasse oder wegen der ethnischen Herkunft, wegen des Geschlechtes, der sexuellen Identität, der Religion oder Weltanschauung, einer Behinderung oder des Alters zu verhindern bzw. zu beseitigen. Ergo kann gerade ein gut konzipiertes und professionell durchgeführtes AC maßgeblich dazu beitragen, sich vom möglichen Verdacht einer solchen Diskriminierung zu befreien. Auf die Spitze getrieben wäre allerdings noch zu beachten, dass ein AC-Verfahren nicht nur keine unmittelbare Benachteiligung darstellt, sondern gemäß § 3 Abs. 2 AGG auch keine mittelbare Benachteiligung auslöst. Dieser Fall liegt vor, wenn dem Anschein nach neutrale Vorschriften, Kriterien oder Verfahren faktisch Personen wegen eines im AGG genannten Grundes benachteiligen. Möchte man auch hier auf der sicheren Seite sein, müsste eine regelmäßige statistische Auswertung darüber erfolgen, ob es Korrelationen zwischen den im AGG genannten Kriterien und den eigenen Auswahl- oder Beurteilungsentscheidungen in den ACs gibt, die eine solche Benachteiligung nahe legen.

Das Feedbackgespräch ist ein Einzelgespräch zwischen einem Teilnehmer und einem Beobachter oder Beobachterteam. Es erfordert vom Feedback-Geber ein hohes Maß an Sensibilität, Klarheit und Gesprächsführungskompetenz.

Manche Beobachter nutzen das Feedbackgespräch, um weitere Erkenntnisse über die Teilnehmer zu gewinnen. In der Tat liegen hier noch einmal Chancen zur Informationsgewinnung, indem Reaktionen auf einzelne Rückmeldungen sensibel wahrgenommen und gegebenenfalls hinterfragt werden. Es hat aber zunächst einmal eine Primärfunktion, und das ist die transparente und gut begründete Rückmeldung der Beobachtungen und Ergebnisse an die Teilnehmer. Außerdem sollte hier Raum sein, die Ergebnisse mit den einzelnen Teilnehmern zumindest kurz zu diskutieren. So beinhaltet diese Diskussion selbstverständlich auch einen Abgleich von Selbst- und Fremdeinschätzung, die z. B. durch den Einsatz von Persönlichkeitsfragebögen systematisiert werden kann (vgl. Abschnitt 5.7). Das Feedbackgespräch hat wesentlichen Einfluss darauf, inwieweit Ergebnisse als transparent und klar eingeschätzt werden, und wie dementsprechend die Akzeptanz der daraus folgenden Entscheidungen und Maßnahmen ist.

8.1.1 Die Einbindung der Rückmeldung in das Gesamtverfahren

Um die Ergebnisse an die Teilnehmer zurückzumelden, ist im Gesamtverfahren zunächst einmal zu entscheiden, an welcher Stelle eine Rückmeldung über Ergebnisse erfolgen soll. Dabei stehen zwei Überlegungen im Vordergrund. Die eine ist, wie sich die organisatorischen Rahmenbedingungen im Gesamtprozess darstellen, die zweite, welche inhaltlichen Konsequenzen sich aus der Zielstellung des jeweiligen Verfahrens ergeben.

8.1.1.1 Feedback im direkten Anschluss an das AC oder zeitversetzt?

In Bezug auf organisatorische Rahmenbedingungen stellt es sich in vielen Verfahren so dar, dass die Durchführung der einzelnen Übungen – vor allem bei Gruppenverfahren – oft bis in den frühen Abend hinein dauert. Daraus ergibt sich, dass nach einer oft ausgiebigen Beobachterkonferenz erst spät am Abend die einzelnen Ergebnisse über die Teilnehmer feststehen. Als Konsequenz daraus wird es oft – vor allem bei internen Verfahren – so gehandhabt, dass die Teilnehmer erst einige Tage oder Wochen später ein individuelles Feedback über ihre Ergebnisse erhalten. Ansonsten müssten sie am Ende der Durchführung der einzelnen Übungen eine sehr lange Wartezeit während der Beobachterkonferenz in Kauf nehmen, und die einzelnen Feedbackgespräche würden mitunter bis spät in den Abend hinein dauern. Auf der anderen Seite besteht bei einem gut organisierten Assessment Center durchaus die Möglichkeit, durch eine effizient geführte Beobachterkonferenz und einen zeitlich optimierten Ablaufplan ausreichend Zeit für anschließende Einzelfeedback-Gespräche zu haben (vgl. Abschnitt 7.2.). Dabei ist es oft vollkommen ausreichend, ein solches Gespräch zunächst auf etwa 30 Minuten anzusetzen, einfach um die wesentlichen, prägnanten Ergebnisse zurückzumelden.

Dies erübrigt selbstverständlich nicht eine eventuell deutlich detailliertere schriftliche Darstellung der Ergebnisse. Aber es bietet den Teilnehmern eine gute Möglichkeit, die eigenen, noch relativ frischen Eindrücke der einzelnen Übungen und Simulationen mit den Beobachtungen und Einschätzungen der Beobachter abzugleichen. In der Regel ist auch die Aufnahmefähigkeit der Teilnehmer nach einem für sie persönlich vielleicht anstrengenden Assessment Center relativ eingeschränkt, so dass ein sehr differenziertes Feedback oftmals kaum verarbeitbar wäre. Ein weiterer Vorteil einer kurzen, aber unmittelbar anschließenden Rückmeldung ist, dass jeweils mehrere Beobachter, die das gesamte Verfahren begleitet und die Teilnehmer gesehen haben, auch unmittelbar die Feedbackgespräche begleiten können. So bietet sich hier den Beobachtern die Gelegenheit, Einschätzungen aus verschiedenen Sichtweisen gegenseitig zu ergänzen. Auch für die

Teilnehmer besteht damit die Chance, Fragen an einzelne Beobachter aus verschiedenen Simulationen zu stellen. Diese Chance besteht nicht, wenn lediglich ein Vertreter der Personalentwicklung zu einem späteren persönlichen Feedbackgespräch zu den Teilnehmern kommt. Dieser Ansatz macht jedoch Sinn, um bei hausinternen Verfahren nach einigen Tagen oder Wochen noch einmal den persönlichen Entwicklungsbedarf und weitere Entwicklungsschritte zu diskutieren und zu vereinbaren.

Gänzlich abzuraten ist davon, durch Personen Feedback geben zu lassen, die selber die einzelnen Übungen nicht mit beobachtet haben, sondern lediglich eine Einschätzung aus der Beobachterkonferenz entgegennehmen. Hier besteht kaum die Möglichkeit, ein differenziertes und verhaltensbezogenes Feedback zu geben. Vor allem tun diese Personen sich natürlich schwer, auf Rückfragen der Teilnehmer fundiert und präzise zu antworten. So entsteht auf Teilnehmerseite oft der Eindruck, dass die Beobachter, die die Beurteilung vorgenommen haben, sich ihrer Verantwortung entziehen und sich den Teilnehmern gegenüber nicht für ihre Einschätzungen rechtfertigen möchten.

Im Rahmen von Development Centern zur internen Personalentwicklung kann es sinnvoll sein, den unmittelbaren Vorgesetzten des Teilnehmers mit in die Beobachterkonferenz einzubeziehen und auch am Feedbackgespräch teilhaben zu lassen. Auf diesem Weg entsteht ein unmittelbarer Abgleich zwischen den Eindrücken aus dem AC und der alltäglichen Praxis. Die Führungskraft wird dabei in ihrer Rolle als Coach und Entwickler der eigenen Mitarbeiter gestärkt und die Eigenverantwortung des Teilnehmers und seiner Führungskraft für diese Entwicklungsaufgabe wird unterstrichen.

8.1.1.2 Feedback während des ACs?

Neben den oben beschriebenen Möglichkeiten besteht natürlich vor allem bei der Durchführung von Orientierungscentern zur Personalentwicklung für interne Mitarbeiter die Möglichkeit, auch im Verlauf der Veranstaltung kurze Feedback-Phasen einzusetzen. Dies kann, wenn es rein um die Identifikation von Personalentwicklungsbedarf und gegebenenfalls sogar die direkte Entwicklung persönlicher Kompetenzen im Verlauf des Verfahrens geht, sehr sinnvoll sein. Es besteht hier die Möglichkeit, im Anschluss an jede Situation und Simulation ein kurzes Feedback für die Teilnehmer anzuschließen oder auch abends, zum Abschluss eines ersten Tages, Zwischenfeedback-Runden durchzuführen. Allerdings beeinträchtigt diese Vorgehensweise die Genauigkeit der Einschätzung der Teilnehmer, es sei denn, es geht ausschließlich um spezielle Anforderungen, wie z. B. Lernfähigkeit. Die Einschätzung anderer Anforderungen wird unter anderem schwieriger, weil Beobachtungen aus den ersten Übungen vor dem Feedback streng genommen nicht mehr verwertet werden dürften. Stattdessen müsste am Ende eine Einschätzung aller Kompetenzen nach dem letzten Feedback erfolgen, um den Status quo eines Teilnehmers am Ende des Verfahrens festzustellen.

Vor allem bei dynamischen Assessment Centern, die einen stärkeren Planspielcharakter haben, wird hier oft die Chance genutzt, dass sich auch die Teilnehmer untereinander unter Begleitung eines Moderators gegenseitig Feedback geben können. Eine Vorgehensweise, die – sofern das Verfahren nicht für Auswahlzwecke gedacht ist – bei einer guten Moderation von den Teilnehmern erfahrungsgemäß als sehr fruchtbar empfunden wird.

Selbstverständlich erfolgt durch eine solche Vorgehensweise gleichzeitig eine Stärkung der unternehmensinternen Feedback-Kultur. Im Gegenzug stellt sicherlich eine wenig ausgeprägte Feedback-Kultur eine Begrenzung dieser Vorgehensweise dar.

8.1.2 Qualitätskriterien für ein gutes Feedbackgespräch

Ganz gleich, zu welchem Zeitpunkt im Verfahren ein Feedback erfolgen soll, kommt es darauf an sicherzustellen, dass dieses Feedback qualitativ hochwertig und professionell gegeben wird, um für die Teilnehmer einen maximalen Nutzen zu erzielen. Dabei gelten natürlich generell die bekannten Feedbackregeln:

- Beschreiben Sie wahrgenommene Verhaltensweisen.
- Sprechen Sie nur über Ihre eigenen Wahrnehmungen und Gefühle.
- Gebrauchen Sie „Ich" statt „Man" („Ich habe beobachtet, dass …", „… das hat auf uns als Beobachter so gewirkt, als ob Sie …", „Wir haben da den Eindruck gewonnen …").
- Je präziser und konkreter Sie in ihren Beschreibungen sind, desto mehr helfen Sie ihrem Gegenüber.

Neben diesen generellen Regeln zum Feedback sollte vor allen Dingen darauf geachtet werden,

- dass das Feedback sich ausschließlich auf Beobachtungen während des Assessment Centers bezieht,
- positive Seiten vor negativen diskutiert werden,
- alle Rückmeldungen grundsätzlich wertschätzend und menschlich akzeptabel formuliert sind, ohne an Klarheit zu verlieren,
- der Schwerpunkt auf konkreten Verhaltensbeschreibungen liegt, also bei Nachfragen auch dezidierte Beispiele und Zitate vorhanden sind,
- Bewertungen an den vorab definierten Anforderungskriterien festgemacht werden,
- Hilfestellungen und Ratschläge gegeben werden, um Entwicklungsmöglichkeiten aufzuzeigen,
- alle Beobachtungen und Beurteilungen im Abgleich zum alltäglichen Arbeiten diskutiert werden.

Für den Ablauf eines Feedbackgesprächs haben sich folgende Schritte bewährt:

1. Erfragen der Selbstsicht des Teilnehmers zu seinen Leistungen und Verhaltensweisen in den verschiedenen Übungen und Eindrücken zum Verfahren insgesamt.
2. Rückmeldung der Gesamteindrücke durch das Beobachterteam.
3. Erläuterung der Ergebnisse im Detail, in Bezug zum Anforderungsprofil bzw. Darstellung von Rückmeldungen aus den einzelnen Simulationen.
4. Gegenüberstellung und Diskussion des Selbst- und Fremdbildes.
5. Ableitung und Besprechung der identifizierten generellen Stärken und Entwicklungsfelder. Eventuell erste Besprechung möglicher PE-Maßnahmen.
6. Gesamteinschätzung des Assessment Centers und des Feedbacks aus Sicht des Teilnehmers.

Durch diesen Ablauf ergeben sich einige wesentliche Vorteile. Zunächst einmal ist es wichtig, die Selbsteinschätzung des Teilnehmers in Bezug auf die einzelnen Übungen kurz zu erfragen, um unmittelbar erkennen zu können, wo es sinnvoll ist, mit dem eigenen Feedback anzusetzen. So ergibt sich sicherlich ein vollkommen anderes Gespräch, wenn mit dem Teilnehmer Übereinstimmung beispielsweise darüber besteht, dass eine bestimmte Gesprächssituation hinsichtlich einzelner Verhaltensweisen nicht sehr gelungen war, als wenn der Teilnehmer gerade diese Übung als aus seiner Sicht besonders gelungen darstellt, obgleich die Beobachter der Ansicht sind, dass er mit der Übung eindeutig überfordert war.

Stimmen Sie mit der Einschätzung des Teilnehmers hinsichtlich positiver und negativer Aspekte weit gehend überein, so besteht kaum Notwendigkeit, einzelne Einschätzungen extrem differenziert zu begründen und zu verargumentieren. Diese Notwendigkeit besteht allerdings, wenn eine starke Diskrepanz zwischen Selbstbild und Fremdbild vorliegt. Dies ist nicht zuletzt deshalb eine sehr relevante Information, weil die Wahrscheinlichkeit, dass ein Veränderungsfeld vonseiten des Teilnehmers wirklich angegangen wird, höher ist, wenn dieser eine Einsicht in bestehende Notwendigkeiten der Verhaltensänderungen hat und diese selber anstrebt.

Als hilfreich hat es sich erwiesen, den Teilnehmern die Möglichkeit anzubieten, während der Übungen Videoaufnahmen von sich machen zu lassen, die ihnen, z. B. während der Zeit der Beobachterkonferenz, zur Verfügung stehen, um sich selber einmal in den Situationen von außen betrachten zu können. Diese Aufnahmen sind vertraulich, stehen nur den Teilnehmern zu diesem Zweck zur Verfügung und werden anschließend sofort gelöscht. Die Erfahrung zeigt, dass diese Vorgehensweise zu einer verbesserten Selbsteinschätzung der Teilnehmer führt und den Coaching-Charakter von Entwicklungs-ACs positiv unterstützt.

Insbesondere, indem bereits zum Abschluss des Assessment Centers das Feedback anhand konkreter Ergebniswerte im Abgleich zum Anforderungsprofil gegeben wird, kann man sicherstellen, dass die Teilnehmer nicht nach Erhalt der schriftlichen Ergebnisberichte „überrascht“ reagieren. Alle wesentlichen Ergebnisse sind so bereits unmittelbar präsentiert und diskutiert worden. Daraus ergibt sich bei der schriftlichen Darstellung der Ergebnisse die Möglichkeit, die Einschätzung der Beobachter direkt in Relation zur Selbstsicht des Teilnehmers zu stellen. Es kann im Ergebnisbericht explizit darauf verwiesen werden, dass z. B. „Herr X im Feedbackgespräch darauf hinwies, dass er die Einschätzung der Beobachter in diesem Aspekt nicht teilt, weil …“, oder „Frau Y bestätigte hier im Nachgespräch, dass es nicht zu ihren Stärken gehört …“. Entsprechend wird auch im Weiteren die Ergebnisberichterstellung von den Teilnehmern als fairer erlebt, wenn auch im Ergebnisbericht Unterschiede zwischen den Beobachtungen und den Meinungen des Teilnehmers selber über seine Leistungen geschildert werden können.

Am Ende des Feedbacks erhalten die Teilnehmer in einem professionellen Verfahren selbstverständlich noch einmal die Möglichkeit, Fragen zu stellen. Abschließend werden noch einmal Informationen in Bezug auf den weiteren Prozess – wie z. B. die Verwendung der Ergebnisberichte – gegeben.

8.2 Schriftliche Dokumentation der Ergebnisse

Nicht selten erfolgt im Nachgang zu einem Assessment Center eine schriftliche Dokumentation der Ergebnisse. Diese hat in der Regel mehrere Funktionen. Zum einen bekommen die Teilnehmer so noch einmal mit einem zeitlichen Abstand ein schriftliches Feedback und können eigene Stärken und Verbesserungspotenziale differenzierter reflektieren. Zum anderen haben natürlich Entscheider und das Unternehmen insgesamt ein Interesse daran, erhobene Informationen zu dokumentieren, zu speichern und im Sinne der Zielstellung des Verfahrens zu nutzen. Dabei sind grundsätzlich verschiedene Formen der schriftlichen Ergebniserstellung möglich.

Tools in diesem Abschnitt:

- Vorlage für einen Ergebnisbericht in Kurzform (CD-ROM)
- Vorlage für einen Ergebnisbericht in Langform (CD-ROM)

8.2.1 Grundformen und Elemente der Ergebnisdokumentation

Werden aus verschiedenen Übungen Werte zu einzelnen Anforderungsbereichen und Dimensionen aggregiert, so bietet es sich an, im Rahmen eines Ergebnisberichts ein summarisches Ergebnisprofil zu erstellen (vgl. Abschnitt 4.2 und 5.1). Steht vor allem die Betrachtung verschiedener Kernaufgaben, die sich in unterschiedlichen Simulationen widerspiegeln, im Vordergrund, so empfiehlt sich z. B. auch die Kommunikation einer Ergebnismatrix, in der die Teilnehmer nicht nur eine dimensionsorientierte Einschätzung in der Summe sehen, sondern auch ihre Leistung in Bezug auf einzelne Situationen bezogen einschätzen können (vgl. Kapitel 6).

Eine übersichtliche Ergebnisdarstellung mit einem hohen Maß an Prägnanz stellt ein so genanntes Stärken-Schwächen-Profil dar. Hier kann in einem Ergebnisbericht in Form einer Tabelle eine kurze Beschreibung der prägnantesten Stärken und Verbesserungsfelder in Bezug auf z. B. eine konkrete Zielposition erfolgen. Eine zeitgemäße und pragmatische Art der Dokumentation besteht darin, in den Beobachterteams direkt nach den einzelnen Simulationen schriftlich markante Eindrücke zu Stärken und Entwicklungsfeldern in der Situation festzuhalten. Diese Notizen können dann in der Beobachterkonferenz gezeigt und als Basis der Besprechung genutzt werden. Außerdem können diese Eindrücke, um eine Gesamteinschätzung ergänzt, auch unmittelbar nach der Beobachterkonferenz ausgedruckt und den Teilnehmern im Feedbackgespräch ausgehändigt werden. So entsteht ein unmittelbarer Ergebnisbericht, der den Teilnehmern Wartezeit erspart und ggf. auch direkt im Feedbackgespräch detailliert besprochen werden kann. Dies setzt natürlich voraus, dass die Beobachter in der Lage sind, ihre Eindrücke prägnant und „druckreif“ festzuhalten. Eine weitere Variante stellt eine kurze Zusammenfassung der Einschätzung der Beobachter in einem Fließtext dar.

Hier kann in einem Text auf drei bis fünf Seiten ein Bild der einzelnen Teilnehmer widergespiegelt werden.

Grundsätzlich ist vor der Verfassung von Ergebnisberichten zu klären, inwieweit diese rein deskriptiv an Verhaltensbeobachtungen im Abgleich zu den Beobachtungskriterien orientiert sein sollen, oder ob sie auch interpretatorische und ganzheitlich bewertende Informationen enthalten sollen. Eine vollständige inhaltliche Darstellung umfasst hierbei folgende drei Aspekte:

- Beschreibung der Beobachtungen und Verhaltensweisen,
- Deutung dieser Verhaltensweisen vor dem Hintergrund der Zielstellung und des Anforderungsprofils des Assessment Centers,
- Empfehlungen für Maßnahmen und Aspekte der eigenen Weiterbildung.

Diese Teilelemente können selbstverständlich nach Anforderungsdimensionen sortiert oder nach Übungssituationen unterschieden und strukturiert werden. Die oben beschriebenen inhaltlichen Aspekte können auch Eingang in einen umfassenden Ergebnisbericht finden.

8.2.2 Aufbau umfassender Ergebnisberichte

Für den Aufbau umfassender, präziser und praktisch nutzbarer Ergebnisberichte kann folgende Struktur verwendet werden:

1. Deckblatt (mit Name, Ort, Unternehmen usw.)
2. Inhaltsverzeichnis
3. Darstellung des Verfahrens
4. Darstellung der Übungsbausteine und Simulationen
5. Darstellung des individuellen Ergebnisprofils bzw. der Ergebnismatrix
6. Zusammenfassung der Beobachtungen und Ergebnisse, entweder hinsichtlich der Anforderungsdimensionen oder hinsichtlich der abgebildeten Kernaufgaben
7. Eventuell zusammenfassende Aussage über Eignung für eine bestimmte Zielposition oder prägnanteste Entwicklungsfelder
8. Wiedergabe von Testergebnissen
9. Empfehlungen für Personalentwicklungsmaßnahmen, um die eigenen Kompetenzen auszubauen

Bei dieser Struktur ist sichergestellt, dass alle wesentlichen Informationen enthalten sind und gleichzeitig ein guter Überblick über einzelne Aspekte der Ergebnisse möglich ist.

Unter „Darstellung des Verfahrens“ sollte eine Kurzbeschreibung bezüglich Anlass und Zielstellung des durchgeführten Verfahrens erfolgen. Dies ist vor allem dann wichtig, wenn Ergebnisberichte z. B. Teil einer Personalakte werden und später Führungskräften, die nicht am Verfahren beteiligt waren, zugänglich gemacht werden können oder sollen (siehe Beispiel 38).

Daneben ist es sinnvoll, hier eine Beschreibung der eingesetzten Bewertungsskala und gegebenenfalls der relevanten Vergleichsgruppe vorzunehmen.

Nach der grundsätzlichen Darstellung des Verfahrens ist es ebenfalls für nicht beteiligte Entscheider wichtig, kurz darzustellen, welche Übungstypen und Simulationen durchgeführt wurden, und welche Fragestellungen man versucht hat, gerade mit diesem Übungstyp abzudecken. Dies liest sich beispielhaft wie in Beispiel 39.

Beispiel 38: Darstellung des Verfahrens im Ergebnisbericht

„... Das durchgeführte Einzel-Assessment Center ist ein eintägiges Verfahren, das zur Potenzialeinschätzung von Kandidaten, die sich in eine Abteilungsleiterposition bei der Muster AG entwickeln möchten, konzipiert wurde. Ziel ist die Identifikation von individuellen Stärken und Entwicklungsfeldern für konkrete, einzelne Zielpositionen verbunden mit einer abschließenden überfachlichen Eignungseinschätzung des jeweiligen Kandidaten. Diese Art der vertieften Potenzialanalyse soll dazu dienen, anspruchsvolle Führungspositionen innerhalb des Unternehmens möglichst adäquat zu besetzen. Darüber hinaus erhalten die Teilnehmer ein möglichst objektives, durch eine externe Einschätzung abgesichertes Bild ihrer Stärken und Verbesserungsfelder, um so eine Unterstützung in ihrer individuellen Entwicklung zu erfahren. Dazu wurde ein Anforderungsprofil entwickelt, welches erfolgskritische Verhaltenseigenschaften ...“

Beispiel 39: Darstellung von Übungstypen im Ergebnisbericht

„... Ein weiteres wesentliches Element im Rahmen des durchgeführten Einzel Assessments stellte ein strukturiertes Interview dar, in dem neben einer kurzen Werdegangsanalyse vor allem das berufliche Selbstbild und Selbstverständnis der Teilnehmer im Vordergrund standen. Es wurden verschiedene Anforderungsbereiche ausgiebig besprochen und vertieft hinterfragt, so unter anderem verschiedene persönliche Einstellungen und Motive, wie die persönliche Leistungsmotivation, der individuelle Gestaltungswille oder die persönliche Offenheit für Neues.

Zur fundierten Analyse des Anforderungsbereiches „Problemlösepotenzial“ wurde eine analytische Fallstudie durchgeführt, bei der die Teilnehmer gebeten wurden, eine Vielzahl von Informationsmaterialien zu einem Unternehmen zu analysieren und Lösungsvorschläge für die dargestellten Problembereiche zu erarbeiten.

Auf Basis der in dieser Übung dargestellten Unternehmenssituation erfolgte abschließend ein simuliertes Mitarbeitergespräch ...“

Dabei muss natürlich die schriftliche Dokumentation von Assessment Center-Ergebnissen – z. B. in Form von Ergebnisberichten – in der Form und Ausgestaltung üblichen Kriterien, wie Rechtschreibung und Korrektheit, formaler Merkmale genügen. Daneben gibt es weitere Aspekte, auf die man sich bei der Verfassung von Ergebnisberichten konzentrieren sollte. Ein inhaltlich qualitativ hochwertiger Ergebnisbericht zeichnet sich vor allem dadurch aus, dass er

- verständlich formuliert ist,
- klaren Verhaltensbezug herstellt und Beschreibungen und Zitate enthält,
- prägnant auf zentrale Beobachtungen und Kernbotschaften fokussiert,
- im Tonfall grundlegend wertschätzend und unterstützend formuliert ist,
- bei einzelnen Aspekten bereits kurze Hinweise und Tipps zu Verhaltensalternativen gibt und

Beispiel 40: Auszug aus einem Ergebnisbericht eines Teilnehmers an einem internen Förder-Assessment

„... Soziale Kompetenzen

Hinsichtlich dieses Themenbereiches zeigte Herr Beispiel vor allem in der Führung von Mitarbeitern deutliche Stärken. So konnte er zum Beispiel in der Führungsfacette Mitarbeitersteuerung einen knapp oberhalb der Anforderungen liegenden Ergebniswert für sich verbuchen. Dies resultierte nicht zuletzt daraus, dass er im Interview deutlich machen konnte, wie er effektiv Aufgaben delegiert, ohne dabei Über- oder Unterforderungen von Mitarbeitern zu verursachen. Außerdem nahm er für sich in Anspruch, konkrete Zielvereinbarungen zu treffen, diese nachzuverfolgen und wirksame Maßnahmen bei Zielabweichungen zu ergreifen.

Diesem Anspruch konnte er im simulierten Mitarbeitergespräch insofern gerecht werden, als dass er hier einzelne Themen getrennt voneinander besprach und diese zu einem jeweils konkreten Abschluss brachte. Dabei behielt er jederzeit die Gesprächsführung in der Hand und zeigte sich sehr gut in der Lage, klar positive und negative Aspekte an seinen Mitarbeiter zu kommunizieren. Auch gelang es ihm, seinen Mitarbeiter in die Erarbeitung von Lösungen mit einzubeziehen und Aufgaben und Verantwortung klar und eindeutig zu delegieren ...

Ebenfalls positiv stellte sich den Beobachtern die Führungsfacette Mitarbeiterförderung bei Herrn Beispiel dar, indem er z. B. im simulierten Mitarbeitergespräch Lösungswege und Perspektiven bei Problemen aufzeigte. Auch zeigte er sich gut darin, Problembereiche zu hinterfragen, um Ursachen und Zusammenhänge zu identifizieren und insgesamt eine treffende Einschätzung seines Mitarbeiters vornehmen zu können. So erreichte er bei seinem Mitarbeiter durchaus das durch ihn explizit formulierte Ziel, „dass er sich selbst hinterfragt". Bezüglich dieser Facette hätte Herr Beispiel im Interview noch verstärkt verschiedene Instrumente der Mitarbeiterförderung benennen und den differenzierten Nutzen der verschiedenen Möglichkeiten darstellen können. Er zeigte sich hier stärker daran orientiert, ...

Auf der anderen Seite stellte sich den Beobachtern Herrn Beispiels Integrationskraft als eine seiner deutlichsten Entwicklungsbereiche dar. So gelang es ihm im Interview nicht fundiert darzustellen, wie er gezielt Maßnahmen ergreift, um ein Wir-Gefühl im Team zu schaffen und aktiv die Zusammenarbeit mit anderen Bereichen zu fördern. Darüber hinaus zeigte sich im simulierten Kollegengespräch, dass er es versäumte bei seinem Gegenüber aktiv Verständnis für andere Arbeits- und Sichtweisen von Kollegen einzufordern. Es gelang ihm hier kaum sinnvolle Lösungsalternativen zur Förderung einer konstruktiven Zusammenarbeit zu entwickeln, so beließ er es lediglich bei der Maßnahme ... Dennoch zeigte er z. B. seinem Mitarbeiter gegenüber Verständnis für Schwierigkeiten in der Zusammenarbeit mit Kollegen, ohne jedoch eine nachhaltige Lösung zu entwickeln und zu vereinbaren. Eine Einschätzung, die sich insgesamt mit der geringen Ausprägung im Bereich Integrationsvermögen im eingesetzten Persönlichkeitsfragebogen deckt. Auch hier beschreibt sich Herr Beispiel eher als ..."

– gegebenenfalls eine übereinstimmende oder abweichende Sicht des Teilnehmers auf einzelne Ergebnisse mit beschreibt.

Zu beachten ist bei der Darstellung der Ergebnisse, dass, wie in der Durchführung, zunächst auch eine Trennung von Beobachtung und Bewertung deutlich wird. Bei jedem bewerteten Aspekt sollte klar werden, auf welcher Beobachtung diese Einschätzung basiert. Es ist zu unterscheiden zwischen beobachtetem Verhalten, Interpretation oder Deutung desselben und Selbstaussagen des Teilnehmers. Hier wird leider zum Teil der Fehler gemacht, Selbstaussagen und persönliche Ansprüche, die der Teilnehmer z. B. im Interview formuliert, im Ergebnisbericht als Fakt zu übernehmen. So finden sich teilweise Formulierungen wie „... schon in der Schule gehörte Herr Muster immer zu den Besten seines Jahrgangs und zeichnete sich durch besondere ... aus", anstatt korrekt wiederzugeben „... nimmt Herr Muster für sich in Anspruch, schon in der Schule immer zu den Besten gehört zu haben, wobei er sich nach eigenen Angaben besonders durch eine hohe ... auszeichnete". Für den Leser des Berichtes ist es bei der Darstellung solcher Selbstaussagen natürlich besonders relevant zu erfahren, wie dazu im Abgleich die Einschätzung der Beobachter ausfällt, z. B. „... nach eigenen Angaben besonders durch eine hohe ... auszeichnete. Diese Selbstbeschreibung deckt sich insofern mit den Beobachtungen im Assessment Center, als dass Herr Muster ... zeigte und auch in ... Situationen durch konsequentes ... überzeugte."

Vor allem, wenn Ergebnisberichte Dritten weitergeleitet werden sollen, die bei der Durchführung des Verfahrens nicht beteiligt waren, empfiehlt es sich, sich daran zu orientieren, wirklich ein verständliches und umfassendes Bild des Teilnehmers zu entwerfen. Das Ziel ist immer, dem Leser eines solchen Berichts einen guten Eindruck von der beschriebenen Person zu verschaffen. Sollte der Ergebnisbericht auch als Information und Handlungsbasis für Entscheider in der Unternehmensführung dienen, wird oft eine prägnante Zusammenfassung der einzelnen Ergebnisse gewünscht. Dies kann z. B. in der eingangs dieses Kapitels erwähnten Struktur unter „7. Zusammenfassende Aussage über Eignung für eine bestimmte Zielposition oder prägnanteste Entwicklungsfelder" erfolgen (vgl. Beispiel 41).

Beispiel 41: Zusammenfassung der wesentlichen AC-Ergebnisse eines Teilnehmers für Entscheider

„Im Rahmen des Assessment Centers haben wir Herrn Muster als einen sehr besonnenen und ruhigen Gesprächspartner kennengelernt. Er ist in der Lage, seine Themen gleichermaßen anschaulich wie auch klar darzustellen. Er legt Wert auf Abwechslung in seiner Tätigkeit und hat eine entsprechend gute Bereitschaft, sich auf neue Erfahrungen einzulassen. Aufgrund der erreichten, insgesamt überdurchschnittlichen Ergebniswerte empfehlen wir Herrn Muster in Bezug auf seine überfachlichen Qualifikationen für eine weiterführende Tätigkeit als ..." (gegebenenfalls Zielposition) oder

„... empfehlen wir Herrn Muster für eine anspruchsvolle Führungsaufgabe. Besonders geeignet erscheint er dabei für eine Tätigkeit im Bereich ..., bei der er seine analytischen Stärken und seine ... voll einbringen könnte. Die von ihm selber benannte mögliche Position als ... erscheint auf Basis der Ergebnisse weniger empfehlenswert, weil er sich eher als ..., denn als ... zeigte.

Deutliche Stärken:
- Stark ausgeprägte Verantwortungsbereitschaft.
- Deutlich erkennbarer Wille, Dingen auf den Grund zu gehen und Zusammenhänge zu verstehen. Diesbezüglich zeigten sich bei Herrn Muster sehr gute analytische Fähigkeiten.
- Klare und selbstsichere Darstellung seiner eigenen Vorstellungen gegenüber Mitarbeitern, Kollegen oder Kunden.

Verbesserungsfelder:
- Ausbau der Souveränität und des persönlichen Verhaltensspektrums in Konfliktsituationen und Entwicklung einer größeren Bereitschaft, Konflikte aktiv anzusprechen und zu lösen.
- Verbesserung der eigenen Fähigkeiten, Gesprächspartner für seine Ideen zu gewinnen, diesen z. B. ihren Nutzen aufzuzeigen und stärker integrierend zu agieren.
- Stärkerer Aufbau eines internen Netzwerkes zu Kollegen in anderen Unternehmensbereichen.

Bei dieser sehr prägnanten und verkürzten Darstellung empfiehlt es sich, diese lediglich als Bestandteil eines umfassenderen Berichtes aufzunehmen und nicht allein für sich stehen zu lassen. Ansonsten besteht schnell die Gefahr, dass nur die verkürzte Darstellung im Weiteren verwendet wird und andere wichtige Informationen unberücksichtigt bleiben.

Vorlagen für einen Ergebnisbericht in Kurzform und in Langform finden Sie auf der CD-ROM.

8.3 Ableitung von Personalentwicklungsmaßnahmen

In der Konsequenz eines Assessment Centers ergeben sich in der Regel Verbesserungsfelder und Entwicklungsbedarfe. Grundsätzlich muss man sich dabei vergegenwärtigen, wie Personalentwicklung funktioniert, um entsprechende Entwicklungsprozesse zu fördern. Allgemein kann man sagen, dass Menschen sich an Herausforderungen entwickeln. Wenn man erfolgreiche Führungskräfte fragt, wann sie in ihrem Leben echte persönliche Fortschritte gemacht haben, so berichten diese in der Regel von besonders schwierigen Situationen und Fällen und nicht von einzelnen Trainings, an denen sie teilnahmen. Personalentwicklung handelt also von der Bereitstellung der richtigen Herausforderungen (heißt Aufgaben, Tätigkeiten, Projekte usw.) und liegt damit vor allem in der Verantwortung der Mitarbeiter selber und der übergeordneten Führungskraft. Trotzdem macht es Sinn, sich auch über begleitende Maßnahmen zu unterhalten, damit diese Herausforderungen erfolgreich bewältigt werden können. In Abbildung 10 werden die relevanten Faktoren dargestellt.

Als begleitende Maßnahmen empfiehlt es sich, ein breites Spektrum an individuell passenden Instrumenten zu empfehlen. Dieses Spektrum umfasst im Wesentlichen folgende Arten von Empfehlungen:

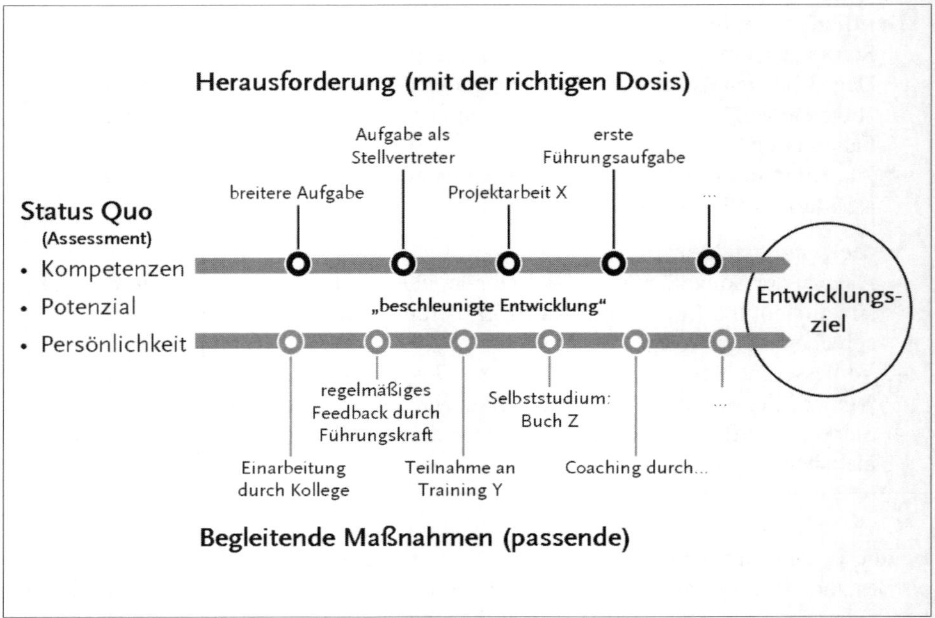

Abbildung 10: Wie funktioniert Personalentwicklung?

- Eigene Reflexion über ein Thema,
- Tipps zu einzelnen Verhaltensweisen,
- Tipps zu Literatur,
- Empfehlung zum Austausch mit kompetenten Kollegen zu einem Thema,
- Empfehlung von Paten oder Mentoren,
- Übernahme einer bestimmten Aufgabe oder Verantwortung/Teilnahme an Projekten,
- Coaching durch die eigene Führungskraft,
- Teilnahme an Seminaren und Schulungsmaßnahmen.

Entsprechend groß ist das Feld an einzelnen Maßnahmen, die sich aus diesen grundsätzlichen Instrumenten ableiten. Die Empfehlung lautet hier, das gesamte Spektrum der Personalentwicklung einzubeziehen und sich nicht allein auf Empfehlungen für z. B. Seminarmaßnahmen zu beschränken.

Hier ist vor allen Dingen auch bei der Empfehlung einzelner Maßnahmen und Vorgehensweisen bereits im Vorfeld zu berücksichtigen, welche organisatorischen und materiellen Rahmenbedingungen und damit auch Möglichkeiten oder Grenzen in Sachen Weiterbildung bestehen. Es ist unbedingt zu vermeiden, im Rahmen eines solchen Assessment Centers durch sehr umfassende und differenzierte Empfehlungen zur Personalentwicklung Wünsche und Erwartungen zu wecken, die nachher in keinster Weise umsetzbar sind. Abbildung 11 verdeutlicht den gesamten Personalentwicklungskreislauf.

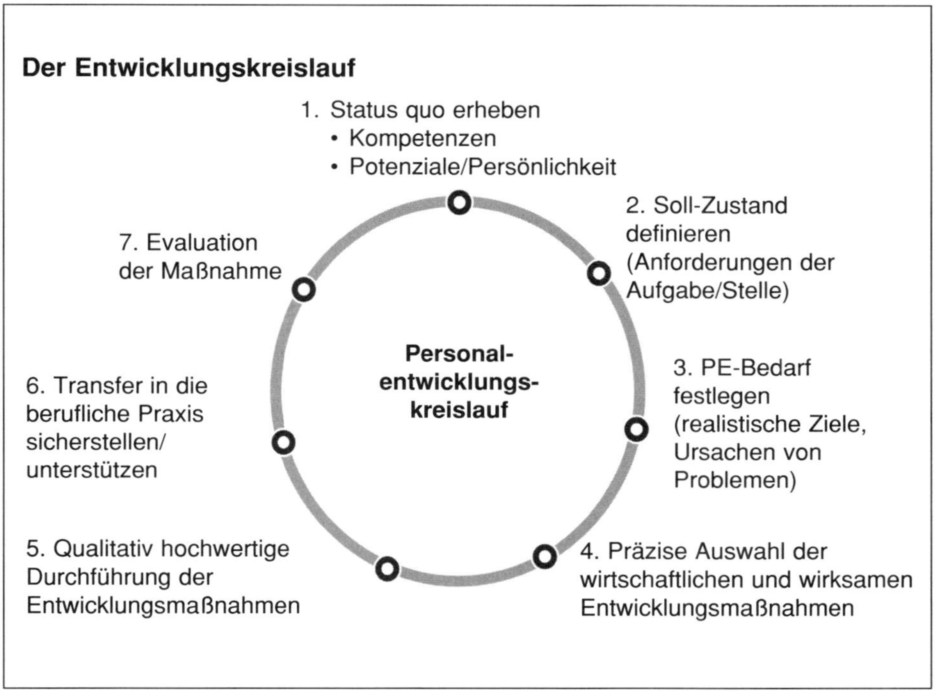

Abbildung 11: Der Personalentwicklungskreislauf

8.3.1 Auswahl spezifischer Personalentwicklungsmaßnahmen für einzelne Verbesserungsbereiche

Grundsätzlich muss eine Einschätzung dahin gehend vorgenommen werden, welche Art von Personalentwicklungsmaßnahme als optimal geeignet gesehen wird, ein identifiziertes Verbesserungsfeld bei einem Teilnehmer positiv zu beeinflussen. Dabei stellt sich die Frage nach der Ursache für mögliche Verhaltensdefizite, um mit entsprechenden Maßnahmen auf der richtigen Ebene anzusetzen. Diese Ursachen können im Wesentlichen auf drei Ebenen liegen: *Wissen, Können, Wollen.*

Das bedeutet: Im besten Fall ist im Verlauf des Assessment Center-Verfahrens nicht nur eine Einschätzung über Verbesserungsfelder erfolgt, sondern auch eine erste Idee dazu, auf welcher Ebene die Ursache liegt. Entsprechend ergeben sich bei der Auswahl von Maßnahmen zur Personalentwicklung selbstverständlich vollkommen andere Konsequenzen. In Abbildung 12 sind einige Wege beschrieben, wie auf diesen drei Ebenen eine Verbesserung erfolgen kann.

Wichtig ist bei der Schilderung der empfohlenen Maßnahmen der Personalentwicklung zweifelsohne, dass diese sich schlüssig aus den vorab im Ergebnisbericht beschriebenen Stärken und Entwicklungsbereichen hinsichtlich der definierten Anforderungen ableiten. Dieser Zusammenhang kann noch deutlicher gemacht werden, indem z. B. in einer Ta-

Abbildung 12: Exemplarische Methoden der Personalentwicklung auf Basis der Ebenen Wissen, Können und Wollen

belle dazu zunächst in der linken Spalte beschrieben wird, worin genau das Verbesserungsfeld besteht und in der rechten Spalte Empfehlungen zur Optimierung erfolgen (vgl. Beispiel 42).

Beispiel 42: Entwicklungsbereiche und Maßnahmen im Ergebnisbericht

Lernfeld	Beschreibung des Lernfeldes und mögliche Maßnahmen
Handwerkliche Grundlagen zu Präsentationstechniken	In beiden Präsentationssituationen haben die Beobachter die Einschätzung wiedergegeben, dass sich in handwerklicher und methodischer Hinsicht noch Möglichkeiten in der Verbesserung der Präsentationstechnik gezeigt haben. Diese lassen sich on the job durch entsprechende Übungen, die von Feedback begleitet werden, sicherlich recht gut und rasch beheben, wobei darüber hinaus auch ein entsprechendes selbstgesteuertes Lernen (z. B. durch Literaturstudium) sinnvoll und zielführend sein kann. Selbstverständlich kann auch ein entsprechendes Seminar hier eine Optimierung der Kompetenzen herbeiführen.
Auftreten und Positionierung in Steuerungssituationen	Eines der zentralen Feedbacks des Orientierungs-ACs bestand darin, dass Frau Muster in ihrem Auftreten, gerade im Hinblick auf Führungs- und Steuerungssituationen, sicherlich noch souveräner werden kann. Derzeit ist ihr Gesprächsverhalten zweifellos freundlich zugewandt, erfrischend, manchmal charmant, aber nicht unbedingt dazu angetan, sich Respekt und Autorität zu verschaffen. Hier ist die weitere Entwicklung sicherlich eher ein mittelfristiger Reifungsprozess, der durch enge Unterstützung des Vorgesetzten, regelmäßiges Feedback und gemeinsame kritische Reflexion unterstützt und begleitet werden kann.

8.4 Umgang mit Assessment Center-Ergebnissen

Beim Umgang mit Assessment Center-Ergebnissen ist einerseits die Entscheidung zu fällen, wie im Weiteren mit einer schriftlichen Ergebnisdokumentation in Form von Ergebnisberichten verfahren werden soll. Das heißt auch praktisch, welches Maß an Vertraulichkeit bestehen soll, und wie diese Berichte aufbewahrt werden.

Andererseits ist natürlich zu überlegen, welche Konsequenzen sich für die Teilnehmer ergeben und damit verbunden die Diskussion der so genannten Verliererproblematik. Diese bezieht sich im Wesentlichen auf die Befürchtung, dass man in hausinternen Verfahren auch „Verlierer" produziert, die bei einem Assessment Center „durchfallen" und damit eventuell Demotivation und Frustration erleben.

8.4.1 Umgang mit schriftlichen Ergebnisdokumentationen

Vordringlich geht es bei der weiteren Verwendung von Ergebnisberichten darum, welches Maß an Vertraulichkeit die Ergebnisse genießen. Dazu gibt es je nach Anwendungsgebiet und Teilnehmerkreis unterschiedliche juristische Rahmenbedingungen, auf die hier im Weiteren nicht rechtsverbindlich eingegangen werden kann und soll. Grundsätzlich sollte jedoch dem Schutz der persönlichen Daten des Teilnehmers bei dem Transport, dem Versand und der Aufbewahrung schriftlicher Ergebnisse besondere Aufmerksamkeit gewidmet werden. Dies gilt insbesondere auch für einen möglichen Versand per E-Mail.

Ein weiteres ganz wesentliches Element im Umgang mit Ergebnisberichten besteht darin, die Einsichtsrechte dieser Ergebnisberichte deutlich im Vorfeld des Verfahrens mit allen beteiligten Interessensgruppen und Mitspracheberechtigten zu diskutieren und eine klare Vereinbarung zu treffen. In der Regel empfiehlt es sich, dass zumindest bei hausinternen Verfahren die Personalentwicklung, die Teilnehmer und der unmittelbare Vorgesetzte Einsicht in die Ergebnisberichte oder ein eigenes schriftliches Exemplar erhalten. Dies ist vor dem Hintergrund wichtig, dass es sich bei diesem Personenkreis um genau die Leute handelt, die auch für die tatsächliche Umsetzung von empfohlenen Maßnahmen zur Personalentwicklung verantwortlich sind. Bei stärker auswahlorientierten Verfahren gibt es entsprechende Mitspracheregelungen und -rechte seitens des Betriebsrats, die selbstverständlich im einzelnen Fall vorher genau zu prüfen und zu vereinbaren sind. Im Umgang mit Gremien wie Betriebsräten oder Personalräten empfiehlt es sich, durch den Personalbereich einen Vorschlag erarbeiten zu lassen, in welcher Form Ergebnisse dokumentiert und wem sie zugänglich gemacht werden sollen.

Darüber hinaus ist in Bezug auf die Ergebnisberichte präzise zu klären und zu vereinbaren, welche Bestandteile eines Ergebnisberichts wann, an welcher Stelle und für wie lange abgelegt und bestimmten Personenkreisen zugänglich gemacht werden sollen. Dabei ist es durchaus üblich, lediglich einzelne Teile der Ergebnisberichte einzelnen Personenkreisen zukommen zu lassen. So kann es z. B. sinnvoll sein, der unmittelbaren Führungskraft oder dem Personalentwicklungsbereich lediglich Einsicht in die Empfehlungen zur Personalentwicklung zu geben, damit diese hier unterstützend aktiv werden können. Das Spektrum der Vertraulichkeit der Ergebnisberichte reicht erfahrungsgemäß von der dauerhaften Aufnahme in die Personalakte bis dahin, ausschließlich den Teilnehmern einen umfassenden Ergebnisbericht zukommen zu lassen. Letztendlich ist dies immer eine Frage der mit dem Assessment Center grundsätzlich verbundenen Zielstellung.

Unabhängig davon sollte im Kreis der Beobachter und Begleiter des Assessment Center-Verfahrens ein Selbstverständnis darüber herrschen, dass alle Beobachtungen und Beurteilungen selbstverständlich vertraulich zu handhaben und mit einer entsprechenden Verschwiegenheitspflicht verbunden sind.

8.4.2 Mögliche Konsequenzen von Assessment Centern

Hinsichtlich der Konsequenzen, die sich aus einer Assessment Center-Durchführung ergeben, schließt sich der Kreis zur allerersten Fragestellung im Vorfeld, nämlich dazu, welche Ziele eigentlich mit einem Verfahren verfolgt werden sollen. Entsprechend leiten sich die Konsequenzen im besten Fall unmittelbar schlüssig aus den vorab klar definierten und kommunizierten Zielen ab. Dies bedeutet, mögliche Konsequenzen und sichergestellte „Nichtkonsequenzen" bereits im Vorfeld klar an alle Beteiligten zu kommunizieren bzw. zu vereinbaren. Dabei ist es durchaus möglich, dass es zu Spannungsfeldern kommt, die im Vorfeld nicht bedacht wurden. So stellt sich selbstverständlich z. B. für beobachtende Führungskräfte die Frage, wie damit umzugehen ist, wenn sich im Rahmen eines Assessment Centers, das ausschließlich zur Personalentwicklung von Teilnehmern dienen soll, herausstellt, dass ein Teilnehmer deutliche Verhaltensdefizite zeigt, und das in Bereichen, die als sehr relevant für seine jetzige Tätigkeit gesehen werden. In einem solchen Fall muss klargestellt sein, dass derartige Informationen eben zu keinem anderen Zweck als zu dem vorher vereinbarten genutzt werden, um nicht an den Teilnehmern vorbei eine „hidden agenda" zu schaffen, die die Akzeptanz eines solchen Verfahrens mittelfristig vollkommen zerstört.

Spätestens bei der Umsetzung der durch ein Assessment Center gewonnenen diagnostischen Informationen in praktische Maßnahmen zeigt sich, inwieweit ein Verfahren gewählt und konzipiert wurde, das den definierten Zwecken optimal dienlich ist. Spätestens bei der Diskussion konkreter Maßnahmen mit den Teilnehmern oder deren Führungskräften entscheidet die Qualität in Konzeption und Durchführung eines Assessment Centers maßgeblich über die Akzeptanz der Ergebnisse. So werden anschließende Maßnahmen selbstverständlich deutlich stärker mitgetragen, forciert und umgesetzt, wenn sie sich schlüssig aus einem für die Situation und Zielstellung angemessenen Assessment Center-Verfahren heraus ergeben.

Neben diesen geplanten und gewünschten Konsequenzen besteht natürlich die Möglichkeit unerwünschter „Nebenwirkungen". Eine dieser oftmals befürchteten Nebenwirkungen ist die so genannte „Verliererproblematik".

8.4.3 Umgang mit „Verlierern"

Viele Personalverantwortliche haben bei der Konzeption und Durchführung von Assessment Centern die Befürchtung, dass sie in der Folge eines Verfahrens eher demotivierte und unzufriedene Mitarbeiter produzieren, als eine Steigerung der Leistungsfähigkeit ihrer Mitarbeiter zu erreichen. Wenn man davon ausgeht, dass es im Rahmen eines Assessment Centers für einen Teilnehmer etwas zu verlieren gibt, stellt sich zunächst einmal die Frage, was denn verloren werden kann. Im Wesentlichen handelt es sich dabei um zwei unterschiedliche Arten von „Verlieren". Die erste Art ist, dass man ein angestrebtes Ziel (eine bestimmte Position oder z. B. die Teilnahme an einem Förderprogramm) nicht erreicht hat. Die zweite Variante ist, dass man sein Ansehen entweder gegenüber dem Unternehmen, bei dem man sich beworben hat, oder bei internen Verfahren gegenüber mitbeobachtenden Führungskräften und Entscheidern verloren hat.

8.4.3.1 Verlieren im Sinne von „eine Position nicht bekommen haben"

Im ersten Fall, in dem jemand, bedingt durch die Teilnahme an einem Assessment Center, eine bestimmte Position oder einen internen Platz in einem Förderprogramm nicht erhalten hat, ist es so, dass er etwas verloren hat, auf das er sich Hoffnungen gemacht hat. Entsprechend ist er enttäuscht, wenn sich diese Hoffnungen nicht mehr als realistisch erweisen. So gesehen ist er im wahrsten Sinne des Wortes enttäuscht. Dabei ist natürlich zu berücksichtigen, dass die eigentliche Ursache für die persönliche Enttäuschung nicht etwa im Assessment Center-Verfahren an sich liegt, sondern vielmehr darin, dass eine nicht den eigenen Erwartungen entsprechende Entscheidung getroffen wurde. Eine Entscheidung, die selbstverständlich auch ohne ein Assessment Center in der einen oder anderen Form hätte getroffen werden müssen. Das heißt, das Verlieren des Teilnehmers ist unabhängig von der Methode zu sehen. Das wiederum bedeutet in der Konsequenz, dass durch die Durchführung eines Assessment Centers mit einem entsprechend klaren, für eine bestimmte persönliche Zielstellung, negativen Feedback durchaus eine Beschleunigung von Prozessen erfolgen kann. Wäre ein Mitarbeiter vielleicht ohne die Teilnahme an einem Führungspotenzial-Assessment Center noch eine längere Zeit lang der Täuschung erlegen, dass er in diesem Unternehmen einmal eine verantwortungsvolle Führungsposition übernehmen könne, so wird ihm vielleicht durch ein entsprechendes Feedback nach einem Assessment Center recht schnell deutlich, dass der Weg dorthin noch sehr viel weiter als gedacht ist, oder dass dieser Weg vielleicht tatsächlich versperrt sein wird. Ein Erleben, das sicherlich dazu führen kann, dass die persönliche Einsatzbereitschaft und Motivation in Bezug auf die aktuelle Tätigkeit sinkt. Auf der anderen Seite bietet diese Klarheit die Chance, mit einem Mitarbeiter ein entsprechendes Gespräch zu führen und nach neuen, realistischen Perspektiven und attraktiven Entwicklungsmöglichkeiten Ausschau zu halten. Entsprechend ergibt sich so für Personalverantwortliche und Führungskräfte die Möglichkeit, aktiver und bewusster zu steuern und im Zweifelsfall auch rechtzeitig zu erkennen, wo akute Abwanderungsgefahren bestehen und entsprechende Maßnahmen eingeleitet werden müssen. Dies ist letztlich die bessere Alternative, als nach einer längeren Zeit unspezifischen Hoffens des Mitarbeiters plötzlich mit dessen Kündigung konfrontiert zu werden, weil dieser das Gefühl hat, dass unbegründet keine Weiterentwicklung seiner Person im Unternehmen stattfindet.

8.4.3.2 Verlieren im Sinne von „sein Ansehen verlieren"

Die zweite Variante des Verlierens, nämlich das eigene Ansehen gegenüber dem Unternehmen oder Kollegen und Führungskräften zu verlieren, stellt sich insofern etwas anders dar, als dass hier tatsächlich dem Teilnehmer etwas genommen wird, was er ohne die Durchführung des Assessment Centers weiterhin behalten hätte: Sein Ansehen. So kann es durchaus sein, dass jemand, der intern als Potenzial- und Leistungsträger gesehen wurde, in einem Assessment Center für Führungsnachwuchskräfte plötzlich deutlichere Verbesserungsfelder hinsichtlich einer Führungsposition aufweist als andere Kollegen.

Auch bei externen Bewerbern besteht mitunter durchaus die Sorge, entweder gegenüber anderen Führungskräften aus der eigenen Branche in einem solchen Verfahren schlecht abzuschneiden oder aber in gewisser Weise Ansehen vor sich selbst zu verlieren. Dieser Fall tritt ein, wenn sich deutliche, gut begründete Diskrepanzen zwischen dem Selbstbild des Teilnehmers und der Fremdeinschätzung durch die Beobachter ergeben. Dies kann für einen Teilnehmer die persönlich mitunter schwierige und anspruchsvolle Konsequenz haben, sein eigenes Selbstbild zu ergänzen oder gegebenenfalls deutlich modifizieren zu müssen.

8.4.3.3 Wege aus der Verliererproblematik

Trotz dieser tatsächlich bestehenden Gefahr – vor allem der zweiten Verliererproblematik – gibt es eine Vielzahl von Möglichkeiten, diesen negativen Konsequenzen bereits im Vorfeld gut zu begegnen. Insgesamt geht es darum, ein Assessment Center-Verfahren zu konzipieren und durchzuführen, das ein hohes Maß an Teilnehmerorientierung sicherstellt. Die Basis dafür, Verliererproblematiken einzugrenzen und aufzufangen, besteht darin, ein als fair wahrgenommenes, realitätsnahes und atmosphärisch akzeptables Verfahren durchzuführen (vgl. Abschnitt 7.1).

Daneben empfiehlt sich vor allem bei internen Auswahlverfahren, sich in der Folge von Assessment Centern intensiv um „abgelehnte" Bewerber zu kümmern und – so weit möglich – Alternativen für die eigene Entwicklung und weiteren Schritte aufzuzeigen. Einen anderen Aspekt neben der Teilnehmerorientierung stellt die Sicherstellung der oben bereits beschriebenen Vertraulichkeit der Ergebnisse dar. Vor allem, wenn es um die Frage eines persönlichen Gesichtsverlusts geht, legen Teilnehmer verständlicherweise sehr großen Wert darauf, dass diese Informationen einem möglichst kleinen Kreis zugänglich gemacht werden. Daraus resultiert einmal mehr die Notwendigkeit, Beobachter eindeutig darauf zu verpflichten, mit allen Beobachtungen und Ergebnissen absolut vertraulich und verschwiegen umzugehen.

Auch ist es bei internen Verfahren wichtig, immer wieder darauf hinzuweisen, dass Assessment Center für weiterführende Positionen keine Aussage darüber treffen, ob jemand seine aktuelle Aufgabe gut oder weniger gut erledigt. Schließlich kann dies auch bedeuten, z. B. bei internen Stellenbesetzungen für anspruchsvolle Positionen ausschließlich Einzel-Assessment Center einzusetzen, um Mitarbeiter nicht in die Notwendigkeit zu bringen, im Rahmen einer Gruppendiskussion im Wettbewerb mit aktuellen Kollegen zu stehen (ein Beispiel für einen entsprechenden Prozess zeigt der Bericht der Krones AG in Kapitel 10). Vor allem ist hier stets zu beachten, welcher Schaden beispielsweise durch sehr durchsetzungsorientiertes oder konfliktstarkes Verhalten einzelner Teilnehmer an der internen Arbeitsbeziehung zwischen Mitarbeitern entstehen kann.

Bei der Durchführung interner Assessment Center ergibt sich aus der Verliererproblematik noch eine weitere Konsequenz: So weit wie möglich sollten zusätzliche Informationen, über das Assessment Center hinaus, in die Auswahlentscheidung für konkrete Zielpositionen einbezogen werden. In der Tat ist es Mitarbeitern nur schwer vermittelbar, warum eine vielleicht eintägige Veranstaltung mehr darüber entscheiden soll, ob sie eine weitergehende Aufgabe übernehmen dürfen als die Leistung, die sie in den letzten zehn Jahren im Unternehmen gezeigt haben.

Insgesamt steht und fällt die Akzeptanz und damit auch die Verminderung der Verliererproblematik eindeutig mit der insgesamt erlebten Qualität, Fairness und Atmosphäre des durchgeführten Verfahrens. Wer durch ein entsprechendes Assessment Center Professionalität in Konzeption und Durchführung belegen kann, erhöht eindeutig die Wahrscheinlichkeit, dass Teilnehmer sich beim Umgang mit den Ergebnissen ebenso professionell verhalten. Auf diesem Weg wird Akzeptanz bei internen und externen Teilnehmern für die durchgeführten Verfahren geschaffen. Alle Beteiligten können so maximal von den Ergebnissen der Verfahren profitieren.

Literaturhinweise zu diesem Kapitel

Backfisch, J., Willert, M. & Kissel, J. (2008). *AGG für Dummies. Fair geht vor.* Weinheim: WILEY-VCH Verlag.

Bauer, J.-H., Göpfert, B. & Krieger, S. (2011). *Allgemeines Gleichbehandlungsgesetz: AGG. Kommentar* (3. Auflage). München: C.H. Beck.

Flato, E. & Reinbold-Scheible, S. (2006). *Personalentwicklung. Mitarbeiter qualifizieren, motivieren und fördern – Toolbox für die Praxis*. Landsberg am Lech: mi-Fachverlag.

Fritz, A. (2009). Feedback als Führungsinstrument. Handbuch Personal Entwickeln. 8.49.132. Erg-Lfg., S. 1–32.

International Task Force on Assessment Center Guidelines (2000). Guidelines and ethical considerations for assessment center operations. *Public Personnel Management, 29,* 315– 331.

Lombardo, M. M. & Eichinger, R. W. (2009). *FYI. For your improvement. A Guide for Development and Coaching*. Minneapolis: Lominger International.

London, M. (2003). *Job Feedback. Giving, Seeking, and Using Feedback for Performance Improvement*. New Jersey: Lawrence Erlbaum Associates.

Obermann, C. (2009). *Assessment Center. Entwicklung, Durchführung, Trends.* Wiesbaden: Gabler. [insbesondere Kapitel 2.11, Rückmeldung der Ergebnisse an die Teilnehmer, S. 246–260, und Kapitel 2.12, Umsetzung in Personalentwicklungsmaßnahmen, S. 260–273]

Rühl, M. & Hoffmann, J. (2008). *Das AGG in der Unternehmenspraxis. Wie Unternehmen und Personalführung Gesetz und Richtlinien rechtssicher und diskriminierungsfrei umsetzen*. Wiesbaden: Gabler.

Ryschka, J., Solga, M. & Mattenklott, A. (Hrsg.) (2011). *Praxishandbuch Personalentwicklung. Instrumente, Konzepte, Beispiele* (3. Auflage). Wiesbaden: Gabler.

Thornton, G. C. III & Rupp, D. E. (2006). *Assessment Centers in Human Resources Management: Strategies for Prediction, Diagnosis, and Development*. Mahwah, New Jersey: Lawrence Erlbaum Associates.

Woodruffe, C. (2000). *Development and Assessment Centres. Identifying and assessing competence* (3rd Edition). London: Chartered Institute of Personnel and Development. [insbesondere Kapitel 15, After the exercises, S. 207–220]

9 Internationale Assessment Center

Für internationale Assessment Center gelten natürlich ebenso alle in den vorherigen Kapiteln getroffenen generellen Aussagen über eine möglichst optimale, zielgenaue Konzeption, Vorbereitung und Durchführung von Assessment Centern. Dazu stellt jedoch die Durchführung eines internationalen Assessment Centers alle Beteiligten erfahrungsgemäß noch vor weitere, besondere Herausforderungen.

Zunächst einmal muss grundsätzlich die Frage beantwortet werden, was an einem internationalen Assessment Center eigentlich international ist bzw. wie international es eigentlich sein soll oder muss. Auf dieser Basis werden in diesem Kapitel die wichtigsten Problemkreise bei der Konzeption und Durchführung internationaler Verfahren dargestellt und Lösungsansätze gegeben. Ergänzend dazu wird der Anwendungsfall eines ACs zur Auswahl von Expatriates gesondert beleuchtet.

Generell lässt sich sagen, dass die Bedeutung von internationalen Assessment Centern aufgrund der zunehmenden Globalisierung in den letzten Jahren deutlich gewachsen ist. Der internationale Einsatz von Fach- und Führungskräften, sowie die wirtschaftliche Vernetzung mit unterschiedlichen Ländern und Kulturen erscheinen heute notwendig und selbstverständlich zugleich.

Tools in diesem Kapitel:

- Interviewleitfaden zur Erfassung der Anforderungen an Expatriates (CD-ROM)

9.1 Wie viel Internationalität ist notwendig oder gewünscht?

Da sich viele Anforderungen und Qualitätskriterien im internationalen Rahmen als noch schwieriger zu bewältigen und einzuhalten erweisen, sollte zunächst einmal die Notwendigkeit eines internationalen Assessment Centers hinterfragt werden. In Abhängigkeit von der Zielsetzung des Verfahrens steht als erstes die Frage im Vordergrund, welche Art von internationalem Assessment Center überhaupt benötigt wird.

Die unterschiedlichen Abstufungen im Grad der Internationalität lassen sich im Hinblick auf die Zielsetzung des Verfahrens im Wesentlichen wie folgt zusammenfassen:

- Potenzialerhebung bezüglich einer Tätigkeit in einem speziellen Land oder Kulturkreis (das Assessment Center ist dann insofern international, als dass z. B. die gleiche Methodik und Instrumente in unterschiedlichen Ländern eingesetzt werden können, z. B. um Prozesse zu vereinfachen und den Aufwand in der Konzeption zu reduzieren. Ansonsten empfiehlt sich ein jeweils national spezifisches Assessment Center.)
- Potenzialerhebung bezüglich einer Tätigkeit in einem speziellen Land oder Kulturkreis, jedoch mit intensiveren Kontakten zu anderen Ländern und Kulturen
- Potenzialerhebung bezüglich einer Tätigkeit als international einsetzbarer Manager (mit der zweifelsohne höchsten Anforderung an Internationalität).

Dabei kann es selbstverständlich sowohl um die Besetzung einer bestimmten Zielposition gehen als auch um die Entwicklung von Leistungs- und Potenzialträgern oder auch um die Auswahl von Teilnehmern für ein internationales Entwicklungsprogramm oder einen Talentpool. Beim notwendigen Grad der Internationalisierung kann es sich z. B. um eine einheitliche Vorgehensweise und identische oder vergleichbare Instrumente, die lediglich in unterschiedlichen Ländern jeweils getrennt national eingesetzt werden sollen, handeln, oder es geht z. B. um ein international gemischtes Assessment Center mit entsprechend internationaler Zusammensetzung von Teilnehmern und Beobachtern. Einen Überblick über verschiedene Kombinationsmöglichkeiten in Bezug auf den Grad der Internationalisierung des Anforderungsprofils, der Übungen und der Beobachter gibt Abbildung 13. Daran soll zunächst deutlich werden, dass es durchaus einen unterschiedlichen Grad an Internationalisierung gibt.

Um sich für eine unterschiedliche Kombination der in Abbildung 13 dargestellten Merkmale zu entscheiden, sollte zunächst geklärt werden, wie viel internationale Standardisierung eigentlich notwendig ist. Dazu stehen folgende Fragen im Vordergrund:

- Wie stark ist die Kultur eines Unternehmens geprägt durch eine Unternehmenszentrale aus einem einzelnen Land?
- Wie viel Recht oder Macht hat ein Kreis von Entscheidern, einen international einheitlichen Standard zu fordern?
- Wie viel Interesse haben diese Entscheider an einer direkt vergleichenden Beurteilung?

Variable / Ausprägung	Profil	Übungen	Beobachter	
National spezifisch	Profil wird kulturspezifisch erstellt	Übungen werden kulturabhängig erstellt	Beobachter sind aus einer Nation	➡ Potenzial bzgl. einer Kultur
Zum Teil spezifisch	Kriterien sind zum Teil gleich, zum Teil kulturspezifisch	Kriterien sind zum Teil gleich (z. B. Fallstudie), zum Teil kulturspezifisch (z. B. Mitarbeitergespräch)	Einige internationale Beobachter unterstützen die nationalen	➡ Potenzial bzgl. einer Kultur und Kontakt zu anderen Kulturen
International gleich	Kriterien sind international identisch	Übungen sind für Teilnehmer aller Nationen identisch	Beobachterteam ist international zusammengesetzt	➡ Internationaler Manager von morgen

Abbildung 13: Verschiedene Ausprägungen bzgl. der Internationalität

Je stärker die Ausprägung bei diesen drei Kriterien ist, desto eher erscheint ein internationales Assessment Center sinnvoll: So kann ein internationales AC Sinn machen, wenn man einerseits eine sehr stark durch eine Unternehmenszentrale geprägte Kultur hat, die man im internationalen Kontext nach gleichen Standards durchsetzen möchte. Daneben bedarf es eines Kreises von Entscheidern, der die Macht hat, einen einheitlichen Standard zu fordern, im Zweifelsfall auch gegen die individuellen Interessen eines lokalen Managers. Dieser Standard kann entweder durch die Kultur der Zentrale geprägt sein oder international vereinbart, dann aber auf jeden Fall als allgemein gültig definiert. Last but not least macht die Durchführung eines internationalen Assessment Centers mit einem international gemischten Teilnehmerkreis dann Sinn, wenn die Entscheider Wert auf eine direkt vergleichende Beurteilung von internationalen Teilnehmern legen. Dies kann einerseits aus organisatorischen Gründen erwünscht sein oder andererseits, weil man tatsächlich im unmittelbaren Vergleich, z. B. im Rahmen einer Gruppendiskussion, unterschiedliche Potenzialträger oder Kandidaten sehen möchte. Dieser Aspekt eines direkten Vergleiches, z. B. in parallelen Einzel-Assessments, macht vor allem dann Sinn, wenn aus dem Kreis der Teilnehmer eine Person für eine konkrete Position ausgewählt werden soll.

Neben den oben genannten Faktoren sollte man vor der Planung und Durchführung eines internationalen Assessment Centers noch einmal für sich kritisch reflektieren, ob die Methode Assessment Center zu den betroffenen Kulturkreisen passt. Dazu ist z. B. zu klären:

- Welche Kulturkreise sind überhaupt betroffen?
- Ist die Grundidee des Assessment Centers (Teilnehmer werden in ihrem Verhalten beobachtet, bewertet und erhalten Feedback) in den betroffenen Kulturen prinzipiell überhaupt akzeptabel?
- Gibt es in den betroffenen Kulturen der Teilnehmer vielleicht aussagekräftigere Indikatoren als Alternative zum Assessment Center, weil andere Kriterien als Kompetenz und Potenzial den beruflichen Erfolg determinieren?

Letzteres kann der Fall sein, wenn über die erfolgreiche Bewältigung einer bestimmten Position in einem bestimmten Land z. B. stärker die Herkunft eines Teilnehmers oder besondere andere Kriterien entscheiden. Solche möglichen alternativen, erfolgsdeterminierenden Kriterien können z. B. für eine anspruchsvolle Management-Position in Frankreich der Abschluss an einer der renommierten Elite-Universitäten sein oder für manche Kulturkreise einfach der Umstand, dass für eine bestimmte Position ausschließlich ein Mann oder eine Frau in Frage kommt. Dabei positionieren sich immer mehr Unternehmen unter Gesichtspunkten wie Diversity, Gleichbehandlung und Compliance sehr deutlich ablehnend gegenüber solchen kompetenz- und leistungsunabhängigen Kriterien. Entsprechend groß ist der Bedarf an einer international vergleichbaren, fairen Beurteilung von Potenzial- und Leistungsträgern.

Hat man die Grundfrage nach der Notwendigkeit eines internationalen Assessment Centers und dem Maß an Internationalität geklärt, sind bei der Konzeption und Durchführung folgende wesentliche Problemkreise und Besonderheiten zu beachten:

- Die Beurteilungskriterien
- Die Konzeption der Übungen

- Die Sprachkenntnisse der Teilnehmer
- Die Durchführung und Organisation
- Das Feedback zu den Ergebnissen

9.2 Besonderheiten im internationalen Assessment Center in Bezug auf die Beurteilungskriterien

Hinsichtlich der Anforderungsdimensionen oder Beurteilungskriterien gilt die Grundregel „Erst fokussieren, dann breit beschreiben.“ Damit ist gemeint, dass es sich empfiehlt, sich in Assessment Centern mit international gemischten Teilnehmern auf wesentliche Basisdimensionen zu konzentrieren. Dies gilt zum einen, um wirklich diskrete Anforderungen formulieren zu können, die sich voneinander klar abgrenzen und so leichter nachvollziehbar sind. Zum anderen ist es wichtig, sich auf wenige Anforderungen zu konzentrieren, um möglichst wenig Kompetenzen aufzunehmen, die kulturell sehr unterschiedlich und speziell sind. So sind z. B. die Anforderung „Konfliktfähigkeit“, „Durchsetzungsvermögen“ oder „Durchsetzungsbereitschaft“ in verschiedenen Kulturen gänzlich anders definiert. Diese Unterschiede zeigen sich vor allem in den dazugehörigen konkreten Verhaltensbeschreibungen und Operationalisierungen. Oft besteht Konsens in Bezug auf die durch die Anwendung der Kompetenz zu erreichenden Ziele. Lediglich der akzeptierte und effizienteste Weg dorthin ist oft kulturell unterschiedlich definiert. Um Anforderungsprofile auch im internationalen Kontext noch handhabbar und damit auch verständlich für die Teilnehmer und Entscheider zu halten, sollte man sich auf wesentliche Basisdimensionen – z. B. 8 bis 12 Grundanforderungen – beschränken. Im Weiteren geht es dann darum, diese grundlegenden Anforderungsbereiche so umfassend zu operationalisieren und zu definieren, dass die Verhaltensbandbreite unterschiedlicher Kulturen abgebildet ist.

Dies bedeutet in der Konsequenz, darauf zu achten, dass z. B. bei der Anforderung „Überzeugungskraft“ unterschiedliche kulturelle Vorstellungen von der Art und Weise, wie man jemanden überzeugen kann, repräsentiert sind. So sollte sich z. B. die in der Türkei häufige Überzeugungsstrategie, mit Vertrauen in die eigene Person und der guten persönlichen Beziehung zu argumentieren, ebenso wiederfinden wie eine mitteleuropäisch und amerikanisch geprägte Überzeugungskultur auf Basis von schlüssigen und stichhaltigen Argumenten. Um dies sicherzustellen, empfiehlt es sich, relevante Vertreter der beteiligten Länder einzubinden, die das Anforderungsprofil auf die Tauglichkeit für die eigene Kultur hin überprüfen. Es geht darum, die Aussage zu erhalten: „Ja, das enthält auch unser Verständnis von Überzeugungskraft.“ Diese Vorgehensweise dient nicht zuletzt dazu, nicht bestimmte landes- und kulturtypische Vorgehensweisen von vornherein auszugrenzen und damit als irrelevant zu beurteilen, wie z. B. die oben beschriebene „türkische“ Überzeugungsstrategie. Selbstverständlich ist es wichtig, die breit angelegte Operationalisierung der einzelnen Anforderungen explizit zu formulieren, um diese im weiteren Verlauf Beobachtern wie auch Teilnehmern transparent machen zu können.

Diese Aspekte stellen sich sicherlich insgesamt etwas anders dar, wenn man sich als durchführendes Unternehmen auf den Standpunkt stellt, dass es für den eigenen Konzern einheitliche, z. B. durch die Zentrale geprägte Anforderungen gibt, die weltweit gelten, unabhängig von der Frage unterschiedlicher Kulturkreise, in denen man als Unternehmen tätig ist.

Wie die Balance aus unternehmensweit gültigen Kriterien und der Berücksichtigung regionsspezifischer Besonderheiten gelingen kann, zeigt der Bericht der tesa SE in Kapitel 10.

9.3 Besonderheiten im internationalen Assessment Center in Bezug auf die Konzeption von Übungen

Möchte man ein Assessment Center konzipieren, das in unterschiedlichen Ländern identisch eingesetzt werden kann oder zu dem ein internationaler Teilnehmerkreis eingeladen wird, so liegt eine der Schwierigkeiten darin, ein für alle Beteiligten faires Instrumentarium aufzubauen. Eine Anforderung, die trivialer klingt, als sie sich später in der konkreten Übungsgestaltung zeigt. Eine erste Grundbedingung bei der Konzeption international einsetzbarer Übungen ist, dass alle Instrumente für Teilnehmer aus unterschiedlichsten Kulturkreisen gleichermaßen verständlich sein müssen. Dies bedeutet, dass man sich bei der Übungsgestaltung ausschließlich auf international anerkannte und bekannte Standards und Themen beschränken kann. Schon eine analytische Fallstudie, bei der sehr spezifische Arten von Besteuerung eine Rolle spielen oder ein in Deutschland konzipierter klassischer Postkorb, bei dem in einem Vorgang vom TÜV gesprochen wird, disqualifizieren sich offensichtlich.

In Bezug auf Gesprächssituationen ergibt sich daraus auch der Anspruch, dass die Übungsinhalte die Unternehmensrealität in allen betroffenen Kulturkreisen widerspiegeln. Dies bedeutet, dass z. B. die Frage zu klären ist, ob man bei der dargestellten Problemsituation im Mitarbeitergespräch in allen Ländern gleichermaßen überhaupt ein Mitarbeitergespräch führen würde. Damit verknüpft ist die Forderung, dass die Gesprächsziele für alle Kulturkreise als sinnvoll anerkannt werden. Dabei zeigt sich aus der Erfahrung mit international gemischten Teilnehmerkreisen, dass es sich empfiehlt, die Gesprächsziele möglichst konkret zu formulieren bis hin zur Beschreibung des gewünschten Vorgehens. Dies wird umso wichtiger, je stärker die Erfahrung mit den betroffenen Kulturen vermuten lässt, dass Teilnehmer aus einzelnen Kulturkreisen z. B. einzelne Gesprächsthemen auslassen würden, wenn sie nicht explizit aufgefordert werden, diese zu thematisieren. Das kann z. B. der Fall sein, wenn ein Mitarbeiter in der Situationsbeschreibung so dargestellt wird, dass er sehr lange für Entscheidungen braucht und sich oft bei seinen Kollegen und seinem Vorgesetzten absichert. In Deutschland würde man dazu vielleicht ein Gespräch ansetzen, um diesen Mitarbeiter zu mehr Selbstständigkeit zu führen. In anderen Ländern, wie z. B. Japan, kann es sich dabei aber genau um die erwartete, angemessene Verhaltensweise handeln. Hier gilt der generell in der Konzeption von Übungen formulierte Anspruch, dass alle relevanten Anforderungen durch die Simulationen „zwingend“ sichtbar gemacht werden müssen. Das bedeutet z. B. für eine Anforderung, die den Umgang mit Konflikten widerspiegelt, dass für alle betroffenen Kulturkreise aus dieser Ausgangssituation tatsächlich ein Konfliktgespräch resultieren würde. Aus der Erfahrung zeigt sich, dass bei einem sehr breit angelegten internationalen Einsatz mit Teilnehmern aus sehr verschiedenen Kulturen am Ende als gemeinsamer Nenner lediglich ein Mitarbeitergespräch über bestimmte erreichte oder nicht erreichte Ergebnisse übrig bleibt. Diese Fokussierung auf Ergebnisse bleibt am Ende, weil die Einschätzungen von verschiedenen Arbeitsverhaltensweisen eines möglichen Mitarbeiters einfach zu unterschiedlich werden.

9.4 Der Problemkreis der Sprachkenntnisse im internationalen Assessment Center

Bei im internationalen Kontext oft nicht muttersprachlich, sondern zumeist in Englisch durchgeführten Assessment Centern sind Ergebnisse von Teilnehmern, die enorme sprachliche Probleme haben, kaum oder gar nicht auswertbar. Hier zeigt die Erfahrung, dass es nicht ausreicht, sich darauf zu verlassen, dass Führungskräfte in den jeweiligen Ländern eine treffende Einschätzung der Sprachkompetenz ihrer Kandidaten vornehmen können. Die sicherste Lösung dieser Problematik besteht darin, einen standardisierten Sprachtest für alle Teilnehmer im Vorfeld verbindlich durchzuführen (wie z. B. TOEFL, TOEIC oder IELTS) und einen Mindestwert zu definieren, der erreicht werden muss. Auf diesem Weg lassen sich Missverständnisse, Frustration und nicht auswertbare Assessment Center-Situationen vermeiden. Als kostengünstigere Variante kann z. B. im Vorfeld auch ein Mustertext formuliert werden, der dem sprachlichen Anforderungsniveau der Übungen entspricht. Dieser Mustertext wird dann allen Teilnehmern zu einer Selbsteinschätzung ihrer eigenen Sprachkenntnisse vorab zur Verfügung gestellt. Selbstverständlich ist auch hier zu beachten, dass es Kulturen gibt, in denen es potenziellen Teilnehmern nicht als Möglichkeit erscheint, die eigene Sprachkenntnis als nicht ausreichend zu beurteilen und diese selbstkritische Einschätzung auch zu kommunizieren.

Selbst wenn die meisten Teilnehmer ein relativ hohes Mindestniveau an z. B. englischer Sprachkenntnis mitbringen, empfiehlt es sich zur Vermeidung möglicher Missverständnisse, auf einfache Formulierungen und Sätze zurückzugreifen. Weitere Möglichkeiten, die Fremdsprachenproblematik einzudämmen, liegen z. B. darin, einzelne Übungsinstruktionen zusätzlich als Option in Landessprache zur Verfügung zu stellen, wobei zu beachten ist, dass die Teilnehmer trotzdem auch ein Exemplar in der dann folgenden Durchführungssprache, z. B. des Mitarbeitergespräches, bekommen, um sich auf das entsprechende Vokabular einstellen zu können. Eine weitere Möglichkeit zur Vorbereitung auf ein spezielles, notwendiges Fachvokabular bei z. B. komplexeren Szenarien kann darin bestehen, am Vorabend eine kurze Einführung zu geben, bei der notwendige Fachbegriffe erläutert werden. Als einfache Variante dazu empfiehlt es sich, z. B. eine Liste mit der Übersetzung relevanter, in den Unterlagen verwendeter Fachbegriffe zu erstellen und den Teilnehmer im Verlauf der Durchführung Wörterbücher zur Verfügung zu stellen. Sollte ein komplexes Gesamtszenario für das Assessment Center konzipiert worden sein, kann ein weiterer Weg darin bestehen, die Teilnehmer vorab mit Informationsmaterial zu diesem Gesamtszenario in ihrer eigenen Landessprache zu versorgen.

Befinden sich in einem Assessment Center Teilnehmer mit sehr heterogenen Sprachkenntnissen, besteht z. B. im Rahmen von Fallstudien und analytischen Übungen die Herausforderung, die unterschiedlichen Verarbeitungsgeschwindigkeiten, die auf Sprachkenntnisse zurückzuführen sind, zumindest teilweise auszugleichen. Dies kann z. B. die Konsequenz haben, dass bei einer englischen Fallstudie die muttersprachlichen Teilnehmer weniger Vorbereitungszeit bekommen als die fremdsprachlichen. Selbstverständlich handelt es sich hierbei nur um eine grobe Annäherung und den Versuch, einen gewissen Ausgleich zu schaffen. Es lässt sich nicht von der Hand weisen, dass zumindest bei analytischen Übungen grundsätzlich eine gewisse Unschärfe in der Diagnose entsteht, weil unterschiedliche Sprachkenntnisse zu unterschiedlichen Arbeitsgeschwindigkeiten und Ergebnissen führen, die nicht durch das analytische Denkvermögen verursacht sind. Insgesamt haben sich diesbezüglich standardisierte kognitive Leistungstest, sprachfrei oder in Landessprache erhältlich, eindeutig bewährt.

Sollte kaum die Möglichkeit bestehen, die Sprachkenntnisse der Teilnehmer vorab einzuschätzen oder sicherzustellen, empfiehlt es sich, als absolute Notfalllösung, auch Beobachter mit breiteren Sprachkenntnissen einzusetzen, die im „Katastrophenfall" auch in der Lage sind, z. B. ein Rollenspiel in der Landessprache eines Teilnehmers durchzuführen oder Ergebnisse bei analytischen Übungen zu diskutieren. Selbstverständlich handelt es sich dann nicht mehr um diagnostisch vergleichbare Situationen, sondern lediglich um Schadensbegrenzung, um einen Teilnehmer, dessen Sprachkenntnisse sich als absolut nicht ausreichend erweisen, nicht vollständig frustriert, ohne jedes Ergebnis und mit entsprechendem Gesichtsverlust nach Hause schicken zu müssen.

9.5 Organisation und Durchführung internationaler Assessment Center

Im Unterschied zur Durchführung nationaler Assessment Center sind vor allem folgende Faktoren zu beachten:

- Es sollte mehr Zeit zur Nachbesprechung einzelner Übungen und generell mehr Spielraum im Zeitplan einkalkuliert werden.
- Achten Sie darauf, auch in Bezug auf die Vorauswahl zur Teilnahme an einem Assessment Center ein möglichst international faires Verfahren zu definieren und durchzuführen.
- Es ist wichtig, akzeptable Rahmenbedingungen für Teilnehmer unterschiedlicher Kulturkreise zu schaffen, die dazu führen, dass sich die Teilnehmer trotz eines hohen inhaltlichen Anspruchs der Übungen persönlich wertgeschätzt und wohl fühlen.
- Es empfiehlt sich, international gemischte Beobachterteams zusammenzustellen.
- Bei internationalen Assessment Centern ist es noch wichtiger als bei nationalen, eine erste Pilotdurchführung zu machen und ein praktisches Feedback durch die Teilnehmer und Beobachter einzuholen.

In Bezug auf den Zeitplan und Ablauf empfiehlt es sich auch bei internationalen Assessment Centern, nach einzelnen Übungen kurze Beobachterkonferenzen durchzuführen. Dadurch stellt man sicher, dass in der abschließenden großen Beobachterkonferenz nur noch Ergebnisse zusammengetragen und aggregiert werden. So vermeidet man unter Umständen extrem langwierige Diskussionen über vielleicht unterschiedliche Sichtweisen eines sehr heterogenen, international gemischten Beobachterteams. Obgleich diese Diskussionen sicher sehr interessant sein können, besteht hier die Gefahr, dass vorab festgelegte Grundlagen, wie z. B. die Definitionen der Anforderungen, wieder in Frage gestellt und nicht zielführend diskutiert werden. Auch sollte in der Zeitplanung mehr Zeit vorhanden sein, um nach einzelnen Übungen Nachgespräche mit den Teilnehmern führen zu können. Einerseits, weil einige Teilnehmer in einer Fremdsprache nun einmal länger brauchen, um bestimmte Dinge zum Ausdruck zu bringen und andererseits, weil es noch wichtiger sein kann, unterschiedliche Vorgehensweisen in verschiedenen Simulationen mit den Teilnehmern ausgiebig zu reflektieren, um zu einer differenzierten Einschätzung zu gelangen.

Sollte im Vorfeld der Durchführung eines internationalen Assessment Centers eine regionale Vorauswahl der Teilnehmer erfolgen, so ist besonders „aus der Ferne" darauf zu achten, dass dabei einheitliche Standards gelten. Es erscheint unter Fairnessaspekten wenig akzeptabel, wenn in einem Land Teilnehmer spontan von der regionalen Geschäftsführung benannt werden und in einem anderen Land alle potenziellen Teilnehmer die Möglichkeit haben, sich selber um die Teilnahme zu bewerben. Selbstverständlich muss auch hier wieder beachtet werden, dass es in einigen Kulturkreisen unproblematisch ist, sich selbst zu bewerben, dies in anderen Kulturkreisen aber faktisch einfach nicht stattfinden würde.

Erfahrungsgemäß ist hier besonders zu beachten, dass die Anforderungen, die im AC an die Teilnehmer gestellt werden, einheitlich kommuniziert sind, damit niemand vollkommen unter- oder überfordert wird. Um sicherzustellen, dass einigermaßen gleiche Standards bei den Teilnehmern vorhanden sind, empfiehlt es sich, von einer Stelle aus zentral einen Überblick über alle nominierten Teilnehmer zu erlangen. Dies kann erfolgen, indem z. B. alle Lebensläufe angefordert werden, anhand derer eine erste Abschätzung erfolgen kann, welches Qualifikationsniveau und welchen Erfahrungshintergrund die einzelnen Teilnehmer haben. Hilfreich ist es dazu auch, Beobachter an ACs in anderen Ländern teilnehmen zu lassen (vgl. dazu das Praxisbeispiel der tesa SE in Kapitel 10), damit diese einen unmittelbaren Eindruck vom Anforderungsniveau erhalten und in ihrem Land die Vorauswahl entsprechend unterstützen können.

Um für Teilnehmer aus unterschiedlichen Kulturkreisen akzeptable Rahmenbedingungen zu schaffen, ist es ratsam, sich im Vorfeld mit den individuellen Erwartungen an Empfang, Unterbringung, Speisen usw. auseinanderzusetzen. Positiv ist dabei vor allem für Teilnehmer, die vielleicht noch keine internationale Arbeit gewöhnt sind, für ein noch stärkeres „Wohlfühlen im Team" zu sorgen. Es ist zu bedenken, dass es Teilnehmern, die noch nicht international arbeiten, zum Teil schwer fällt, sich an die Rahmenbedingungen in einer völlig fremden Kultur oder einem fremden Land zu gewöhnen und dort klarzukommen. Hierbei kann es helfen, z. B. am Vorabend einen persönlichen Kontakt zu anderen Teilnehmern und Beobachtern zu ermöglichen, um zumindest ein gewisses menschliches Wohlfühlen im Teilnehmerkreis zu erreichen. Ebenfalls positiv wirkt es sich aus, für die Teilnehmer einen permanenten Ansprechpartner zu definieren, der sich auch um persönliche Sorgen in Bezug auf Änderungen der Reiseplanung oder andere Dinge kümmern kann.

So wie es wichtig ist, darauf zu achten, wie die Vorauswahl der Teilnehmer in unterschiedlichen Ländern abläuft, ist es auch wichtig, die Auswahl der Beobachter professionell zu gestalten. Grundsätzlich empfiehlt sich dabei, aus den jeweiligen Ländern der Teilnehmer auch jeweils Beobachter zu haben, die z. B. in der Beobachterkonferenz ein

Verständnis der Hintergründe der einzelnen Teilnehmer liefern können. Dabei gilt grundsätzlich, dass internationale Beobachter vor allem dann wichtig sind, wenn die individuelle Interpretation von Verhaltensweisen von Belang ist. Geht es lediglich um die reine Beobachtung von definierten Verhaltensstandards, ist die Nationalität der Beobachter weniger von Bedeutung. Anders ist dies, wenn z. B. eine Einschätzung der zugrunde liegenden Motive und Einstellungen vorgenommen werden soll. Zu beachten ist hier selbstverständlich, wenn man die Teilnehmer mit der Anforderung konfrontiert, ein gewisses Maß an interkultureller Kompetenz zu zeigen, auch entsprechend interkulturell kompetente Beobachter zu gewinnen. Auch bei den Beobachtern sind Faktoren wie Einfühlungsvermögen, Verhaltensflexibilität und Toleranz gegenüber grundlegend anderen Kulturen wichtige Bedingungsfaktoren, um ein für die Teilnehmer wertschätzendes und positives Klima zu schaffen und eine möglichst „kulturell faire“ Beurteilung sicherzustellen. Dazu sollten die Beobachter bei internationalen Verfahren in einem Durchführungsland nicht nur durch eine Beobachterschulung gemäß den in Kapitel 6 beschriebenen Standards (vgl. Abschnitt 6.5) vorbereitet werden, sondern sich auch mit landestypischen Gepflogenheiten auseinandersetzen. Es ist vor allem für die Beobachter, die auch als Rollenspieler fungieren sollen, sehr wichtig, Kenntnis darüber zu erlangen, welche Dinge im Kulturkreis der Teilnehmer z. B. als Mitarbeiter oder Kollege auf gar keinen Fall sagbar oder aber sehr üblich sind, um für die Teilnehmer eine möglichst realistische Situation zu schaffen. Dieser Aspekt gilt selbstverständlich nicht, wenn der Grad an Internationalität so hoch ist, dass international agierende Führungskräfte beurteilt werden sollen.

Auch kann es bei der Durchführung eines einheitlichen Instrumentariums in unterschiedlichen Ländern wichtig sein, bestimmte grundlegende Benchmarks bezüglich des Verhaltens und der Einstellung der Teilnehmer aus dem jeweiligen Land zu erhalten. Beispielsweise kann es in einem Land absolut üblich sein, dass man neben einer anspruchsvollen Tätigkeit noch ein Abendstudium absolviert, während dies in einem anderen Kulturkreis von sehr deutlich überdurchschnittlichem Engagement und Einsatzbereitschaft zeugt. Wenn man vor diesem Hintergrund argumentiert, dass z. B. Japaner eben leistungsmotivierter sind als Deutsche oder Franzosen, so nimmt man natürlich in Kauf, dass man mit seinem Verfahren stärker „Stärken“ und „Schwächen“ der jeweiligen Länder misst als die der individuellen Kandidaten. Das ist eine Grundfrage, die man im Vorfeld eines AC-Projektes unternehmensintern sicher kontrovers diskutieren kann und sollte, um am Ende ein einheitliches Verständnis zu haben. Daneben sind natürlich in einzelnen Ländern gültige Normen des Arbeitsrechtes, in denen z. B. die Gleichbehandlung von Arbeitnehmern und Bewerbern geregelt sind, dringend zu beachten, wie z. B. das AGG in Deutschland bzw. der EU oder der Aspekt des „disparate impact“ oder „adverse impact“ in den USA.

Bei allen Vorüberlegungen und Vorbereitungen, die man für ein internationales Assessment Center tätigen kann, bleibt eine Erkenntnis: Es begegnen einem immer wieder interkulturelle Unterschiede und besondere Schwierigkeiten, auf die man im Vorfeld nicht vorbereitet war und die man nicht bedacht hat. Entsprechend ist es wichtig, als erste Durchführung explizit eine Pilotdurchführung zu machen und sich ein differenziertes Feedback von den Beobachtern und Teilnehmern einzuholen. Auch hier ist wieder zu berücksichtigen, dass es in einigen Kulturkreisen üblicher ist und auch bessere Ergebnisse bringt, wenn man das unmittelbare Gespräch sucht, es in anderen Kulturkreisen jedoch hilfreicher sein kann, einen schriftlichen Feedbackbogen einzusetzen. Entsprechend lautet die Empfehlung, abschließend nach einer Pilotdurchführung sowohl ein persönliches Feedback als auch ein schriftliches z. B. in Form eines Fragebogens einzuholen.

9.6 Wichtig ist, was ankommt – Feedback im internationalen AC

In Bezug auf das Feedback gelten selbstverständlich die in Abschnitt 8.1 formulierten allgemeinen Qualitätskriterien und Empfehlungen. Allerdings sind auch hier noch einige Besonderheiten zu beachten. Die wesentliche Besonderheit besteht darin, dass die Beobachter auf eine kulturadäquate Formulierung ihres Feedbacks achten sollten. Das setzt selbstverständlich voraus, dass die Beobachter Kenntnis von unterschiedlichen Grundhaltungen und Vorstellungen von Feedback in den jeweiligen Kulturen haben. Entsprechend bedeutet dies im Optimalfall, dass das Feedback durch einen Landesvertreter gegeben werden kann, gegebenenfalls auch in der Muttersprache des Teilnehmers.

Noch wichtiger als in einem rein nationalen und damit muttersprachlichen Assessment Center ist es für die Beobachter, sensibel die Reaktionen des Teilnehmers zu beachten und zwischendurch im Gespräch immer wieder aktiv zuzuhören und zu hinterfragen, welche Botschaften angekommen sind und wie das Feedback erlebt wird. Nur so kann sichergestellt werden, dass in allen Ländern eine für alle Teilnehmer verständliche und akzeptable Rückmeldung erfolgt, die nicht zu Verwirrung oder Demotivation führt. Auch dazu, wie das individuelle Feedback erlebt wurde, sollte eine schriftliche oder mündliche Nachbefragung erfolgen.

Daneben ist hinsichtlich der Diskussion möglicher Personalentwicklungsmaßnahmen als Konsequenz aus einem Assessment Center zu beachten, welche regionalen Möglichkeiten tatsächlich bestehen. Auch hier bedarf es einigen Fingerspitzengefühls und internationaler Erfahrung der Durchführenden, um Sensibilität für die eigenen Botschaften zu entwickeln. So kann z. B. das Versprechen „Wir werden Sie individuell fördern“ bei einem deutschen Teilnehmer die Erwartung wecken, an einem Seminar teilnehmen zu dürfen, wohingegen die gleiche Aussage bei einem amerikanischen Hochschulabsolventen die Erwartung wecken kann, dass er an einem exklusiven MBA-Programm teilnehmen darf.

Insgesamt bleibt festzuhalten, dass ein internationales Assessment Center sicherlich in Konzeption und Durchführung noch höhere Anforderungen stellt als ein nationales, wenn man ein solches Verfahren mit breiter internationaler Akzeptanz einführen und durchführen möchte. Bei allen Schwierigkeiten, die zunehmen, umso interkultureller der Teilnehmerkreis wird, sollte aber auch nicht vergessen werden, dass in global agierenden Unternehmen immer mehr Mitarbeiter gewohnt sind, international und nach globalen Standards in ihren Unternehmen zu arbeiten. Entsprechend stellen sich einige der möglichen interkulturellen Schwierigkeiten faktisch oft geringer dar, als man dies bei der allgemeinen Betrachtung der relevanten Kulturkreise annimmt. Es ist eben ein Unterschied, ob man japanische Teilnehmer aus einem lokalen japanischen Traditionsunternehmen vor sich hat oder japanische Manager einer kleineren Niederlassung eines amerikanischen Großkonzerns.

9.7 Exkurs: Assessment Center zur Auswahl und Potenzialanalyse von Expatriates

In zunehmend internationalisierten Unternehmen besteht immer häufiger die Notwendigkeit, Mitarbeiter aus dem eigenen Land in Niederlassungen oder Kooperationsunternehmen weltweit zu entsenden. Nicht selten entscheidet sich dabei der Erfolg oder Misserfolg eines ausländischen Engagements eines Unternehmens dadurch, wie gut die Personen ausgewählt wurden, die dort tätig sind. Dies bedeutet, dass es bei einem Assessment Center mit der Zielsetzung, optimal geeignete Kandidaten zur Entsendung ins Ausland zu identifizieren, um ganz spezielle, typische Anforderungen geht (für ein Beispiel, wie diese in der Praxis erfasst werden, vgl. Abschnitt 10.3.3.5)

9.7.1 Besondere überfachliche Anforderungen an Expatriates

Bei der Entsendung von Mitarbeitern ins Ausland sind natürlich generelle Anforderungen relevant, die auch im eigenen Land Bedingungen für die positive Bewältigung anspruchsvoller Fach- oder Führungsaufgaben darstellen.

Neben diesen klassischen Anforderungen gibt es jedoch auch besondere Anforderungen und Erfolgsfaktoren, die maßgeblich über das Scheitern oder Gelingen einer erfolgreichen Tätigkeit im Ausland entscheiden. Nicht zu vergessen ist hier, dass gerade die Entsendung von Mitarbeitern oft mit enormen Investitionen und damit entsprechenden Risiken verbunden ist. Generelle Anforderungen, die über das klassische Anforderungsprofil hinausgehen bzw. dieses weiter spezifizieren, sind im Wesentlichen:

- Einfühlungsvermögen
- Verhaltensflexibilität
- Toleranz
- Eigenständigkeit/Autonomie
- Mobilität

Diese Anforderungen werden im Weiteren in ihrer Bedeutung erläutert.

Einfühlungsvermögen stellt insofern eine Grundvoraussetzung für das erfolgreiche Agieren in einer fremden Kultur dar, als dass der entsandte Mitarbeiter, besonders zu Beginn seiner Tätigkeit im Ausland, immer wieder in Situationen kommen wird, in denen er sehr sensibel dafür sein muss, in welcher Stimmung Gesprächspartner sind, welche Botschaften „zwischen den Zeilen" an ihn übermittelt werden sollen und wie er auf andere wirkt. Entsprechend sind Kandidaten, die über ein sehr hohes Maß an Einfühlungsvermögen verfügen, in der Regel in der Lage, in fremden Kulturen sehr schnell zu lernen.

Selbstverständlich darf es nicht beim Einfühlungsvermögen stehen bleiben, sondern der erfolgreiche entsandte Mitarbeiter muss seine über sein Einfühlungsvermögen gewonnenen Erkenntnisse auch in Verhaltensänderungen umsetzen können. Dabei kommt es auf zwei Teilaspekte von *Verhaltensflexibilität* an. Er muss zunächst einmal grundsätzlich den Willen haben, sich in seinem Verhalten anderen Gepflogenheiten und Sitten anzupassen. Ist diese Bereitschaft vorhanden, so entscheidet sich der Erfolg daran, wie schnell er in der Lage ist, neue Verhaltensweisen zu erlernen und einzusetzen.

Eine weitere Grundbedingung des erfolgreichen internationalen Einsatzes ist zweifelsohne die persönliche *Toleranz* der Entsandten. Dies bedeutet natürlich vor allem Toleranz gegenüber jeder Art von Andersartigkeit, der man in einem anderen Kulturkreis begegnet. Zu bedenken ist bei diesem Aspekt, dass Toleranz in einer grundsätzlich anderen Kultur als der eigenen wesentlich mehr bedeutet als das, was man im eigenen Land generell als Toleranz bezeichnet.

Besonders die Kombination der drei oben genannten Anforderungen Einfühlungsvermögen, Verhaltensflexibilität und Toleranz stellt in aller Regel das dar, was in vielen Anforderungsprofilen als interkulturelle Kompetenz bezeichnet wird. Ergänzt werden diese drei Facetten in der Regel dann noch durch die Anforderung praktischer internationaler Erfahrung d. h. faktische Kenntnis unterschiedlicher Kulturen und Sprachen.

Neben dieser interkulturellen Kompetenz bestehen zumindest noch zwei weitere zentrale Faktoren, die über Erfolg oder Misserfolg einer Entsendung entscheiden. Zum einen handelt es sich hierbei um die Anforderung *Eigenständigkeit* bzw. *Autonomie*. Entscheidend ist, in der Lage zu sein, sich wirklich allein in einem fremden Land „durchzuschlagen", sein alltägliches Leben zu organisieren und dabei noch eine vielleicht sehr anspruchsvolle Aufgabe für das eigene Unternehmen zu erfüllen. Dieses bedarf zweifelsohne eines stark ausgeprägten Selbstbewusstseins, das sich in einer hohen emotionalen Unabhängigkeit und Stabilität widerspiegelt.

Neben diesen charakterlichen und persönlichen Voraussetzungen ist eine weitere unabdingbare Anforderung zweifelsohne die *Mobilität* der Teilnehmer. In diesem Aspekt ist zu beachten, dass Mobilität eben deutlich mehr meint, als das reine Lippenbekenntnis, dass man „je nach Angebot sicherlich" auch einmal bereit sei, irgendwo ins Ausland zu gehen. Insofern kann man hier sicherlich von der „wahren Mobilität" als Anforderung sprechen. Dass es sich hierbei um eine zweifelsohne hohe Anforderung handelt, sieht man daran, dass es trotz des oft geäußerten Lippenbekenntnisses, vor allem von Hochschulabsolventen, selbstverständlich mobil zu sein, immer schwieriger wird, Mitarbeiter für einen Einsatz in einem weniger entwickelten Land als dem eigenen zu gewinnen.

Für ein Assessment Center mit der Zielstellung, Expatriates auszuwählen, besteht also die Frage, wie genau diese besonderen Anforderungen verlässlich und effizient erhoben werden können.

9.7.2 Anforderungen an Expatriates messbar machen

Um die oben geschilderten speziellen Anforderungen sichtbar zu machen, müssen klassische Übungstypen, wie z. B. Interview, handlungsorientierte Fallstudie oder Gesprächssimulation um besondere Aspekte ergänzt und modifiziert werden. Für den gesamten Anforderungsbereich interkulturelle Kompetenz mit den Teilfacetten Einfühlungsvermögen, Verhaltensflexibilität und Toleranz bieten sich dafür selbstverständlich vor allem zwischenmenschliche Übungen und Gesprächssituationen an.

Es eignen sich, z. B. zur Erfassung des persönlichen Einfühlungsvermögens, Rollenspiele mit Perspektivenwechsel. So geht es vor allem in der Nachbesprechung von Gesprächssimulationen darum, ein differenziertes Bild davon zu bekommen, wie der Kandidat sein

Gegenüber wahrgenommen und dessen Verhalten interpretiert hat. Besonders interessant ist dabei sicherlich festzustellen, an welchen Stellen im Verlauf des Gespräches ein Teilnehmer zielsicher bemerkt hat, dass er „auf dem Holzweg“ war oder in ein „Fettnäpfchen“ getreten ist. Vor allem hinsichtlich der Anforderung Verhaltensflexibilität erzielt man in der Nachbesprechung mit dem Kandidaten die fundiertesten Ergebnisse, indem man ihn nach der Besonderheit seines Verhaltens in dieser speziellen Situation befragt. So zeigen sich verhaltensflexible Kandidaten sehr gut in der Lage, differenziert zu begründen, welche Verhaltensweisen sie an welchem Punkt im Gespräch besonders für diesen Gesprächspartner gezeigt haben, bzw. auf welche Verhaltensweisen sie in diesem besonderen Fall verzichtet haben, die sie sonst häufig einsetzen. Auch sind Kandidaten unterschiedlich gut in der Lage, spontan Verhaltensalternativen zu ihrem gewählten Vorgehen zu benennen. Hier ist durchaus der Grad der Differenziertheit der geäußerten Konzepte ein gutes Kriterium für den Willen und die Fähigkeit, sich auf andere Personen einzustellen.

Der Anforderungsbereich Toleranz kann im Rahmen von Gesprächssimulationen mit Gesprächspartnern aus anderen Kulturkreisen gut daran abgelesen werden, wie viel Verständnis ein Teilnehmer im Nachgespräch für sein Gegenüber zeigt bzw. im umgekehrten Fall, wie abfällig oder kritisch er sich über bestimmte Verhaltensweisen oder nationaltypische Äußerungen seines Gesprächspartners auslässt.

Daneben ist vor allem im Gespräch mit im Ausland erfahrenen Teilnehmern das Interview sehr gut geeignet, grundlegende Anforderungen zu eruieren. Gerade bei der Beschreibung persönlicher Erfahrungen im Ausland wird oft sehr schnell deutlich, mit wie viel Toleranz und Offenheit jemand einer anderen Kultur begegnet ist, bzw. wie umfassend er beschreibt, was in anderen Ländern alles „falsch“ gemacht wird.

Auch die Anforderung Eigenständigkeit und Autonomie ist recht gut im Interview zu erfassen, indem man z. B. vertieft hinterfragt, inwieweit jemand „seinen eigenen Weg“ geht, oder ob er stärker von Zuspruch und Steuerung anderer Menschen in seinem Umfeld abhängig ist. Dazu gehört auch ein klar entwickeltes Selbstkonzept mit einer differenzierten Sicht auf eigene Stärken, Schwächen sowie persönliche Grundhaltungen und Motive (vgl. das Tool: „Interviewleitfaden zur Erfassung der Anforderungen an Expatriates“ auf der CD-ROM und einen beispielhaften Auszug in Beispiel 43).

Weitere Übungsvarianten, um interkulturelle Kompetenz zu erfassen, können auch sein, Teilnehmern Videosequenzen von Gesprächssituationen in unterschiedlichen Kulturkreisen zu präsentieren und sie nachher zu bitten, diese zu interpretieren und gegebenenfalls Besonderheiten im Vergleich zu Gesprächen im eigenen Kulturkreis darzustellen. Dies kann durch ein vorheriges Briefing über kulturelle Unterschiede in verschiedenen Ländern erfolgen, das dann als Basis für die Betrachtung der Videosequenzen dient. Hier wird schnell sichtbar, welche Teilnehmer schnell auf Grundlage der Vorinformationen in der Lage sind, typische Verhaltensweisen zu identifizieren und zu interpretieren.

Die Grenze der individuellen Mobilität zeigt sich im Rahmen eines Interviews in der Regel erst, wenn Kandidaten mit konkreten Vorschlägen konfrontiert werden, „Was würden Sie sagen, wenn wir Sie z. B. in drei Monaten für ein Jahr nach Japan schicken würden?“ Selbstverständlich darf man hier als Interviewer nicht bei einem einfachen „Ja“

Beispiel 43: Anforderung „Verhaltensflexibilität" als Auszug aus einem Interviewleitfaden zur Erfassung der Anforderungen an Expatriates (den vollständigen Leitfaden finden Sie auf der CD-ROM)

Interviewleitfaden für Expatriates

Verhaltensflexibilität

- Wie stellen Sie sich in unterschiedlichen Situationen auf verschiedene Gesprächspartner ein? Bitte beschreiben Sie ein Beispiel.
- Wann in Ihrem Leben mussten Sie sich schon einmal besonderen Spielregeln oder Umständen anpassen? Wo sind für Sie persönlich die Grenzen, wenn es darum geht, sich anderen anzupassen? Bitte schildern Sie ein Beispiel. Inwiefern war hier für Sie eine Grenze erreicht?
- Sie haben eben anonym einen Kollegen/eine Kollegin beschrieben. Wie stellen Sie sich auf diese Person in Ihrem eigenen Verhalten ein? Was daran fällt Ihnen leicht/schwer? Aus welchem Grund fällt Ihnen das leicht/schwer?
- Wenn Sie im Urlaub oder beruflich im Ausland sind, inwiefern passen Sie sich landestypischen Gebräuchen an? Bitte schildern Sie ein Beispiel, wo Sie sich stärker angepasst haben.

Notizen

Der Teilnehmer/Die Teilnehmerin ...

	1	2	3	4	5
... kann belegen, sich in verschiedenen sozialen Situationen erfolgreich unterschiedlich verhalten zu haben.	☐	☐	☐	☐	☐
... ist bereit, sich besonderen Spielregeln oder Umständen anzupassen.	☐	☐	☐	☐	☐
... ist in hohem Maße anpassungsbereit. Steckt die diesbezüglichen Grenzen weit.	☐	☐	☐	☐	☐
... sieht im Kontakt mit anderen Kulturen eine persönliche Wachstumschance für sich.	☐	☐	☐	☐	☐
... kann Strategien beschreiben, mit der er/sie sich bewusst auf unterschiedliche Gesprächspartner einstellt.	☐	☐	☐	☐	☐
Gesamtbeurteilung	☐				

oder „Nein“ stehen bleiben, sondern interessant ist das vertiefte Hinterfragen, welche Aspekte dem Kandidaten dabei gefallen würden und welche möglicherweise nicht. Häufig erfährt man hier einiges über die individuelle Toleranz und familiären Zumutbarkeiten des Teilnehmers.

Wichtig ist vor allem, bei der Diskussion aller speziellen Anforderungen an Expatriates, im Umgang mit den Kandidaten ein Gesprächsklima zu gestalten, in dem sowohl die Vor- als auch die Nachteile eines solchen Auslandseinsatzes offen und differenziert diskutiert werden können. In diesem Zusammenhang hat es sich als Erfolgsmodell erwiesen, zusätzlich auch erfolgreiche sowie „gescheiterte“ Expatriates dazu zu bitten, die von ihren individuellen positiven und vor allem auch negativen Erfahrungen berichten, um so ein realistisches Bild eines Lebens als Expatriate zu zeichnen. Vor allem auch die Diskussion der möglichen Konsequenzen für Freunde, Familie und Lebenspartner bringt hier oft eine frühzeitige Klärung, die hilft, teure Fehlentscheidungen für beide Seiten zu vermeiden.

Vor längeren Auslandseinsätzen empfiehlt es sich grundsätzlich, den Lebenspartner des Mitarbeiters in ein Gespräch einzubeziehen, in dem die Rahmen- und Lebensbedingungen im Zielland realistisch dargestellt werden. Zu den häufigsten Ursachen für den vorzeitigen Abbruch einer Auslandsentsendung zählen Schwierigkeiten der Familienangehörigen im Ausland zurechtzukommen.

Literaturhinweise zu diesem Kapitel

Gibbons, A. M., Vanhove, A. J. & Thornton, G. C. III. (2010). *Untangling the effects of candidate and assessor race and gender on assessment center ratings.* Paper to the 35th International Congress on Assessment Center Methods: Putting the Pieces together, Singapore, 20–21 October 2010.

Harris, M. M. & Lievens, F. (2005). Selecting employees for global assignments: Can assessment centers measure cultural intelligence? In M. A. Rahim & R. T. Golembiewski (Eds.), *Current Topics in Management* (pp. 221–240). New Brunswick, NJ: Transaction Publishers.

Hofstede, G. (2011). *Lokales Denken, globales Handeln* (5. Auflage). München: Deutscher Taschenbuch Verlag.

Krause, D. E. (2011). *Trends in der internationalen Personalauswahl.* Göttingen: Hogrefe.

Mead, R. & Andrews, T.G. (2009). *International Management* (4th edition). West Sussex: John Wiley & Sons.

Paschen, M. (2001). Internationale Assessment-Center: Fit für die Fremde? *managerSeminare, 9,* 92–102.

Peitz, A. & Pfeiffer, R. (Hrsg.). (2002). *Personalauswahl international. Suche, Auswahl, Integration.* Düsseldorf: Symposium international. [darin insbesondere das Kapitel Assessment Center international – Akzeptanz und Einsatz, S. 105–120]

Povah, N. & Thornton, G. C. III. (Eds.). (2012). *Assessment Centres and global Talent Management.* Surrey: Gower Publishing Company. [darin insbesondere Part III International Issues and Implications, S. 329–480]

10 Gastbeiträge mit Praxisberichten

Wie in den vorangegangenen Kapiteln dargestellt wurde, können Assessment Center durch verschiedene Zielstellungen, Rahmenbedingungen, kulturelle Aspekte usw. sehr unterschiedlich ausgestaltet werden. Selbst wenn Assessment Center den in diesem Buch dargestellten Prinzipien und Empfehlungen folgen, entstehen ganz unterschiedliche Veranstaltungsformate. Seine Wandelbarkeit und Anpassungsfähigkeit in Bezug auf die tatsächlichen Anforderungen einer Beurteilungsfragestellung stellen letztlich zwei wesentliche Stärken des Assessment Centers dar.

Für das abschließende Kapitel dieses Buches haben wir daher vier Gastautoren aus Personalabteilungen namhafter Unternehmen gebeten, jeweils ein Assessment Center-Projekt aus ihrem Umfeld darzustellen. Helge Kochskämper (tesa SE) stellt mit dem Competencies Review ein internationales Entwicklungsverfahren vor, das den Spagat zwischen internationalen Standards und regionalen Besonderheiten schafft. Volker Drees (ThyssenKrupp AG) beschreibt einen Traineeauswahlprozess, dessen Kernstück ein Assessment-Format mit bis zu 25 Teilnehmern bildet und in dem Personalmarketingaspekte eine große Rolle spielen. Anschließend stellt Doris Pechler die kompetenzbasierten Potenzialanalyseverfahren der Krones AG vor, die aus Einzel-Assessment Centern für verschiedene Führungsebenen bestehen, die alle einem einheitlichen Konzept folgen, aber den verschiedenen Anforderungen auf den jeweiligen Führungsebenen gerecht werden. Zum Abschluss beschreiben Nicole Scholz und Susanne Hasmann (E.ON – Erzeugung Deutschland) ein Personalentwicklungsverfahren, das interessante Elemente für Selbstreflexion und Lernerfahrungen der Teilnehmer bietet und in ein Change-Management-Szenario eingebettet ist.

Alle vier Kapitel beschreiben differenziert die Gestaltung des jeweiligen Instruments, seine Einbindung in interne Prozesse sowie Herausforderungen, Lösungen und Erfolgsfaktoren.

10.1 Standardisiert, aber flexibel – der Competencies Review als internationales Entwicklungsverfahren der tesa SE

von Helge Kochskämper

10.1.1 Das Unternehmen tesa

tesa ist einer der weltweit führenden Hersteller selbstklebender Produkt- und Systemlösungen für Industrie, Gewerbe und Konsumenten. Über 100 Jahre Erfahrung in der Beschichtungstechnologie sowie der Entwicklung von Klebmassen und innovativer Produktlösungen hat das Unternehmen mit Hauptsitz in Hamburg in vielen Anwendungsbereichen in die Spitzengruppe des Weltmarktes geführt. Die mehr als 7 000 von tesa entwickelten und produzierten Produkte werden in über 100 Ländern vermarktet. Dabei erzielt das Unternehmen mehr als Dreiviertel seines Gesamtumsatzes mit speziellen Systemlösungen für

Industriekunden und sorgt in zahlreichen Branchen dafür, dass Kosten gesenkt, Prozesse optimiert und so die Endprodukte verbessert werden. Knapp ein Viertel des Umsatzes entfallen auf Produktlösungen für Konsumenten, die für den täglichen Einsatz in Büro, Haus und Garten bestimmt sind. Dort unterstützen sie Menschen, ihre Umwelt selbstbewusst zu gestalten und erhöhen so die Lebensqualität.

tesa ist ein Unternehmen der Beiersdorf Gruppe, des Herstellers international führender Kosmetikmarken mit der Kernmarke NIVEA. Aktuell unterstützen 3 800 Mitarbeiter in 54 Tochtergesellschaften die Präsenz auf allen wichtigen Industriemärkten der Erde und gewährleisten so die Nähe zum Kunden. Als global aufgestelltes Unternehmen erzielte tesa 2011 einen Gesamtumsatz von 947 Millionen Euro. Tesa hat sein Headquarter in Hamburg und steuert sein Geschäft über fünf regionale Organisationseinheiten. Zu jeder regionalen Organisationseinheit gehört eine Anzahl von Ländergesellschaften.

10.1.2 Ziele des Competencies Review (CR 1)

Der tesa Competencies Review 1 ist ein kompetenzbasiertes Einschätzungsverfahren für Mitarbeiter mit und ohne Führungsverantwortung. Es handelt sich um ein internes Development Center, das sich an Mitarbeiter richtet, die von ihren Führungskräften als Potenzialträger für Aufgaben mit größerer, auch internationaler, Verantwortung benannt worden sind, wobei jedoch die Entwicklungsrichtung noch nicht fixiert ist. Im Sinne einer Standortbestimmung soll die Art der Förderung und die Art des Potenzials tiefergehend im Competencies Review 1 analysiert und bestimmt werden und den Teilnehmern wird eine umfassende diesbezügliche Beratung zu diesen Themen ermöglicht.

Im Jahr 2010 wurde ein Relaunch des Competencies Reviews 1 beauftragt, der verschiedene Zielsetzungen verfolgte:

- *Flexibilität und Effizienz.*
  Aus den Erfahrungen mit dem Vorgängerinstrument wurde der Bedarf definiert, dass das Verfahren möglichst flexibel und mit wenigen Teilnehmern realisierbar sein soll. So sollte die Anzahl der Teilnehmer die Zahl sechs nicht überschreiten, damit das Verfahren bei kurzfristigem Bedarf und auch bei geringeren Personenanzahlen in der tesa-Organisation durchgeführt werden kann. Darüber hinaus sollte auch der Gesamtumfang des Verfahrens in einem angemessenen Rahmen bleiben. Ziel war es, eine Länge von 2.5 Tagen, exklusive einer Beobachterschulung, nicht zu überschreiten. Diese Anforderungen an das Verfahren entstammten vor allem aus der Vorerfahrung mit einem qualitativ hochwertigen und gut etablierten Verfahren, das jedoch zunehmend als zu unflexibel und zu aufwändig erlebt wurde, als dass es für die zum Teil kurzfristigen und speziellen Bedarfe der Organisation optimal geeignet gewesen wäre.
- *Standards und Anpassungsmöglichkeiten.*
  Eine weitere Zielsetzung, die beim Relaunch des Competencies Review 1 verfolgt wurde, bestand darin, ein überregional anwendbares Verfahren zur Verfügung zu stellen, für das Corporate HR Standards definiert und Instrumente zur Verfügung stellt. Dabei ist die Corporate HR in der Gesamtverantwortung für die Entwicklung und Qualitätssicherung des Competencies Review 1 und steuert dies in enger Zusammenarbeit mit dem externen Partner Profil M, mit dem der Relaunch des Competencies

Review 1 von der Planung bis zur Durchführung gemeinsam gestaltet worden ist. Da das Verfahren in den einzelnen tesa-Regionen durchgeführt werden sollte, bestand jedoch gleichzeitig neben allen Standards und qualitätssichernden Maßnahmen der Bedarf nach Anpassungsmöglichkeiten gemäß der Gegebenheiten vor Ort und der jeweiligen organisatorischen und inhaltlichen Bedarfe der handelnden Regionen. Dabei stand im Vordergrund, dass die Durchführung und Nutzung des Instruments in den Regionen voll und ganz in der Verantwortung der regionalen HR-Funktion liegen sollte, während Corporate HR die qualitätssichernde und konzeptionelle Klammer des Competencies Reviews 1 darstellen sollte.

- *Feedbackkultur.*
  Ein wichtiger Bestandteil der tesa HR-Strategie besteht darin, die Feedbackkultur im Unternehmen zu fördern. Daher bestand ein weiteres Ziel für den Competencies Review 1 darin, einen Beitrag zur Etablierung und Verstärkung dieser Feedbackkultur zu leisten. Nicht zuletzt deshalb wurde entschieden, dass der Competencies Review 1 ein Feedbacktool für junge Potenzialträger darstellen sollte, kein Auswahltool im Sinne von verbindlichen Auswahlentscheidungen in Bezug auf nächste Karriereschritte oder aber die Teilnahme an Förderprogrammen. Dies bedeutet, dass die allererste Priorität des Verfahrens darauf liegen sollte, den Mitarbeitern, die am Anfang ihrer Karriereentwicklung stehen, ein Feedback anzubieten, um Stärken und Entwicklungsfelder reflektieren und auf Grundlage dessen auch die eigene Karriereplanung zielgerichteter angehen zu können. Das Feedback wird durch tesa-Manager gegeben, die im Competencies Review 1 als Beobachter fungieren und somit auch gleichzeitig ihre Feedbackkompetenz weiterentwickeln können. Wichtig ist auch, dass das Feedback keine grundsätzliche Beurteilung darstellen soll, sondern ausschließlich aus Übungen in einem Managementkontext abgeleitet wird.

- *Selbstreflexion.*
  Vor diesem Hintergrund bestand ein weiteres Ziel darin, eine positive Selbstreflexion der Teilnehmer durch das offene Feedback und Empfehlungen durch die Beobachter zu fördern. Dies bedeutet letztlich, dass das Verfahren die Teilnehmer ermuntern soll, über die eigenen Stärken, Entwicklungsfelder und Potenziale nachzudenken und diese auch mit Themen wie z. B. Work-Life-Balance abzugleichen. Mit Hilfe einer guten Nachbetreuung nach dem Competencies Review 1 kann dies im positiven Sinne aus Unternehmenssicht auch dazu führen, dass Mitarbeiter, die sich zunächst z. B. für eine Führungslaufbahn interessiert haben, durchaus zu der Entscheidung gelangen, dass aufgrund ihrer persönlichen Interessen und Kompetenzen eine alternative Karriere, z. B. in Richtung einer Projekt- oder Fachlaufbahn, für sie geeigneter wäre. Ein interner Auswahlschritt, der dem Teilnehmer vorgeben würde, sich in eine bestimmte Richtung zu entwickeln und häufig Frustrationsgefahr in sich birgt, erübrigt sich hierdurch. Auch zeitliche Erwartungshaltungen dahingehend, wann der nächste Karriereschritt passiert, können durch den Abgleich des Eigenbildes mit dem Fremdbild nachjustiert werden.

- *Nachfolgeplanung.*
  Zu betonen ist noch einmal, dass bei diesem Instrument in erster Priorität der Feedbackgedanke und die Selbstreflexion der Teilnehmer im Vordergrund stehen. Nichtsdestotrotz bestand auch ein weiteres Ziel des Unternehmens darin, einen objektivierten Überblick über die Potenziale im Unternehmen zu erhalten, u. a. auch in Bezug auf die Entwick-

lung von tesa-Managern von Übermorgen. Die Ergebnisse des Competencies Review 1 sollen daher zukünftig auch systematischer in die Nachfolgeplanung der Regionen einfließen und somit einen qualitativen Beitrag im Rahmen der Nachfolgeplanung leisten.

10.1.3 Integration des Competencies Review 1 in die Personalentwicklungslandschaft

Die derzeitige Architektur des tesa-spezifischen Management Development sieht keine stringente Verknüpfung der angebotenen Instrumente vor. Das bedeutet, dass eine Teilnahme am Competencies Review 1 nicht zwingende Voraussetzung für die Teilnahme an einem Förderprogramm sein muss. Verknüpfungen mit anderen Instrumenten sind daher eher eine Kann- und keine Muss-Konstruktion.

Management Development Program. Das Management Development Program 1 (MDP 1) ist ein etabliertes internationales Förderprogramm für tesa-Nachwuchsmanager aller Disziplinen. Es qualifiziert junge tesa-Manager für bestehende, aber auch für anstehende, komplexere und internationale Managementaufgaben. Wie bereits dargestellt, sollte der Competencies Review 1 kein Auswahlverfahren darstellen und somit wurde entschieden, dass die Teilnahme am Management Development Program mit dem Competencies Review 1 und den darin erkannten Stärken und Verbesserungsfeldern verknüpft sein kann, aber nicht zwangsläufig sein muss. Dies bedeutet, dass der Competencies Review 1 derzeit nicht zwingend über die Teilnahme am Management Development Program entscheidet, bzw. dass es keine Regelung gibt, die z. B. besagt, dass nur die besten Teilnehmer mit einer bestimmten Potenzialempfehlung an dem Programm teilnehmen dürfen. Vielmehr kann die Teilnahme am Management Development Program im Rahmen des Competencies Reviews 1 eine sinnvolle Personalentwicklungsmaßnahme sein, die für einen Teilnehmer definiert wird. Es kann aber auch der Fall sein, dass für den CR-Teilnehmer externe, nicht tesa-spezifische, Managementkurse vorgesehen werden. Insofern handelt es sich bei dem Management Development Program um eine mögliche Personalentwicklungsmaßnahme aus dem gesamten Spektrum der Personalentwicklungsaktivitäten, das aufgrund der festgestellten Stärken und Verbesserungsfelder im Rahmen des Competencies Review 1 angestoßen werden kann, wenn dies inhaltlich vor dem Hintergrund der Lernbedarfe des Mitarbeiters besonders passend erscheint.

Verknüpfung mit dem Performance Management System. Die Teilnahme am Competencies Review 1 wird u. a. in den einzelnen Ländergesellschaften ermittelt und auf regionaler Ebene verdichtet. Hier findet auch die endgültige Festlegung der Teilnehmergruppe statt. Im Rahmen des Performance Management Systems findet jährlich ein Performance-Gespräch zwischen Führungskraft und Mitarbeiter statt. Hier wird über die mögliche Teilnahme an einem Competencies Review 1 entschieden, wenn die Führungskraft das Potenzial für eine persönliche Weiterentwicklung des Mitarbeiters sieht. Voraussetzung für die Teilnahme sind folgende Kriterien:

Die Teilnehmerin/der Teilnehmer …
- … zeigte bisher exzellente Leistung und Ergebnisse
- … ist gewillt und in der Lage verantwortungsvollere, komplexere Aufgaben zu übernehmen
- … ist gewillt und in der Lage auch international eingesetzt zu werden.

tesa-Nachfolgeplanungsprozess. tesa verfügt über einen definierten Nachfolgeplanungsprozess, der in den Fachbereichen des Headquarters wie auch in den Regionen regelmäßig durchgeführt wird. In diesen Prozess fließen die Ergebnisse des Competencies Reviews 1 der einzelnen Teilnehmer ein, ohne dass hier eine simple Zahlenauswertung zu einer Benennung von Nachfolgern führen würde. Vielmehr wird hierbei der ganzheitliche Gesamteindruck von den Stärken, Lernfeldern und dem Potenzial eines Teilnehmers betrachtet. Um eine entsprechende Fokussierung auf Zahlen und damit auch eine Reduktion der Teilnehmer auf eine quantitative Bewertung zu vermeiden, wurde daher auch im Competencies Review 1 darauf verzichtet, in der Gesamtauswertung zahlenbezogene Ergebnisse darzustellen.

10.1.4 Standards und Flexibilität in einem Konzept

Als eine zentrale Zielsetzung des CR 1 wurde bereits dargestellt, dass auf der einen Seite ein Instrument mit einheitlichen Qualitätsstandards angestrebt wurde, für das die Corporate HR die Verantwortung trägt. Dies erfordert die Fixierung von Prozessschritten, Tools und Standards. Auf der anderen Seite galt es, das Instrument so flexibel zu gestalten, dass es die regionalen Rahmenbedingungen und Bedarfe berücksichtigt. So standen die Fragen „Was ist fix?" und „Was ist flexibel?" sowohl in der Konzeption als auch bei der Einführung des Competencies Review 1 immer wieder im Fokus.

Kompetenzprofil

Was ist fix? tesa hat ein Kompetenzmodell bestehend aus zwölf Dimensionen aus der tesa-Strategie abgeleitet, die bereits seit einigen Jahren konstant als Grundlage für Auswahl- und Entwicklungsentscheidungen im Unternehmen vornehmlich für Führungskräfte genutzt werden. Dementsprechend sind diese 12 Dimensionen auch Grundlage für die Einschätzung von Stärken und Verbesserungsfeldern im Rahmen des Competencies Review 1 (Abbildung 14)

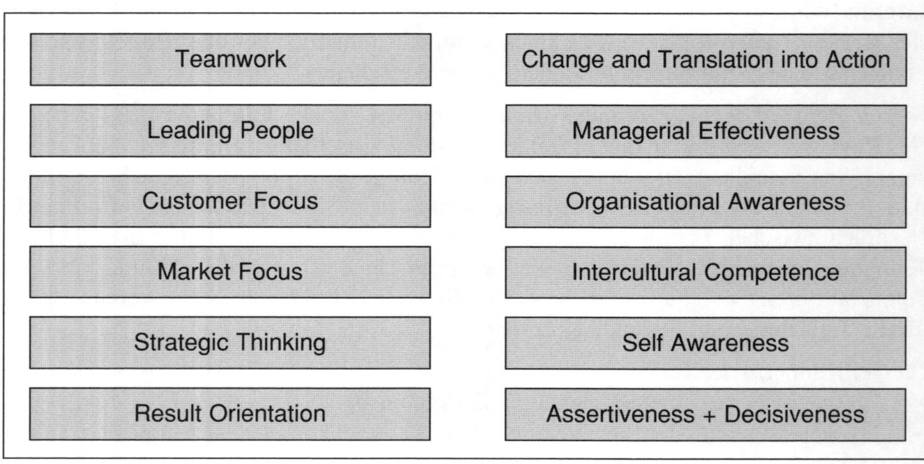

Abbildung 14: Kompetenzmodell der tesa SE

Was ist flexibel? Da es nicht realistisch erschien, bei einem gesetzten Zeitrahmen von 2.5 Tagen alle zwölf Dimensionen gleichermaßen differenziert und mehrfach beobachten zu können, um eine substanzielle Einschätzung der Teilnehmer vorzunehmen, beschränkt sich der Competencies Review 1 auf die sechs für die Zielgruppe wichtigsten Dimensionen. Dabei sind nur vier der insgesamt sechs zu definierenden Dimensionen weltweit vorgegeben. Zwei Dimensionen könnten regional unterschiedlich definiert werden. Die vier global fixierten Dimensionen sind Self Awareness, Teamwork, Customer Focus und Result Orientation. Diese wurden im Rahmen des Konzeptmeetings zum Competencies Review 1 als maßgebliche Erfolgsfaktoren für tesa-Nachwuchsmanager definiert. Auf diese Art und Weise kann zum einen den regionalen Gegebenheiten Rechnung getragen werden, die aufgrund von Marktgegebenheiten, Unterschieden in der Organisationsstruktur sowie auch kulturellen Unterschieden gegeben sind, zum anderen ist aber nach wie vor eine globale Vergleichbarkeit von Ergebnissen möglich. Für das Verfahren ergab sich hierdurch die Notwendigkeit, die Übungen so zu gestalten, dass diese potenziell die Beobachtbarkeit aller zwölf Dimensionen sicherstellen und so unabhängig von der regionsspezifischen Auswahl an Dimensionen genutzt werden können.

Übungen

Was ist fix? Die Übungen für den Competencies Review 1 wurden in Zusammenarbeit mit dem Beratungsunternehmen Profil M konzipiert und liegen in der Gesamtverantwortung von Corporate HR. Insofern sind die möglichen Übungen für die einzelnen lokalen Durchführungen verbindlich vorgegeben. Das bislang entwickelte Übungsset orientiert sich am tesa-Unternehmensbereich Industrie. Ein Anbieter aus dem Bereich Lacke und Lackzusätze, der eine mit tesa vergleichbare Unternehmens- und Kundensituation aufweist, sieht sich verschiedenen Herausforderungen auf dem Markt gegenübergestellt, die eine Neuorientierung notwendig machen. Im Fokus steht dabei die Gründung einer weiteren Entwicklungspartnerschaft mit einem bisherigen Kunden. Bei der Konzeption stand dabei im Vordergrund, dass nicht nur das Unternehmen hinsichtlich Struktur, Rahmenbedingungen und Größenordnung mit tesa große Gemeinsamkeiten aufweist, sondern auch, dass es sich um einen Lösungsanbieter von komplexen Produkten handelt und die beschriebenen Übungssituationen der möglichen Entwicklungspartnerschaft eine sehr realitätsnahe unternehmerische Fragestellung für die Teilnehmer bedeuten. Folgende Übungen wurden in das Rahmenszenario integriert:

- *Fallstudie mit anschließender Präsentation.*
  In dieser Übung erhalten die Teilnehmer umfassendes Informationsmaterial, aufgrund dessen sie in Einzelarbeit ihre persönliche Meinung bezüglich der im Raum stehenden Entwicklungspartnerschaft erarbeiten sollen. Gleichzeitig sind sie gefragt, Rahmenbedingungen zu definieren, die den Erfolg einer solchen Maßnahme sicherstellen. Hierfür erhalten sie unterschiedlichste Informationen zu verschiedenen Problemfeldern, die es Teilnehmern unabhängig von ihrem Fachgebiet ermöglichen sollen, sich in dieses Setting einzufinden und Vorschläge zu erarbeiten. Die eigenen Vorschläge präsentieren die Teilnehmer jeweils einem Beobachterteam, das diese kritisch hinterfragt.

- *Gruppenübung.*
  In der Gruppe diskutieren die Teilnehmer erneut ihre individuellen Ideen und Ansätze in Bezug auf die Fragestellung aus der Fallstudie. Hierzu erhalten sie jeweils unterschiedliche Zusatzinformationen, die dazu führen, dass sie in der Gruppe zu unterschiedlichen Handlungsempfehlungen gelangen, da die Zusatzinformationen unterschiedliche Implikationen, Einflussfaktoren, Chancen und Risiken betonen.
- *Internes Kollegengespräch.*
  In dieser Rollenübung treffen die Teilnehmer jeweils auf einen Kollegen einer anderen Abteilung, demgegenüber sie die Rolle eines internen Zulieferers übernehmen. Dabei gilt es, einen Konflikt in der Zusammenarbeit zu lösen, der sowohl das Unternehmensinteresse gegenüber dem externen Kunden als auch die Herausforderung der bereichsübergreifenden Zusammenarbeit adressiert. Es gilt hier für den Teilnehmer die unterschiedlichen Interessen abzuwägen. In dieser Übung geht es um klassische Kompetenzen im Bereich der Gesprächsführung und der sozialen Kompetenz. Gleichzeitig ist dieses Kollegengespräch selbstverständlich wiederum integriert in das Gesamt-Setting des Lackherstellers, der inzwischen die angestrebte Entwicklungspartnerschaft eingegangen ist.
- *Organisatorische Übung.*
  Auch diese letzte Übung bezieht sich inhaltlich auf den weiteren operativen Umsetzungsprozess bei der Neuentwicklung der gemeinsamen Produkte mit dem Entwicklungspartner. Im Gegensatz zur ersten Fallstudie geht es hier nicht darum, strategische oder konzeptionelle Überlegungen anzustellen, sondern vielmehr darum, ein Projekt zu planen und zu steuern sowie mit aktuellen Tagesinformationen umzugehen und spontan und flexibel auf Neuerungen zu reagieren. Hierzu erhalten die Teilnehmer sehr umfangreiches Material, das in kurzer Zeit analysiert und verarbeitet werden muss, so dass Prioritäten gesetzt werden müssen und ein aktualisierter Projektplan erstellt werden muss.

Die beschriebenen Übungen versetzen die Teilnehmer in die Situation eines Mitarbeiters, der im Rahmen eines Projektes Verantwortung übernommen hat. Die Teilnehmer werden nicht in die Rolle einer Führungskraft versetzt, da bewusst auf eine Fixierung des Competencies Reviews 1 auf die Frage „Führungslaufbahn – ja oder nein?“ verzichtet werden sollte. Gleichzeitig ist die Rollenübung so gestaltet, dass sie wichtige Anforderungen an Gesprächssituationen, die tesa-Manager mit Mitarbeitern führen müssen, auch sichtbar machen kann.

Zu Beginn des CR 1 wird mit allen Teilnehmern ein ausführliches zweistündiges, kompetenzbasiertes, strukturiertes Interview geführt. Darin werden intensiv der bisherige Lebenslauf sowie die berufliche Motivation und zukünftigen beruflichen Ziele besprochen. Im zweiten Teil des Interviews diskutieren die Beobachter Beispiele aus dem Alltag des jeweiligen Teilnehmers in Bezug auf alle sechs ausgewählten Anforderungsdimensionen und reflektieren diese gemeinsam mit ihm. So können die Kompetenzen auch im Interview systematisch eingeschätzt werden.

Was ist flexibel? Während innerhalb des Übungssets keine regionalen Anpassungen vorgenommen werden sollen, ist es das Ziel, dass in Zukunft drei verschiedene Übungssets zur Verfügung stehen, aus denen jeweils ausgewählt werden kann. Das dargestellte Set aus dem Geschäftsbereich Industrie soll zu einem anderen Zeitpunkt ergänzt werden um Sets aus zwei anderen Unternehmensbereichen von tesa. Je nach Aufgabenschwerpunkt der Teilnehmer kann so in den Regionen entschieden werden, welches Set in Zukunft zum Einsatz kommt.

Dauer des Verfahrens

Was ist fix? Die reine Durchführungsdauer des Verfahrens beträgt 2.5 Tage. Dabei ist ein erstes Feedbackgespräch mit jedem der Teilnehmer, das individuell am Ende des Verfahrens geführt wird, bereits inkludiert. Hinzu kommt ergänzend eine vorgeschaltete Beobachterschulung von bis zu 1.5 Tagen.

Was ist flexibel? Während die Gesamtdauer des Verfahrens durch die Übungen und klar definierten Elemente des Verfahrens fixiert ist, werden die genauen Anfangs- und Endzeiten regionalspezifisch zuweilen angepasst. So besteht in einzelnen Regionen die Präferenz, am Ende der Übungsdurchführungen bereits am Abend mit der Beobachterkonferenz zu starten, was zu einer Verkürzung dieser Sequenz am Folgetag führt, während in anderen Ländern erst am Morgen nach der Durchführung der Übungen mit der Beobachterkonferenz begonnen wird. Auch die Beobachterschulung wird unterschiedlich intensiv und lang durchgeführt. Dies hängt im Wesentlichen von der Erfahrung der einzelnen Beobachter ab. Im Normalfall beträgt sie 1.5 Tage, im Einzelfall kann sie jedoch auch auf einen halben Tag im Sinne eines Beobachter-Kurzbriefings verkürzt werden.

Anzahl der Teilnehmer

Was ist fix? Die maximale Teilnehmerzahl, die bereits im Rahmen der Zielstellung definiert worden ist, beträgt sechs Teilnehmer. Diese Anzahl wird in keiner der Veranstaltungen überschritten.

Was ist flexibel? Unterhalb der Anzahl von sechs Teilnehmern sind jedoch bereits verschiedene Varianten realisiert worden. Von 3 Teilnehmern bis 6 Teilnehmern ist eine Durchführung möglich.

Ergänzende Instrumente

Was ist fix? Alle Teilnehmer nehmen bereits vor dem Competencies Review 1 an einem 360°-Feedback teil, d. h. sie und ihre Feedbackgeber bearbeiten den bei tesa etablierten online-basierten 360°-Feedbackbogen. Die Ergebnisse liegen in Form eines Berichts zum Competencies Review 1 vor.

Ein weiteres, sehr wichtiges ergänzendes Element im Competencies Review 1 stellen die Nachgespräche zu den einzelnen Übungen dar, die 10 Minuten bis 20 Minuten dauern und somit einen starken Schwerpunkt auf die Selbstreflexion der Teilnehmer legen. Diese Nachgespräche werden vom jeweiligen Beobachterteam verbindlich jeweils nach den Übungen geführt. Sie enthalten jedoch kein Feedback an den Teilnehmer, um diesen nicht vor Ende des Competencies Review 1 zu sehr in seinem Verhalten zu beeinflussen. Vielmehr wird die Zeit genutzt, um die Ziele, Strategien und Beweggründe des Teilnehmers für sein Übungsverhalten gemeinsam mit ihm zu reflektieren.

Ein weiterer Aspekt, der ebenso mit dem Ziel der verstärkten Selbstreflexion durchgeführt wird, ist die Selbsteinschätzung der Teilnehmer nach den einzelnen Übungen und Nachgesprächen. Es handelt sich dabei um eine qualitative Reflexion der eigenen Stärken und Verbesserungsfelder in den einzelnen Übungen, die eine Vorbereitung auf das Feedbackgespräch am Ende des Verfahrens darstellt. Der Teilnehmer kann diese Punkte mit in sein Feedbackgespräch einbringen. Er wird auch angehalten, diese Erkenntnisse in den zu erstellenden Entwicklungsplan einzubauen.

Was ist flexibel? Parallel zur Beobachterkonferenz nehmen die Teilnehmer an einer Schulung zum Thema Feedback teil, die auf das Feedbackgespräch vorbereiten und das selbstgesteuerte Lernen der Teilnehmer im Anschluss an den Competencies Review 1 vorbereiten soll. Die Ausgestaltung dieser Schulungssequenz wird von den Regionen selbst übernommen und z. B. auch durch deren Trainerauswahl eigenständig geplant. Dies ermöglicht es den Regionen, diese externen Fachleute bereits in den Vorab-Prozess, z. B. durch die Auseinandersetzung mit dem 360°-Bericht, aber auch im Rahmen des Anschlussprozesses nach dem CR 1 im Rahmen der Erstellung des individuellen Entwicklungsplanes in der Funktion eines Coaches einzusetzen.

Feedback und Folgegespräche

Was ist fix? Am Ende eines jeden Competencies Reviews 1 erhalten die Teilnehmer ein erstes individuelles Feedback. Hierzu werden pro Feedbackgespräch ca. 45 Minuten eingeplant, was den starken Feedback- und Reflexionscharakter der Veranstaltung unterstützt. Hier übernehmen die beobachtenden tesa-Manager eine zentrale Rolle und fassen das Feedback aus dem Beobachterkreis zusammen, während die internen Moderatoren aus dem Personalbereich bzw. externen Moderatoren von Profil M lediglich ergänzen und sicherstellen, dass das Feedback in entsprechend konstruktiver und klarer Form formuliert wird.

In der Folge erhält jeder Teilnehmer einen von Profil M erstellten Ergebnisbericht, der zusammen mit dem Ergebnisbericht des 360°-Feedbacks die Grundlage für ein Folgegespräch zwischen Teilnehmer, Vorgesetztem und lokalem Personalverantwortlichen bildet. Ziel dieses Folgegesprächs ist die Verabschiedung eines individuellen Entwicklungsplans. Wichtig ist dabei, dass die verschiedenen Perspektiven und Feedbacks Einfluss auf den resultierenden Entwicklungsplan haben. Hierzu gehört zum einen das Ergebnis des Competencies Reviews 1, dargestellt in dem Ergebnisbericht, zum anderen werden die Rückmeldungen aus dem 360°-Feedback näher diskutiert.

Um die Selbstverantwortung der Teilnehmer zu stärken, bereiten diese bereits auf der Grundlage des Feedbackgespräches im Competencies Review 1 und ihrer eigenen Aufzeichnungen einen Vorschlag für einen individuellen Entwicklungsplan vor. Die Feedbackschulung, die parallel zu der Beobachterschulung für die Teilnehmer angeboten wird, liefert hierzu wertvolle Impulse. Dieser Ansatz wurde gewählt, um sicherzustellen, dass sich die Teilnehmer selbst für ihren Entwicklungsplan und die Durchführung der darin festgehaltenen Maßnahmen verantwortlich fühlen. Gerade bei geringer operativer Steuerung des Prozesses durch Corporate HR ist dies eine wichtige Grundvoraussetzung für die Nachhaltigkeit der Maßnahme.

Was ist flexibel? Die Umsetzung des CR 1 in den Regionen unterscheidet sich dahingehend, dass sowohl Durchführung und Auswertung des 360°-Feedbacktools als auch der Folgeprozess nach dem CR 1 unterschiedlich durchgeführt werden. Da es sich bei dem CR 1 um ein internationales Instrument handelt, und tesa nicht in jedem Land eine HR-Funktion besitzt, nutzen die regionalen HR-Funktionen die Gelegenheit, die Teilnehmergruppe noch für einen weiteren Tag zusammenzuhalten, um so die Gelegenheit für einen strukturierten Start in den Folgeprozess zu erhalten. So findet in einigen Verfahren die Kommunikation und nähere Auseinandersetzung mit den 360°-Feedbackergebnissen bereits am Folgetag des Competencies Reviews 1 statt.

10.1.5 Internationale Etablierung des neuen Competencies Reviews 1

Den Start für den Relaunch des Competencies Reviews 1 stellte ein Konzeptionsworkshop gemeinsam mit Corporate HR, einer Vertreterin der regionalen Personalverantwortlichen und dem Projektverantwortlichen von Profil M dar. In enger Zusammenarbeit wurden die einzelnen Elemente des Competencies Reviews 1 erstellt und zunächst einmal Pilotveranstaltungen in Deutschland durchgeführt, die jeweils kritisch evaluiert wurden und jeweils am Ende der Veranstaltung in einem Verfahrensrückblick resultierten. Aufbauend auf diesen Erfahrungen wurden Detailanpassungen vorgenommen, wie z. B. die dargestellte Reihenfolge der Fallstudie mit Präsentation und anschließender Gruppenübung, die zunächst umgekehrt geplant war. Auch konnte so der Zeitbedarf für Auswertungen, Nachreflexionen und Feedbackgespräche reflektiert und die Zeitpläne dementsprechend angepasst werden. Dabei spielte der Bedarf an intensivem Feedback und ausführlicher Reflexion eine besondere Rolle, so dass der zunächst straffer angesetzte Zeitplan auf die hier geschilderten zweieinhalb Tage ausgeweitet wurde. Daneben wurden Optimierungen im Detail an den einzelnen Übungen und Übungsformulierungen vorgenommen. Auch die Beobachterschulung wurde inhaltlich angepasst und noch weitergehend auf die Bedarfe der Beobachter, die mit der Methodik noch nicht vertraut sind, angepasst.

Im nächsten Schritt wurden zu den laufenden Verfahren weitere regionale Personalverantwortliche eingeladen, um diese zum einen mit dem Verfahren vertraut zu machen und zum anderen deren Impulse für weitere regionalspezifische Anpassungen und Optimierungsvorschläge aufzunehmen. Auf Grundlage dieser Integrationsmaßnahme war es schließlich möglich, einige Monate nach Start der ersten Pilotveranstaltungen die erste Veranstaltung in Spanien durchzuführen. Inzwischen wurden weitere Veranstaltungen in Singapur und den USA erfolgreich durchgeführt. Parallel fanden Competencies Reviews 1 mit Teilnehmern aus verschiedenen Regionen statt, wenn pro Region nicht genügend Teilnehmer für eine Veranstaltung identifiziert worden waren.

10.1.6 Erfahrungen und weitere Pläne

Erfolgsfaktoren des Competencies Reviews 1

Die Entscheidung, den Competencies Review 1 auf maximal sechs Teilnehmer zu beschränken und damit ein kleines und flexibel anwendbares Instrument anzubieten, das auch kurzfristig und dezentral in den Regionen durchführbar ist, hat sich als sinnvolle

Entscheidung erwiesen. Die Verfahren können kurzfristig vorbereitet und durchgeführt werden, treffen in den Regionen auf hohe Akzeptanz und werden dementsprechend auch intensiv genutzt.

Ein weiterer Aspekt, der sich als sehr sinnvolle Verfahrensweise erwiesen hat, besteht in der sukzessiven Einbeziehung der regionalen HR-Verantwortlichen in das laufende Verfahren, an Stelle einer theoretischen Prozessschulung. Durch die Einbeziehung der HR-Kollegen als Beobachter und Verfahrensbeobachter war es sehr gut möglich, sie mit dem Verfahren vertraut zu machen, sowie auch weitere Impulse zu erhalten, wie das Verfahren weiter optimiert und angepasst werden kann. Der reibungslose Ablauf der Competencies Reviews 1 in den Regionen, wo die komplette organisatorische Verantwortung für die Gegebenheiten vor Ort vollständig bei den lokalen HR-Experten lag, zeigt die Vorteile dieses Vorgehens auf. Voraussetzung hierfür war eine kontinuierliche Nachjustierung in der Definition von Standards und Freiräumen in der Ausgestaltung des Competencies Reviews 1, wobei im Austausch zwischen Corporate HR, den regionalen Personalverantwortlichen und dem externen Beratungsunternehmen Profil M immer wieder Varianten diskutiert, Rahmenbedingungen definiert und entsprechend kommuniziert wurden. So sind die in diesem Abschnitt geschilderten fixierten und flexiblen Anteile des Competencies Reviews 1 zum Teil das Ergebnis der ersten Konzeptionsphase, zum Teil aber auch eines iterativen Abstimmungsprozesses.

Dementsprechend besteht nach wie vor ein sehr wesentlicher Erfolgsfaktor des Competencies Reviews 1 in der sehr engen und kontinuierlichen Abstimmung zwischen Corporate HR, die, wie bereits erwähnt, gesamtverantwortlich für die Methodik und Qualitätssicherung ist, und dem externen Dienstleister, der sowohl die Ausführung der Konzeption verantwortet hat als auch bei jeder international durchgeführten Veranstaltung in der Moderatorenfunktion anwesend ist, die komplette Vorbereitung aller Unterlagen und Materialien vornimmt sowie die Abstimmung mit den Lokalverantwortlichen realisiert. Da insofern unser externer Dienstleister das direkte Sprachrohr aus den einzelnen regionalen Veranstaltungen darstellt, ist die enge Abstimmung bezüglich des permanenten Optimierungs- und Standardisierungsprozesses von ganz entscheidender Bedeutung.

Ein besonderer Anteil an den internen Abstimmungen bestand wiederholt in der Verfahrensdauer. Im Rahmen der Zielstellungen wurde definiert, dass mit dem Relaunch des Competencies Reviews 1 auch ein effizientes Verfahren angestrebt wurde. Dies bedeutete, dass eine Dauer von 2.5 Tagen reiner Durchführungszeit nicht überschritten werden sollte. Dies wird auch eingehalten. Allerdings ist wiederholt der Wunsch, die Reflexion gemeinsam mit dem Teilnehmer zu verstärken und längere Feedbackgespräche zu führen, Anlass gewesen, die Effizienz des Verfahrens zu diskutieren. Der Abwägungsprozess zwischen Reflexionsintensität und sich daraus ergebendem Aufwand führte letztlich dazu, dass das Verfahren zwar die angestrebten 2.5 Tage nicht überschreitet, aber auch nicht unterschreitet. Heute erfolgt die Diskussion der einzelnen Teilnehmer im Rahmen der Beobachterkonferenz intensiver und dauert länger als dies zunächst geplant war. Die avisierte Aufwandsreduktion wurde somit erreicht, jedoch letztlich bewusst nicht maximiert mit dem Ergebnis, dass das Instrument genau den Grad an Intensität und Reflexionsmöglichkeit bietet, der allen Beteiligten sinnvoll und zielführend erscheint.

Nächste Schritte und Pläne

Der Relaunch ist im Jahre 2011 abgeschlossen worden. Es gilt nun, dieses Feedbackinstrument routiniert in allen tesa-Regionen zum Einsatz zu bringen und eine sinnvolle Verknüpfung mit dem Nachfolgeplanungsprozess herzustellen. Gleichzeitig wird durch die kontinuierliche Anwendung des CR 1 auch die Feedbackqualifikation der tesa-Manager vorangetrieben. Eine Entscheidung über die Erweiterung der Übungssets steht noch aus. Dies wird aber im Hause tesa als nicht dringlich eingestuft, also erst zu einem späteren Zeitpunkt wieder auf die Agenda kommen.

10.2 CareerDays bei der ThyssenKrupp AG – Auswahl und Gewinnung von Trainees

von Volker Drees

10.2.1 Der ThyssenKrupp-Konzern

ThyssenKrupp ist ein integrierter Werkstoff- und Technologiekonzern, der weltweit innovative Produkt- und Systemlösungen für nachhaltigen Fortschritt bietet. Mehrere Business Areas bündeln die Aktivitäten und das Know-how des Unternehmens in den strategischen Kompetenzfeldern Materials und Technologies. Eine breite Palette von Hochleistungswerkstoffen und Anlagen, Komponenten, Systemen und innovativen Dienstleistungen bildet das Leistungsprogramm. Über zwei Drittel der insgesamt 2200 Produktionsstätten, Büros und Servicestützpunkte liegen außerhalb Deutschlands; wir bedienen Kunden in rund 80 Ländern der Welt. Im Geschäftsjahr 2010/2011 arbeiteten 180000 Mitarbeiter im Konzern und es wurde ein Umsatz von 49 Mrd. Euro erzielt.

10.2.2 Grundlagen und Ziele des ThyssenKrupp CareerDays

Bei unseren CareerDays handelt es sich um ein Format zur Gewinnung und Auswahl von Trainees verschiedenster Fachrichtungen, welches wir im Jahr 2007 erstmals durchgeführt haben. Seit dem Frühjahr 2011 dienen diese CareerDays der Gewinnung unserer Kandidaten für das konzernweite Traineeprogramm der ThyssenKrupp AG. Bevor wir jedoch näher auf den CareerDay eingehen, möchten wir einen kurzen Einblick in unser Konzern-Traineeprogramm geben.

Seit 2011 bieten wir Hochschulabsolventen verschiedener Studienrichtungen ein 18-monatiges Traineeprogramm an, in dessen Rahmen sie den Konzern mit seinen verschiedenen Geschäftsbereichen und unterschiedlichen Arbeitsumfeldern kennenlernen. Mit unserem Programm verknüpfen wir die Idee, dass die Trainees den Konzern in seiner Gesamtheit und Vielfalt erleben. Bereichs- und abteilungsübergreifendes Denken und Handeln soll hierdurch ebenso gefördert werden wie die aktive Vernetzung der jungen Talente im gesamten Konzern. Uns ist es wichtig, dass die Trainees in ihren späteren Unternehmen nicht nur den eigenen Fachbereich und das einzelne Konzernunternehmen im Blick haben, sondern auch die Auswirkungen ihres Handelns auf andere Bereiche erkennen und berücksichtigen.

Das Programm beinhaltet folgenden Ablauf: Mit einem mehrmonatigen Einsatz starten die Trainees in der Abteilung eines Konzernunternehmens oder einer übergeordneten Organisationseinheit, in der sie nach Beendigung des Traineeprogramms auch bis zum nächsten Entwicklungsschritt tätig sind. Darauf folgen insgesamt vier Abteilungs- und Standortrotationen, welche die Trainees unter anderem in die Konzernholding sowie zu einer ausländischen Tochtergesellschaft von ThyssenKrupp führen. Durch den Auslandsaufenthalt werden neben Sprachkenntnissen auch die interkulturellen Kompetenzen weiterentwickelt. Als „Kurzzeit-Expatriates" arbeiten die Trainees an einem aktuellen Projekt, knüpfen internationale Netzwerke und erleben die kulturelle Bandbreite des Konzerns hautnah. Über eine weitere Inlandsstation führt der Weg anschließend wieder zurück in die Zielorganisation. Im Zuge der verschiedenen Stationen lernen die Trainees somit nicht nur die Breite der fachlichen Tätigkeiten kennen, sondern sind sowohl im operativen und strategischen als auch im nationalen und internationalen Arbeitsumfeld tätig.

Bisher wurde das Konzern-Traineeprogramm erfolgreich für sechs Fachbereiche (u. a. Finance, Controlling, Unternehmensentwicklung und Human Resources) gestartet, weitere werden in den nächsten Jahren sukzessive folgen. Die Traineeauswahl findet zwei bis drei Mal im Geschäftsjahr statt. Bei einer kontinuierlichen Betreuungsgröße von ca. 30 Trainees im Programm suchen wir pro Auswahlrunde in der Regel bis zu acht Trainees. Bevor wir mit der Rekrutierung passender Kandidaten beginnen, erfolgt eine enge Abstimmung mit unseren Business Areas, Konzernunternehmen und Fachbereichen. Diese Abstimmung erfolgt im Zuge einer systematischen Bedarfserfassung sowie der gemeinsamen Definition künftiger Aufgabenschwerpunkte der Trainees. Dieser Prozess stellt eine wesentliche Grundlage für eine erfolgreiche Traineeauswahl dar.

Mit dem CareerDay verfolgen wir zwei Ziele: Als Instrument der Personalauswahl dient er in erster Linie dazu, aus guten Bewerberinnen und Bewerbern die Besten für das anspruchsvolle Konzern-Traineeprogramm zu identifizieren. Darüber hinaus gewinnt in einem zunehmend umkämpften Arbeitsmarkt die Zielsetzung, den Bewerbern den ThyssenKrupp-Konzern als attraktiven Arbeitgeber vorzustellen, stetig an Bedeutung. Durch ein gemeinsames Auftreten von bis zu acht Konzernunternehmen auf einem CareerDay gewinnen die Bewerber einen ersten Eindruck von der Größe, der Vielfalt und den bestehenden Möglichkeiten innerhalb des ThyssenKrupp-Konzerns. Im Rahmen unserer Aktivitäten im Personalmarketing nimmt der CareerDay dadurch einen besonderen Stellenwert ein. Denn nicht nur die Bewerber haben die Chance, ein breites Spektrum von möglichen Einsatzfeldern kennenzulernen, sondern auch die Konzernunternehmen profitieren erheblich vom gemeinsamen Auftritt. Anzahl und insbesondere die Qualität der Bewerbungen sind deutlich höher, wenn sich die Konzernunternehmen gemeinsam präsentieren und mit ihrer Konzernzugehörigkeit werben.

Im Folgenden möchten wir in erster Linie auf die Funktion des CareerDays als Auswahlinstrument näher eingehen. Die Basis für diesen Auswahlprozess bildet ein Kompetenzmodell, welches wir eigens für unser Konzern-Traineeprogramm entwickelt haben und das die spezifischen Anforderungen an unsere Konzerntrainees beschreibt. Den Kern des Kompetenzmodells bilden die vier Themenfelder „persönliche Voraussetzungen", „Zusammenarbeit", „Aufgabenerfüllung" sowie „Arbeiten im Konzernumfeld". Aus diesen Themenfeldern leiten sich insgesamt zwölf Kompetenzen ab. Die folgende Abbildung gibt einen Überblick über die einzelnen Kompetenzen innerhalb der vier Themenfelder.

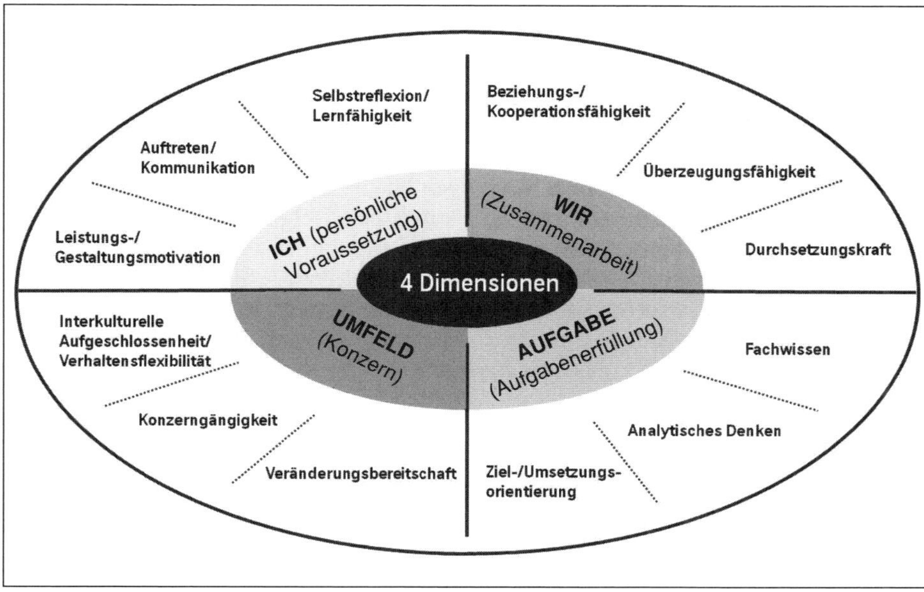

Abbildung 15: Das Kompetenzmodell des Konzern-Traineeprogramms

Das Kompetenzmodell wird nicht allein zu Zwecken der Auswahl von Trainees genutzt. Als Anforderungsprofil der Konzerntrainees dient es auch als Orientierungsrahmen für die Inhalte und Ziele der Traineeausbildung. So orientieren sich beispielsweise die vier Off-the-Job-Trainings, welche die Trainees im Laufe des Programms besuchen, inhaltlich an den vier Themenfeldern. Darüber hinaus werden die Trainees am Ende jeder Programmstation durch ihre jeweilige Führungskraft anhand der 12 Kompetenzen beurteilt. Entwicklungsfortschritte lassen sich hierdurch systematisch nachverfolgen. Zudem kommunizieren wir im Zuge des Hochschulmarketings das Kompetenzmodell offen, um interessierten Bewerbern bereits frühzeitig unsere Anforderungen an eine Nachwuchskraft transparent zu machen. Das Kompetenzmodell bildet dementsprechend den roten Faden, der sich durch den gesamten Recruiting- und Entwicklungsprozess zieht.

10.2.3 Gestaltung und Organisation des CareerDays

Ein CareerDay bietet in der aktuellen Organisationsform Platz für bis zu 25 Bewerber sowie bis zu acht Konzernunternehmen, die in der Regel mit zwei Vertretern – einem Personalverantwortlichen sowie einem Fachbereichsvertreter – teilnehmen. Für ein Assessment Center ist dies eine recht große Teilnehmerzahl, die einen hohen Organisations- und Koordinationsaufwand mit sich bringt. Je nach Anforderungen der Fachbereiche und

Anzahl der zu besetzenden Traineepositionen haben wir den CareerDay jedoch auch schon in kleineren Größenordnungen von 4 bis 20 Bewerbern durchgeführt.

Die CareerDays sind auf eine Dauer von 1.5 Tagen ausgelegt. Der erste Tag, beginnend am frühen Nachmittag, steht unter dem Motto „Sie lernen uns kennen“ und soll den Teilnehmern die Gelegenheit geben, das Unternehmen ThyssenKrupp als attraktiven Arbeitgeber kennenzulernen. Der ganztägige zweite Tag steht hingegen unter dem Motto „Wir lernen Sie kennen“ und hat typischen Assessment-Charakter. Jeder CareerDay findet funktionsspezifisch statt, was bedeutet, dass wir pro Veranstaltung Kandidaten für eine bis maximal drei Funktionen suchen. Dementsprechend sind neben Vertretern der Personalabteilungen auch Ansprechpartner der jeweiligen Fachbereiche – zumeist die künftigen Vorgesetzten der Trainees – vertreten. Die funktionsspezifische Durchführung ermöglicht einerseits, dass die suchenden Konzernunternehmen möglichst viele, grundsätzlich in Frage kommende Bewerber kennenlernen können. Andererseits sorgt sie dafür, dass Inhalte und Ablauf des CareerDays für alle Kandidaten identisch sind. Funktionsübergreifend bleibt das grundlegende Format der CareerDays weitestgehend identisch, lediglich die Inhalte einzelner Übungen des Assessment Centers werden fachspezifisch angepasst.

Wie gestaltet sich der Ablauf eines CareerDays? Am ersten Tag stellen die Konzernunternehmen mit kurzen Präsentationen ihre Tätigkeitsschwerpunkte und Einstiegsangebote im Plenum vor. Anschließend bieten so genannte Kontaktinseln Gelegenheit für individuelle Gespräche zwischen Bewerbern und Konzernvertretern. An verschiedenen Ständen präsentieren sich die einzelnen Konzernunternehmen, stellen sich den Bewerbern vor und bieten den Kandidaten die Gelegenheit, vertiefende Fragen zu ihren Anliegen zu stellen und eine intensivere Diskussion zur Ausrichtung und den Besonderheiten des jeweiligen Unternehmens zu führen. Die Bewerber wechseln zwischen den Kontaktinseln und haben so die Möglichkeit, im Laufe des Nachmittags alle anwesenden Konzernunternehmen mit ihren Ansprechpartnern kennenzulernen. Dass die Konzernunternehmen bei dieser Vorstellungsrunde untereinander in gewisser Konkurrenz um die besten Kandidaten stehen, ist hierbei durchaus gewollt, um möglichst aktiv um die Kandidaten zu werben. Wir lassen den Tag bei einem gemeinsamen Abendessen mit allen Bewerbern und Unternehmensvertretern ausklingen.

Der zweite Tag folgt der Grundidee eines Assessment Center-Verfahrens. Wir möchten innerhalb eines Tages ein möglichst aussagekräftiges Bild von den einzelnen Bewerbern gewinnen, um unmittelbar eine fundierte Auswahlentscheidung treffen zu können. Die Entscheidung basiert auf den Einschätzungen, inwiefern der Kandidat den Anforderungen eines Konzerntrainees gerecht wird, ob es sich hierbei um einen Leistungs- und Potenzialträger handelt und inwiefern der Kandidat von der fachlichen und überfachlichen Ausrichtung, aber auch persönlich, zu den suchenden Konzernunternehmen passt. Die Basis bildet das in Abbildung 15 dargestellte Kompetenzmodell.

Kompetenzeinschätzungen im Zuge des CareerDays. Aufbauend auf dem Kompetenzmodell sowie den besonderen fachlichen Anforderungen stellen wir ein Übungsset zusammen, das aus möglichst realitätsnahen Simulationen besteht. Dies hat zwei entscheidende Vorteile: Es gibt den Teilnehmern bereits einen Eindruck von möglichen künftigen Herausforderungen im Rahmen des Konzern-Traineeprogramms. Noch wichtiger aber ist, dass eine realitätsnahe Simulation künftiger Anforderungen an Trainees die beste Vor-

hersagekraft für deren Eignung ermöglicht. Ein klassisches Übungsset eines CareerDays besteht aus einem Interview, welches uns ermöglicht, die persönlichen Sichtweisen, Einstellungen und Hintergründe der Teilnehmer kennenzulernen, einer Fallstudie, anhand derer wir schwerpunktmäßig die aufgabenbezogenen Kompetenzen des Teilnehmers betrachten, und einem Rollenspiel auf Kollegenebene, in welchem die Bewerber insbesondere ihre sozialen Kompetenzen unter Beweis stellen können.

Die im Kompetenzmodell hinterlegten Verhaltensanker werden durch die verschiedenen Übungsinhalte sichtbar und beobachtbar gemacht. Die Bewertung erfolgt dabei auf einer fünfstufigen Skala mittels Abgleich der gezeigten Leistung mit einer Übersicht positiver Verhaltensbeschreibungen (Verhaltensanker). Die Inhalte des Interviews, der Fallstudie sowie des Rollenspiels sind derart gestaltet, dass jede Kompetenz in mindestens zwei der drei CareerDay-Bausteine beobachtet und bewertet werden kann. Beispielsweise werden die Selbstreflexion eines Kandidaten im Interview sowie im Rollenspiel und die Leistungs-/Gestaltungsmotivation sowohl im Interview als auch in der Fallstudie bewertet.

Wir gestalten den CareerDay so, dass die max. 25 Teilnehmer die Übungen parallel vor fünf Beobachterteams durchlaufen. In jeder Beobachtergruppe werden zunächst fünf Interviews geführt, es folgen fünf Fallstudienpräsentationen und fünf Rollenspiele. Eine Besonderheit des CareerDays ist es, dass der Beobachterzeitplan und die Zuordnung der Beobachter und Teilnehmer zu den einzelnen Teams keinem einheitlichen Rotationsmuster (wie bei herkömmlichen Assessment Center-Verfahren) folgen. Wir verfolgen bei der Zusammenstellung des Zeitplans das Ziel, den Beobachtern der verschiedenen Konzernunternehmen alle Bewerber zu zeigen, die für sie und ihre Unternehmenseinheiten besonders interessant erscheinen. Schließlich stellen unsere Konzernunternehmen vor dem Hintergrund ihrer unterschiedlichen Tätigkeitsschwerpunkte, Aufgabenstellungen sowie des speziellen Produkt- und Dienstleistungsportfolios unterschiedliche Anforderungen an Bewerber. Auf der anderen Seite setzen wir in alle Konzerntrainees gleichermaßen hohe Erwartungen in Bezug auf zentrale Kompetenzen wie eine übergreifende „Konzerngängigkeit“ sowie deren Leistungs- und Entwicklungspotenzial.

Wir bewegen uns mit dem CareerDay und dem Konzern-Traineeprogramm daher im Spannungsfeld zwischen der lokalen Passung des Teilnehmers in ein bestimmtes Konzernunternehmen und einer konzernweiten Passung zu den Anforderungen des Konzern-Traineeprogramms. Wir suchen Bewerber, die gut in ein bestimmtes Konzernunternehmen passen, sich gleichzeitig auch mit Fingerspitzengefühl und Flexibilität in einem anderen Umfeld innerhalb des Konzerns bewegen können und zudem hinreichende Veränderungs- und Lernbereitschaft für intensive und abwechslungsreiche Erfahrungen im Zuge des Konzern-Traineeprogramms mitbringen. Diese besondere Anforderung bilden wir auch in den Beobachterteams ab. Neben Vertretern der Konzernunternehmen findet sich in jedem Team auch ein Vertreter des Corporate Center Human Resources, der neben der lokalen Passung insbesondere die konzernweite Einsetzbarkeit des Bewerbers und die Einhaltung einheitlicher Qualitätsstandards im Auge behält.

Die Organisation des CareerDays. Organisatorisch steht der CareerDay vor der Herausforderung, dass wir mit den bis zu 25 Teilnehmern eine hohe Anzahl von Bewerbern haben und sich die Vertreter verschiedener Konzernunternehmen (i. d. R. zwischen 15 und 20 Personen) ganz unterschiedlich intensiv für einzelne Kandidaten interessieren.

Der Zeitplan wird von uns im Vorfeld so optimiert, dass ein Beobachter seine Wunschkandidaten möglichst häufig sehen kann. Lässt sich diese originäre Zuordnung aufgrund hoher Überschneidungen bezüglich der Präferenzen der Beobachter nicht perfekt realisieren oder gewinnt ein Beobachter am ersten Tag zusätzliche Eindrücke von interessanten Kandidaten, die er aufgrund der Papierform noch nicht in die nähere Betrachtung gerückt hatte, ermöglichen wir den freien Wechsel der Beobachter zwischen den Teams im Laufe der Veranstaltung. Diese Zuordnung im Vorfeld sowie die Möglichkeit des freien Wechsels während des Assessment-Tages stellt eine erhebliche organisatorische Herausforderung dar, die im Vorfeld eines CareerDays gut erarbeitet werden muss, eine sehr gute Organisation vor Ort erfordert und den Beobachtern eine hohe zeitliche Disziplin abverlangt, um den äußerst straffen Zeitplan des CareerDays einzuhalten.

Verdichtung und Weitergabe gewonnener Einschätzungen. Um den beschriebenen Anforderungen während der Durchführung des CareerDays gerecht zu werden, werden stets bis zu vier Personen im „Back-Office" eingesetzt. Diese kümmern sich ausschließlich um die Einhaltung des zeitlichen Ablaufs, die Betreuung der Bewerber, die Auswertung und Verdichtung der Beobachtungsergebnisse sowie die Vorbereitung der abschließenden Beobachterkonferenz.

Die Beurteilung der Bewerber im Rahmen des CareerDays erfolgt in einem zweistufigen Prozess. Zum einen nehmen alle Beobachter im unmittelbaren Anschluss an die jeweilige Übung in einer 10- bis 15-minütigen Auswertungsphase eine gemeinsame Einschätzung des Bewerbers vor. Hierbei halten wir sowohl die qualitativ wichtigsten Botschaften fest, die die Stärken und Entwicklungsfelder beschreiben. Zum anderen nehmen wir hinsichtlich der im Kompetenzmodell beschriebenen Kriterien eine quantitative Beurteilung der Teilnehmer vor. Quantitative und qualitative Einschätzungen werden im „Back-Office" zu einer Ergebnisübersicht verdichtet, die anschließend in der Beobachterkonferenz zur Verfügung steht.

Trotz der verschiedenen Bedarfe der Unternehmen kristallisieren sich in der Regel am Ende des Assessment-Tages klare Favoriten unter den Bewerbern heraus, die von mehreren Konzernvertretern favorisiert werden. In diesem Fall gilt es zwei Interessenslagen zu vereinbaren: Auf der einen Seite möchten wir aus konzernübergreifender Sicht mit den CareerDays möglichst viele geeignete Trainees für unseren Konzern gewinnen, auf der anderen Seite sind die einzelnen Konzernunternehmen daran interessiert, den besten Bewerber für sich zu gewinnen. In der abschließenden Beobachterkonferenz des CareerDays besteht somit die größte Herausforderung darin, die guten bis sehr guten Bewerber fair auf die einzelnen Konzernunternehmen zu verteilen und dabei möglichst viele der geeigneten Kandidaten für den Konzern zu gewinnen. An dieser Stelle kommt uns die im Laufe des Tages erstellte qualitative und quantitative Beobachtungs- und Ergebnissammlung zu den einzelnen Kandidaten zugute. Hierdurch können die Stärken und Schwächen der Teilnehmer näher betrachtet werden.

Im Zuge der Beobachterkonferenz werden die Präferenzen und Prioritäten der Konzernunternehmen hinsichtlich der beobachteten Kandidaten geklärt und abgestimmt. Je nach Interessen der Konzernunternehmen und Profil der Bewerber versuchen wir, eine möglichst gute Verteilung der attraktiven Bewerber auf die verschiedenen Konzernunternehmen zu finden. Hier ist bisweilen die Kompromissfähigkeit der Unternehmen gefragt: Sofern für einige Konzerneinheiten mehrere Bewerber interessant sind, kann es gefordert sein, dass die Unternehmen bereitwillig auf einen favorisierten Bewerber verzichten, wenn dieser der einzige in Frage kommende Bewerber für eine andere Einheit ist. In anderen Fällen ist es so, dass die besten Bewerber von mehreren Unternehmen ein Einstiegsangebot erhalten. Sofern alle Konzerntrainee-Positionen besetzt werden können, betrachten wir anschließend die übrigen Bewerber, bei denen es durchaus auch noch Optionen für Direkteinstiege oder andere Möglichkeiten im Konzern geben kann. Unser erklärtes Ziel der Beobachterkonferenz besteht darin, am Ende des Tages allen interessanten Bewerbern während des abschließenden Feedbackgesprächs ein unmittelbares Einstiegsangebot zu unterbreiten.

Ein fester Bestandteil des CareerDays sind Feedbackgespräche für alle Bewerber. Mit Bewerbern, die eine Absage erhalten, wird ein etwa 15- bis 20-minütiges Feedbackgespräch geführt. Es ist uns wichtig, auch den Bewerbern, für die wir keine Passung auf das Konzerntrainee-Profil sehen, Hinweise für die persönliche Entwicklung mitzugeben und eine transparente Begründung für die Absage zu liefern.

Die Bewerber, denen wir erfreulicherweise ein Angebot für den Einstieg als Konzern-Trainee unterbreiten können, führen ein Gespräch mit Konzernvertretern, in dem ihnen diese Botschaft konkret zurückgemeldet wird. Dabei kann es auch vorkommen, dass wir attraktiven Bewerbern Angebote für den Einstieg in mehreren Konzernunternehmen unterbreiten. So kann ein Bewerber durchaus mehrere Abschlussgespräche hintereinander führen und anschließend gebeten werden, sich in den nächsten Tagen zeitnah für eines der Angebote zu entscheiden. Bei der Durchführung aller Feedbackgespräche nutzen wir die während der Veranstaltung gesammelten Stärken- und Schwächen-Zusammenfassungen für ein qualitatives Feedback an die Bewerber.

10.2.4 Vor- und nachgelagerte Prozesse

Der CareerDay stellt das Finale und den wichtigsten Schritt in der Auswahl der Teilnehmer für das Konzern-Traineeprogramm dar. Ihm gehen eine Reihe vorgelagerter Schritte voraus, um bereits im Vorfeld die besten Teilnehmer für den CareerDay zu identifizieren. Abbildung 16 veranschaulicht die Vorselektion von Bewerbern am Beispiel des Auswahlprozesses für Trainees im Bereich Human Resources.

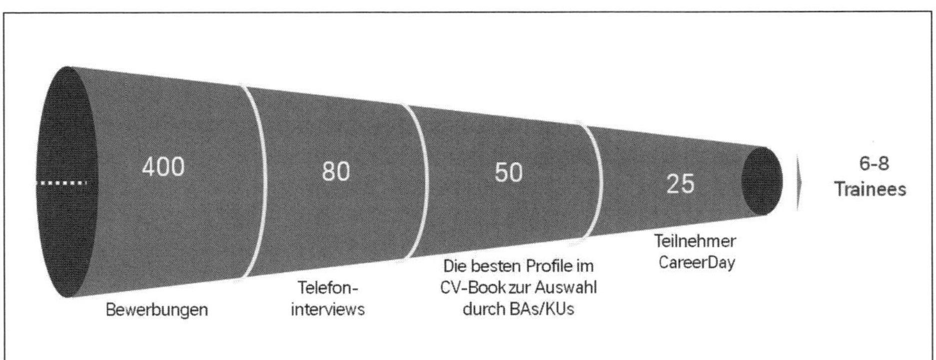

Abbildung 16: Phasen des Auswahlprozesses

Der gesamte Prozess der Auswahl von Konzerntrainees gliedert sich in vier Phasen, die im Folgenden näher erläutert werden.

Analyse der Bewerbungsunterlagen. In einem ersten Schritt sichten wir die eingegangenen Bewerbungsunterlagen. Zur Bewertung der Bewerbungsunterlagen wurde ein Scoring-Modell entwickelt. Zentrale Kriterien, wie z. B. akademische Leistungen, Dauer und Qualität von Praktika, Auslandsaufenthalte und Erfahrungen in Großunternehmen, werden bewertet, gewichtet und nach Relevanz zu einem quantitativen Gesamtwert summiert. Im Funktionsbereich Human Resources haben wir für acht vakante Traineepositionen rund 400 Bewerbungen erhalten, von denen (basierend auf der beschriebenen Auswertesystematik) die besten 80 Bewerbungen für weiterführende Telefoninterviews herausgefiltert wurden.

Telefoninterviews. Mit den besten Bewerbern werden Telefoninterviews geführt. Hierbei werden wir durch einen externen Partner unterstützt. Anhand eines strukturierten Interviewleitfadens erhalten wir über seine Bewerbungsunterlagen hinaus ein erstes persönliches Bild des Kandidaten. Das Interview dient einerseits dazu, ergänzende Informationen zu Erfahrungsspektrum und Lebenslauf des Bewerbers zu erhalten. Zudem können mögliche Fragen und offene Punkte zu den Bewerbungsunterlagen persönlich geklärt werden. Im Zuge des Gesprächs werden Einschätzungen zu ausgewählten Kompetenzen vorgenommen. In der Regel stehen Kompetenzen wie Kommunikationsfähigkeit, Leistungsmotivation und Lern- und Veränderungsbereitschaft im Vordergrund. Die Telefoninterviewer nehmen kriterienbasierte Bewertungen vor. Auf dieser Basis werden Empfehlungen zur Einladung zum CareerDay ausgesprochen. Darüber hinaus wird eine qualitative Zusammenfassung der Eindrücke aus dem Telefoninterview verfasst, die den Bewerber mit den wahrgenommenen Stärken und Entwicklungsfeldern beschreibt. Ein solches Telefoninterview dauert pro Bewerber einschließlich der Vor- und Nachbereitung etwa eine Stunde bei einer reinen Gesprächszeit von rund 30–40 Minuten.

CV-Books. Die Profile der Bewerber, die das Telefoninterview erfolgreich durchlaufen haben, fassen wir in einem so genannten CV-Book zusammen und leiten dieses an die beteiligten Konzernunternehmen weiter. Hierdurch können die Unternehmen entscheiden, welche Bewerber sie sich grundsätzlich für ihr Konzernunternehmen im Rahmen des Konzern-Traineeprogramms vorstellen können und daher gerne am CareerDay kennenlernen möchten. Bei einer CareerDay-Größe von 25 Teilnehmern und einer Beteiligung von 5–8 suchenden Konzernunternehmen ist es unser Ziel ca. 50 Profile an die suchenden Unternehmen weiterzuleiten. Die genaue Anzahl der Profile hängt von den Ergebnissen der Telefoninterviews ab. Wir bitten dann die Unternehmensvertreter, aus diesen Profilen fünf Favoriten auszuwählen, die sie auf jeden Fall kennenlernen möchten. Zusätzlich nennen uns die Unternehmen zwei weitere ebenfalls interessante, aber weniger favorisierte Bewerber.

Zusammenstellung der Teilnehmer für den CareerDay. Auf Grundlage der Rückmeldungen der Konzernunternehmen stellen wir letztendlich die Teilnehmerliste für den CareerDay zusammen. Hierbei besteht die größte Herausforderung darin, die Wünsche der Konzernunternehmen bestmöglich und gleichermaßen fair zu berücksichtigen. So ist die Zusammenstellung der Teilnehmergruppe in den Fällen am schwierigsten, wenn die Konzernunternehmen sich entweder alle für die gleichen Bewerber interessieren oder aber alle komplett verschiedene Präferenzen angeben. Natürlich kommt es auch vor, dass Kandidaten ihre Bewerbung kurz vor dem CareerDay zurückziehen. Sofern weitere interessante Profile zur Verfügung stehen, füllen wir diese frei werdenden Plätze anhand einer Nachrückerliste auf. Durch den intensiven Vorauswahlprozess stellen wir sicher, dass den Konzernunternehmen im Rahmen des CareerDays nur grundsätzlich interessante und geeignete Bewerber vorgestellt werden. Dies wiederum wirkt sich positiv auf die Zielsetzung aus, möglichst vielen guten Bewerbern am Ende des Tages ein konkretes Angebot zu unterbreiten.

In den bisher durchgeführten CareerDays konnten wir durchgehend hohe Zusagequoten erzielen. Nur wenige Bewerber, denen wir einen Einstieg in unserem Konzern anbieten konnten, haben dieses Angebot letztendlich abgelehnt. Diesen Erfolg führen wir nicht zuletzt auch darauf zurück, dass wir während des gesamten Auswahlprozesses großen Wert auf Transparenz, Fairness und offene Kommunikation legen. Bereits während des Rekrutierungsprozesses bieten wir vielfältige Möglichkeiten, mit den Bewerbern in den Dialog zu treten. So bieten wir den interessierten Hochschulabsolventen neben dem etablierten Format des Bewerbertelefons die Möglichkeit zur Teilnahme an einem Webinar. In diesem virtuellen Präsentationskonzept erhalten die Bewerber vertiefende Informationen zum ThyssenKrupp-Konzern, zum Auswahlprozess, zum Traineeprogramm selbst sowie zu Zukunftsperspektiven in unserem Technologiekonzern. Zudem haben die Bewerber die Gelegenheit, die Verantwortlichen und Betreuer des Traineeprogramms persönlich kennenzulernen. Auch der CareerDay selbst beginnt zunächst mit der dialogorientierten Vorstellung der Konzerneinheiten und dem persönlichen Kennenlernen der Ansprechpartner.

10.2.5 Akzeptanz des CareerDays

Bei den Bewerbern wie auch im Konzern genießt das beschriebene CareerDay-Format hohe Akzeptanz. Dies belegen sowohl die Feedbacks der Bewerber, welche wir uns unmittelbar am Ende des CareerDays einholen, als auch die Ergebnisse der Befragungen unserer beteiligten Kollegen aus den Konzerneinheiten. Große Zufriedenheit zeigen die Beteiligten insbesondere mit der hohen Bewerberqualität, die durch den mehrstufigen Rekrutierungsprozess erzielt wird.

Im Jahr 2011 haben wir mittels der CareerDays die ersten 22 Konzerntrainees ausgewählt, welche sich derzeit in ihren ersten Stationen, Aufgaben und Projekten bewähren. Aufgrund der kurzen Laufzeit des Programms konnte eine formale Evaluation des Auswahlprozesses noch nicht durchgeführt werden. Die ersten Rückmeldungen aus den Einsatzbereichen der Trainees zeigen jedoch, dass es uns gelungen ist, ambitionierte, leistungsstarke sowie lern- und reflexionsfähige Trainees unterschiedlicher Fachrichtungen auszuwählen. Der mehrstufige Auswahlprozess, an dessen Ende der CareerDay steht, hat sich somit bewährt.

10.2.6 Fazit

Der CareerDay stellt ein ausgesprochen leistungsfähiges Verfahren zur Gewinnung und Auswahl von Trainees dar und begründet daher seinen hohen Aufwand. Der Erfolg des CareerDays basiert auf fünf wesentlichen Faktoren:

1. Die Grundlage für unseren CareerDay bildet ein zielgruppenspezifisches *Kompetenzmodell*, das die Anforderungen an Nachwuchskräfte klar formuliert. Dieses Kompetenzmodell dient sowohl als Grundlage zur Vorauswahl im Vorfeld des CareerDays als auch zur finalen Auswahlentscheidung im Rahmen des CareerDays. Das Kompetenzmodell haben wir für die Konzeption spezieller Off-the-Job-Trainings genutzt. Zudem erfolgen individuelle Kompetenzeinschätzungen und abgeleitete On-the-Job-Entwicklungsmaßnahmen anhand des Kompetenzmodells. Das Kompetenzmodell bildet den „roten Faden" für unser Konzern-Traineeprogramm.
2. Von nicht zu unterschätzender Bedeutung ist der Prozess der *Vorauswahl* im Vorfeld des CareerDays. Neben der systematischen Bewertung der Bewerbungsunterlagen liefern Telefoninterviews erste Indikationen zu zentralen Kompetenzen wie Leistungsmotivation, Selbstreflexion oder Kommunikationsstärke. Die Weiterleitung eines CV-Books, das eine Zusammenstellung der besten Kandidaten enthält, an die Konzernunternehmen bietet zwei Vorteile: Die Konzernunternehmen lernen auf dem CareerDay die Kandidaten kennen, für die sie sich am stärksten interessieren. Gleichzeitig sind einheitlich definierte Qualitätskriterien bereits geprüft und der Aufwand für die Konzernunternehmen wird verringert.
3. Es dürfte deutlich geworden sein, dass es sich bei dem CareerDay auch aufgrund der Anzahl von Bewerbern und teilnehmenden Konzernunternehmen um ein komplexes Verfahren handelt. Dies ist insbesondere der Fall, wenn man den Anspruch hat, den Teilnehmern wertschätzend zu begegnen, den unterschiedlichen Beobachtungswünschen der Unternehmen gerecht zu werden und gleichzeitig gebotene diagnostische Standards auf hohem Niveau zu sichern. Dies erfordert eine hoch professionelle *Organisation* des CareerDays, die einerseits alle Abläufe sehr gut vorstrukturiert und anderseits auch antizipiert, welche kurzfristigen Veränderungen nötig werden können, um letztlich hierauf auch flexibel zu reagieren. Der CareerDay ist nicht mit üblichen, deutlich kleineren, Assessment Center-Verfahren zu vergleichen und erfordert daher Erfahrung mit größeren Auswahlformaten.
4. Ein weiterer Erfolgsfaktor liegt in der zeitnahen und kontinuierlichen *Kommunikation* mit Interessenten und Bewerbern. Unsere Erfahrung zeigt, dass eine offene und konstante Kommunikation sowie das Eingehen auf individuelle Anliegen und Fragen entscheidende Faktoren bei der Suche nach Talenten sind. Gleich zu Beginn des Bewerbungsprozesses zeigen und kommunizieren wir offen unser Kompetenzmodell. Wir sind für unsere Bewerber unmittelbar erreichbar und bieten zu bestimmten Phasen des Bewerbungsprozesses interaktive Kommunikationsplattformen, so genannte internetbasierte Webinare. Diese Art der Kommunikation wird von den Bewerbern sehr geschätzt.
5. Letztlich lebt der Erfolg des CareerDays stark vom *gemeinsamen Auftritt mehrerer Konzernunternehmen*. Er erhöht die Arbeitgeberattraktivität von ThyssenKrupp, da die Bewerber einen Eindruck von der Größe und Vielfalt des Konzerns bekommen. Es ist für die Konzernunternehmen von Vorteil, da sie deutlich mehr gute Kandidaten kennenlernen, als wenn sie als Einzelunternehmen auftreten. Zudem führt der gemeinsame Auftritt mehrerer Konzernunternehmen zu einem positiven internen Wettbewerb um die besten Talente. Dieser Wettbewerb beschleunigt interne Entscheidungs- und Einstellungsprozesse und erhöht die Anstrengungen, den Nachwuchskräften attraktive Tätigkeitsschwerpunkte und Entwicklungsmöglichkeiten aufzuzeigen. Dies ist

ein durchaus gewünschter Effekt im viel zitierten „war for talents" und bei der Beantwortung der Frage, inwieweit sich die Talente bei den Unternehmen oder die Unternehmen bei den Talenten bewerben.

10.3 Kompetenzbasiertes System zur Potenzialanalyse für alle Führungsebenen der Krones AG

von Doris Pechler

10.3.1 Die Krones AG

Der Krones-Konzern mit Hauptsitz in Neutraubling, Deutschland, plant, entwickelt und fertigt Maschinen und komplette Anlagen für die Bereiche Prozess-, Abfüll- und Verpackungstechnik sowie Intralogistik. Täglich werden Millionen von Flaschen, Dosen und Formbehältern mit Krones-Anlagen „verarbeitet", vor allem in Brauereien, der Soft-Drink-Branche sowie bei Wein-, Sekt- und Spirituosenherstellern, aber auch in der Nahrungs- und Genussmittelindustrie sowie der chemischen, pharmazeutischen und kosmetischen Industrie. Krones hat sich seit seiner Gründung 1951 über den klassischen Maschinen- und Anlagenbau weit hinaus entwickelt. Das Unternehmen ist zum „Rund-um-Partner" für seine Kunden geworden. Maschinenbau, Anlagen-Know-how, Verfahrenstechnik, Mikrobiologie und Informationstechnik wurden dabei harmonisch miteinander verbunden und optimiert. Heute ist Krones das Synonym für „Systemtechnik".

Der Erfolg von Krones beruht auf einigen wenigen, jedoch wesentlichen, Strategien: Spezialwissen im Maschinenbau und in den Abnehmerbranchen, technischer Vorsprung durch ständige hohe Aufwendungen in Forschung und Entwicklung, Fertigung mit modernsten Anlagen und nach hohen Qualitätsnormen und weltweiter Service rund um die Uhr. Darüber hinaus stellen die hohe fachliche Qualifikation und die Motivation der Mitarbeiter einen wesentlichen Erfolgsfaktor Krones dar. Mehr als 1 600 erteilte Patente und Patentanmeldungen belegen das Innovationspotenzial des Unternehmens.

Weltweit beschäftigt das Unternehmen über 10 500 Mitarbeiter. Etwa 90 Prozent der produzierten Maschinen gehen ins Ausland. Der Konzernumsatz 2010 betrug 2.173 Mrd. Euro. Zum Konzern gehören neben der Krones AG (M-DAX) die Töchter Sander Hansen (Pasteure) und Kosme (Maschinen für den unteren Leistungsbereich) sowie rund 80 Vertriebs- und Serviceniederlassungen.

10.3.2 Die Krones-Kernkompetenzen als Grundlage für Auswahl und Entwicklung von Führungskräften

Ausgangspunkt für das in diesem Beitrag dargestellte Potenzialanalysesystem sowie alle weiteren Personalentwicklungsaktivitäten für Führungskräfte der Krones AG stellen die Krones-Kernkompetenzen für Führungskräfte dar. Bereits in den Jahren 2004 und 2005 wurden diese in Zusammenarbeit mit Führungskräften verschiedener Ebenen erarbeitet und seitdem kontinuierlich hinsichtlich ihrer Gültigkeit überprüft, was Anfang des Jahres 2009 zu einer Anpassung führte. Dabei stellte sich im Austausch mit den Führungskräften des Unternehmens heraus, dass die definierten Kompetenzen grundsätzlich weiterhin Gültigkeit haben, so dass lediglich leichte Anpassungen vorgenommen werden mussten. So wurden wir in unserer Herangehensweise bestärkt, die Kernkompetenzen als durchgängigen roten Faden und absolute Basis unserer Führungskräfteentwicklungsaktivitäten sowie unserer Auswahlprozesse zu nutzen. Bei den Krones-Kernkompetenzen für Führungskräfte handelt es sich um folgende neun Kompetenzen:

1. Eigeninitiative
2. Ganzheitliches, bereichsübergreifendes Denken
3. Soziale Kompetenz Führung
4. Durchsetzungsvermögen
5 Veränderungsfähigkeit
6. Zielorientierung
7. Entscheidungsfähigkeit
8. Problemlösekompetenz
9. Unternehmerische Planung und Steuerung.

Um die Kompetenzbegriffe für alle Anwender des Systems im Unternehmen greifbar zu machen, wurden zum einen die Kompetenzen hinsichtlich ihrer allgemeinen Inhalte definiert, zum anderen jedoch auch verschiedene Ausprägungsstufen so konkret operationalisiert, dass diese im Arbeitsalltag sowie auch im Potenzialanalyseverfahren leicht und objektiviert einschätzbar werden. In Tabelle 9 ist beispielhaft die Definition und Operationalisierung für die Kernkompetenzen Eigeninitiative und Ganzheitliches, bereichsübergreifendes Denken dargestellt.

In einem nächsten Schritt wurden die Anforderungen an Führungskräfte der verschiedenen Führungsebenen des Krones-Konzerns definiert, d. h. jeweils mit Vertretern der verschiedenen Ebenen herausgearbeitet, welcher Grad der Anforderungen pro Kernkompetenz auf welcher Führungsebene erforderlich ist. Im Krones-Konzern werden folgende Führungsebenen unterschieden: Bei den Führungskräften des unteren Führungskreises (UFK) handelt es sich um die erste Ebene in der Ebenenhierarchie, die mit Führungsverantwortung ausgestattet ist. In der weiteren Folge werden Führungspositionen der Ebene Fachführungskreis (FFK), mittlerer Führungskreis (MFK) und oberer Führungskreis (OFK) unterschieden. Vertreter des OFK berichten direkt an den Vorstand der Krones AG.

Entsprechend der mit den Ebenen steigenden Verantwortung und den zunehmend herausfordernden Aufgabenstellungen, die Vertreter der Ebenen wahrnehmen, sind auch die Anforderungsniveaus hinsichtlich der verschiedenen Kernkompetenzen Führung im Durchschnitt mit der Führungsebene ansteigend. Dies gilt jedoch nicht konsequent für alle Kompetenzen. So wurden in Zusammenarbeit mit den Führungskräften durchaus auch vergleichbare Anforderungen auf unterschiedlichen Führungsebenen gesehen, so z. B. im Bereich „Soziale Kompetenz Führung“, in der das Anforderungsniveau an Vertreter der MFK-Ebene genauso hoch eingeschätzt wurde wie an Führungskräfte der OFK-Ebene (Abbildung 17).

Die Kompetenzen mit den jeweils definierten Soll-Profilen stellen seit ihrer Definition Basis und Rahmen für unsere Aktivitäten in der Führungskräfteauswahl und -entwicklung dar. Dies galt konsequenter Weise auch für die im Jahr 2005 neu installierten Potenzialeinschätzungsverfahren.

Personalauswahlentscheidungen bei der Besetzung von Führungspositionen waren bis zu diesem Zeitpunkt stark geprägt durch die persönlichen Erfahrungen, Kontakte und Vorstellungen hinsichtlich der zentralen Anforderungen an vakante Positionen der handelnden Führungskräfte. So unterschieden sich die Schwerpunkte in von Führungskräften durchgeführten Interviews sowie auch das Anspruchsniveau bei der Benennung von neuen Führungskräften und Nachfolgern sehr stark. Zuweilen war zu beobachten, dass aufgrund existierender Gewohnheiten gerade bei internen Beförderungen Positionen bereits vor Involvierung der Personalabteilung versprochen waren, bzw. dass sich Führungs-

Tabelle 9: Definition und Operationalisierung der Kernkompetenzen Eigeninitiative und Ganzheitliches, bereichsübergreifendes Denken

	Eigeninitiative	**Ganzheitliches, bereichsübergreifendes Denken**
Definition	Fähigkeiten zur aktiven Gestaltung des Arbeitsumfelds mit eigenen Ideen und Vorschlägen. Fähigkeit, aus eigenem Antrieb heraus Handlungsbedarf zu erkennen, entsprechende Maßnahmen zu ergreifen und persönlich die Verantwortung dafür zu übernehmen.	Fähigkeit, „über den Tellerrand" zu blicken und im Entscheiden und Handeln sowohl Voraussetzungen als auch mögliche Folgen für Schnittstellen, andere Bereiche, Prozesse und Personen zu berücksichtigen.
Geringe Anforderungen	– Gestaltet sein eigenes Arbeitsumfeld aktiv mit. – Arbeitet bei bekannten Rahmenbedingungen selbstständig und handelt eigenverantwortlich. – Nimmt Anregungen auf oder reagiert bei entstehendem Handlungsbedarf im eigenen Verantwortungsbereich.	– Denkt bei der Ausrichtung des Handelns auch an Schnittstellen zu unmittelbar angrenzenden Bereichen. – Berücksichtigt überwiegend Problemaspekte mit Bezug zum eigenen Bereich.
Mittlere Anforderungen	– Bringt initiativ Ideen und Vorschläge zur Gestaltung des Arbeitsumfelds der eigenen Abteilung. – Arbeitet auch auf neuen und unstrukturierten Gebieten selbstständig, handelt eigenverantwortlich und sucht aktiv nach neuen Vorgehensweisen/Methoden. – Reagiert bereits, wenn Handlungsbedarf entstehen könnte. – Übernimmt Verantwortung für Aufgaben, die andere auf seine Anweisung hin ausführen.	– Denkt bei der Ausrichtung des Handelns auch an Schnittstellen zu allen anderen betroffenen Bereichen. – Berücksichtigt verschiedene Problemaspekte und auch die Belange anderer Bereiche. – Vermittelt seinen Mitarbeitern bei der Informationsweitergabe eine ganzheitliche Sicht der Dinge.

Tabelle 9: Definition und Operationalisierung der Kernkompetenzen Eigeninitiative und Ganzheitliches, bereichsübergreifendes Denken (Fortsetzung)

	Eigeninitiative	Ganzheitliches, bereichsübergreifendes Denken
Hohe Anforderungen	– Geht von sich aus ohne Aufforderung auch an Themen, die mehrere Unternehmensbereiche betreffen, heran. – Handelt eigenverantwortlich im Sinne des Gesamtunternehmens. – Übernimmt Verantwortung für alle Themen in untergeordneten Organisationseinheiten. – Hält übergeordneten Führungskräften den Rücken frei.	– Berücksichtigt bei der Ausrichtung seines Handelns alle Schnittstellen und kann die Perspektive anderer Bereiche einnehmen. – Bezieht in Überlegungen und Entscheidungsfindungen betroffene Organisationseinheiten mit ein. – Berücksichtigt viele wichtige Problemaspekte und versucht, eine stimmige Gesamtlösung zu erzielen.
Höchste Anforderungen	– Bringt sich initiativ in alle Themen untergeordneter Organisationseinheiten ein. – Geht von sich aus ohne Aufforderung auch an Themen, die das gesamte Unternehmen betreffen, heran und bearbeitet diese systematisch und selbstständig. – Handelt bei allen Themen eigenverantwortlich im Sinne des Gesamtunternehmens. – Trägt unternehmensweit die Verantwortung für bestimmte Themengebiete. – Tritt als Sponsor für Projekte mit unternehmensweiter Relevanz auf.	– Richtet sein Handeln an einer umfassenden, unternehmerischen Gesamtsicht aus. – Nimmt Nachteile für den eigenen Verantwortungsbereich in Kauf, wenn dadurch Vorteile für KRONES entstehen. – Berücksichtigt unternehmensweit alle wichtigen Problemaspekte und forciert eine stimmige Gesamtlösung.

kräfte in ihrer Beurteilung von Potenzialträgern für Führungspositionen sehr stark auf deren fachliche Kompetenz bezogen und die überfachlichen Kompetenzen, obwohl zuvor in den Kernkompetenzen Führung definiert, weniger stark berücksichtigten. Demzufolge war es unser Ziel, mit der Einführung von Einzel-Assessment Centern einen einheitlichen Prozess bei der Auswahl interner Führungskräfte zu definieren und zu etablieren, der eine systematische und qualitativ hochwertige Potenzialeinschätzung ermöglichte. Darüber hinaus wollten wir hierfür ein Instrumentarium zur Verfügung stellen, das einheitliche Standards gemäß der Kernkompetenzen Führung zugrunde legt und das sowohl Führungskräften als auch den Businesspartnern aus der Personalabteilung einen breiten methodischen Blick auf die überfachlichen Kompetenzen eines internen Bewerbers liefern kann.

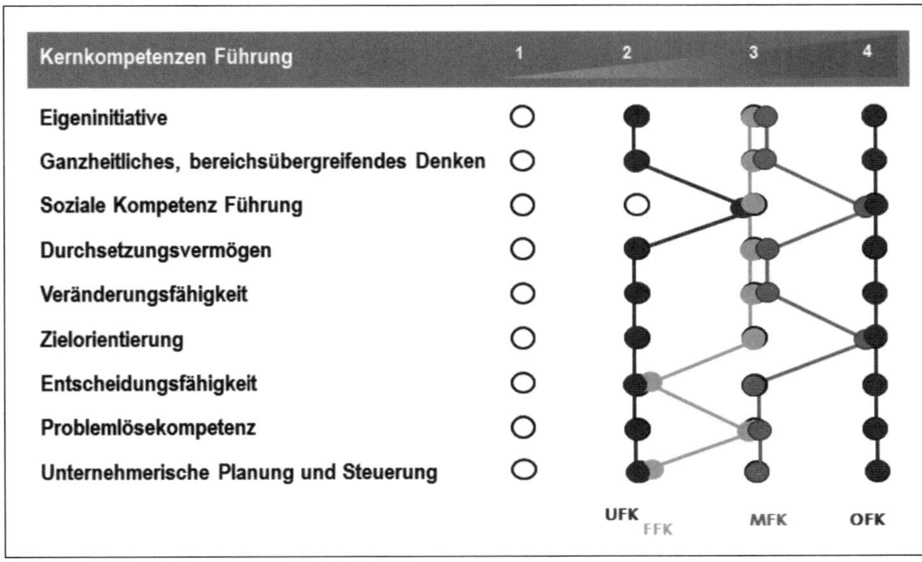

Abbildung 17: Soll-Profile der Kernkompetenzen Führung

Neben dieser Zielstellung bei der internen Personalauswahl standen auch Ziele im Bereich der Entwicklung bereits etablierter Führungskräfte im Vordergrund. So sollten auch erfahrene, langjährige Führungskräfte, die ihre Funktion schon eine längere Zeit innehatten, die Möglichkeit erhalten, im Rahmen eines Einzel-Development Centers individuelle Stärken und Verbesserungsfelder zurückgemeldet zu bekommen, um so zielgerichtet an sich arbeiten und geeignete, zielgerichtete Qualifizierungsmaßnahmen auswählen zu können. Die Krones AG verfügt über ein langjährig etabliertes und sehr akzeptiertes Führungskräfteentwicklungsprogramm, das alle Führungskräfte des Unternehmens durchlaufen haben, um so mit Basis-Führungskompetenzen und der Krones-Führungsphilosophie vertraut zu sein. Auch jede neue Führungskraft durchläuft dieses Programm. Darüber hinaus werden im Unternehmen diverse optionale Maßnahmen angeboten. Das Einzel-Development Center sollte bei der zielgerichteten, individuellen Auswahl geeigneter Module und Maßnahmen helfen sowie auch in Bezug auf die persönliche Weiterentwicklung Ideen für on-the-job-Maßnahmen liefern, um das individuelle Führungsverhalten zielgerichtet zu optimieren.

10.3.3 Ebenen-spezifische Ausgestaltung der Einzel-Assessment Center und Einzel-Development Center

Grundgedanken und -ansatz

Vernetzte Einzelverfahren. Bei der Konzeption der Verfahren standen sowohl Qualität als auch ein effizientes Vorgehen gleichermaßen im Vordergrund. Es galt, diese beiden Aspekte sinnvoll auszutarieren. In Bezug auf die organisatorischen Rahmenbedingungen bedeutet dies, dass wir uns dafür entschieden haben, den Teilnehmern ein Einzelverfahren anzubieten, das ihnen eine Vielzahl an Übungen und somit auch ein umfassendes Feedback an nur einem Tag ermöglicht. Dieses Feedback wird im Einzelverfahren von einem Beobachterteam gegeben, das den Teilnehmer durchgängig in allen Situationen beobachtet hat und somit ein sehr rundes Bild von dem Teilnehmer gewinnt. Gleichzeitig haben wir beschlossen, die Verfahren als vernetzte Einzelverfahren durchzuführen, was bedeutet, dass das Beobachterteam sich abwechselnd am selben Tag um zwei Teilnehmer kümmert. Dabei erlebt jeder der beiden Teilnehmer das Verfahren als Einzelverfahren. Er begegnet dem anderen Teilnehmer in den verschiedenen Übungen nicht und es entstehen keine Wartezeiten, da sich das Beobachterteam während der Vorbereitungszeit eines Teilnehmers dem jeweils anderen Teilnehmer widmet.

Realitätsnahe, ebenenspezifische Übungssets. In Bezug auf die inhaltliche Ausgestaltung stand für uns die Qualität der Übungen, unter anderem in Bezug auf deren realitätsnahe Gestaltung und die Integration in ein stimmiges Gesamtszenario, im Vordergrund. So sind alle Übungen in den Kontext eines Maschinenbauunternehmens mit ähnlichen Produkt- und Dienstleistungsschwerpunkten wie die der Krones AG integriert. Diese sind nicht so spezifisch, dass einzelne fachliche Schwerpunkte der Teilnehmer jeweils einen Vor- oder einen Nachteil für diese bedeuten könnten, jedoch so nahe an der Krones-Realität, dass eine maximale Akzeptanz und auch eine hohe Vorhersagewahrscheinlichkeit der Potenzialaussagen erzielt wird. Bei der Konzeption der Übungen, die wir in Zusammenarbeit mit unserem externen Partner Profil M vorgenommen haben, wurden daher viele interne Experten einbezogen, die Themen, Daten und Argumente aus dem Arbeitsalltag lieferten, um die einzelnen Übungen realistisch und lebendig zu gestalten. Um den bei diesem hohen Anspruch entstehenden Aufwand in einem vertretbaren Rahmen zu halten, haben wir uns auf relativ wenige ebenenspezifische Übungssets beschränkt, die alle in dasselbe Unternehmensszenario integriert sind. Somit wurden die Rahmendaten des fiktiven Unternehmens für alle Übungen genutzt und Übungssets lediglich für die drei Führungsebenen FFK, MFK und OFK entwickelt. Dabei blieben die einzelnen Inhalte der Übungssets so allgemein, dass sie leicht von Bewerbern aus verschiedenen Unternehmensbereichen und mit verschiedenem fachlichen Hintergrund bearbeitet werden können.

Einzel-Assessment Center und Einzel-Development Center. Bezüglich der Durchführung von Einzel-Development Centern oder Einzel-Assessment Centern haben wir uns dafür entschieden, methodisch keine Unterscheidung zu machen. Teilnehmer, die sich intern auf eine nächsthöhere Führungsebene bewerben, erhalten demnach dasselbe Übungsset wie Teilnehmer an einem Development Center, die sich bereits auf der entsprechenden Ebene befinden. Unterschiede ergeben sich lediglich in Bezug auf den Beobachterkreis. Dieser orientiert sich stringent an den internen Verantwortlichkeiten in der Personalorganisation. Während bei einem internen Auswahlverfahren neben dem Moderator von Profil M die zukünftige Führungskraft sowie der zuständige Businesspartner des Personalbereichs als Beobachter anwesend sind, sind in einem Einzel-Development Center als Beobachter neben dem Profil M-Berater die derzeitige Führungskraft sowie die Leitung der Personalentwicklung anwesend. Auf diese Art und Weise haben wir einen neuen Prozess etabliert, der jedoch vollständig die vorhandenen und bewährten Verantwortlichkeiten im Zuge von Personalentwicklungs- und Auswahlverfahren unterstreicht.

Um den Umfang der Maßnahmen in einem vertretbaren Rahmen zu halten, werden die Einzel-Assessment Center für Zielpositionen auf der Ebene FFK, MFK und OFK durchgeführt. Für die unterste Führungsebene UFK wird ein etwas schlankeres Auswahlverfahren genutzt, das ausschließlich mit Krones-internen Interviewern durchgeführt wird. Das Einzel-Development Center steht Führungskräften ab der Ebene MFK zur Verfügung, da wir vor allem diesen Zielgruppen auf sehr verantwortungsvollen Führungspositionen eine entsprechend individuelle und intensive Reflexionsmöglichkeit anbieten möchten, die über die Basisqualifizierung hinausgehend einen sehr zielgerichteten und individuellen Anspruch verfolgen soll. Darüber hinaus ist zu beobachten, dass gerade auf diesen Ebenen ein offenes Feedback an die jeweiligen Führungskräfte immer seltener wird und insofern gerade hier ein differenziertes Feedback besonders wertvoll ist.

Übungsset Ebene FFK

Im Übungsset auf der Ebene FFK, integriert in ein übergreifendes Rahmenszenario eines deutschstämmigen, international agierenden Anlagenbauers mit Schwerpunkt auf Abfüll- und Verpackungstechnik, übernimmt der jeweilige Teilnehmer eine der FFK-Ebene vergleichbare Funktion. Er ist Abteilungsleiter und beschäftigt sich in den verschiedenen Übungen mit alltäglichen Problemen in seinem Verantwortungsgebiet, die sich aus dem erfolgreichen Wachstum des Unternehmens ergeben. Dabei beschäftigt er sich mit folgenden Übungen:

- *Fallstudie.*
  Diese Fallstudie ist sehr operativ geprägt und informiert den Teilnehmer in verschiedenen alltäglichen Dokumenten über die akuten Probleme in seinem Verantwortungsbereich. Der Teilnehmer erhält entsprechende Hinweise in Form von Auswertungen und E-Mails von Kollegen und Dienstleistern, die Aufschluss über die Ursachen der Probleme geben. Der Teilnehmer ist in dieser Übung aufgefordert, die Problemursachen zu analysieren, Zusammenhänge herzustellen und schließlich seine Erkenntnisse gemeinsam mit einem Beobachterteam zu besprechen.

- *Präsentation.*
  In der anschließenden Präsentationsübung wird der Teilnehmer aufgefordert, eine Präsentation zu einem bestimmten Problemfeld der Fallstudie näher auszuarbeiten und ein Konzept für eine Optimierung der Situation zu präsentieren. Dabei besteht für die Beobachter die Möglichkeit, eines von drei Problemfeldern auszuwählen, das sie nach Besprechung der Fallstudie mit dem Teilnehmer von diesem näher bearbeitet sehen möchten. Erst in dieser Übung geht es darum, dass der Teilnehmer, abgeleitet aus den alltäglichen Problemen in seiner Abteilung, ein Verbesserungskonzept erarbeitet und dies auch entsprechend anschaulich und überzeugend der Bereichsleitung, dargestellt von den Beobachtern, präsentiert.

- *Mitarbeitergespräch.*
  Der Teilnehmer befindet sich weiterhin in der Rolle des Abteilungsleiters und spricht nun mit einem direkt unterstellten Mitarbeiter. Das Szenario mit den Problemen in seiner Abteilung bleibt weiterhin bestehen und es ist nun seine Aufgabe, mit einem der Mitarbeiter ein Gespräch über die Probleme in dessen Aufgabenbereich zu füh-

ren. Ähnlich wie in den anderen Übungen handelt es sich um eine sehr operative Aufgabenstellung. Zum einen geht es darum, die akuten Probleme in Verantwortungsbereich des Mitarbeiters zu lösen. Zum anderen ist es Aufgabe des Teilnehmers, den Mitarbeiter dazu zu bewegen, in Zukunft seine Steuerungsaufgabe besser wahrzunehmen.

– *Interview.*
  Schließlich wird mit dem Teilnehmer noch ein Interview entlang der Krones-Führungskompetenzen geführt. Dieses Interview bezieht sich mit episodischen Fragen auf typische Situationen, die auf dem FFK-Level als herausfordernd erlebt werden, und zielt darauf ab, die definierten Anforderungen an Führungskräfte auf dem FFK-Level aufgrund von Erfahrungen des Teilnehmers in der Vergangenheit einzuschätzen.

Übungsset Ebene MFK

Der Teilnehmer befindet sich auch im MFK-Übungsset in demselben fiktiven Unternehmen, so dass die Firmenhistorie und die Gesamtunternehmenssituation identisch mit der im FFK-Übungsset sind. In diesem Szenario besteht weniger eine operative, sondern eher eine grundlegende bereichsübergreifende Problematik. Aufgrund von Missständen in verschiedenen Unternehmensbereichen und Abteilungen kommt es zu diversen Problemen und negativen Entwicklungen auf übergeordneter Ebene. Der Teilnehmer übernimmt in diesem Übungsset die Funktion einer Führungskraft, deren Verantwortung vergleichbar mit der von MFK-Führungskräften ist. Darüber hinaus hat er als Projektleiter die Aufgabe übertragen bekommen, ein unternehmensübergreifendes Projekt zur Lösung der bereichsübergreifenden Problemsituation zu leiten. Folgende Übungen gehören zu diesem Set:

– *Fallstudie.*
  Entgegen der Fallstudie auf dem FFK-Level handelt es sich bei dieser Fallstudie um eine weniger operative Thematik, vielmehr geht es darum, grundsätzliche Prozesse in Frage zu stellen und dabei unternehmensübergreifend Probleme zu erkennen und Optimierungsvorschläge zu erarbeiten. Hierzu erhält der Teilnehmer weniger alltägliche Dokumente und E-Mails von verschiedenen Ansprechpartnern, hingegen zahlreiche Auswertungen und Beschreibungen, die verdeutlichen, an welcher Stelle im Unternehmen welche Probleme entstehen, wo Defizite vorherrschen und welche Prozesse nicht optimal funktionieren. Auf Grundlage dieser Informationen ist der Teilnehmer aufgefordert, einen Lösungsvorschlag und ein Rahmenkonzept sowie Empfehlungen für das weitere Vorgehen zu erarbeiten. Dieses Konzept wird direkt einem Entscheidergremium auf Geschäftsleitungsebene, dargestellt durch die Beobachter, präsentiert.

– *Teambesprechung.*
  Im Rahmen der Übung Teambesprechung trifft der Teilnehmer auf ihm disziplinarisch zugeordnete Projektmitarbeiter. Bei den Mitarbeitern handelt es sich um Führungskräfte, die suboptimal gearbeitet haben. Die Herausforderung für den Teilnehmer besteht in dieser Übung darin, die Kritik im Team anzusprechen, die konfliktäre Gesprächssituation zu steuern und gemeinsam mit den Mitarbeitern das weitere Vorgehen zu definieren.

- *Schnittstellengespräch.*
  Im Schnittstellengespräch übernimmt der Teilnehmer weiterhin die Verantwortung für das interne Optimierungsprojekt. Er ist in diesem Gespräch in der Situation, dass er in einer persönlich angespannten Situation Unterstützung von einer Nachbarabteilung benötigt. Es gilt demnach, einen Kollegen auf gleicher Ebene von der Wichtigkeit des Vorhabens zu überzeugen, eine gute persönliche Ebene herzustellen und sinnvolle Kompromisse für ein gemeinsames Vorgehen zu erarbeiten.

- *Interview.*
  Schließlich wird mit jedem Teilnehmer auch ein Interview geführt, das sich in diesem Falle an den für die MFK-Ebene definierten Anforderungen in Bezug auf die Krones-Führungskompetenzen orientiert.

Übungsset Ebene OFK

In diesem Übungsset ist der Teilnehmer mit einer strategischen Aufgabenstellung betraut. Er befindet sich in dem gleichen fiktiven Unternehmen wie in den anderen Sets, so dass wiederum die Rahmeninformationen über das Unternehmen identisch sind. In dieser Übung übernimmt der Teilnehmer jedoch die Verantwortung für einen bedeutenden Veränderungsprozess bezüglich der zukünftigen strategischen Ausrichtung des Unternehmens. Dies soll der Teilnehmer in den folgenden Übungen bewerkstelligen:

- *Fallstudie.*
  In dieser strategisch angelegten Fallstudie erhält der Teilnehmer Auswertungen und Kennzahlen, die Rückschlüsse über die aktuelle Unternehmenssituation und die verschiedenen Produkte ermöglichen. Gleichzeitig werden darüber hinaus weitere Informationen über die aktuelle Marktsituation und die größten Wettbewerber gegeben. Der Teilnehmer erhält nun die Aufgabe, die mögliche zukünftige Unternehmensstrategie den Geschäftsführern vorzustellen, die das Konzept kritisch hinterfragen.

- *Teambesprechung.*
  In dieser Teambesprechung besteht die Zielgruppe, im Vergleich zu der MFK-Teambesprechung, aus Kollegen des oberen Führungskreises. Diese muss der Teilnehmer von unangenehmen unternehmerischen Entscheidungen überzeugen, die mit der zukünftigen strategischen Ausrichtung des Unternehmens zusammenhängen.

- *Kollegengespräch.*
  Im Kollegengespräch führt der Teilnehmer ein Gespräch mit einer erfahrenen Führungskraft in verantwortungsvoller Position. Der Kollege soll vom Teilnehmer davon überzeugt werden, ihn bei der Umsetzung seiner Pläne, die neue Unternehmensstrategie betreffend, zu unterstützen, was für ihn mit mehr persönlichen Risiken als Chancen verbunden wäre. Durch geschicktes Verhandeln soll der Teilnehmer in diesem Gespräch die Unterstützung des Kollegen erzielen, ohne dass er ihm gegenüber eine Weisungsbefugnis hat.

- *Interview.*
  Schließlich ist auch die Durchführung eines Interviews wiederum Bestandteil des OFK-Verfahrens, wobei sich die Fragen an den Anforderungen orientieren, die an OFK-Führungskräfte gestellt werden.

Varianten des Verfahrens

Entwicklung einer Parallelversion. Da das Verfahren bzw. die drei Übungssets für die drei Führungsebenen bereits seit vielen Jahren in gleicher Form bei der Krones AG durchgeführt werden, sahen wir den Bedarf, für die Ebene MFK ein paralleles Übungsset zu entwickeln. Dabei haben wir uns wiederum für dasselbe Rahmenszenario entschieden. Allerdings wurde eine andere bereichsübergreifende Problematik gewählt. Ein wesentliches Kriterium für die Neukonzeption der Parallelübungen bestand für uns darin, dass diese zwar andere Inhalte thematisierten, jedoch hinsichtlich des Anforderungsniveaus und der Komplexität der Übungen absolut vergleichbar waren mit den bereits bestehenden MFK-Übungen. So stehen z. B. auch hier die Probleme der schnittstellenübergreifenden und bereichsübergreifenden Prozesse und Problemursachen im Vordergrund. Die neue Thematik ermöglicht es uns darüber hinaus auch, je nach Erfahrungshintergrund und Arbeitsbereich der Teilnehmer zu unterscheiden und das Thema zu wählen, das dem jeweiligen Teilnehmer am vertrautesten ist. Darüber hinaus wollten wir durch die Entwicklung einer Parallelversion sicherstellen, dass ein Wissenstransfer bezüglich der Übungsinhalte des MFK-Übungssets und möglicher Lösungsansätze im Unternehmen verhindert wird. Auf diese von uns angenommene Problematik werden wir in Abschnitt 10.3.4 noch einmal näher eingehen.

Anwendung der Übungssets auf internationale Fragestellungen. Krones ist ein international agierendes Unternehmen, das rund 90 Prozent seiner Produkte außerhalb Deutschlands vertreibt. Dementsprechend galt es auch, die Übungssets an internationale Auswahlfragestellungen anzupassen, gerade in Bezug auf die Entsendung von Mitarbeitern ins Ausland, die eine zusätzliche Kompetenz, d. h. die interkulturelle Kompetenz, erfordert. Dementsprechend müssen unsere Auswahlverfahren auch in der Lage sein, die interkulturelle Sensibilität und Anpassungsfähigkeit eines Mitarbeiters, der an einen anderen Standort entsandt werden soll, einschätzbar zu machen. Für diese Auswahlfragestellungen haben wir das Krones-Kompetenzmodell um die Dimension „Interkulturelle Kompetenz" erweitert. In Bezug auf die Übungssets bedeutet dies, dass zum einen die interkulturelle Kompetenz als eine wichtige Anforderungsdimension im Interview bewertet und die jeweiligen Einstellungen, Werte und Überzeugungen des Teilnehmers erfragt werden. Darüber hinaus war es uns wichtig, neben dem Gespräch über interkulturelle Sachverhalte die interkulturelle Sensibilität im Umgang mit anderen in Rollenübungen sichtbar und einschätzbar zu machen.

Hierzu sind in Zusammenarbeit mit Profil M Rollenübungen in Form von Mitarbeitergesprächen entwickelt worden, die interkulturelle Probleme thematisieren und in den jeweiligen Übungssets das Mitarbeitergespräch bzw. die Teambesprechung ersetzen. Dabei waren wir mit der methodischen Problematik konfrontiert, dass in den meisten Fällen kein Rollenspieler aus dem jeweiligen Zielland zur Verfügung stand, sondern die Beobachter im Wesentlichen aus der deutschen Zentrale stammten. Insofern wäre ein gespieltes Verhalten als Italiener, Chinese oder Brasilianer sicherlich nicht authentisch und glaubwürdig gewesen. Es ist jedoch nicht zwangsläufig notwendig, das Verhalten gegenüber einem Vertreter einer anderen Kultur zu beobachten, um die kulturelle Sensibilität einzuschätzen. Vielmehr wurden die Rollenspiele so konzipiert, dass der Teilnehmer in der Rolle einer deutschen Führungskraft mit einem deutschen Mitarbeiter spricht, der Probleme mit einem Ansprechpartner hat, der über einen anderen kulturellen Hintergrund verfügt. Damit die Teilnehmer über ausreichend Informationen über die jeweilige Kultur verfügen können, erhalten sie entsprechend einige Rahmeninformationen zu der betreffenden Kultur, wobei je nach Zielposition und damit auch je nach Zielland auf unterschiedliche Rollenspiele zurückgegriffen werden kann, die sich jeweils auf unterschiedliche kulturelle Kontexte beziehen.

Ausweitung des Verfahrens auf die Projektleiterlaufbahn. Seit 2010 hat die Krones AG eine Projektleiterlaufbahn parallel zu der bereits beschriebenen Führungslaufbahn mit den verschiedenen Führungsebenen entwickelt. Dabei ist es von besonderer Bedeutung, diese Laufbahn tatsächlich parallel zu gestalten, d. h. mit vergleichbaren Kompetenzen, Ausstattungsmerkmalen und damit verbundenen Instrumenten zu versehen. Hierzu gehört auch, dass Projektleiter ab der so genannten Ebene Projektmanager 2, was hinsichtlich des Levels mit der Führungsebene FFK zu vergleichen ist, über ein vergleichbares Auswahlverfahren benannt werden. Daher wurden nach der Definition der Projektleiterlaufbahn Übungssets für die Projektmanagerebenen 2 und 3 (entsprechend der Führungsebenen FFK und MFK) entwickelt und etabliert. Die Projektlaufbahn endet auf der Ebene Projektmanager 3, so dass es kein Äquivalent zu der OFK-Ebene der Führungslaufbahn gibt. Für die Projektleiterlaufbahn wurde ein neues Szenario entwickelt. Es handelt sich jedoch wiederum um eine sehr realitätsnahe Situation, die ebenfalls im Bereich Maschinenbau, wenn auch außerhalb der Abfüll- und Verpackungstechnik, angesiedelt ist. Die Art der Projekte, die bei dem fiktiven Anlagenbauer durchgeführt werden, ist hinsichtlich ihrer Projektstruktur und der Abläufe ausgesprochen vergleichbar mit Projekten bei Krones.

Im Unterschied zu den Verfahren für die Führungslaufbahn haben wir für die Projektmanagerauswahl nicht nur unterschiedliche Übungssets für die Ebenen Projektmanager 2 und 3 entwickelt. Die interne Anforderungsanalyse im Rahmen eines Konzeptmeetings ergab, dass die Projektinhalte und vor allem auch die Projektstruktur in verschiedenen Unternehmensbereichen sehr unterschiedlich sind und damit auch die Anforderungen an die Projektleiter stark divergieren. Dementsprechend wurden auf der Projektmanager 2-Ebene drei Übungssets entwickelt. Es entstand jeweils ein Set für Entwicklungsprojekte, Kundenprojekte und interne Projekte. Wie bei den Führungslaufbahnverfahren haben wir ein einheitliches Rahmenszenario genutzt und viele Informationen in Bezug auf die relevanten aktuellen Entwicklungen wiederverwendet, um den Gesamtaufwand in einem vertretbaren Rahmen zu halten.

Die Grundlage für die inhaltliche Entwicklung der Übungen sowie auch die Beobachtungs- und Bewertungsinstrumente stellte in diesem Fall konsequenterweise nicht das Krones-Kompetenzmodell für Führungskräfte dar, sondern die für Projektleiter spezifisch definierten überfachlichen Kompetenzen.

10.3.4 Erfahrungen mit dem ebenenspezifischen Ansatz

Etablierung und Akzeptanz. Seit die ersten Einzel-Development Center auf der Ebene OFK 2005 starteten, haben insgesamt 246 Teilnehmer an den Verfahren teilgenommen. Hiervon waren 188 Personen Teilnehmer an einem Einzel-Assessment Center und 58 Personen haben ein Einzel-Development Center für ihre persönliche Entwicklungsplanung genutzt.

Anfang 2011 kamen weitere 25 Personen im Rahmen der neu entwickelten Verfahren für die Projektleiterlaufbahn hinzu. Nicht zuletzt diese Zahlen zeigen, dass das Einzel-Assessment Center und das Einzel-Development Center zwei im Konzern sehr gut etablierte Verfahren sind, die sich als Standardinstrument im Unternehmen bewährt haben und von den Führungskräften rundherum als wertvolle Instrumente bei der Unterstützung von Auswahlentscheidungen sowie auch in der Personalentwicklungsplanung genutzt werden.

Viele der ehemaligen Teilnehmer haben bereits die Erfahrung gemacht, zu einem späteren Zeitpunkt als Beobachter ein Einzel-Assessment- oder Development Center zu begleiten. So ist im Laufe der Jahre nicht nur eine hohe Akzeptanz für das Instrument, sondern auch ein souveräner Umgang mit diesem und den Ergebnissen aus dem Verfahren erzielt worden. Das Wissen der Führungskräfte um Themen der Personalauswahl, Interviewführung und Potenzialanalyse ist durch die Einzel-Assessment Center und Einzel-Development Center deutlich erweitert worden und führt nicht zuletzt dazu, dass die primäre Zielsetzung eines standardisierten und einheitlichen Vorgehens in der Personalauswahl und damit verbunden auch ein einheitliches Commitment bezüglich der notwendigen Kompetenzen für Führungskräfte im Krones-Konzern sehr gut erreicht wurde.

Evaluation der Durchführung. Zur Evaluation der Zufriedenheit und Durchführung werden sowohl bei den Assessment- als auch bei den Development Centern direkt nach den einzelnen Verfahren Feedbackbögen an die Teilnehmer verschickt. Der Feedbackbogen soll insgesamt den Eindruck von fünf wesentlichen Aspekten ermitteln (vgl. Abbildung 18). Dabei besteht neben den quantitativen Einschätzungen auch die Möglichkeit qualitative Angaben zu machen.

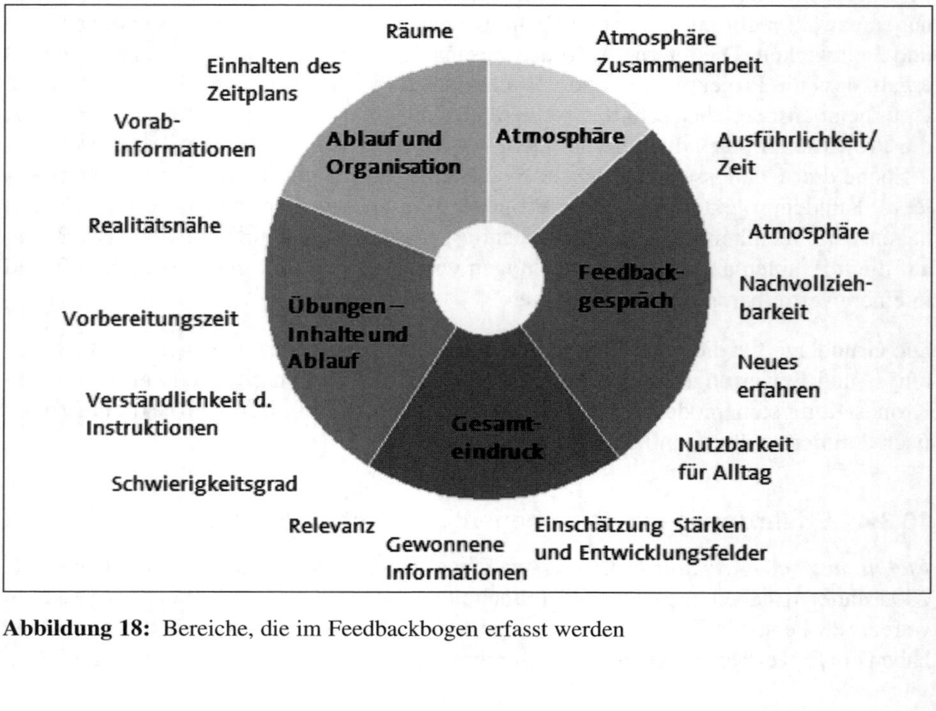

Abbildung 18: Bereiche, die im Feedbackbogen erfasst werden

Insgesamt werden die Verfahren durchweg positiv bewertet. Besonders die Punkte Atmosphäre und Nachvollziehbarkeit der Rückmeldungen in den einzelnen Feedbackgesprächen sind hierbei hervorzuheben. Die Teilnehmer schätzen beispielsweise, einen „klaren, unverfälschten Einblick in die Fremdwahrnehmung eines Charakterzuges" zu erhalten. Dabei wird von den Kandidaten immer wieder betont, dass die Atmosphäre sehr „motivierend, offen und positiv" sei.

Wie bereits erwähnt, wurde bei der Konzeption darauf Wert gelegt, die Übungen so realitätsnah und valide wie möglich zu gestalten. Dass dies gelungen zu sein scheint, wird bei den positiven Bewertungen der verschiedenen Übungen deutlich. Die Teilnehmer nehmen die einzelnen Aufgaben als sehr realistisch und praxisnah wahr und können die Rahmenbedingungen in den Kontext alltäglicher Arbeitssituationen einbetten. Diesbezüglich wird der „Schwierigkeitsgrad" der einzelnen Übungen als angemessen bewertet. Auch die Instruktionen werden als verständlich angesehen und die „Vorbereitungszeit" für die einzelnen Übungen als ausreichend betrachtet. Es wird also deutlich, dass die Assessment- und Development Center bei den Kandidaten bezüglich der Methodik, Didaktik und den Ergebnissen große Akzeptanz erfahren. Interessant dabei ist, dass die positiven Rückmeldungen auch von denjenigen Teilnehmern kommen, die selbst ein kritisches Feedback von den Beobachtern erhalten haben.

Langjährige Nutzung der Übungen. In Abschnitt 10.3.3.5 ist bereits darauf verwiesen worden, dass wir bei einer so häufigen Durchführung der Übungssets die Gefahr gesehen haben, dass ehemalige Teilnehmer ihre Kollegen über Inhalte und mögliche Lösungen der Übungen informieren und somit das Verfahren nach und nach an Aussagekraft verliert. Um diesen möglichen Effekt im Auge zu behalten, haben wir intern kontinuierlich die Ergebnisse aus unseren Auswahl- und Entwicklungsverfahren überprüft. Würde der beschriebene Effekt, dass Informationen über das Verfahren im Unternehmen verbreitet werden, zutreffen, so wäre zu erwarten, dass die Ergebnisse der Teilnehmer im Laufe der Zeit immer besser werden. Der befürchtete Effekt scheint sich jedoch nicht eingestellt zu haben. Worauf ist dies zurückzuführen?

Zum einen haben wir frühzeitig auf der Ebene MFK, auf der sehr viele Verfahren durchgeführt worden waren, eine Parallelversion etabliert, so dass es weniger leicht ist, auf dieser Ebene einfache Standardrezepte und Informationen weiterzuleiten, die dazu führen könnten, dass ein anderer Teilnehmer Vorteile hätte. Dies ist nun insbesondere schwierig, als dass für die Teilnehmer nur schwer zu unterscheiden ist, welche der beiden Parallelversionen sie bearbeitet haben oder bearbeiten werden, da sie beide in demselben Rahmensetting stattfinden. Vor allem aber haben wir gemeinsam mit Profil M bewusst den Ansatz gewählt, keine simplen Fallstudien und Übungen zu verwenden, die Richtig- und Falsch-Lösungen implizieren. Vielmehr sind die Fallstudien so komplex gestaltet, dass die Teilnehmer immer vor die Situation gestellt sind, Pro- und Contra-Argumente einander gegenüber zu stellen, abzuwägen, Zusammenhänge herzustellen und sich eine eigene Meinung auf Grundlage einer komplexen Situation zu bilden. Dementsprechend genügt es nicht, einen guten Lösungsweg genannt zu bekommen. Er muss stringent hergeleitet werden und vor den Beobachtern begründbar sein. Auch die Rollenübungen und Gespräche sind nicht so gestaltet, dass es z. B. darum geht, im Gespräch eine versteckte

Information oder Ähnliches herauszubekommen bzw. „die eine richtige“ Verhaltensweise zu zeigen, um zum Erfolg zu kommen. Vielmehr stellen die Rollenübungen die Komplexität dar, die auch jedes reale Gespräch im Alltag hat, so dass wiederum simple Verhaltensrezepte nicht zu einem Erfolg führen, sondern eine echte Gesprächsführungs- und soziale Kompetenz erforderlich ist, um insgesamt ein gutes Gespräch mit Mitarbeitern oder Kollegen zu führen.

Insofern planen wir weiterhin, die bestehenden Übungen, die sich im Unternehmen sehr bewährt haben, zu nutzen. Mit unseren Einzel-Assessment Centern und Einzel-Development Centern haben wir erfolgreich ein qualitativ höchst anspruchsvolles und realitätsnahes Instrument etabliert, das nicht nur eine große Akzeptanz im Unternehmen genießt, sondern auch eine konsequente Auseinandersetzung mit dem Kompetenzprofil für Krones-Führungskräfte bewirkt hat. So besteht gerade in der Kontinuität des Kompetenzprofils sowie auch der Anwendung unseres ebenenspezifischen Potenzialanalyseverfahrens der besondere Erfolg des Vorgehens.

10.4 Potenzialanalyse im Kontext des Change – das Personalentwicklungsseminar von E.ON – Erzeugung Deutschland

von Nicole Scholz und Susanne Hasmann

10.4.1 E.ON – Erzeugung Deutschland

E.ON ist eines der weltweit größten privaten Strom- und Gasunternehmen. Jeden Tag werden Millionen Kunden zuverlässig mit Energie versorgt. Ziel ist es, eine sichere, wirtschaftliche und klimaschonende Energieversorgung auch für die Zukunft zu gewährleisten. Diese Herausforderung lässt sich nur mit innovativen Technologien und einem ausgewogenen Energiemix erreichen, der alle Erzeugungsarten einbezieht. Als großer und verantwortungsvoll handelnder Stromerzeuger arbeitet E.ON daher beständig an der technischen Weiterentwicklung der betriebenen Kraftwerke und plant hocheffiziente Anlagen im In- und Ausland. Eine kontinuierliche Verringerung der Emissionen ist ein Ergebnis dieser Anstrengungen. Schon jetzt ist E.ON einer der weltweit größten Erzeuger von Windenergie.

Die Erzeugung Deutschland von E.ON umfasst den Betrieb von Gas-, Kern-, Kohle- und Wasserkraftwerken. Gesteuert wird die Erzeugung Deutschland von Hannover aus. Darüber hinaus engagiert sich die Erzeugung Deutschland mit Tochterunternehmen in energienahen Geschäftsfeldern: Die Firma BauMineral in Herten vermarktet die Kraftwerksnebenprodukte Gips und Flugasche. E.ON Anlagenservice in Gelsenkirchen ist Spezialist für die Instandhaltung von Kraftwerken, Energieanlagen und Industriebetrieben. E.ON Fernwärme in Gelsenkirchen gehört zu den großen Fernwärmeversorgungsunternehmen in Deutschland. Die RuhrEnergie ist für den Handel und den Vertrieb im Ruhrgebiet verantwortlich. E.ON Energy Projects in München bietet maßgeschneiderte Lösungen zur Energieerzeugung für industrielle und kommunale Kunden.

10.4.2 Change Management als zentraler Leitgedanke des Personalentwicklungsseminars

Das Personalentwicklungsseminar (PES) der Erzeugung Deutschland ist ein langjährig etabliertes Instrument zur internen Potenzialanalyse für Mitarbeiter und Führungskräfte unterhalb des Executive Levels. Im Jahr 2009 ergab sich aus verschiedenen Veränderungen innerhalb und im Umfeld des Unternehmens sowie der Personalentwicklungsaktivitäten der Bedarf, ein neues Personalentwicklungsseminar zu installieren, das voll und ganz auf die neuen Rahmenbedingungen abgestimmt war. Folgende Veränderungen wurden dabei berücksichtigt:

Das Kompetenzmodell der E.ON AG

Das neue auf die aktuellen strategischen Herausforderungen ausgerichtete Kompetenzmodell des E.ON-Konzerns sollte die Basis des neuen Potenzialverfahrens werden. Ziel war daher, dieses sehr unternehmerisch und geschäftsnah definierte Kompetenzmodell für Führungskräfte im Konzern ideal im Rahmen der verschiedenen Übungen und Situationen des Personalentwicklungsseminars abzubilden.

Das Kompetenzmodell wurde für das Personalentwicklungsseminar weiter ausdifferenziert und im Rahmen eines ersten Konzeptions-Workshops wurden gemeinsam mit Profil M Verhaltensanker zu den einzelnen Kompetenzdimensionen definiert, so dass diese möglichst klar operationalisierbar und voneinander trennscharf beobachtbar sind. Darüber hinaus sollte es möglich sein, diejenigen Kriterien besonders in den Fokus zu stellen, die etwas über das Potenzial, d. h. die Fähigkeit des Teilnehmers aussagen, sich persönlich weiterzuentwickeln und persönlich zu wachsen. Dementsprechend wurden Potenzialindikatoren, die für die Möglichkeit der persönlichen Weiterentwicklung entscheidend sind, herausgearbeitet.

Das Personalentwicklungsseminar zur Bestimmung von Teilnehmern am Förderprogramm

Eine weitere Neuerung und ein Anlass für die Neukonzeption des Personalentwicklungsseminars bestand in einer geänderten Zielsetzung. Im Gegensatz zu dem bisherigen Vorgehen sollte das Personalentwicklungsseminar keine reine Analyse von Stärken und Entwicklungsfeldern darstellen, sondern auch einen Auswahlcharakter in Bezug auf die Teilnahme an dem PES-Förderprogramm darstellen. Das PES-Förderprogramm ist ein fünf-moduliges E.ON Erzeugungsspezifisches Programm, das sich an Potenzialträger mit kurz- oder mittelfristiger Perspektive für das Executive Level oder für eine Führungsposition unterhalb dieser Ebene richtet. Ziel ist es, die Teilnehmer auf eine Führungsfunktion vorzubereiten. Um für dieses Programm Teilnehmer mit Potenzial für eine Führungsposition zu identifizieren, sollte im Personalentwicklungsseminar eine eindeutige Aussage bezüglich der Teilnahme an dem Förderprogramm getroffen werden. Das neue Verfahren sollte somit die Möglichkeit bieten, auf Grundlage einer substanziellen, objektivierten und fairen Systematik eine solche wichtige interne Auswahlentscheidung treffen zu können.

Veränderungen als zentrale Herausforderung

Ein sehr wichtiger weiterer Anlass für die Neugestaltung des Personalentwicklungsseminars bestand nicht in einer Veränderung in Personalentwicklungsprozessen oder -instrumenten, sondern vielmehr in den unternehmensweiten Veränderungen in der E.ON-Welt, die den Charakter des Personalentwicklungsseminars letztlich stark beeinflussen sollten. Mitarbeiter und vor allem Führungskräfte waren und sind mit zahlreichen Veränderungen in ihrem Arbeitsumfeld konfrontiert, angefangen von Prozessveränderungen, Umstrukturierungen und neuen Märkten bis hin zu grundsätzlichen strategischen Veränderungen bezüglich der Geschäftstätigkeit von E.ON. Dies galt zum Zeitpunkt der Neukonzeption des Personalentwicklungsseminars und wird in der Zukunft nicht zuletzt aufgrund der einschneidenden politischen Entscheidungen auf dem Energiesektor in den kommenden Jahren noch stärker die Realität aller beteiligten Personen darstellen. Die permanente Veränderung ist somit nicht nur eine bekannte Wahrheit für Unternehmen generell, sondern insbesondere für Unternehmen im Energiesektor. Darüber hinaus stellen die Veränderungen eine ganz besondere Herausforderung für jeden einzelnen Mitarbeiter und insbesondere für Führungskräfte dar, die ihre Mitarbeiter für Veränderungen begeistern und diese mitnehmen müssen, die eigenen Sorgen und Ängste und die der Mitarbeiter zu verstehen und Veränderungsprozesse zu steuern. So war es ein klares Ziel in Bezug auf den kulturellen Veränderungsprozess im Unternehmen, sowohl die Change Management-Kompetenz und die Sensibilität für Veränderungsprozesse zu erhöhen als auch die Bereitschaft der Mitarbeiter und Führungskräfte zu fördern, sich selbstkritisch zu reflektieren, hinzuzulernen und sich insofern auch aus der eigenen Komfortzone zu bewegen. In diesem Kontext sollte das Personalentwicklungsseminar nicht nur das mutige und kreative Handeln und die Fähigkeit zur Steuerung von Veränderungen als wichtige Anforderungen definieren und abprüfen. Auch der Charakter des kompletten Verfahrens sollte den Veränderungsgedanken stärken und diesen in die Mitarbeiter übertragen. Zudem sollte das Lernen und Reflektieren gefördert werden und die Teilnehmer wurden dazu aufgefordert, die eigene Komfortzone zu verlassen. Dies war ein zentraler Leitgedanke bei der Konzeption der einzelnen Übungen und Elemente des Personalentwicklungsseminars.

10.4.3 Das Personalentwicklungsseminar in groben Zügen

Zielstellung des Verfahrens

Zielgruppe des Personalentwicklungsseminars sind Mitarbeiter und Führungskräfte, die derzeit eine Funktion unterhalb des Executive Levels wahrnehmen und denen Potenzial von ihrer Führungskraft im Rahmen des Potenzialeinschätzungsprozesses ausgesprochen wurde. Im Rahmen des Personalentwicklungsseminars sollen die individuellen Stärken und Entwicklungsfelder auf der Basis des E.ON-Kompetenzmodells eingeschätzt werden, so dass auf Grundlage dieser Einschätzung eine differenzierte Aussage zum Potenzial hinsichtlich der Übernahme einer Führungsfunktion sowie die Ableitung individueller Entwicklungspläne erfolgen kann. Dabei steht die zielorientierte und systematische Förderung der Teilnehmer im Vordergrund. Hierzu soll im Rahmen des Verfahrens für jeden Teilnehmer eine Potenzialaussage getroffen werden:

- *Potenzial for next level now or within 36 months:* Diese Empfehlung wird ausgesprochen, wenn bei dem Teilnehmer innerhalb der nächsten drei Jahre das Potenzial gesehen wird, mehr Verantwortung dahingehend zu übernehmen, dass er innerhalb des Hierarchiegefüges einen vertikalen Schritt vollzieht. Dies kann die Vorbereitung auf die Übernahme einer Executive Level-Funktion bedeuten oder die Übernahme einer Führungsfunktion unterhalb des Executive Levels.
- *Lateral Move:* Es wird das Potenzial gesehen, eine neue Funktion auf gleicher Hierarchieebene wahrzunehmen. Dies kann zum einen die Empfehlung sein, wenn der Teilnehmer die Kompetenz und ein starkes Interesse daran zeigt, eine andere Funktion zu übernehmen und Neues kennenzulernen, zum anderen, wenn ein breiterer Blickwinkel und dementsprechend ein Seitenschritt für die Entwicklung des Mitarbeiters als förderlich erachtet wird.
- *Stay/Well Placed:* Der Teilnehmer ist in seiner derzeitigen Funktion ideal platziert und sollte sich im Rahmen der nächsten drei Jahre primär in dieser Funktion weiterentwickeln.

Neben diesen grundsätzlichen Potenzialeinschätzungen zur weiteren Karriereplanung, die im Rahmen des Programms verbindlich ausgesprochen werden sollen, besteht der Schwerpunkt des Verfahrens in der Ableitung individueller Fördermaßnahmen. Die Teilnahme am PES-Förderprogramm als eine besonders intensive Fördermaßnahme, ist für diejenigen Mitarbeiter vorgesehen, bei denen Potenzial für „next level“ gesehen wird.

Rahmen des Verfahrens

Das Personalentwicklungsseminar ist eine zweitägige Veranstaltung mit üblicherweise zehn Teilnehmern. Um größere Wartezeiten für die Teilnehmer zu vermeiden, wurde eine vergleichsweise umfangreiche Anzahl von Beobachterteams gewählt. Für zehn Teilnehmer werden fünf Beobachterteams mit je zwei Beobachtern eingeplant. Diese bestehen aus jeweils einem Vertreter des Executive Levels und einem Vertreter des Personalbereichs. Darüber hinaus übernimmt der externe Moderator von Profil M eine Beobachterfunktion in einem der Beobachterteams. Dieser hat ebenso die Verantwortung für die Gesamtmoderation der Veranstaltung. In den einzelnen Beobachterteams übernimmt jeweils der Personalexperte bzw. der Profil M-Berater die Moderatorenfunktion. Die Verantwortung für die Einschätzungen und Bewertungen liegt in diesem Verfahren dementsprechend sehr stark bei den Führungskräften und internen Personalexperten. Dies ist zum einen dadurch möglich, da im Unternehmen viele AC-erfahrene Führungskräfte und Personalexperten vorhanden sind. Darüber hinaus werden diese in einer umfangreichen eintägigen Beobachterschulung sowohl mit den Inhalten des Verfahrens als auch mit der Beobachtungssystematik und ihrer Rolle als Beobachter vertraut gemacht. Diese Beobachterschulung findet direkt am Tag vor der eigentlichen Durchführung des Personalentwicklungsseminars statt und wird intern durch die verantwortliche Personalentwicklung durchgeführt.

Am Ende eines jeden Personalentwicklungsseminars werden erste individuelle kurze Feedbackgespräche mit allen Teilnehmern geführt. Die Ergebnisse werden darüber hinaus vom externen Moderator in Ergebnisberichten zusammengefasst und stellen damit die Grundlage für die ausführlichen Förder- und Entwicklungsgespräche dar, die sechs bis acht Wochen nach dem Personalentwicklungsseminar intern geführt werden. Beteiligte an diesen Gesprächen sind neben dem Teilnehmer selbst dessen Vorgesetzter und ein Personalexperte, der bei dem Verfahren beobachtet hat. Darüber hinaus kann ein Mentor des Teilnehmers anwesend sein, falls eine Mentorenunterstützung im Rahmen des Personalentwicklungsseminars als hilfreiche Maßnahme definiert und bereits ein Mentor benannt wurde.

10.4.4 Veränderung und Lernen als roter Faden des Personalentwicklungsseminars

Die Veränderungskurve

Die Veränderungskurve als Darstellung von Veränderungsprozessen (vgl. Abbildung 19) mit ihren aufeinanderfolgenden Phasen stellt den Rahmen für das Gesamtszenario, in dem sich das Personalentwicklungsseminar bewegt, dar. Um den Teilnehmern den Verlauf von Veränderungsprozessen deutlich zu machen und sie in die Situation zu versetzen, die einzelnen Phasen eines Veränderungsprozesses zu durchleben, wurde das Personalentwicklungsseminar mit seinen verschiedenen Übungen so konzipiert, dass zu den wichtigsten und schwierigsten Phasen des Veränderungsprozesses jeweils eine Übung durchgeführt wird.

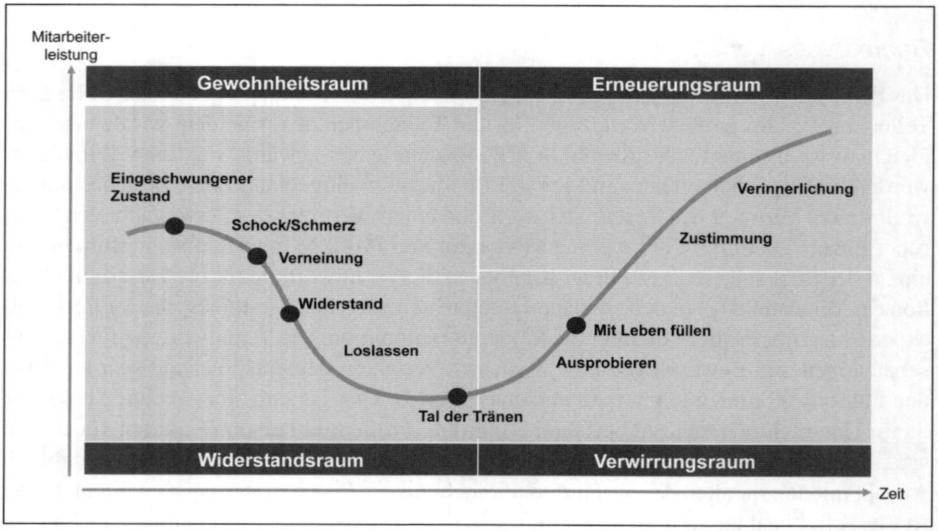

Abbildung 19: Veränderungskurve

Neben der Veränderungskurve als rotem Faden wurde ein Rahmenszenario als inhaltliche Klammer entwickelt. Dabei wurde ein Konzern gewählt, der nicht aus dem Energiesektor stammt, um fachliche Vor- oder Nachteile einzelner Teilnehmer zu vermeiden. Allerdings handelt es sich bei dem weltweit agierenden Produktionsunternehmen um ein Unternehmen, das sich hinsichtlich der aktuellen Herausforderungen und strategischen

Veränderungen in einer sehr ähnlichen Situation wie E.ON befindet und insofern eine leichte Identifikations-Plattform für die Teilnehmer darstellt.

Im Einzelnen besteht das Personalentwicklungsseminar aus folgenden Übungen:

- *Fallstudie mit Präsentation.*
  In der ersten Übung wird der Teilnehmer im Rahmen einer Fallstudie mit dem fiktiven Unternehmen und den sich ändernden Rahmenbedingungen, ausgelöst durch Marktveränderungen mit Auswirkungen auf Wettbewerberstruktur, Rohstoffpreise, Produktionskosten etc., vertraut gemacht. Das Unternehmen selbst zeichnet sich durch eine sehr erfolgreiche Historie sowie aktuell eine leicht stagnierende, jedoch immer noch positive, Unternehmensentwicklung aus, so dass eine zentrale Herausforderung darin besteht, in diesem routinierten und seit jeher bekannten Zustand und einem konstanten, erfolgsverwöhnten Umfeld auf die zukünftigen, absehbaren Entwicklungen zu reagieren und eine strategische Veränderung einzuleiten. Die Teilnehmer sollen ein Konzept zur strategischen Neuausrichtung entwickeln und vor der Unternehmensleitung präsentieren.

- *Gruppendiskussion.*
  Zur Vorbereitung auf die Gruppendiskussion werden die Teilnehmer über die finalen Entscheidungen der Unternehmensleitung bezüglich der strategischen Neuausrichtung informiert und sollen gemeinsam erarbeiten und diskutieren, wie diese einschneidenden Veränderungen kommuniziert und die Veränderungsbereitschaft der Mitarbeiter verstärkt werden soll. Hieraus ergibt sich eine kontroverse Diskussion zur Ausgestaltung und Initiierung des geplanten Veränderungsprozesses.

- *Mitarbeitergespräch 1.*
  Im ersten Mitarbeitergespräch führen die Teilnehmer ein Gespräch mit einem Teamleiter, der im Rahmen der Veränderungen, die seinen Verantwortungsbereich betreffen, nicht das erhoffte Verhalten zeigt. Der Mitarbeiter soll dazu bewegt werden, sein Verhalten zu überdenken und seine Leistung zu verbessern. Es handelt sich hierbei um ein anspruchsvolles Gespräch, das durchaus typisch für die Anforderungen im Executive Level Management ist und das Führen von Führungskräften zum Gegenstand hat.

- *Mitarbeitergespräch 2.*
  Dieses Mitarbeitergespräch hat, mit dem Ziel unterschiedliche Herausforderungen abbilden zu können, einen vollkommen anderen Charakter, als das erste Mitarbeitergespräch. In diesem Gespräch ist der Veränderungsprozess bereits vorangeschritten, jedoch, wie so häufig in Veränderungen, verlaufen diese an vielen Stellen sehr mühselig, was für die einzelnen Mitarbeiter mit sehr viel Aufwand, Konflikten und Engagement verbunden ist. Auch in diesem Falle sind Leistungsmängel zu erkennen. Person und Problemhintergründe sind jedoch anders gelagert als im ersten Gespräch.

- *Operative Fallstudie.*
  Schließlich ist es in der letzten Übung die Aufgabe der Teilnehmer, ihre operativen Steuerungskompetenzen unter Beweis zu stellen. In dieser Aufgabe sind die Teilnehmer erneut aufgefordert, Informationen zu analysieren. Diese beziehen sich jedoch nun vor allem auf den operativen Projektverlauf. Es gilt, Informationen über aktuelle Geschehnisse zu verknüpfen, zu interpretieren und zentrale Entscheidungen zu tref-

fen. Die Teilnehmer stellen dem Beobachterteam ihre individuellen Erkenntnisse und Entscheidungen in einem Gespräch vor.

- *Außerhalb des Szenarios: Interview.*
  Die Beobachter führen darüber hinaus ein Interview mit jedem Teilnehmer, das nicht in das fiktive Veränderungsszenario integriert ist. In dem teilstrukturierten Interview werden systematisch Fragen zur Einschätzung der definierten Kompetenzen gestellt. Es geht insbesondere um die Erfahrungen, das Verhalten sowie die Persönlichkeit des Teilnehmers.

Forcierung des Lerncharakters und der Selbstreflexion

Neben der grundlegenden Veränderungsthematik und der Veränderungskurve als rotem Faden für das gesamte Setting des Personalentwicklungsseminars wurden weitere Elemente installiert, die den Lerncharakter des Verfahrens verstärken und die Selbstreflexion der Teilnehmer anregen sollen:

- *Selbsteinschätzung.*
  Die Teilnehmer erhalten nach jeder Übung einen Selbsteinschätzungsbogen, der analog zu den Beobachtungsbögen gestaltet ist und haben so die Gelegenheit, ihr eigenes Vorgehen in vergleichbar differenzierter Form einzuschätzen, wie dies auch die Beobachter vornehmen, und sich mit den Anforderungen, die an einen Vertreter des Executive Levels definiert sind, auseinanderzusetzen. Die Selbsteinschätzung wird jeweils nach einer Übung vorgenommen und liegt zum Vergleich mit der Einschätzung durch die Beobachter im Rahmen der Beobachterkonferenz vor. Auf diese Art und Weise können Unterschiede in der Selbst- und Fremdwahrnehmung bzw. Übereinstimmungen gut erfasst werden. Die Selbsteinschätzung fließt jedoch nicht in die Bewertung mit ein.

- *Peer-Feedback.*
  Neben dem Feedback durch die Beobachter am Ende des Verfahrens wird auch die Gelegenheit genutzt, dass Teilnehmer Feedback von anderen Teilnehmern erhalten. Hierzu eignet sich die Übung Gruppendiskussion besonders gut, da die Teilnehmer sich gegenseitig bei der Bewältigung der Übung erleben. Nach der Diskussion geben sich die Teilnehmer einer Diskussionsrunde anhand von Leitfragen gegenseitig Feedback sowohl hinsichtlich der individuellen Beiträge und Verhaltensweisen als auch in Bezug auf den gesamten Diskussionsprozess.

- *Nachreflexion der Rollenübungen.*
  Nach den Rollenübungen wird grundsätzlich mit den Teilnehmern deren Gesprächsstrategie, ihre Selbstwahrnehmung im Gespräch sowie auch deren Interpretation der Problemsituation reflektiert. Die Teilnehmer haben so zum einen die Möglichkeit, ihre Beweggründe und Zielsetzungen für das Gespräch darzustellen, zum anderen wird die Selbstreflexion unterstützt sowie auch die Fähigkeit dazu sichtbar.

- *Videoaufnahmen.*
  Beide Mitarbeitergespräche werden auf Video aufgezeichnet, so dass für die Teilnehmer die Möglichkeit besteht, die Gespräche zu reflektieren und ihre Selbsteinschätzung auf Grundlage der Videoaufnahme durchzuführen. Dies ermöglicht es den Teilnehmern,

ihr Vorgehen von außen zu betrachten, um somit Verhaltensweisen zu erkennen, die ihnen während der Übung aufgrund der Konzentration auf die Gesprächsinhalte sehr häufig nicht bewusst sind.

- *Lernen vom ersten zum zweiten Mitarbeitergespräch.*
  Nach der Analyse des Videos zum ersten Mitarbeitergespräch sind die Teilnehmer aufgefordert, sich zu überlegen, was sie im zweiten Mitarbeitergespräch aufgrund der Erkenntnisse aus der Betrachtung des ersten Gesprächs anders machen wollen. Insofern ergibt sich hier bereits im Personalentwicklungsseminar die Möglichkeit, Erlerntes aufgrund von kritischer Selbstreflexion direkt umzusetzen. Im Nachgang zum Mitarbeitergespräch 2 bespricht das Beobachterteam mit dem Teilnehmer, was dieser sich aufgrund des ersten Gesprächs für das zweite Gespräch vorgenommen hatte und inwieweit ihm dies gemäß eigener Einschätzung gelungen ist.

- *Feedbackgespräch.*
  Nicht zuletzt die individuellen Feedbackgespräche am Ende des Verfahrens sind wesentliche Bestandteile zur kritischen Selbstreflexion und sollen die Grundlage für den folgenden Lernprozess darstellen. Dies ist der Grund dafür, dass die Feedbackgespräche recht ausführlich und intensiv geführt werden, anstatt lediglich das Ziel zu verfolgen, die Potenzialeinschätzung zu verkünden und zu erläutern.

Flexibilität und Verlassen der Komfortzone als weitere wichtige Bestandteile

- *Mutiges, kreatives Handeln.*
  Im Rahmen der Präsentation zur Fallstudie werden die Teilnehmer explizit aufgefordert, eine Maßnahme oder Idee vorzustellen, die kreativ und mutig gewählt ist. Den Teilnehmern wird somit sehr bewusst die Freiheit gegeben, auch neuartige Ideen einfließen zu lassen und sehr maßgebliche oder ungewöhnliche Veränderungen vorzuschlagen. Hierdurch soll wiederum die Bereitschaft gestärkt werden, auch über die konventionellen, naheliegenden Lösungen hinauszudenken und mutig neuartige Wege zu beschreiten.

- *Abendprogramm.*
  Die Teilnehmer gestalten im Laufe des ersten Tages gemeinsam ein Abendprogramm im Rahmen des Veränderungsszenarios. Sie sollen auch hier kreativ werden und eine Mitarbeiterveranstaltung zur Stärkung des Veränderungsgedankens vorbereiten, die am Ende des ersten Tags durchgeführt wird. Diese „Übung" wird nicht bewertet, sondern dient zum einen als angenehmer Abschluss des ersten Tages, zum anderen aber auch als Übung, in der die Teilnehmer abseits von gewohnten Business Settings, wie Mitarbeitergesprächen oder Präsentationssituationen, kreativ eine ansprechende kurze Veranstaltung von ca. einer halben Stunde gestalten sollen. Hierbei bekommen die Teilnehmer bewusst kein finanzielles Budget zur Verfügung gestellt, sondern sind aufgefordert, sich mit den im Veranstaltungshotel vorhandenen Mitteln zu behelfen und ansprechende, unterhaltende Ideen zu entwickeln.

- *Unerwartete neue Informationen.*
  Die Gruppendiskussion wird nach dem ersten Drittel der Diskussionszeit mit einer neuen Information von der Geschäftsleitung unterbrochen, die ein Umdenken erfor-

dert und eine heterogene Diskussion in der Gruppe hervorruft, die auf Grundlage der Vorbereitungsmaterialien zunächst nicht zu erwarten war. Auch hier sollen Flexibilität, Einlassen auf neue Rahmenbedingungen und Umschalten auf veränderte Situationen und Rahmenbedingungen gefördert werden.

– *Soziales Projekt.*
  Ein besonderer Höhepunkt in Bezug auf die Auseinandersetzung mit unbekannten Kontexten und dem Verlassen der eigenen Komfortzone stellt das soziale Projekt dar, das parallel zur Beobachterkonferenz durchgeführt wird. In Zusammenarbeit mit einer nahe gelegenen Organisation, die u. a. Behindertenwerkstätten betreibt, nehmen die Teilnehmer aktiv an verschiedenen Aktivitäten gemeinsam mit den behinderten Menschen teil, indem sie z. B. gemeinsam Sport machen, Spielenachmittage gestalten oder einen Weihnachtsbasar vorbereiten o. ä. Dieser Programmpunkt verfolgt zum einen das Ziel, die Wartezeit der Teilnehmer bis zu den Feedbackgesprächen sinnvoll zu füllen, zum anderen ein besonders ungewohntes Erlebnis für die teilnehmenden Mitarbeiter bereitzustellen. Sie sind gefordert, sich auf Personen und Situationen einzustellen, die für die meisten sehr ungewohnt sind und auch bei vielen Teilnehmern zunächst Unsicherheit auslösen. Gerade hier steht die Anforderung, die eigene Komfortzone zu verlassen, im Vordergrund. Das soziale Projekt wird nicht beobachtet und hat somit auch keine Auswirkung auf die Bewertung der Potenzialaussage.

10.4.5 Erfahrungen mit dem Verfahren

Seit 2009 haben insgesamt 70 Teilnehmer an 8 Personalentwicklungsseminaren teilgenommen. 32 Teilnehmer wurden auf Grundlage des Personalentwicklungsseminars zum PES-Förderprogramm eingeladen und haben dieses erfolgreich absolviert. Im Laufe der Zeit wurde das Personalentwicklungsseminar aufgrund der Beobachtungen der Projektverantwortlichen sowie des Teilnehmer- und Beobachterfeedbacks leicht angepasst, was z. B. zu der beschriebenen resultierenden Relation von zehn Teilnehmern und fünf Beobachterteams führte, um zum einen die Pausenzeiten für die Teilnehmer zu reduzieren und zum anderen auch genügend Raum für Pausen und gut realisierbare Auswertungszeiten für die Beobachter zu ermöglichen. Generell hat sich das Konzept mit den verschiedenen Übungen und Elementen jedoch kaum verändert und ausgesprochen gut bewährt. Dies lässt sich nicht nur an der großen Akzeptanz des Verfahrens bei Beobachtern und Führungskräften im Unternehmen ablesen, sondern auch am Teilnehmerfeedback.

Besonders positive Resonanz erzielt das Verfahren bei Teilnehmern und Beobachtern durch die ausgesprochen hohe Realitätsnähe und die konsequente Verfolgung des Veränderungs- und Lerngedankens. Vor allem die Teilnehmer betonen in ihrem Feedback die Möglichkeit zur Selbstreflexion und die Chance, Videoaufnahmen in den Gesprächssituationen zu erhalten und sich somit auch auf das Feedbackgespräch und die Selbsteinschätzungen ideal vorbereiten zu können als besonders positiv. Aber auch eher ungewöhnliche Elemente des Programms, wie z. B. die Abendveranstaltung, gehören zu den etablierten und sehr positiv bewerteten Elementen des Personalentwicklungsseminars. Beobachter und Teilnehmer betonen, dass nicht nur die Möglichkeit zum kreativen Handeln gegeben ist, sondern dass das Verfahren, das selbstverständlich mit einer hohen Anspannung für die Teilnehmer einhergeht, auch ein lockeres und entkrampfendes Element erhält, in dem nicht zuletzt auch die Beobachter als Mitarbeiter in dem fiktiven Unternehmen einbezogen werden und ein lockerer gemeinsamer Ausklang für den ersten Tag erzielt wird.

Im Vordergrund der positiven Rückmeldungen steht jedoch das soziale Projekt in Zusammenarbeit mit den Behindertenwerkstätten. Dieses erzielt bei den Teilnehmern zumeist eine große Begeisterung. Sie berichten vor allem, wie positiv überrascht sie von der Andersartigkeit der Personen waren, die ganz eigene Stärken zeigten, und wie schnell die eigene Unsicherheit im Umgang mit der ungewohnten Situation genommen wurde. Gerade auch die Möglichkeit, sich mit einem völlig anderen Kontext auseinanderzusetzen, der auf den ersten Blick zunächst einmal nichts mit dem Businesskontext und Managementkompetenzen zu tun hat, schildern die Teilnehmer als Möglichkeit, sich „zu erden" und den Blick für das Wesentliche zu schärfen. Insofern hat das Personalentwicklungsseminar sicherlich nicht die Kultur des gesamten E.ON-Konzerns geändert, jedoch dafür einen kleinen Beitrag geleistet und klar den Anspruch erfüllt, ein Kultur stiftendes Element im Sinne des Veränderungsgedankens und der Offenheit für Neues und Ungewohntes darzustellen.

Anhang

Tools auf der CD-ROM

Im Folgenden finden Sie eine Übersicht der auf der CD-ROM enthaltenen Tools.

Die Dateien im PDF-Format können mit dem Programm Acrobat Reader® (eine kostenlose Version ist unter http://get.adobe.com/de/reader/ erhältlich) gelesen und ausgedruckt werden.

Zudem liegen auch Dateien in den Formaten Microsoft® Office PowerPoint®, Microsoft® Office Word und Microsoft® Office Excel vor, die mit den zugehörigen Programmen geöffnet werden können.

Kapitel	Tools
1	–
2	–
3	– Einladung zu einem Auswahl-Assessment Center – Einladung zu einem Förder-Assessment Center – Präsentation eines Assessment Center-Projektes
4	– Das allgemeine Profil M-Kompetenzmodell für Führung – Leitfaden für ein Experteninterview
5	– Beispiel für einen Interviewleitfaden mit 5 Kompetenzen – Mitarbeitergespräch – Instruktion für Rollenspieler – Mitarbeitergespräch – Instruktion für Teilnehmer – Teilnehmerinstruktion Gruppendiskussion – Teilnehmerinstruktion für eine im Vorfeld vorzubereitende Präsentation
6	– Folien für ein Beobachtertraining
7	– Beobachterzeitplan – Teilnehmerzeitplan – Übersichtszeitplan
8	– Vorlage für einen Ergebnisbericht in Kurzform – Vorlage für einen Ergebnisbericht in Langform
9	– Interviewleitfaden zur Erfassung der Anforderungen an Expatriates
10	–

Stichwortverzeichnis

Praxis der Personalpsychologie

Hrsg. von Heinz Schuler · Rüdiger Hossiep · Martin Kleinmann und Werner Sarges

Band 25: 2011, VI/101 Seiten,
ISBN 978-3-8017-2326-2
E-Book € 21,99 / CHF 29,99

Band 26: 2012, VI/84 Seiten,
ISBN 978-3-8017-2009-4
E-Book € 21,99 / CHF 29,99

Band 27: 2012, VIII/132 Seiten,
ISBN 978-3-8017-2392-7
E-Book € 21,99 / CHF 29,99

Weitere Bände der Reihe:

Scherm/Sarges **360°-Feedback** ISBN 978-3-8017-1483-3 · Rauen **Coaching** ISBN 978-3-8017-2137-4 · Kleinmann **Assessment-Center** ISBN 978-3-8017-1493-2 · Nerdinger **Kundenorientierung** ISBN 978-3-8017-1476-5 · van Dick **Commitment und Identifikation mit Organisationen** ISBN 978-3-8017-1713-1 · Kühlmann **Auslandseinsatz von Mitarbeitern** ISBN 978-3-8017-1495-6 · Rummel/Rainer/Fuchs **Alkohol im Unternehmen** ISBN 978-3-8017-1885-5 van Dick/West **Teamwork, Teamdiagnose, Teamentwicklung** ISBN 978-3-8017-1865-7 · Hossiep/Mühlhaus **Personalauswahl und -entwicklung mit Persönlichkeitstests** ISBN 978-3-8017-1490-1 · Kanning **Soziale Kompetenzen** ISBN 978-3-8017-1775-9 · Becker/Kramarsch **Leistungs- und erfolgsorientierte Vergütung für Führungskräfte** ISBN 978-3-8017-1928-9 · Schmidt/Kleinbeck **Führen mit Zielvereinbarung** ISBN 978-3-8017-1491-8 · Schuler/Görlich **Kreativität** ISBN 978-3-8017-2028-5 · Regnet **Konflikt und Kooperation** ISBN 978-3-8017-1737-7 · Nerdinger **Unternehmensschädigendes Verhalten erkennen und verhindern** ISBN 978-3-8017-1971-5 · Hossiep/Bittner/Berndt **Mitarbeitergespräche – motivierend, wirksam, nachhaltig** ISBN 978-3-8017-1717-9 · Kals/Ittner **Wirtschaftsmediation** ISBN 978-3-8017-2016-2 · Lohaus **Leistungsbeurteilung** ISBN 978-3-8017-2090-2 · Krumm/Schmidt-Atzert **Leistungstests im Personalmanagement** ISBN 978-3-8017-2080-3 · Felfe **Mitarbeiterführung** ISBN 978-3-8017-2082-7 · Felser **Personalmarketing** ISBN 978-3-8017-1723-0 · Freimuth **Moderation** ISBN 978-3-8017-1969-2 Lohaus **Outplacement** ISBN 978-3-8017-2210-4 · Krause **Trends in der internationalen Personalauswahl** ISBN 978-3-8017-1473-4

Die Reihe zur Fortsetzung bestellen:

Bestellen Sie jetzt die Reihe »Praxis der Personalpsychologie« zur Fortsetzung und Sie erhalten alle Bände automatisch nach Erscheinen zum günstigen Fortsetzungspreis von je € 19,95 / CHF 28,50.
Sie sparen mehr als 20% gegenüber dem Einzelpreis von € 24,95 / CHF 35,50.

HOGREFE

Hogrefe Verlag GmbH & Co. KG
Merkelstraße 3 · 37085 Göttingen · Tel.: (0551) 99950-0 · Fax: -111
E-Mail: verlag@hogrefe.de · Internet: www.hogrefe.de

Uwe Peter Kanning
Hang Kempermann (Hrsg.)

Fallbuch BIP

Das Bochumer Inventar zur berufsbezogenen Persönlichkeitsbeschreibung in der Praxis

2012, 205 Seiten,
€ 39,95 / CHF 53,90
ISBN 978-3-8017-2355-2
E-Book € 35,99 / CHF 49,99

Das Bochumer Inventar zur berufsbezogenen Persönlichkeitsbeschreibung (BIP) gehört im deutschsprachigen Raum zu den führenden Selbstbeschreibungsinstrumenten der Personaldiagnostik. In diesem Fallbuch werden nach einer Einführung in das BIP verschiedene Beispiele für den Praxiseinsatz dargestellt: Auswahl von (Nachwuchs-)Führungskräften, Potenzialanalyse, Führungskräfteentwicklung, Bedarfsanalyse zur Personalentwicklung, Coaching und 360-Grad-Feedback.

Annelen Collatz · Rainer Sachse

Klärungs-orientiertes Coaching

2011, 162 Seiten,
€ 26,95 / CHF 36,90
ISBN 978-3-8017-2391-0
E-Book € 23,99 / CHF 33,99

Beim klärungsorientierten Coaching werden die bewährten und wirksamen Ansätze der Klärungsorientierten Psychotherapie auf den Bereich des Coachings übertragen und passende Interventionsstrategien abgeleitet. Die Beziehungsgestaltung wird ebenso thematisiert wie die Problemklärung und -definition, die Klärung und Veränderung relevanter Schemata, der Umgang mit Persönlichkeitsstilen und schließlich die Interventionen bei spezifischen Problemstellungen. Der Band liefert ein praktisch erprobtes, transparentes Konzept für den kompletten Coaching-Prozess.

Wendy Lord

Das NEO-Persönlichkeitsinventar in der berufsbezogenen Anwendung

Interpretation und Feedback

2011, 101 Seiten, Großformat,
€ 39,95 / CHF 53,90
ISBN 978-3-8017-2342-2
E-Book € 35,99 / CHF 49,99

Das NEO-Persönlichkeitsinventar nach Costa und McCrae umfasst eine große Anzahl von Skalen, die verschiedene Dimensionen der menschlichen Persönlichkeit messen. Dieser Leitfaden wurde für den Einsatz des NEO-Persönlichkeitsinventars im beruflichen Umfeld konzipiert. Im ersten Teil dieses Bandes (Der Interpretationsprozess) werden Grundprinzipien für die Interpretation der Ergebnisse im NEO-Persönlichkeitsinventar erläutert. Der zweite Teil (Strategien für das Rückmeldegespräch) enthält Ratschläge, wie das Rückmeldegespräch dazu genutzt werden kann, die Interpretation der Fragebogenergebnisse zu erweitern.

Werner Sarges (Hrsg.)

Management-Diagnostik

4., vollst. überarb. u. erw. Aufl. 2013,
ca. 1.100 Seiten, geb.,
ca. € 129,– / CHF 174,–
ISBN 978-3-8017-2385-9
E-Book ca. € 109,99 / CHF 159,99

Die vollständig überarbeitete und erweiterte 4. Auflage des erfolgreichen Handbuchs liefert mit 128 Beiträgen renommierter Autorinnen und Autoren aus Wissenschaft und Praxis einen einzigartigen Überblick über den aktuellen Stand der Management-Diagnostik. Weder in Europa noch in den USA gab und gibt es eine vergleichbare, umfassende Zusammenschau der Probleme und Möglichkeiten psychologischer Diagnostik für das besondere Anwendungsgebiet des Managements, d.h. der Eignungsdiagnostik zur Potenzialfeststellung, Auswahl und Platzierung von Führungskräften.

HOGREFE

Hogrefe Verlag GmbH & Co. KG
Merkelstraße 3 · 37085 Göttingen · Tel.: (0551) 99950-0 · Fax: -111
E-Mail: verlag@hogrefe.de · Internet: www.hogrefe.de